广播电视工程专业“十四五”规划教材

数字电视技术原理与应用

祝瑞玲　韩国栋 ◎ 主编

中国传媒大学出版社
·北 京·

编委会

主　编：祝瑞玲　韩国栋

主　审：高彤鼎

副主编：秦朝辉　李玉忠　刘广山

高祖民　魏玉雷　郝茂沛

张卫东　罗东华　张文涛

前 言

数字电视自20世纪80年代出现以来,经历了标准清晰度、高清晰度、超高清晰度几个发展阶段,相关的采集制作、压缩编码、传输发射等标准不断推出,新技术和新设备不断更新换代。2020年底中央和地方电视节目地面模拟传输关停,宣告我国告别了模拟电视时代,全面进入了数字电视时代。随着技术发展,数字电视技术与数字通信技术、计算机技术相结合,产生了IPTV、OTT TV等交互式网络电视,拥有了越来越多的受众,移动化、小屏化已被年青一代广泛接受,人们已由看电视逐渐转变为用电视,学习数字电视的要求更加迫切。虽然近些年数字电视相关的教材和工具书很多,但由于数字电视技术的发展日新月异,已出版的教材与当前数字电视发展要求相比还存在缺少新标准系统介绍、欠缺IPTV等新技术、实践操作内容较少等问题,跟不上时代的快速发展。鉴于以上原因,我们组织一线教师和行业技术人员编写了《数字电视技术原理与应用》一书。本书的原理篇系统介绍了国际国内使用的数字电视标准,特别是我国自主研发的AVS、DTMB、ABS系列标准,还包括IPTV技术标准及最新应用。本书的应用篇设置了数字电视教学前端平台、全媒体平台和测试仪器使用等实践内容,通过搭建由国内广电主流设备构成的数字电视实训平台,培养学生和一线行业技术人员的实践动手能力。

山东传媒职业学院祝瑞玲、张卫东、罗东华老师联合山东广播电视台韩国栋、秦朝辉、李玉忠、刘广山、高祖民、魏玉雷、郝茂沛、张文涛等参与了本书的编写,李婷、王璐完成了本书图表绘制,高彤鼎对本书进行了审稿修改。数码视讯公司提供了IPTV和教学实训平台的部分资料。本书编者都有深厚的理论功底和丰富的实践经验,使得本书特别注重理论联系实际,既有深入浅出的理论讲解,又有详细系统的实训操作,既可以作为教材,也可当作工具书,能够全面提升学习者的综合能力。本书比较系统地介绍了数字电视技术的原理与应用,知识体系完整、结构合理,各模块内容既相互独立,又兼顾其内在关联及系统性。在对不同专业或不同层次的教学进行安排时,教师可根据学生已有的知识基础和专业方向等情况,有针对性地选择其中的部分内容。对于不作为重点的教学内容,如果学生感兴趣,也可以自学。

本书的编写得到了国家级职业教育课程思政示范项目“数字电视技术原理与应用”课题组的大力资助。本书编写过程中,参考和引用了一些学者的研究成果、著作和论文,具体出处见参考文献。在此,向这些文献的作者表示敬意和感谢!

鉴于编者水平所限,加之数字电视系统涉及面广,相关技术发展迅速,书中难免存在不妥之处,敬请同行专家和广大读者批评指正。

编者

2022 年 1 月

目 录

原理篇

应用篇

原理篇

模块一 数字电视概述

▷教学目标

通过本模块的学习，学生能对数字电视系统有一个全面的、整体的认识，能掌握数字电视的基本概念、数字电视系统的基本组成与关键技术、数字电视发展历程及其重要意义，从而为后续内容的学习打好基础。

▷教学重点

1. 数字电视的基本概念。
2. 数字电视系统的基本组成。
3. 数字电视发展历程。

▷教学难点

1. 数字电视系统的基本组成。
2. 数字电视系统的关键技术。

1.1 数字电视基本概念和特性

1.1.1 数字电视基本概念

数字电视（Digital Television）简称DTV，是从节目采集、制作、传输一直到用户端都以数字方式处理信号的电视系统，即从演播室到播控、传输、发射、接收的全部环节都使用数字信号，通过二进制“0”“1”所构成的数字序列进行电视信号的传播。

这里所谓的数字电视指数字电视系统，数字电视是继第一代黑白模拟电视、第二代彩色模拟电视之后的第三代电视类型，是相对模拟电视而言的概念。与模拟电视相比，数字电视采用数字方式传输电视信号，画质更高，音效更佳，功能更强，内容也更丰富。

高清晰度电视（High Definition Television）简称 HDTV，原国际无线电咨询委员会（CCIR，现为 ITU-R）给高清晰度电视的定义是："高清晰度电视是一个透明的系统，一个视力正常的观众在观看距离为显示屏高度的 3 倍处所看到的图像的清晰程度，与观看原始景物或表演的感觉相同。"高清晰度电视是当前我国正在大力发展的一种数字电视业务。

随着技术发展，数字电视出现了广播和交互两种传输方式。传统广播传输方式一般是单方向的，一点对多点，传输成本较低，效率较高，但不易实现双向互动；交互式数字电视借助网络传播，是双向的，可以点对点，也可以一点对多点，能方便地实现互动，属于第二代数字电视。

1.1.2　数字电视分类

1.1.2.1　按信号传输方式分类

1. 地面无线传输数字电视（地面数字电视）：通过地面发射台，将数字电视信号用无线传输方式发送给用户。

2. 卫星传输数字电视（卫星数字电视）：用户使用卫星天线，接收同步卫星传输的数字电视信号。

3. 有线传输数字电视（有线数字电视）：用户通过有线电视网接收数字电视信号。

4. 网络传输数字电视（网络数字电视）：用户通过运营商的网络接收数字电视信号。这是一种交互式传输方式，在我国目前主要包括两种运行模式：一种是广电集成播控平台提供数字电视信号，借助运营商专网传输的 IPTV；另一种是基于公共互联网的互联网电视（OTT TV）。

1.1.2.2　按图像清晰度分类

1. 标准清晰度电视（SDTV）：图像质量相当于模拟电视演播室水平，图像分辨率为 720×576（PAL 制）或 720×480（NTSC 制），这是数字电视初始发展阶段一种成本较低的普及型数字电视。

2. 高清晰度电视（HDTV）：图像质量可达到或接近 35mm 宽银幕电影的水平，图像分辨率为 1920×1080 像素，需至少 720 线逐行或 1080 线隔行扫描，屏幕宽高比定为 16:9，可采用杜比数字音响。

3. 超高清晰度电视（UHDTV）：图像分辨率达到 3840×2160 像素（4K×2K）、7680×4320 像素（8K×4K）及以上，适合大屏幕观看，有更大的可视角度、更强的视觉冲击力、更丰富的色彩。

4. 普通清晰度电视（LDTV）：显示扫描格式低于标准清晰度电视，即低于 480 线逐行扫描的标准，适用于小屏幕移动终端。

1.1.2.3　按接收产品类型分类

按接收产品类型可分为数字电视显示器、数字电视机顶盒、智能数字电视接收机、计算机、智能手机和其他移动终端。

1.1.2.4 按显示屏幕幅型比分类

按显示屏幕幅型比分类,数字电视可分为4:3和16:9两种类型。

1.1.3 数字电视的主要优点

数字电视和模拟电视相比,主要具有以下优点:

1. 数字电视可提高信号的传输质量,不会产生噪声累积。

电视信号经取样量化编码后,使用二进制码表示。二进制码的“1”“0”通常用高、低两个电平代表。数字信号在反复处理或传输过程中会引入噪声,只要噪声幅度不超过限值,就可通过数字信号整形再生把噪声清除。

即使数字电视信号产生误码,只要不超出数字信号所加检错纠错码的能力容限,仍可在接收端利用纠错码解码技术,把发生错误的数据检查出来并加以纠正。接收端也可利用图像自身特点或依据视觉特性,将误码可能导致的损伤隐藏起来。所以,在数字信号处理和传输过程中,通常不会发生像模拟信号那样因噪声累积而引起信噪比逐渐下降的现象,也不会因多次处理而使信号质量逐步下降。

采用数字信号传输技术,解决了模拟电视中的闪烁、重影、亮色互串等问题,还能有效地消除回波反射造成的干扰,实现城市楼群中的高质量接收。

2. 数字电视图像清晰度高,伴音效果好。

这主要受益于信号质量的提高、传输干扰影响的降低和接收端恢复能力的提高等因素。数字标准清晰度电视图像可以达到DVD质量,数字高清晰度电视图像可达35mm电影胶片放映的效果,音质可达CD水准。

3. 充分利用频谱资源,增加电视节目。

首先,由于数字电视采用高效压缩编码、多路节目复用和数字调制等技术,可以在原有的一个模拟电视频道带宽内传送更多套节目。其次,传送数字电视信号可减小发射功率,也可通过建设“单频网”(Single Frequency Network,SFN)来扩大电视节目的覆盖面积。这些技术都有利于充分利用有限的无线电频谱资源,传送更多的电视节目。

4. 数字电视便于监控和管理。

数字电视由于采用数字技术,再借助于计算机技术,便于实现对设备、系统和内容等资源的调度、监测、控制和管理等功能。

5. 数字电视便于数字处理和计算机处理。

光盘、硬盘和半导体存储器与顺序录放的磁带不同,可以方便地随机读写,这为进行非线性编辑提供了可行性,改变了以往电视节目的制作方式。非线性编辑能够赋予节目更丰富的表现力,增强节目的艺术效果和视觉冲击力。

6. 数字电视易于存储,可大大改善电视节目的保存质量和复制质量。

理论上数字电视可进行无数次复制。除磁带外,数字电视信号可方便地依托光盘、硬盘和半导体存储器等存取,具有存储量大、信噪比高、可检纠错、存取速度快、便于计算机处理、适合网络传输等特点。在电视中心,采用磁盘阵列已极大地改变了电视节目的播出方式;在接收端,用户可引入硬盘存储技术,为观看电视节目提供了更多可选方式。

7. 数字电视便于开办条件接收业务。

采用加密/解密和加扰/解扰技术使电视不仅局限于广播应用,而且可满足个人、团体和专业需求,对信息内容、版权和各类用户进行分类保护和管理。

8. 数字电视具有可扩展性、可分级性。

数字电视可满足不同用户显示屏幕大小的需求,实现不同分辨率等级(标准清晰度、高清晰度、超高清晰度)的接收。

9. 便于开展各种综合业务和交互业务。

这有利于构建“三网融合”信息基础设施,拓展电视媒体产业的市场广度和深度。“三网融合”是一种广义的、通俗化的说法,并不意味着电信网、计算机网和有线电视网三大网络的物理合一,而主要是指高层业务应用的融合。其表现为技术上趋向一致,网络层上可以实现互联互通,业务层上互相渗透和交叉,应用层上趋向使用统一的 IP 协议。多样化、多媒体化、个性化的业务应用逐渐交汇在一起,通过不同的安全协议,最终形成一套网络中兼容多种业务的运维模式。

随着数字电视技术、网络技术和计算机技术的发展,数字电视将有更大的发展空间,产生更多、更新的功能,提供大量全新的服务。

1.2 数字电视系统的基本组成及关键技术

1.2.1 广播传输方式的数字电视系统

广播传输方式的数字电视系统主要被广电系统所采用,是电视中心首先采集制作数字电视节目,然后在播控中心进行处理后播出,播出的数字电视节目采用广播方式通过信道进行传输,即从信号发射端到用户接收端采用“一点对多点”方式传输的数字电视系统。目前用于数字电视节目采集制作的设备主要有数字摄像机、数字录像机、数字特技机、数字编辑机、数字字幕机及非线性编辑系统等;用于数字信号处理的技术有压缩编码和解码技术、数据加扰、解扰及加密、解密技术等;信号传输的方式主要有地面无线传输、有线传输及卫星传输等;用于接收显示的设备有地面无线机顶盒、有线机顶盒、卫星机顶盒、数字电视显示器、一体化数字电视接收机等。广播传输方式的数字电视系统结构如图 1-1 所示。

其中,信源编码/解码、复用/解复用、信道编码/解码、调制/解调是系统的技术核心。

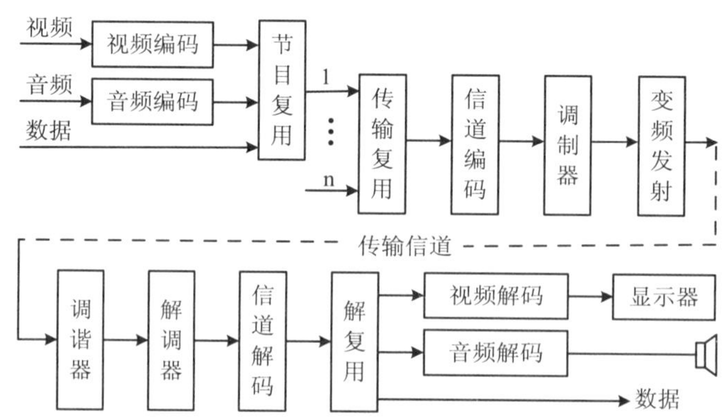

图 1-1　广播传输方式的数字电视系统结构框图

1.2.1.1　数字电视的信源编码/解码

信源编解码技术包括视频压缩编解码技术和音频压缩编解码技术。在发送端未压缩的数字电视信号数据量都很大。为了能在有限的频带内传送电视节目,必须对音视频信号进行压缩编码处理。信源编码器包括视频编码和音频编码,它利用人的视觉、听觉特性,根据空域、频域和时域相关性以及信号处理技术分别对音视频信号进行压缩编码,提高传输的有效性。在接收端再通过信源解码,可恢复出未被压缩的音视频信号。

在数字电视的视频压缩编解码标准方面,国际上通常采用 MPEG-2、MPEG-4 AVC/H. 264 和 HEVC/H. 265 等标准。在音频压缩编解码方面,采用 MPEG-2、MPEG-4 AAC 等标准。目前我国主要采用具有自主知识产权的音视频编码标准 AVS(Audio Video coding Standard) 以及其优化升级的系列标准 AVS + 和 AVS2。

1.2.1.2　数字电视的复用/解复用

一套电视节目的音视频信号分别经过视频和音频压缩后送入节目复用器打包成一套节目,传输复用器则把多套节目和数据再进行打包,复用合成一个传输码流送给信道编码器和调制器。用户端接收和处理信息的过程与此正好相反。因为网络通信的数据都是按一定的格式打包传输的,电视节目数据的打包使数据业务具备可扩展性、分级性及交互性,这也是数字电视技术的一个重要特点。

1.2.1.3　信道编码/解码及调制/解调

经过信源编码和复用后生成的节目传输码流通常需要通过某种信道传输方式才能被用户接收。广播传输方式主要有地面无线传输、有线传输和卫星传输三种方式,通过的传输媒介统称为传输信道。在通常情况下,编码码流是不能或不适合直接通过传输信道进行传输的,必须经过某种处理变成适合在规定信道中传输的形式。在通信工程中,这种处理称为信道编码与调制。

信号经过信道传输后会产生失真,这些失真将导致数字信号在传输过程中发生误码。为了克服传输过程中的误码,针对不同的传输信道,需要设计不同的信道编码和调制方案。数字电视信道编码的目的是通过纠错编码技术提高信号的抗干扰能力,增强信号传输的可靠性;调制则把传输信号调制在载波上,为信号变频发射传输做好准备。

数字电视广播信道编码及调制标准规定了信号经信源编码和复用后,向地面无线、有线及卫星等传输信道发送前所需要进行的处理,涵盖了从复用器之后到最终用户的接收机之间的整个系统。数字电视广播信道编码及调制标准是数字电视系统的重要标准,不仅关系到数字电视广播事业和民族产业的发展问题,而且关系到国际间技术协调和知识产权保护等问题。

我国的卫星数字电视广播信道编码及调制标准采用了国际上普遍使用的 DVB-S 和 DVB-S2 标准,采用抗干扰能力强的四相相移键控 QPSK(Quadrature Phase-shift Keying)和 8PSK 调制方式;我国的有线数字电视广播信道编码及调制标准和欧洲一样采用 DVB-C 标准,使用多电平正交调幅 QAM(Quadrature Amplitude Modulation)方式;地面无线数字电视广播方面,美国 ATSC 标准采用八电平残留边带调制(8VSB)方式,欧洲 DVB-T 标准采用编码正交频分复用 C-OFDM(Coded Orthogonal Frequency Division Multiplexing)调制方式,日本 ISDB-T 标准采用改进的 C-OFDM 调制方式,我国的 DTMB 标准采用时域同步正交频分复用(TDS-OFDM)单多载波调制方式。

1.2.2 网络传输方式的数字电视系统

随着计算机、网络和互联网技术的不断发展,数字电视不再局限于传统的传输方式,IPTV 和 OTT TV 等借助于网络传输的新技术也应运而生。这里以 IPTV 系统为例介绍网络数字电视。

IPTV(Internet Protocol Television,交互式网络电视)是一个综合系统,从总体上说,IPTV 是一种多个多级服务器和多个多级网络交换结构。系统采用基于 IP 宽带网络的分布式架构,以流媒体内容管理为核心。IPTV 系统结构如图 1-2 所示,主要由前端业务处理平台、IP 网络及用户端设备三大部分组成。

1.2.2.1 前端业务处理平台

前端业务处理平台具有节目采集、存储和服务功能,主要包括信源编码与转码系统、存储系统、流媒体系统、运营支撑系统和 DRM 等。

信源编码与转码系统的节目采集包括节目接收,需要从卫星、有线电视、地面无线和 IP 网络等渠道采集准备播出的电视节目,按照规定的编码格式和数码率对音视频信号源进行压缩编码,并转化成适合 IP 传输(组播或点播)的数字化音视频数据流文件。信源编码格式目前还无法实现统一,需要进行编码格式的互相转换来实现转码功能。

存储系统用于存储数字化音视频数据流文件和各类管理信息,考虑到数字化后的视频数据量相当庞大以及各类管理信息的重要性,存储系统必须兼顾存储容量和安全可靠

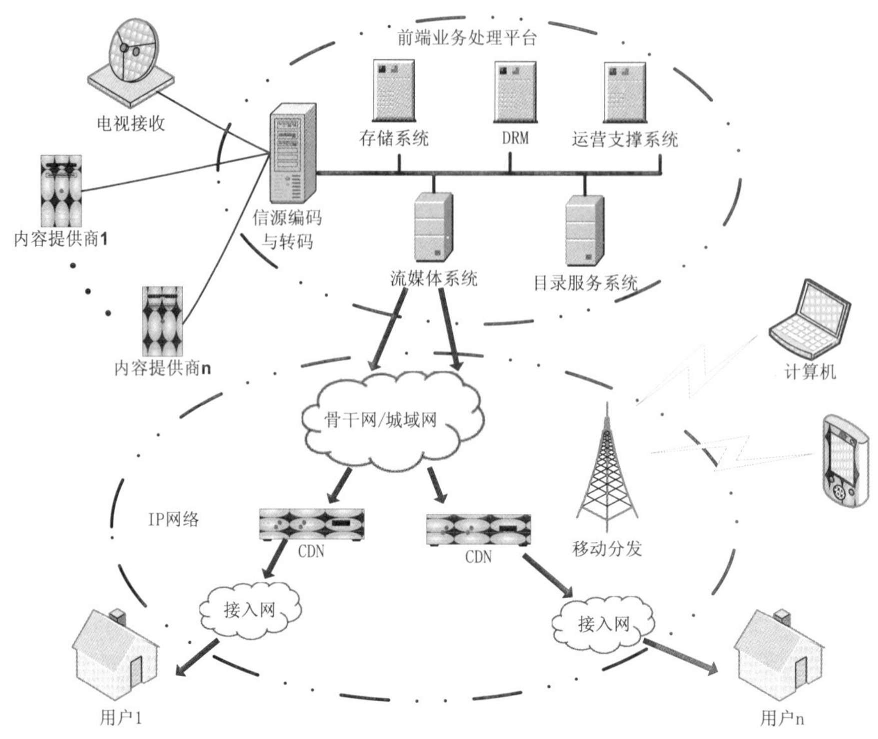

图 1-2　IPTV 系统结构

性。存储系统主要包括存储设备、存储网络和管理软件三个部分，它们分别担负着数据存储、存储容量和性能扩充、数据管理等任务。

流媒体系统负责向 IP 网络传送音视频数据流文件。流媒体系统中包括提供组播和点播服务的流媒体服务器。流媒体服务器负责在运营支撑系统的控制下将音视频数据流文件推送到宽带传输网络中。流式播放技术采用边下载边播放的方式，用户不必等到整个文件全部下载完毕，而是只需经过几秒或几十秒的启动延时，即可在用户终端上对压缩的音视频流解压并进行播放。

运营支撑系统是指满足 IPTV 业务产业化运营的支撑系统。运营支撑系统主要负责完成：

1. 系统管理：对所有的流媒体服务器和系统服务器进行统一监控与管理。

2. 业务应用：业务受理、运营支撑、网关安全、统计报表管理和第三方运营管理等。

3. 流媒体内容管理：控制流媒体内容的采集、编码、编辑制作、审查、存储、编目、搜索、归档、编排、分发、负载均衡、电子节目导航(EPG)和数字版权管理等。

4. 用户管理：用户认证、授权、计费、结算和账务管理等。

DRM(数字版权管理)为数字媒体的商业运作提供了一套完整的解决方案，保护数字媒体内容免受未经授权的播放和复制。IPTV 要实现可持续的产业化发展，必须解决 DRM 问题。DRM 的作用不仅仅是阻止非授权用户访问和共享数字资源，更主要的是保证合法授权用户能够便捷地访问 IPTV 内容。IPTV 必须在节目内容的制作、发布、传输、消费四个环节实施有效的数字版权管理。

1.2.2.2 IP 网络

IPTV 系统所使用的网络是以 TCP/IP 协议为主的网络,包括骨干网/城域网、内容分发网和宽带接入网。

骨干网/城域网主要完成音视频数据流文件在城市之间和城市范围内的传送,IP 骨干网和 IP 城域网可以采用不同的低层物理网,以 IP over SDH/SONET(即 Packet over SDH/SONET)、IP over ATM 或 IP over DWDM Optical(如吉比特/10 吉比特以太网)的方式提供传输服务,其中,吉比特/10 吉比特以太网目前被交互式网络电视系统普遍采用。对以 IP 点播或组播方式发送的音视频流媒体节目流进行路由交换传输,是 IP 骨干网和 IP 城域网在交互式网络电视系统网络中发挥的基本功能。

内容分发网(CDN)主要提高对节目流点播响应和传输的实时性,解决或减缓点播请求对前端设计容量所造成的压力。IP 骨干网和 IP 城域网上普遍采用了 CDN 技术,实现对多媒体内容的存储、调度、转发等功能。CDN 是一个叠加在骨干网/城域网之上的应用系统,其基本原理是在网络边缘设置流媒体内容缓存服务器,把经过用户选择的访问率极高的流媒体内容从初始的流媒体服务器复制、分发到网络边缘最靠近终端用户的缓存服务器上;当终端用户访问网站请求点播类业务时,由 CDN 的管理和分发中心实时地根据网络流量和各缓存服务器的负载状况以及到用户的距离等信息,将用户的请求导向最靠近请求终端的缓存服务器并提供服务。CDN 采用集中式管理、分布式存储、内容边缘化、用户就近访问、分布式缓存就近服务、服务器负载均衡等策略,减轻音视频数据流对骨干网/城域网的带宽压力,减少网络拥塞,提高用户访问流媒体内容的响应速度和网络服务性能。

宽带接入网主要完成用户到城域网的连接。IPTV 业务需要一个大容量、高速率的接入系统。

1.2.2.3 用户端设备

用户端设备负责接收、处理、存储、播放、转发音视频数据流文件和电子节目导航等信息。只有利用相应的终端设备,交互式网络电视用户才能通过 IP 网络与前端服务器进行交互操作。用户端设备一般有以下 3 种接收方式:

1. 通过 IP 网络直接连接到 PC 终端用户端。
2. 通过 IP 网络连接到智能电视或 IP 机顶盒 + 电视机。
3. 通过移动通信网络连接到手持移动终端。

1.3 数字电视发展历程及重要意义

1.3.1 国外数字电视及标准化状况

1.3.1.1 数字电视的采集制作

1948 年克劳德·爱尔伍德·香农提出数字通信的相关理论,奠定了电视信号数字化的理论基础。1982 年国际无线电咨询委员会(CCIR)提出了电视演播室数字编码的国际标准 CCIR601 号建议书,后经修改补充,现改称为 ITU-R BT.601。该建议书确定以亮度分量 Y 和两个色差分量 R-Y、B-Y 为基础进行编码,作为标准清晰度电视演播室数字编码的国际标准。1990 年 ITU-R 颁布了 ITU-R BT.709 建议书《高清晰度电视节目制作及交换用视频参数值》,1994 年 ITU-R 颁布了 ITU-R BT.1120-7 建议书《演播室高清晰度电视数字视频信号接口》,作为高清晰度电视的两个主要国际标准。2012 年 ITU-R 颁布了面向新一代超高清晰度电视视频制作与显示系统的 BT.2020 标准,重新定义了电视广播与消费电子领域关于超高清晰度电视视频显示的各项参数指标,促进了超高清晰度电视显示设备进一步规范化。

1.3.1.2 数字电视的压缩编码

视频数字化后数据量很大,必须经过压缩才有利于传输和储存。数字视频压缩编码标准主要由国际电信联盟的电信标准化部门(ITU-T)和国际标准化组织/国际电工委员会(ISO/IEC)发布。ITU-T 主要制定 H.26X 系列标准,ISO/IEC 则制定 MPEG 系列标准,它们还联合推出了一些标准。

1984 年国际电报电话咨询委员会(CCITT,现改为 ITU-T)第 15 研究组针对综合业务数字网(ISDN)成立了一个专门研究会议电话和可视电话数字视频压缩编码问题的专家小组,该小组于 1988 年提交了 ISDN 中可视电话/会议电视的 CCITT H.261 建议草案。1990 年 H.261 标准正式发布,这是第一个在国际上产生广泛影响的视频压缩标准。1996 年低比特率视频编码标准 H.263 被提出。

1988 年运动图像专家组(MPEG)成立,这是在国际标准化组织和国际电工委员会内运作的一个工作组。随后 MPEG 制定出一系列国际编码标准。1992 年 ISO/IEC 批准了 MPEG-1 标准,1994 年批准了 MPEG-2 标准(其中第 2 部分等同于 ITU-T 的 H.262),1999 年批准了 MPEG-4 标准(其中第 10 部分等同于 ITU-T 的 H.264)。在这一系列标准中,MPEG-2 广泛应用于数字电视领域,是一个非常成功的国际标准。

1990 年 ITU-T 的 VCEG 与 ISO/IEC 的 MPEG 两个视频编码专家组合作,于 1994 年联合推出了 MPEG2 VIDEO/H.262。2001 年 ITU-T 的 VCEG 和 ISO/IEC 的 MPEG 联合组成 JVT 联合视频组,2003 年 JVT 推出 H.264/AVC 高度压缩视频编码标准草案。2005 年

开发出了 H.264 的更高级应用标准 MVC(MULTIPLE VIEW CODING)和 SVC(SCALABLE VIDEO CODING)版本。2004 年 ITU-T 的 VCEG 和 ISO/IEC 的 MPEG 开始制定 H.265,2013 年第一版的 HEVC/H.265 视频压缩标准被接受为 ITU-T 的正式标准,它能够更好地支持 4K 和 8K 超高清晰度电视。

1.3.1.3 数字电视的传输

国外数字电视传输标准主要有三种:美国的 ATSC、欧洲的 DVB 和日本的 ISDB。

1993 年美国联邦通信委员会(FCC)进行第一轮四种全数字 ATV 系统测试后,成立了 HDTV“大联盟”(GA),希望集各家所长,制定一个统一的美国 HDTV 标准。1993 年 GA 系统方案被正式提交给 FCC。1996 年 FCC 批准美国高级电视制式委员会(ATSC)数字电视规范的主要内容为美国数字电视的传输标准,从此 ATSC 标准在美国被正式采用。第一代 ATSC 标准仅能支持固定接收。为了满足业务发展的需要,2009 年美国高级电视系统委员会推出 ATSC-M/H 标准,以支持数字电视移动和手持接收。2018 年美国高级电视系统委员会正式对外发布下一代电视标准 ATSC 3.0。

1991 年欧洲广播联盟(EBU)成立数字视频广播(DVB)项目组。1993 年推出 DVB 标准,主要包括涵盖三大传输方式的 DVB-S、DVB-C 及 DVB-T,这是世界上应用最广泛的数字电视广播传输标准。DVB-S 是卫星数字电视广播传输标准,1996 年该标准颁布后被广泛采用,成为世界性的标准。2004 年 DVB 组织颁布了 DVB-S2,可提高 50% 左右转发器容量。DVB-C 是有线数字电视广播传输标准,2009 年 DVB 组织颁布了 DVB-C2,相同条件下可提高 30% 左右频谱效率。DVB-T 是地面数字电视广播传输标准,1997 年 DVB 组织颁布了 DVB-T,2008 年 DVB 组织颁布了 DVB-T2。

1996 年日本成立了数字广播专家组,致力于开发数字电视系统,提出了综合业务数字广播(ISDB)项目,目标是把各种信息集中到同一个信道中广播,这些信息包括活动和静止图像、声音、文字和各种数据。ISDB 系统能开展不同的新服务,灵活地将不同业务的数据复用起来,还具有与通信网和计算机系统的交互性。1999 年日本向 ITU-R 提交了 ISDB-T 标准草案建议书,2001 年被 ITU 接纳为 ITU-R BT.1306 标准中的系统 C。

1.3.2 我国数字电视及标准化状况

1.3.2.1 数字电视的采集制作

1993 年我国颁布了 GB/T 14857《演播室数字电视编码参数规范》,等同于 CCIR 601 建议。1995 年我国一些有实力的广播电台、电视台和有线电视台开始在采集、编排、制作、播出、传输各环节上进行数字化研究,积极推动由模拟电视技术向数字电视技术的演进。1999 年我国研制的 HDTV 及其机顶盒经测试取得预期效果。2000 年国家广播电影电视总局发布了 GY/T 155-2000《高清晰度电视节目制作及交换用视频参数值》。2017 年国家新闻出版广电总局发布了 GY/T 307-2017《超高清晰度系统电视节目制作和交换参数值》。

1.3.2.2 AVS 系列压缩编码标准

为推动我国具有自主知识产权的多媒体信源标准的发展,2002 年 6 月信息产业部批准成立“数字音视频编解码技术标准工作组”,开始起草 AVS 系列压缩编码标准。2006 年 2 月国家标准化管理委员会正式颁布 GB/T 20090. 2-2006《信息技术 先进音视频编码 第 2 部分:视频》,简称 AVS 标准,标志着我国在数字音视频编解码领域的基础标准布局开始成形。

为加快自主创新 AVS 标准产业化和推广应用,2012 年工业和信息化部与国家广播电影电视总局共同成立了 AVS 技术应用联合推进工作组。经过两年多的努力,AVS 的优化标准 AVS + 的相关技术和产品日趋成熟和完备,基本形成了从芯片、前端设备、接收终端到应用系统的完整产业链。2012 年 7 月 10 日,国家广播电影电视总局正式颁布了行业标准 GY/T 257. 1-2012《广播电视先进音视频编解码 第 1 部分:视频》,简称 AVS +,于颁布之日起实施。AVS + 标准的压缩效率与国际同类标准 H. 264/AVC 最高档次(High Profile)相当,主要用于高清晰度电视节目的压缩编码。

第二代 AVS 标准,简称 AVS2,首要应用目标是超高清晰度视频,支持超高分辨率(4K 以上)、高动态范围视频的高效压缩。2016 年 5 月,AVS2 被国家新闻出版广电总局颁布为行业标准 GY/T 299. 1-2016《高效音视频编码 第 1 部分:视频》。2016 年 12 月,AVS2 被国家质检总局和国家标准委颁布为国家标准 GB/T 33475. 2-2016《信息技术 高效多媒体编码 第 2 部分:视频》。同时提交了 IEEE 国际标准(标准号:IEEE 1857. 4)申请。国家广播电影电视总局广播电视计量检测中心的测试结果表明:AVS2 的压缩效率比上一代标准 AVS + 和 H. 264/AVC 提高了一倍,超过国际同类型标准 HEVC/H. 265。

1.3.2.3 数字电视传输的发展

1995 年 11 月,中央电视台采用数字压缩加扰方式在一个卫星转发器内传送央视第五、第六、第七和第八套节目,从此我国进入了卫星数字电视广播的时代,这与技术发达国家在时间上是基本同步的。1997 年河南、广东等省级电视台率先采用 DVB-S 方式进行卫星数字电视广播,其后各个省级电视台均采用此种方式。1999 年 DVB-S 标准被吸纳为我国的国家标准 GB/T 17700-1999《卫星数字电视广播信道编码和调制标准》。2008 年我国发射直播卫星中星 9 号,为了更好地适应我国卫星直播系统开展和相关企业产业化发展的需要,该直播卫星系统采用了我国自主研发的直播卫星专用信号传输系统 ABS-S(先进卫星广播系统)。

2001 年 5 月,国家广播电影电视总局发布行业标准 GY/T 170-2000《有线数字电视广播信道编码与调制规范》。2003 年 10 月,国家广播电影电视总局发布了《我国有线电视向数字化过渡时间表》,确定 2010 年全面实现有线电视数字化,2015 年关闭模拟电视,完成有线电视向数字电视的全面转变。

2001 年,国家广播电影电视总局在北京、上海和深圳进行了五种地面数字电视标准方案的测试工作,综合各种方案的技术优势,2006 年 8 月,我国颁布地面数字电视传输国家标准 GB 20600-2006《数字电视地面广播传输系统帧结构、信道编码和调制》,简称 DTMB(Digital Terrestrial Multimedia Broadcast)标准。该标准支持固定、移动和便携式接收,涵盖了数字电视信号的发射、传输和接收的全产业链。2011 年形成 ITU-R 建议书,成为全球第四个地面数字电视国际标准。

2001 年,国家广播电影电视总局提出了我国广播电视数字化的发展方向,在 2005 年前全面启动数字化进程:第一,卫星传输全部实现数字化,有线电视以及省市级以上广播电台、电视台基本实现数字化,现有的模拟电视机可采用机顶盒兼容接收数字信号;第二,完成地面数字电视以及高清晰度电视标准的制订,在大城市或有条件的地区开播数字电视,包括高清晰度电视。按照计划,2010 年前基本实现全国广播电视数字化,并使数字电视机得到普及;2015 年前全面实现数字化,全面完成模拟向数字的过渡,并逐步停止模拟电视的播出。

2007 年我国卫星模拟节目关断,首先实现了卫星传输全部数字化。2020 年 7 月国家广播电视总局下发《关于按规划关停地面模拟电视有关工作安排的通知》,决定自 2020 年 6 月 15 日启动关停中央、省、市、县地面模拟电视信号工作。截至 2020 年底,我国如期完成了中央和地方电视节目地面模拟信号的关停,告别了模拟电视,全面进入数字电视时代。

1.3.3 我国发展数字电视的重要意义

我国发展数字电视的作用和意义已经超出了自身的范畴,将对社会和经济进步产生巨大影响,推进一系列产业的发展,进而对整个社会产生较为深刻的影响。具体而言,发展数字电视的重要意义主要体现在以下几个方面:

从提升用户收视质量角度来看,随着高清晰度、超高清晰度数字电视技术的发展,电视图像分辨率可以从标清 720×576 提升为高清 1920×1080、超高清 3840×2160(4K),用户使用更大屏幕收看电视节目,带来更大的可视角度、更强的视觉冲击力、更丰富的色彩和更高的音质。人们足不出户就能享受电影院的观看效果,满足高质量的观看需求。

从提高频道资源利用率角度来看,卫星电视是较早实现数字化改造的,我国卫星数字标清时代开启后,一个 36MHz 的卫星转发器由原来传输一套模拟节目扩展到传输 5 至 7 套数字标清节目,大大缓解了卫星资源短缺的压力,使得各省级台节目上卫星成为可能,极大改善了我国广播电视节目的覆盖情况。有线电视和地面电视也同样存在模拟电视节目占用频带宽,频道资源紧张问题。采用数字技术后,一个模拟电视节目频道可传送多套数字标清节目或高清节目,相当于扩充了频道资源,很好地解决了电视节目增多与频道资源紧张的矛盾。

从推动我国信息化建设来看,数字电视使用后,其服务领域大大扩展。特别是代表了数字电视发展方向的网络电视，借助于互联网或专用网，通过电视机、手机等接收设备，突破了传统广电单向传输、固定接收的限制，人们能随时随地实现网络互动，电视机和手机不仅是看电视的工具，还是信息工具、生活工具和服务工具。数字电视技术可以提供专业化、多样化、个性化的市场服务，培育新的文化娱乐消费市场，用户由传统的看电视变成用电视。数字电视是最普及的信息工具和最好的信息载体，使人们拥有了一个集公共传播、信息服务、文化娱乐、交流互动于一体的多媒体信息终端，可以随时随地传输大量信息。数字电视成为社会信息化的平台，从而大大加快我国的信息化进程。

从带动国内数字电视产业链的形成和发展来看，数字电视带给我们一个庞大的文化产业。现代文化产业是一个文化内容与现代技术相融合的产业，数字电视的全面普及，将形成一种多元化的电视产业格局。发展数字电视，可以带动形成新的文化娱乐消费热点，促进传统文化产业向新兴文化产业转移，也将带动我国的数字电视标准研发、数字电视机、机顶盒、数字电视应用软件、数字电视内容供应等产业的形成和发展。如我国研发的具有自主知识产权的地面数字电视标准 DTMB，目前已被亚、非、拉 10 余个国家或地区采用，覆盖全球近 20 亿人口（含中国），被 ITU-R 标准化组织纳入国际标准体系，在世界传媒行业拥有了话语权，构筑了新的数字电视价值链，培育了新的经济增长点，有利于促进国民经济的发展。

回顾我国数字电视的发展历程，由使用国外标准到研发应用具有自主知识产权的 DTMB、AVS、ABS 等标准，由跟跑、追赶到超越，体现了中国智慧，为世界贡献了中国方案。数字电视的发展推动了我国文化产业大发展大繁荣和信息化建设，对于健全公共文化服务体系和文化产业体系，丰富人民精神文化生活，提升中华文化影响力，增强中华民族凝聚力，具有非常重要的意义。

内容小结

本模块介绍了数字电视的基本概念、分类及数字电视的主要优点，说明了数字电视系统的基本组成和关键技术，概述了国内外数字电视及标准化状况和我国发展数字电视的重要意义，为本书后续内容的展开奠定了基础。

1. 数字电视（Digital Television）简称 DTV，是从节目采集、制作、传输一直到用户端都以数字方式处理信号的电视系统，即从演播室到播控、传输、发射、接收的全部环节都使用数字信号，通过二进制“0”“1”所构成的数字序列进行电视信号的传播。这里所谓的数字电视指数字电视系统。

2. 随着技术发展，数字电视出现了广播和交互两种传输方式。传统广播传输方式一般是单方向的，一点对多点，传输成本较低，效率较高，但不易实现双向互动；交互式数字电视借助网络传播，是双向的，可以点对点，也可以一点对多点，能方便地实现互动，属于第二代数字电视。

3. 数字电视按信号传输方式可分为地面无线传输数字电视、卫星传输数字电视、有线传输数字电视和网络传输数字电视。

4. 数字电视按图像清晰度可分为标准清晰度电视(SDTV)、高清晰度电视(HDTV)、超高清晰度电视(UHDTV)和普通清晰度电视(LDTV)。

5. 广播传输方式的数字电视系统主要被广电系统所采用,是电视中心首先采集制作数字电视节目,然后在播控中心进行处理后播出,播出的数字电视节目采用广播方式通过信道进行传输,即从信号发射端到用户接收端采用“一点对多点”方式传输的数字电视系统。

6. IPTV(Internet Protocol Television,交互式网络电视)是一个综合系统,从总体上说,IPTV 是一种多个多级服务器和多个多级网络交换结构。系统采用基于 IP 宽带网络的分布式架构,以流媒体内容管理为核心。

7. 数字视频压缩编码标准主要由国际电信联盟的电信标准化部门(ITU-T)和国际标准化组织/国际电工委员会(ISO/IEC)发布。ITU-T 主要制定 H.26X 系列标准,ISO/IEC 则制定 MPEG 系列标准,它们还联合推出了一些标准。

8. 国外数字电视传输标准主要有三种:美国的 ATSC、欧洲的 DVB 和日本的 ISDB。

9. AVS + 标准的压缩效率与国际同类标准 H.264/AVC 最高档次(High Profile)相当,主要用于高清晰度电视节目的压缩编码。AVS2 首要应用目标是超高清晰度视频,支持超高分辨率(4K 以上)、高动态范围视频的高效压缩。

10. 我国地面数字电视传输国家标准 DTMB 支持固定、移动和便携式接收,涵盖了数字电视信号的发射、传输和接收的全产业链。2011 年形成 ITU-R 建议书,成为全球第四个地面数字电视国际标准。

思考与训练

1. 什么是数字电视? 与模拟电视相比,数字电视有哪些优点?
2. 数字电视有哪些类别?
3. 什么是 HDTV? 它和数字电视之间的关系如何?
4. 简述数字电视系统的组成及其关键技术。
5. 国外主要有哪些数字电视压缩和传输标准体系?
6. 我国主要有哪些自主研制的数字电视标准?
7. 我国自主研制数字电视标准有何重要意义?

模块二　数字电视信号的产生及演播室标准

教学目标

通过本模块的学习，学生能掌握数字电视信号的产生过程：取样、量化和编码。理解电视信号数字化过程，掌握数字电视信号的样值结构。掌握亮度信号与色差信号的时分复用、数字电视信号的行场定时关系、辅助信号与音频信号的插入方式、演播室标准串行数字信号的传输接口。了解标准清晰度电视、高清晰度电视及超高清晰度电视演播室数字分量的相关国家标准。

教学重点

1. 数字电视信号的产生过程：取样、量化和编码。
2. 数字电视信号的样值结构。
3. 亮度信号与色差信号的时分复用、数字电视信号的行场定时关系。
4. 演播室标准串行数字信号的传输接口。

教学难点

1. 数字电视信号的样值结构。
2. 数字电视信号的行场定时关系。
3. 数字视频信号与模拟信号波形的定时关系。
4. 演播室标准串行数字信号的传输接口。

2.1　标准清晰度演播室标准

2.1.1　音频信号数字化

电视伴音信号是电视信号的重要组成部分。由于人的听觉比视觉更为敏感，所以电视伴音质量的水平，对受众的观看感受影响非常大。音频信号的数字化是电视信号数字化的重要环节。

对音频信号的分析表明，音频信号由许多不同频率和幅度的信号组成，这类信号通常称为复合信号。现实的音频信号一般都是复合信号，只有在对音频系统进行测试时，才人为地使用单一频率、恒定幅度的信号。音频信号的另一个重要参数就是带宽，用来描述组成复合信号的频率范围。如高保真音频信号（High Fidelity Audio）的频率范围是10Hz～20kHz，此时的带宽约为20kHz。

2.1.1.1　音频信号数字化主要解决的问题

1. 每秒钟采集多少个音频样本值，也就是采样频率f_s是多少。

2. 每个音频样本的量化位数应该是多少，这决定了样本的量化精度。

采样又称抽样或取样，它是把时间上连续的模拟信号变成时间上离散的样值信号；量化则是将任意幅度的样值转为幅度离散的、幅度取值有限的样值信号。采样频率由奈奎斯特采样定理给出，采样频率应该大于原始模拟信号最高频率的两倍以上，即：$f_s \geq 2f_m$，其中f_s是取样频率，f_m是被取样信号的最高频率。考虑到实际滤波器的过渡特性，一般取$f_s = 2.1f_m \sim 2.5f_m$。

每个样本的量化比特数，反映出或者说决定了音频波形幅度的量化精度。比如，当每个音频样本用16位二进制数表示时，可能的音频样本值处在0～65 535的范围里，量化的精度就是最大输入信号的1/65 536，或者说，对音频波形量化取值的误差不超过1/(65 536×2)。

数字音频的音质随着采样频率及所使用的量化比特数的不同而呈现较大的差异。人耳的听觉特点是能感觉极微小的声音失真，同时又能适应相当大的动态范围。由于听觉的这个特点，对音频信号进行数字化所需要的量化比特数要比视频信号多。

2.1.1.2　采样频率的选择

人耳听觉的频率上限在20kHz左右，为了保证声音不失真，采样频率通常应大于40kHz。广播电视行业主要采用三种取样频率：

1. 32kHz：这种取样频率用于早期调频立体声广播发射机的信号源。

2. 44.1kHz：早先比较成熟的磁带录像技术记录数字音频信号时使用这一频率。数字音频信号数据须纳入电视的行、场格式中。有关标准规定，对于625行/50场标准的录像机，利用每场312.5行中的294行记录数字音频信号，并规定每行记录三个样值，因此取样频率为50×294×3＝44 100Hz。后来这类录像机用来做CD的复制源，44.1kHz开始成为事实上的标准。

3. 48kHz：此频率与32kHz有简单的换算关系，便于进行标准间的转换。

2.1.1.3　量化比特数的选择

不难想象，量化比特数越多，量化精度越高（误差越小），但生成的数码率也越大。数学计算证明了这一点。对于声音这样的双极性信号,在均匀量化、仅考虑量化误差(亦称量化噪声)引入噪声的情况下,信噪比计算公式如下:

$$S/N \approx 6.02n + 1.76 + 20\lg(u/u_M)\ (\mathrm{dB})$$

其中 n 指的是量化的比特数,u 指的是输入信号的幅度,u_M指的是允许输入信号的最大值。由上式可见量化比特数每增加 1 比特,信噪比可提高 6dB。量化比特数数值越大,信噪比越高,数码率也越大,传输所使用的带宽也越大。

在部分数字电视摄像机中,音频的量化比特数可以根据需要选择 16 或 24。这时的量化比特数相对够多,对于电视伴音的数字化,采用均匀量化已经可以满足信噪比要求。

反映音频数字化质量的另一个因素是声道数。声道数越多,受众的听觉现场感越强。但随着声道数的增多,在音频的采集和制作环节,工作量会成倍地增加。除上述因素之外,数字化音频的质量还会受到麦克风和扬声器的质量、模数与数模转换器的品质、各设备之间连接电缆屏蔽效果等因素的影响。

声音信号数码率 R_b(信息传输速率)由抽样频率、量化比特数和声道数决定:

$$R_b = f_s \times n \times \text{声道数}\ (\mathrm{bit/s})$$

$$R_B = (f_s \times n \times \text{声道数})/8\ (\mathrm{Byte/s})$$

R_B是用字节数表示的数码率,每字节为 8 个比特。

2.1.2 视频信号的数字化

虽然都是通过取样、量化、编码的步骤进行数字化,但与音频信号相比,视频信号的数字化要复杂得多,主要体现在取样频率的选择以及量化方式和量化比特数的选取上。

彩色电视信号的数字化,有复合编码和分量编码两种编码方式。复合编码是将彩色全电视信号直接编码成 PCM 形式。分量编码是将亮度信号和两个色差信号(或三个基色信号)分别编码成 PCM 形式。

复合编码的优点是传输数码率低,设备较为简单,适用于在模拟系统中插入单个数字设备的情况。缺点是由于采样频率必须与彩色副载频保持一定的比例关系以减轻色彩失真,而不同电视制式的副载频往往各不相同,难以统一;再就是采用复合编码时,采样频率和副载频之间的差拍造成的干扰会影响图像(特别是色彩)的质量,故电视信号数字化一般不采用复合编码方式。

与复合编码相比,分量编码几乎与电视制式无关,大大方便了不同电视制式节目间的交换。分量编码在节目后期制作、信号处理等方面都有着复合编码无可比拟的优势。分量编码对亮度和色度信号分别处理,不会造成亮、色串扰。

由于分量编码的上述优点,国际无线电咨询委员会(CCIR)在 1982 年 2 月的第 15 次全会上通过了以分量编码作为电视演播室数字编码的国际标准。

2.1.2.1 视频信号取样

根据取样定理,从时间上离散的信号中可以完全恢复出原来的模拟信号,即取样过程不会造成模拟信息的损失，工程上有时称之为无损取样。

对于彩色视频信号而言，既要考虑亮度信号，又要考虑色差信号。亮度信号的频带宽度较宽，625 行的 PAL 制为 5.5～6.0MHz，525 行的 NTSC 制为 4.2～5.5MHz。若以 6MHz 的 2.2 倍上限频率计算，则取样频率 f_s 应选择 13.2MHz。但是取样频率的选择还需要考虑采样点的空间结构，使采样点在相邻行之间上下对齐，有规则地进行排布，这样对于后续的码率压缩处理具有很大的方便性。我们知道，PAL 制的行频是 15 625Hz，NTSC 制的行频约为 15 734.266Hz，它们的最小公倍数是 2.25MHz。而 13.5MHz 是离 13.2MHz 最近的 2.25MHz 的整数倍，所以将标清视频信号的视频采样频率定为 13.5MHz。这样，对于 PAL 制，亮度信号每行的取样点数为 864 个；对于 NTSC 制，每行的取样点数为 858 个。因为人眼对于色度信号相对不敏感，模拟视频信号中的色度信号采用了“大面积着色”方式，色度信号的频率上限大约在 3MHz 以下。所以，在满足观看效果的前提下，色差信号的取样频率选为亮度信号取样频率的一半，即 6.75MHz。这样，对于 PAL 制，两个色差信号每行取样点数分别为 432 个；对于 NTSC 制，两个色差信号每行取样点数分别为 429 个。为方便不同电视制式之间的节目转换，并考虑到同步、消隐等信号的安排，统一规定每个数字有效行的亮度信号取样点数为 720 个，两个色差信号的每个数字有效行的取样点数分别为 360 个。

2.1.2.2　视频信号的量化

量化是在幅度轴上把具有连续值的模拟信号取样值变为离散值。模拟信号通过取样过程，在时间轴上已变为一个个离散的样值脉冲，但在幅度轴上仍是模拟信号的任意量值，所以还必须进一步用有限个电平等级来尽量逼近实际量值。

人眼能适应的亮度信号动态范围是非常大的，远超现有最好的摄像机所能摄取的亮度信号的动态范围。但人从视觉心理上更多地关注景物亮度的对比度，只要从视频显示装置上复原的景物亮度的对比度与原场景中的对比度一致，就不会有失真感。因此，为了能够更好地处理视频信号，在光线进入感光器件之前，需要通过镜头的光圈、摄像机的快门（电子、机械）、中性滤色片等部件对光的强度进行调整，但维持景物原有的对比度，以适应感光器件的动态工作范围。在感光器件完成光电转换后，还需要对电信号进行一些抑制高亮度部分的处理（拐点调整电路，其实是限幅电路），才可以进行视频信号的量化。处理后的视频信号采用均匀量化方式。量化比特数选取 8 比特或者 10 比特，现在的摄录像机一般取 10 比特（超高清电视也有取 12 比特的），这样采用 4:2:2取样标清视频的码率为：

$$13.5\text{MHz}\times 10\text{bit}+6.75\text{MHz}\times 10\text{bit}\times 2=270\text{Mbit/s}$$

在 10bit 量化系统中共有 1024 个数字电平（2^{10} 个），用十进制数表示时，其数值范围为 0～1023；用十六进制表示时，其数值范围为 000～3FF。数字电平 000～003 和 3FC～3FF 为储备电平或保护电平，这两部分电平数值是不允许出现在数据流中的，因为这些数值要留作他用，比如 000 和 3FF 就用于传送同步数据。

从 004 到 3FB 即十进制数的 4 到 1019 代表亮度信号电平；消隐电平定为 040（十进制数 64）；峰值白电平定为 3AC（十进制数 940）。

有关标准规定数字电平留有很小的余量，底部电平余量为 004 ~ 040（十进制表示为 4 ~ 64），顶部电平余量为 3AC ~ 3FB（十进制表示为 940 ~ 1019），也就是说，这是标准中容许的黑电平和白电平“过冲”。数字分量方式对亮度信号中的同步信号部分不进行取样操作。

色差信号的电平是双极性的，而 A/D 转换器需要单极性信号。具体的处理方法是将色差信号的电平上移 350mV。色差信号的消隐电平（即零电平）定为 200（十进制数 512），最高色差电平定为 3C0（十进制数 960），最低色差电平定为 040（十进制数 64）。

量化后的亮度信号 Y 和两个色差信号 $R\text{-}Y=C_R$、$B\text{-}Y=C_B$（或 3 个基色信号 R、G、B 分量）分别编码成 PCM 形式。

亮度信号 Y、红色差 $R\text{-}Y$ 和蓝色差 $B\text{-}Y$ 信号的码电平分配如图 2-1 所示（图中信号电平进行了归一化处理）。

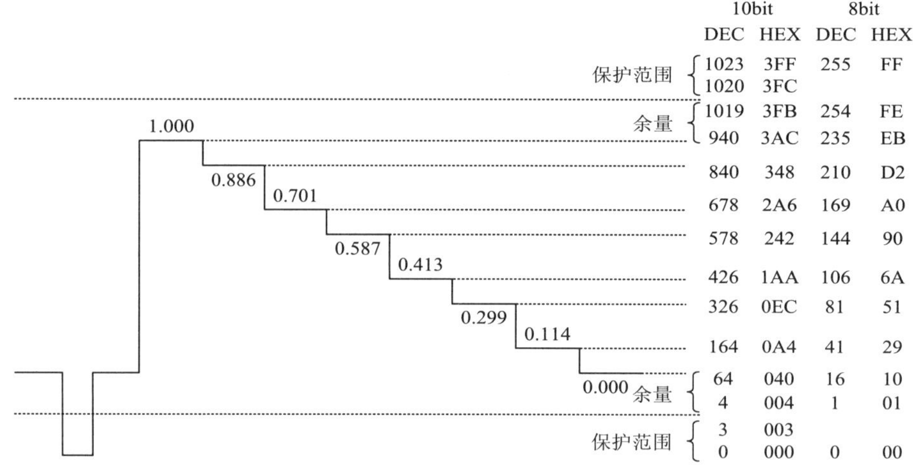

（a）*Y* 信号码电平分配示意图

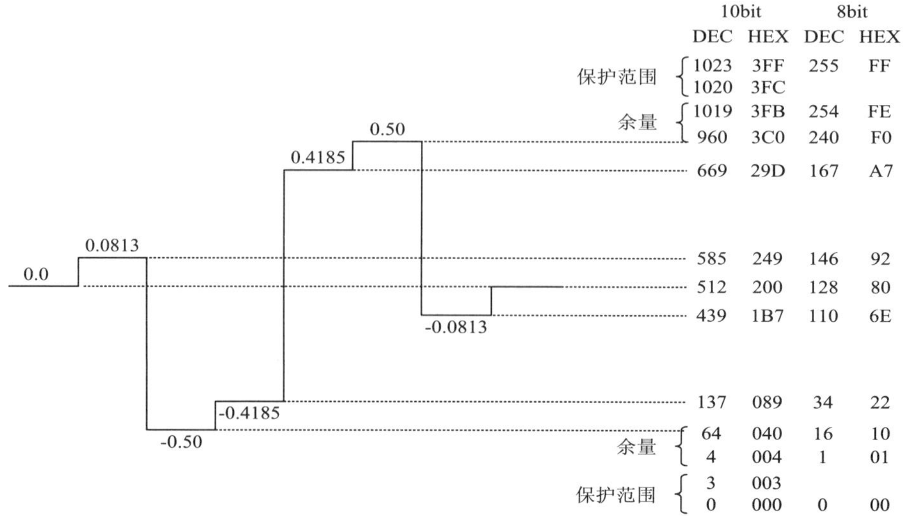

（b）*R-Y* 信号码电平分配示意图

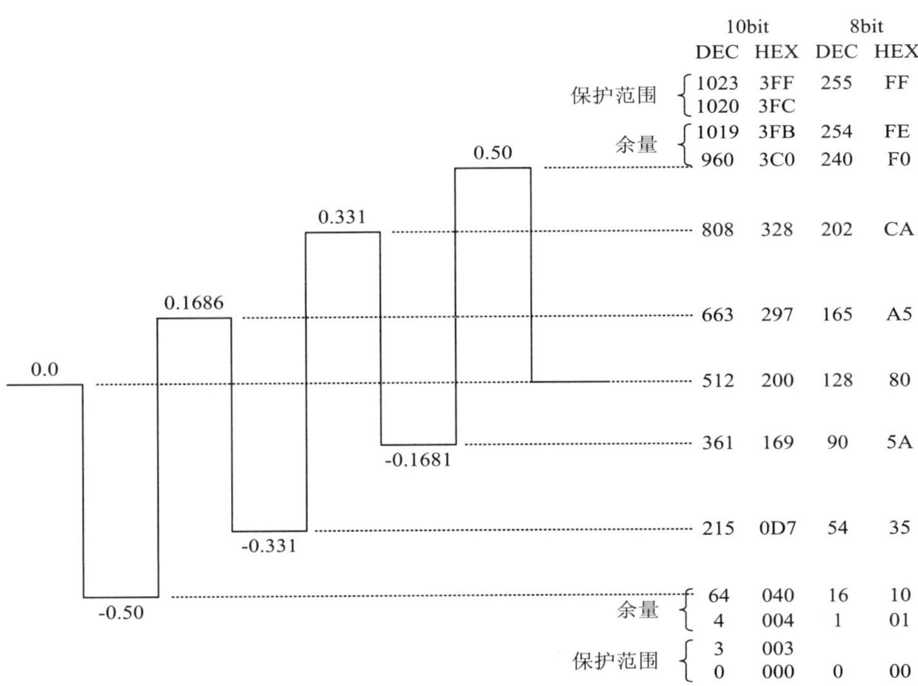

(c) *B-Y* 信号码电平分配示意图

图 2-1 视频分量信号的码电平分配示意图

2.1.3　视频信号的样值结构

为了便于信号处理,有关标准规定了亮度信号和色差信号的正交取样结构。对于4:2:2分量编码的取样结构,规定每一行中两个色差信号的样点空间同位,而色差信号与亮度信号的奇数样点空间同位,如图2-2 所示。所谓4:2:2,就是说每产生4 个亮度样点,就有对应的2 个红色差样点和2 个蓝色差样点。

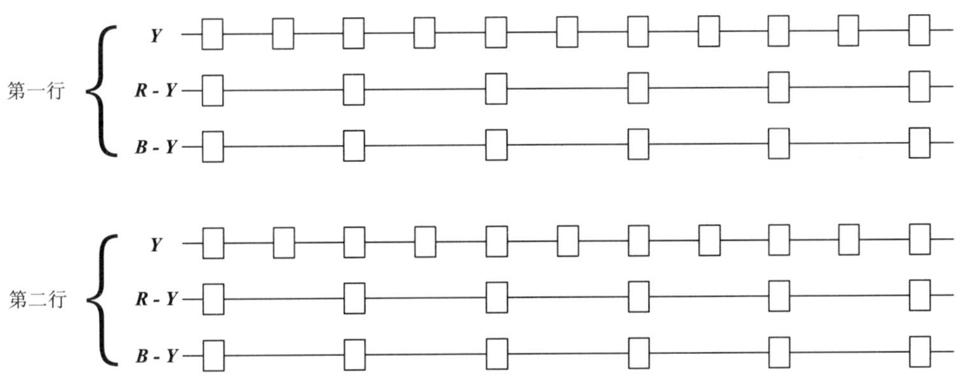

图 2-2　4:2:2分量编码取样结构

对于4:4:4分量编码的取样结构,规定每一行中两个色差信号的样点空间同位,而色差信号与亮度信号的样点空间同位。4:4:4分量编码,还有一种编码方式是直接对 *R*、*G*、*B* 三个单色信号进行编码,如图 2-3 所示。所谓4:4:4,就是说每产生 4 个亮度样点,就有对应的 4 个红色差样点和 4 个蓝色差样点,或者指三基色样点一样多。

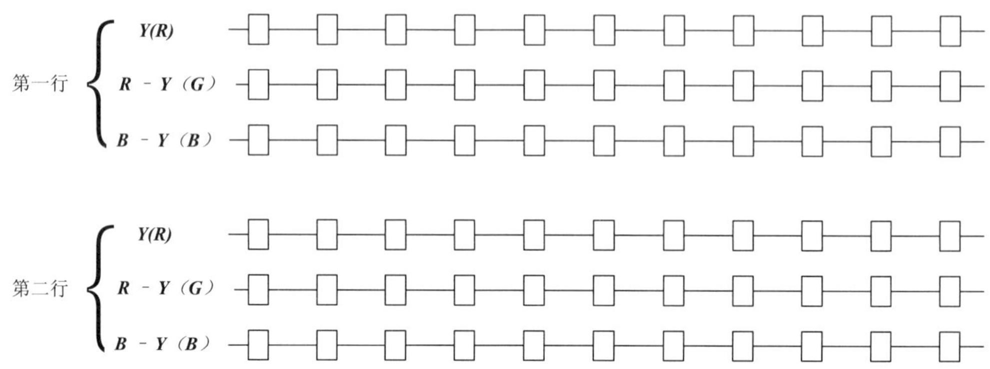

图 2-3　4:4:4分量编码取样结构

对于4:1:1分量编码的取样结构,规定每一行中两个色差信号的样点空间同位,而色差信号与亮度信号隔三个样点空间同位,如图 2-4 所示。所谓 4:1:1,就是说每产生 4 个亮度样点,只有对应的 1 个红色差样点和 1 个蓝色差样点。

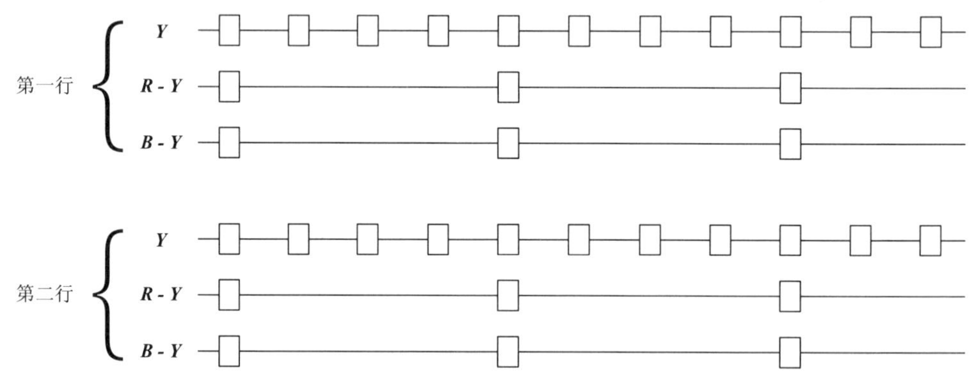

图 2-4　4:1:1分量编码取样结构

对于4:2:0分量编码的取样结构,规定奇数行中只有 *R-Y* 色差信号取样点,没有 *B-Y* 色差信号取样点,且 *R-Y* 色差信号与亮度信号的奇数样点空间同位;偶数行中只有 *B-Y* 色差信号取样点,没有 *R-Y* 色差信号取样点,且 *B-Y* 色差信号与亮度信号的奇数样点空间同位,如图 2-5 所示。所谓 4:2:0,是说每产生 4 个亮度样点,只有对应的 2 个红色差样点,没有蓝色差样点(奇数行),或是只有对应的 2 个蓝色差样点,没有红色差样点(偶数行)。

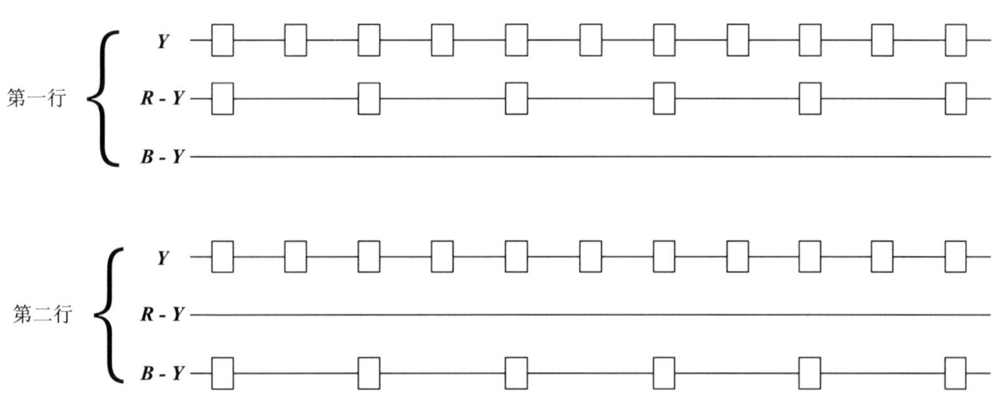

图 2-5　4:2:0分量编码取样结构

在标准清晰度数字电视当中,4:1:1与4:2:0这两种取样方式,并不是演播室视频采样的标准方式。4:1:1主要用在 DV 录像机当中,4:2:0主要用在 DVCAM 录像机当中。这就是说,4:2:2是一种比较规则的取样结构。但不难理解,通过对样值的处理,不同的取样结构可以实现相互转换。

2.1.4　4:2:2标准取样点的行场定时关系

由于样点位置在垂直方向上逐行、逐场对齐,即排成一列列直线,故形成正交取样结构,C_B和 C_R样点位置与 Y 的奇数位样点位置一致。

图 2-6 表示的是 625 行/50 场制的数字有效行及其与模拟有效行之间的对应关系。图中 0_H与行同步脉冲前沿的半幅值点一致,对应于一行中第一个取样时刻,第 133 ~ 852 个样点组成数字有效行,它比模拟有效行前面多 10 个样点,后面多 8 个样点,这 18 个样点的额定保留期可用来在 D/A 变换时形成具有标准前后沿的消隐脉冲。

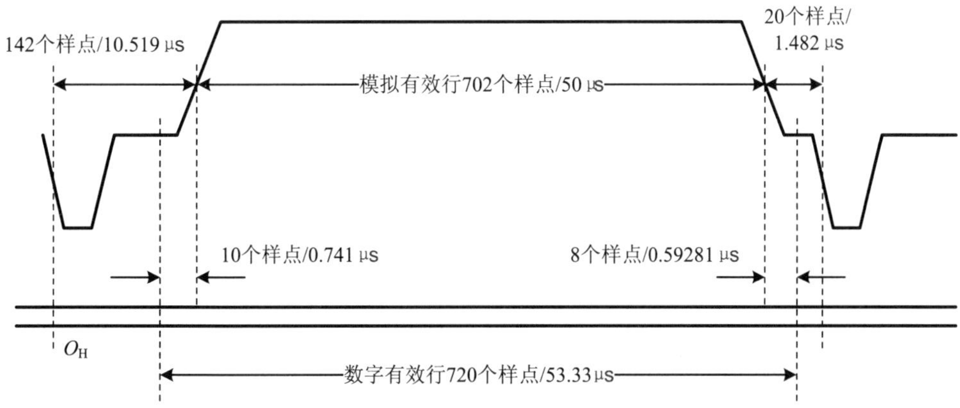

图 2-6　625/50 数字有效行及其与模拟有效行对应关系

在每一行中的总样点数等于取样频率 f_S 与行频之比 f_S/f_H。对于 525/60 扫描标准，每行内 Y 样点数为 858 个，编号为 0 ~ 857；每行的色差信号样点数是 429 个，编号为 0 ~ 428。对于 625/50 扫描标准，每行的 Y 样点数是 864 个，编号为 0 ~ 863；色差信号的样点数为 432 个，编号为 0 ~ 431。

根据规定，两种扫描标准的数字有效行样点数是相同的，亮度有效行的样点数是 720 个，编号为 0 ~ 719；C_B 和 C_R 有效行样点数都是 360 个，编号为 0 ~ 359。

两种扫描标准的数字行消隐期是不同的，且小于模拟行消隐持续期。对于 525/60 扫描标准，行消隐持续 138 个取样周期，为第 720 ~ 857 周期。对于 625/50 扫描标准，行消隐持续 144 个取样周期，为第 720 ~ 863 周期。

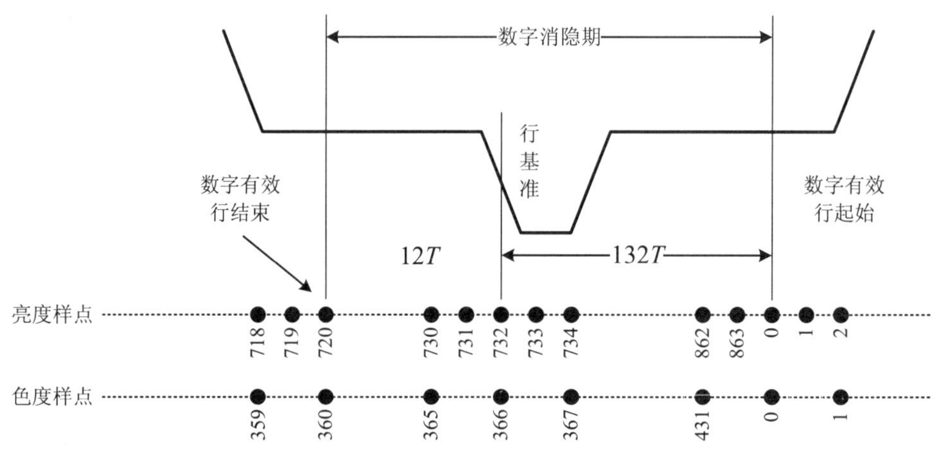

图 2-7　625/50 标准的 4:2:2 样点位置与行同步之间的关系

数字有效行持续时间为：720 × 1/13.5MHz = 53.333μs，其中第 0 ~ 9 个样点持续时间为 10 × 1/13.5MHz = 0.74μs，在 D/A 变换时用来形成模拟行消隐的上升沿（后沿）；最后的第 712 ~ 719 个样点持续时间为 8 × 1/13.5MHz = 0.59μs，用于形成模拟行消隐的下降沿（前沿）。数字有效行内的第 10 ~ 711 个样点持续时间为 702 × 1/135MHz = 52μs，这正是持续传送图像内容的模拟有效行持续期，参看图 2-7。

对于 525/60 扫描标准，4:2:2 视频样点位置与行同步之间的关系可参看有关标准。对于 625/50 扫描标准，4:2:2 视频样点位置与行同步之间的关系如图 2-7 所示。两种扫描标准的数字有效行有相同的样点数，它们每一行内样点数的差别都留到数字行消隐期间了，525/60 标准的数字行消隐持续 138 个样点间隔；625/50 标准的数字行消隐持续 144 个样点间隔。

在模拟信号中采用隔行扫描方式，不论是每帧 525 行还是每帧 625 行，在分成上下两个半场时，都会遇到出现半行的情况。为了避免处理半行数字信号，视频数字场与模拟场的场消隐不同，图 2-8 表示了 525/60 标准的 4:2:2 数字场与模拟场之间的关系。数字场的安排是：第 1 场的行数为 262，第 2 场的行数为 263，两场的固定场消隐都是 9 行。应该注意:在数字场消隐后边的一些行作为可选消隐行,当作为有效行使用时,V=0;作为消隐行使用时,V=1。

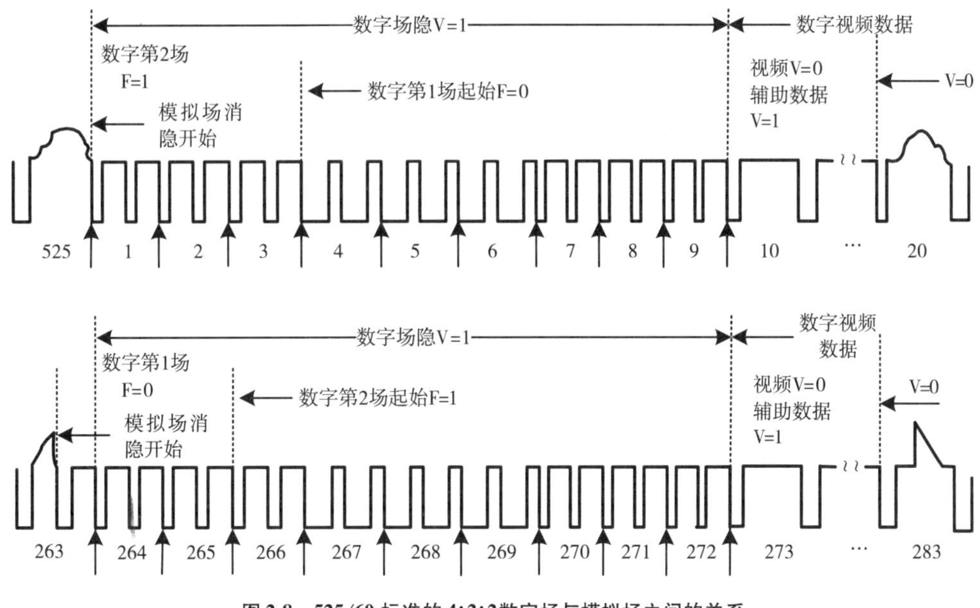

图 2-8 525/60 标准的 4:2:2数字场与模拟场之间的关系

图 2-9 表示了 625/50 标准的 4:2:2数字场与模拟场之间的关系。同样为了避免处理半个数字行,将两场的有效行数都定为 288 行,第 1 场的场消隐期为有效行前的 24 行,第 2 场的场消隐期为有效行前的 25 行。

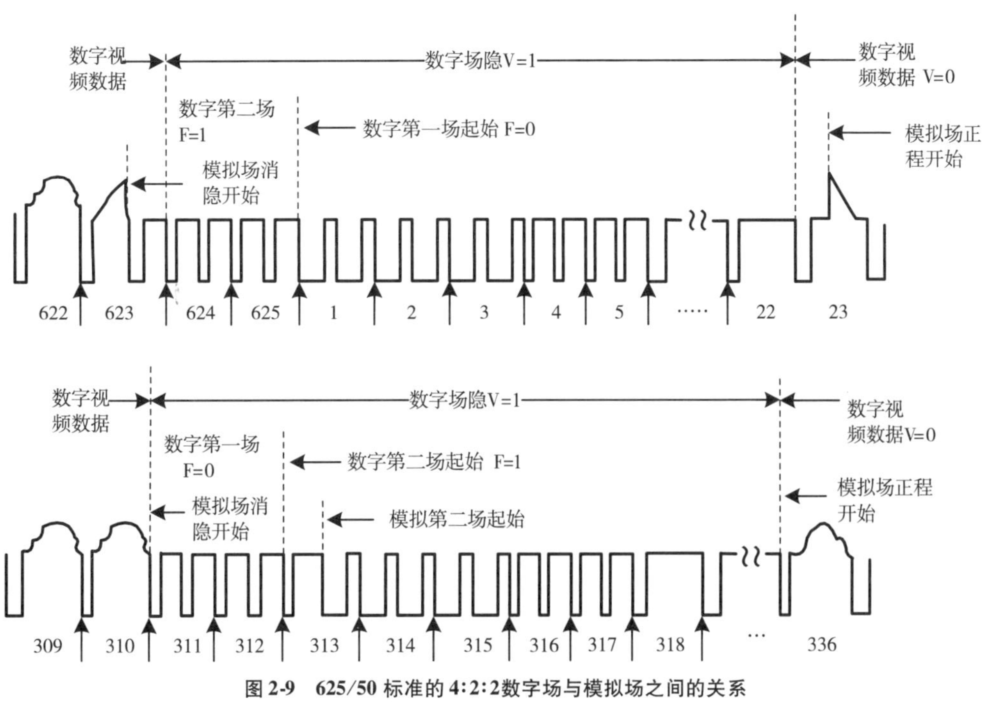

图 2-9 625/50 标准的 4:2:2数字场与模拟场之间的关系

2.1.5 ITU-R BT.601 标准

在 1982 年 2 月 CCIR 第 15 次全会上通过的 CCIR 601 建议(后来做了一些修改和补充,现改称为 ITU-R BT.601),考虑到现有的多种彩色电视制式,提出了一种全世界范围内兼容的数字编码方式,确定了以分量编码 4:2:2标准作为演播室彩色电视信号数字编码的国际标准。该建议是全世界范围内数字电视系统参数统一化、标准化迈出的第一步。该建议对彩色电视信号的编码方式、采样频率及采样结构都做了明确的规定,见表 2-1。以亮度信号的采样频率 13.5MHz 除以行频,可得出 625/50 和 525/60 制式中每行的亮度采样点数分别是 864 和 858,规定其行正程的采样点数均为 720,则其行逆程的采样点数分别为 144 和 138。由于人眼对色差信号的敏感度要低于对亮度信号的敏感度,为了降低数字电视信号的总数码率,在分量编码时可对两个色差信号进行亚采样,再考虑到采样的样点结构满足正交结构的要求,ITU-R BT.601 建议两个色差信号的采样频率均为亮度信号采样频率的一半,即 6.75MHz,相应的每一行的样点数也是亮度信号样点数的一半。简而言之,对演播室数字电视设备进行分量编码的规定是:亮度信号的采样频率为 13.5MHz,两个色差信号的采样频率为 6.75MHz,其采样频率之比为 4:2:2,所以称为 4:2:2格式。用于对视频信号源进行信号处理的质量要求更高的设备,也可以采用 4:4:4的采样格式。同时还有运用比较多的 4:2:0采样格式,它的亮度信号采样频率为 13.5MHz,每帧的亮度包含 720×576 的样本值,每帧的色差信号 C_B、C_R包含 360×288 个样本值,即每隔一行对两个色差信号分别采样一次,每采样行中每隔一个像素对色差信号采样一次。为满足电视会议和可视电话的需要,还产生了 CIF(352×288,30 帧/秒)和 QCIF(176×144,30 帧/秒)格式等。

表 2-1 ITU-R BT.601 建议的主要参数(采样格式为 4:2:2)

参数		625/50	525/60
编码信号		$Y,R\text{-}Y,B\text{-}Y$	
每行样点数	亮度信号	864	858
	色差信号	432	429
每行有效样点数	亮度信号	720	
	色差信号	360	
采样结构		正交,按行、场、帧重复,每行中的 $R\text{-}Y$,$B\text{-}Y$ 的样点同位置,并与每行第奇数个(1,3,5,...)亮度的样点同位置	
采样频率/MHz	亮度信号	13.5	
	色差信号	6.75	
编码方式		对亮度信号和色差信号都进行均匀量化,每个样值为 8bit 量化	
量化级	亮度信号	共 220 个量化级,黑电平对应于第 16 量化级,峰值白电平对应于第 235 量化级	
	色差信号	共 225 个量化级(16~240),色差信号的零电平对应于第 128 量化级	
同步		第 0 级和第 255 级保留	

彩色电视信号采用分量编码方式,对亮度信号和两个色差信号分别进行线性 PCM 编码,每个样值采用 8bit 量化,并规定在数字编码时,不使用 A/D 转换的整个动态范围,只给亮度信号分配 220 个量化级,黑电平对应于量化级 16,白电平对应于量化级 235;为每个色差信号分配 225 个量化级,色差信号的零电平对应于量化级 128。这几个参数对 PAL 制和 NTSC 制都是相同的。

需要指出的是,新的分量编码标准还规定可选用 10bit 量化精度,以适应某些特殊应用。要实现 8bit 量化精度到 10bit 量化精度的转换,只需在 8bit 量化精度时对应的二进制编码的最低有效位后添加 2 个“0”bit 即可。比如,对于 8bit 量化,亮度黑电平对应于量化级 16(00010000);对于 10bit 量化,亮度黑电平对应于量化级 64(0001000000),以此类推。由于这个标准制定得非常早,在现在的应用中,多数情况下量化位数都采用 10bit 量化。

2.1.6 亮度和色差信号的时分复用

根据需要,亮度数据和色差数据可以单独(同时)传输,或采用时分复用的方式传输。时分复用时每行的总样值(字)数为 1716 个,编号为 0 ~ 1715(525/60 标准),或为 1728 个,编号为 0 ~ 1727(625/50 标准)。

在数字有效行内复用数据的字数,对两种扫描标准而言都是 1440 个,编号为 0 ~ 1439。在数字消隐期间复用数据的字数,对两种扫描标准而言则是不同的,625/50 标准为 288 个字,编号为 1440 ~ 1727,如图 2-10 所示;525/60 标准为 276 个字,编号为 1440 ~ 1715。

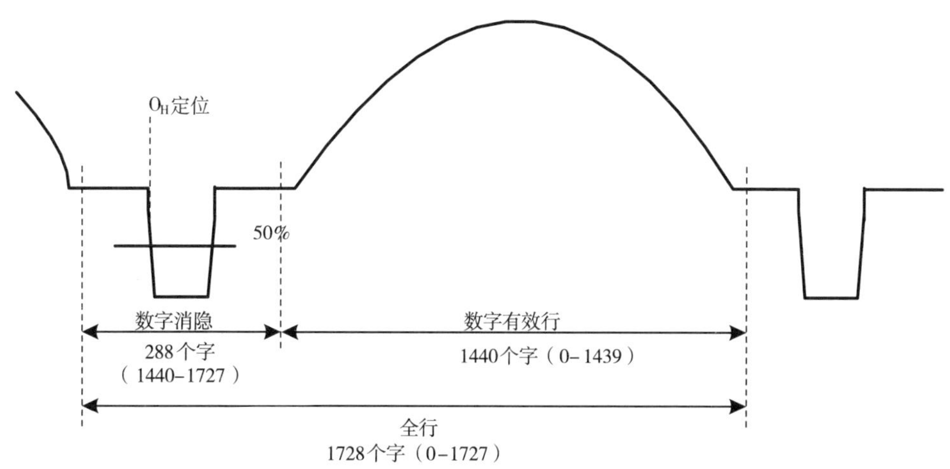

图 2-10 625/50 标准的复用数据的字数分布

时分复用、比特并行输出的 4:2:2数字编码器原理如图 2-11 所示。输入的模拟信号 E'_Y、E'_{CB}和 E'_{CR}经过抗混叠低通滤波器后,进入各自的 A/D 变换器,输出的 Y 数字信号速率为 13.5 兆字/秒,抽样间隔为 74ns;C_B和 C_R数字信号的速率为 6.75 兆字/秒,抽样间隔为 148ns。三个数字信号并行进入数字合成器(Combiner),以 27 兆字/秒的速率顺序读出 C_B、Y、C_R的数据,每个字所占的间隔为 37ns。图中样点编号表明,C_B和 C_R样点与 Y 样点奇数位(1,3,5……)位置一致。

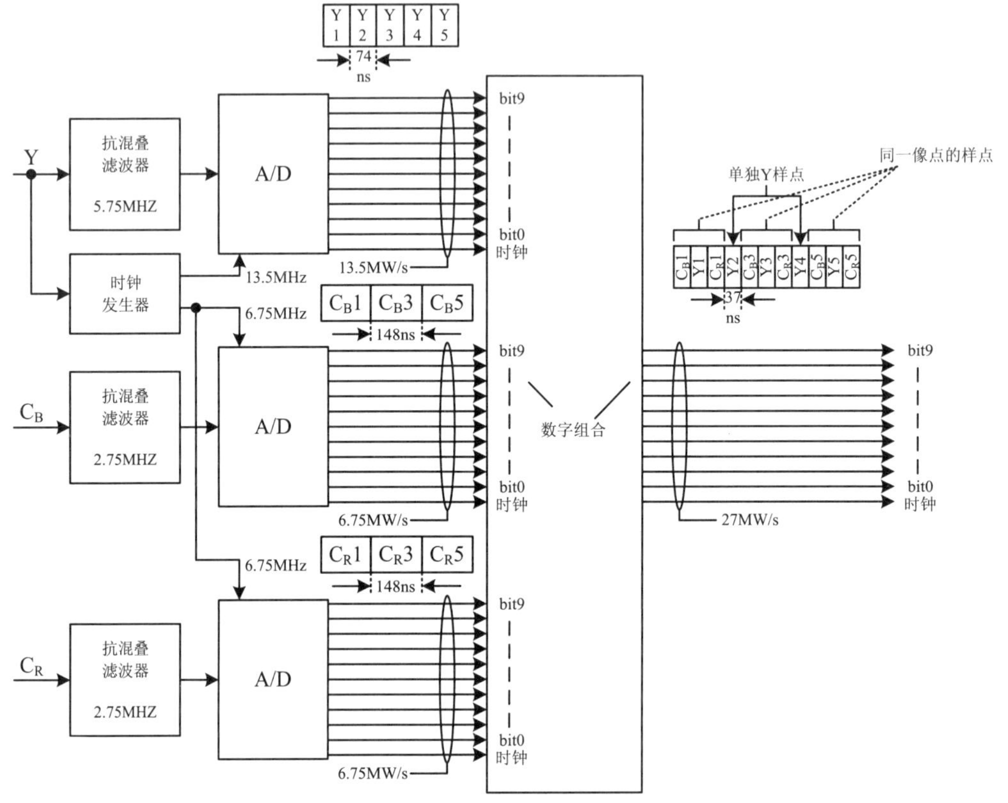

图 2-11　时分复用、比特并行输出的 4:2:2 数字编码器原理

数字合成器输出数据的速率是 27 兆字/秒,三个分量信号按 C_{B1},Y_1,C_{R1},Y_2,C_{B3},Y_3……的顺序输出。前 3 个字(C_{B1},Y_1,C_{R1})属于同一个样点的三个分量,紧接着的 Y_2是下一个样点的亮度分量,它只有 Y 分量。每个有效行输出的第一个视频字应是 C_B。

2.1.7　定时基准信号

数字分量标准规定不对模拟同步脉冲进行取样,而是在每一行的数字有效行数据流之中,通过复用方式加入两个定时基准信号。在行消隐期间留出 8 个数据字位置,用于传送定时基准信号,具体位置见图 2-12 和图 2-13。对于 525/60 标准,其行定时信号 EAV 的位置是字 1440 ~ 1443,定时信号 SAV 的位置是字 1712 ~ 1715。对于 625/50 标准,EAV 的位置是字 1440 ~ 1443,SAV 的位置是 1724 ~ 1727。在场消隐期间,EAV 和 SAV 信号保持同样的格式。

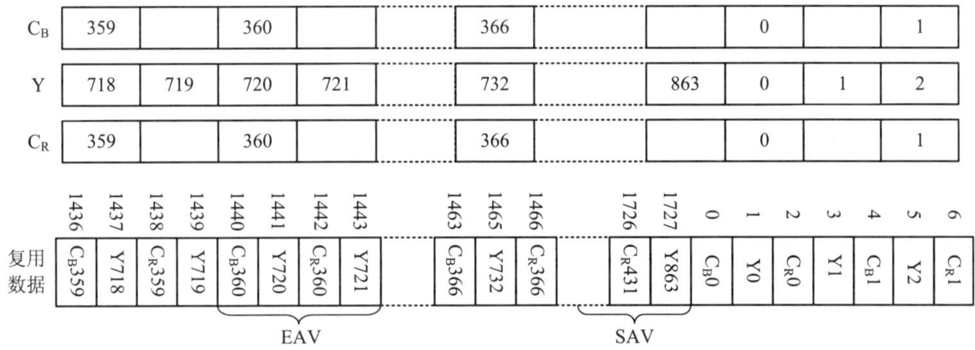

图 2-12　625/50 标准的数字行消隐及数据合成

每个定时基准信号由 4 个字组成，可用 16 进制计数符号表示为：3FF 000 000 *XYZ*。前三个字是固定前缀，3FF、000 和 000 三个十六进制数是为定时标志符号预备的，作为 SAV 和 EAV 同步信息的开始标志。*XYZ* 代表一个可变的字，它包含确定的信息：场标志符号、场消隐的状态和行消隐的状态。图 2-13 表示了 625/50 标准的每帧定时基准信号的位置。

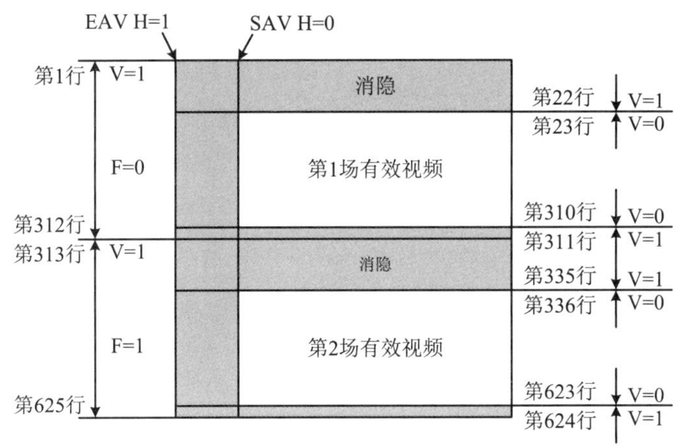

图 2-13　625/50 标准的数字定时基准信号

表 2-2 列出了构成 SAV 和 EAV 的 4 个字：3FF、000、000、*XYZ* 的二进制数值。表中 *XYZ* 的 bit0 和 bit1 规定为二进制数 0，以便与 8bit 量化接口兼容，bit9 是 1，bit6、7、8 是可变的二进制数，分别用 *H*、*V* 和 *F* 表示，可表示以下三种信息：

1. *F*：场标志符

$F=0$，表示是在第 1 场期间；$F=1$，表示是在第 2 场期间。

2. *V*：场消隐标志符

$V=0$，表示有效场期间；$V=1$，表示场消隐期间。

3. *H*：行消隐标志符

$H=0$，有效行开始处（SAV）；$H=1$，有效行结束处（EAV）。

字 *XYZ* 中的 bit2、3、4、5 的值也是可变的，并用 P_0、P_1、P_2、P_3 表示，它们的值取决于 bit*F*、bit*V* 和 bit*H* 的值，可对 *F*、*V* 和 *H* 进行 2bit 误码检测以及 1bit 误码校正。表 2-3 列出了各行特定取样点的 *XYZ* 值的二进制数值，表明了 P_0、P_1、P_2、P_3 与 *F*、*V*、*H* 间的关系。

表 2-2　定时基准信号(TRS)

bit	3FF	000	000	*XYZ*
9	1	0	0	1
8	1	0	0	*F*
7	1	0	0	*V*
6	1	0	0	*H*
5	1	0	0	*P3*
4	1	0	0	*P2*
3	1	0	0	*P1*
2	1	0	0	*P0*
1	1	0	0	0
0	1	0	0	0

表 2-3　10bit 十六进制 XYZ 数的二进制数值及其保护比特 P_0、P_1、P_2、P_3 与 *F*、*V*、*H* 的关系

行范围		取样点位置	10bit *XYZ* 的二进制数值										十六进制
625/50	525/60		1	F	V	H	P_3	P_2	P_1	P_0	0	0	
23 ~ 310	20 ~ 263	第 1 有效场的 SAV	1	0	0	0	0	0	0	0	0	0	2 0 0
23 ~ 310	20 ~ 263	第 1 有效场的 EAV	1	0	0	1	1	1	0	1	0	0	2 7 4
1 ~ 22、311 ~ 312	4 ~ 19、264 ~ 265	第 1 场消隐的 SAV	1	0	1	0	1	0	1	1	0	0	2 A C
1 ~ 22、311 ~ 312	4 ~ 19、264 ~ 265	第 1 场消隐的 EAV	1	0	1	1	0	1	1	0	0	0	2 D 8
336 ~ 623	283 ~ 525	第 2 有效场的 SAV	1	1	0	0	0	1	1	1	0	0	3 1 C
336 ~ 623	283 ~ 525	第 2 有效场的 EAV	1	1	0	1	1	0	1	0	0	0	3 6 8
624 ~ 625、313 ~ 355	1 ~ 3、266 ~ 282	第 2 场消隐的 SAV	1	1	1	0	1	1	0	0	0	0	3 B 0
624 ~ 625、313 ~ 355	1 ~ 3、266 ~ 282	第 2 场消隐的 EAV	1	1	1	1	0	0	0	1	0	0	3 C 4

2.1.8　数字音频复用和辅助数据的插入

除了 EAV 和 SAV 同步字以外，几乎所有的行消隐期和场消隐期都可以用来嵌入辅助数据。辅助数据分为行辅助数据 HANC(Horizontal Ancillary Data)和场辅助数据 VANC (Vertical Ancillary Data)。辅助数据在视频中的位置如图 2-14 所示。

2.1.8.1　辅助数据(ANC)的应用

1. 时间码的传送。

在场消隐期传送纵向时间码(LTC)或场消隐期时间码(VITC)、实时时钟等其他时间

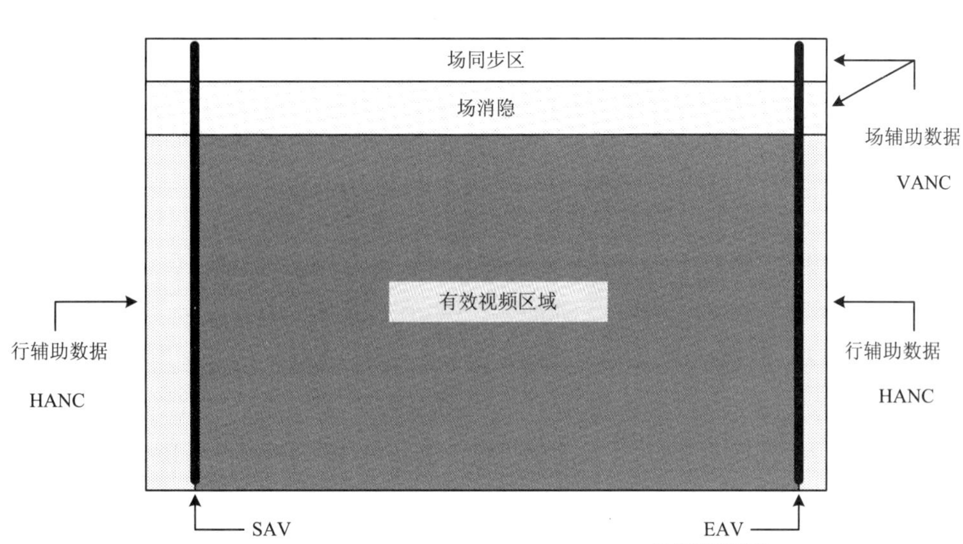

图 2-14　辅助数据在视频中的位置

信息和其他用户定义信息。

2. 数字音频的传送。

在串行分量数字信号的水平消隐期间可传送多达 16 路符合 AES/EBU 标准的 20 比特量化的数字音频信号。

3. 检测与诊断信息的传送。

插入误码检测校验字和状态标识位，用于检验传输后的校验字有效状态，以检测 10 比特数字视频接口的工作状况。

4. 图像显示信息的传送。

在 4∶3和 16∶9画面宽高比混合使用的情况下，传送宽高比标识信令是必要的。

5. 其他应用。

可以传送图文电视信号、节目制作和技术操作信令。由于数据空间足够大，甚至可以传送经过压缩编码的数字视频节目。国际标准化组织不断地对以上各种数据的格式及插入位置作出统一规定。

2.1.8.2　辅助数据的插入位置

辅助数据分为行辅助数据（HANC）和场辅助数据（VANC）。允许 10bit 的 HANC 插在所有的数字行消隐内。从 EAV 开始到 SAV 结束是数字行消隐期，如图 2-15 所示。在每行数字行消隐期间从 EAV 结束到 SAV 开始前的部分可以传送一个小辅助数据块，数据块长不超过 280 个字（625/50 标准）或 268 个字（525/60 标准）。辅助数据的数据块都以三个字的数据头（或称数据首标）开始，分别为：000、3FF、3FF。

为适应采用 8 比特的设备，必须把 8 比特设备的 00 和 FF 分别视为相当的 000 和

	1436	1437	1438	1439	1440	1441	1442	1443		1464	1465	1466		1723	1724	1725	1726	1727	0	1	2	3
复用数据	C_B359	Y718	C_R359	Y719	3FF	000	000	XYZ							3FF	000	000	XYZ	C_B0	Y0	C_R0	Y1
					EAV				辅助数据280个字						SAV							

图 2-15　625/50 标准的数字消隐行内辅助数据的位置

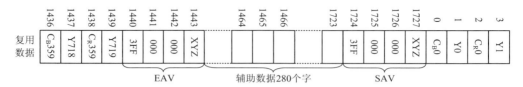

3FF。场辅助数据(VANC)只允许插在场消隐期间的各有效行内(从 SAV 结束到 EAV 开始前),可以传输多达 1440 个字的大辅助数据块,但只能用 8 比特字,而且对可用的行有一定限制。在 525/60 标准中,只有在行 1~19 和行 264~282 不传送有用视频数据时,才能在其有效行部分插入辅助数据,在行 10~19 和行 273~282 之中也可能传送视频数据,这时就不能用于传送辅助数据,因为其中已规定第 14 行和第 277 行用于传送数字场消隐期间的时间码(DVITC)和视频导引信号。对于 625/50 标准,已规定第 20 行和第 333 行用于传送设备自检信号。

VANC 信号是 8 比特字信号,每个数据块也以 3 个字的辅助数据头开始:000、3FF、3FF。为能适应 10 比特和 8 比特的设备,必须把 8 比特设备的 00 和 FF 分别看作等效的 000 和 3FF。

在场消隐和行消隐期间,没有用于传送辅助数据的各个字必须硬性地填充以下数值:对应于 Y 样点的字必须填充 16 进制数值 040;对应于 C_B 和 C_R 样点的字必须硬性地填充 16 进制数值 200。

前面已经提到,在数字分量信号中是根据一定规范插入辅助数据的。辅助数据内包括数字音频、时间码、EDH 以及预留的用户数据和控制数据。

辅助数据按一定的格式进入数据包,并与串行数据流复用传输。国际上,辅助数据包插入的位置由 SMPTE 125M 和 SMPTE 269M 文件规定。我国的广电行业标准 GY/T 160-2000《数字分量演播室接口中的附属数据信号格式》对辅助数据的格式及插入位置进行了规范。图 2-15 和图 2-16 分别显示了 625/50 标准和 525/60 标准串行数字分量接口中规定的辅助数据的位置。图 2-17 显示了 4∶2∶2数字分量接口标准中规定的辅助数据包的结构。

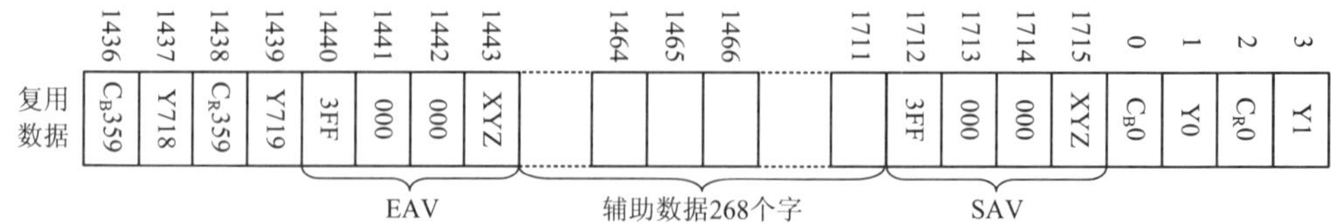

图 2-16　525/60 标准的数字行消隐内辅助数据的位置

每个数据包最多可载送 262 个 10 比特并行数据字。这些数据字是:

1. 三个辅助数据标志字(ADF)。

它们的值分别为 000、3FF、3FF,标志着辅助数据包的开始。

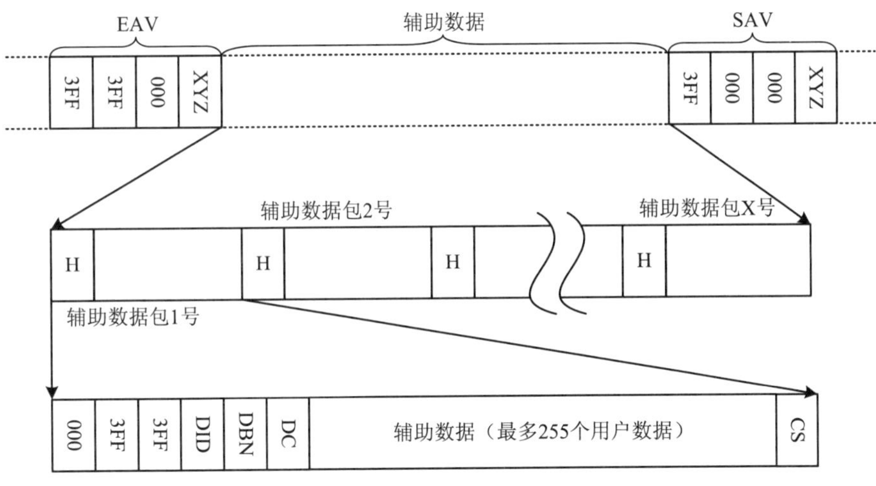

图 2-17　数字分量接口辅助数据包结构

2. 可选用的数据标识字（DID）。

这个字标识每个数据包的数据内容。当此内容是音频数据时，用几个不同的 DID 来定义 4 组可能的音频通路。

3. 可选用的数据块计数字（DBN）或第二数据标识字（SDID）。

这个字使接收端能够通过计算具有共同 DID 数据包的个数，验证传送的完整性。在数据流切换和开关情况下，这个计数器能发出一个标志给声音处理系统，以一个适当的静音电路消除过渡现象，避免出现“噼啪”声和“喀呖”声。

4. 数据数目字（DC）：指示每个数据包内的用户数据字数量。

5. 可变的用户数据字（UDW）：最多容许 255 个字。

6. 校验和字（CS）：在接收端用来确定数据包的有效性。

复用的、邻接的辅助数据包可以插入任何辅助数据位置。但是，行辅助数据 HANC 必须紧随 EAV 之后，场辅助数据 VANC 必须紧随 SAV 之后。如果辅助数据位置的前三个字不是 ADF，就认为辅助数据包没有出现。

2.1.8.3　数字音频嵌入标清数字视频

关于数字音频的插入和复用，SMPTE 272M 标准推荐两种基本工作模式。

1. 最低 AES 实施标准。

最低 AES 实施标准为 A 级标准，其音频字分辨率为 20 比特，抽样频率为 48kHz，音频数据与视频数据同步，只有一组 4 声道（2 对立体声）音频通路，接收端缓存大小为 48 个音频抽样。

音频数据包是由 AES/EBU 信息数据流形成的。图 2-18 是一个 AES/EBU 数据流形成音频数据包的过程。图 2-18 显示出从一个 AES/EBU 串行数据流的第 0 帧的子帧 1（通道 1）抽出 20 个比特音频数据以及有关的 V（样值有效性）、U（用户数据）和 C（通路状态)比特,总共23比特,映射成3个10比特辅助数据字 X、$X+1$ 和 $X+2$。放弃了原有的4个同步比特、4个辅助比特和奇偶校验比特,保留了3个辅助比特。

表2-4列出了3个10比特数据字 X、$X+1$ 和 $X+2$ 还原出的音频数据结构。其中有2个比特指示通道号,奇偶校验在前26个比特上计算,所有的 b_9 地址比特除外。这3个字紧接着辅助数据头插入,见图2-18。

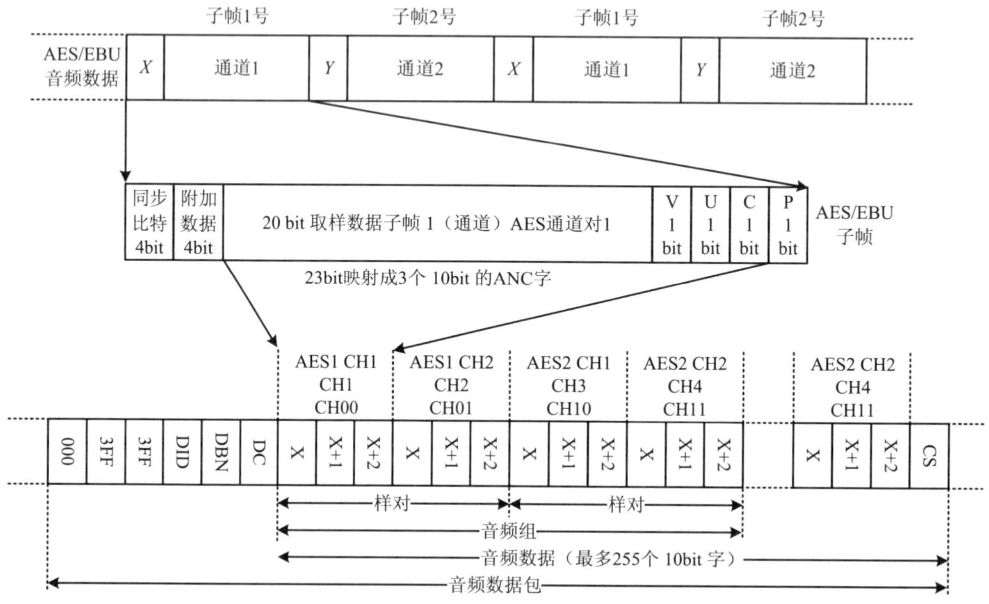

图2-18　从AES/EBU串行音频数据流形成的辅助音频数据包结构

同一个AES/EBU串行数据流中的第2路音频信息(通道2)以同样的方式插入。后续AES/EBU串行数据流的子帧接续插入,以完成一组音频(4路音频)的插入。所用的各种标志反映不同的通路识别和帧识别方法。AES/EBU规定,一个192帧的序列(从0到191帧)形成一个块。每一帧包含2个子帧(子帧1和子帧2)或通道(通道1和通道2)。形成一个辅助音频流时,2帧(4个子帧或4个通道)成为一组。每组包含2个抽样对,分别来自2个AES/EBU串行数据流。每个抽样对可用3种方法鉴别:

(1)AES1(CH1/CH2)和AES2(CH1/CH2);

(2)CH1/CH2和CH3/CH4;

(3)CH00/CH01和CH10/CH11。

表2-4　格式化的音频数据结构

bit 地址	字 X	字 $X+1$	字 $X+2$
b_9	b_8 反码	b_8 反码	b_8 反码
b_8	音频5	音频14	P
b_7	音频4	音频13	C

续表

bit 地址	字 X	字 $X+1$	字 $X+2$
b_6	音频 3	音频 12	U
b_5	音频 2	音频 11	V
b_4	音频 1	音频 10	音频 19
b_3	音频 0	音频 9	音频 18
b_2	通路 1	音频 8	音频 17
b_1	通路 2	音频 7	音频 16
b_0	Z	音频 6	音频 15

2. 全 AES 实施标准。

全 AES 实施标准与几种工作能力相关联，这几种工作能力分为 B 级到 J 级，该标准的特点为：音频字分辨力为 24bit；取样频率为 32kHz、44. 1kHz 或 48kHz；音频数据与视频数据可同步也可不同步；可插入多达 4 组 4 声道音频通路；接收端缓存大小为 64 个音频样点；具有任何一路音频与视频数据信号之间的延时指示。

为传输额外信息，增加了 2 个附加数据包。对于 24bit 量化级的工作模式，两个 AES1 子帧的 4 个附加比特组成一个 8bit 字，称为 AES1 信号的附加（AUX）字。所有 AES 信号的 AUX 字组成一个扩展数据包，如图 2-19 所示。这个数据包有同样的包头结构和一个符合规定的 DID 数码。它紧接与之相关的音频数据包插入辅助数据空位上。

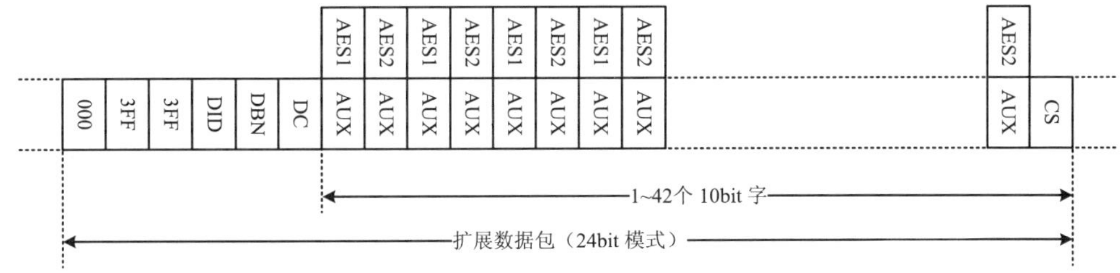

图 2-19　扩展数据包结构（24bit 音频）

另外还定义了一个音频控制包，以传送下列信息：音频帧数、取样频率、有效音频通路数及每个音频通路相对视频的延迟时间等。对于最低 AES 实施标准，这个包是可自由选择的。但是对于全 AES 实施标准，这个包是必须的。图 2-20 所示的包是每场只传送一次的包，作为沿着第 11 行辅助数据空间出现的第一个包。

音频数据插在位于行消隐区的三个辅助数据空间的最后一个空间内。若串行数据流的切换在第 9 行进行，则不推荐在紧接着后一行的行辅助数据空间插入音频数据。在接收端的解复用器中必须有一个 64 样点的缓存器，以无缝隙地还原数字音频信号。

有些设备是在标准制定之前设计和制造的，音频数据插入位置与标准规定不完全符合时会出问题，导致插入的音频数据部分丢失，严重降低伴音质量。例如，有些数字录像

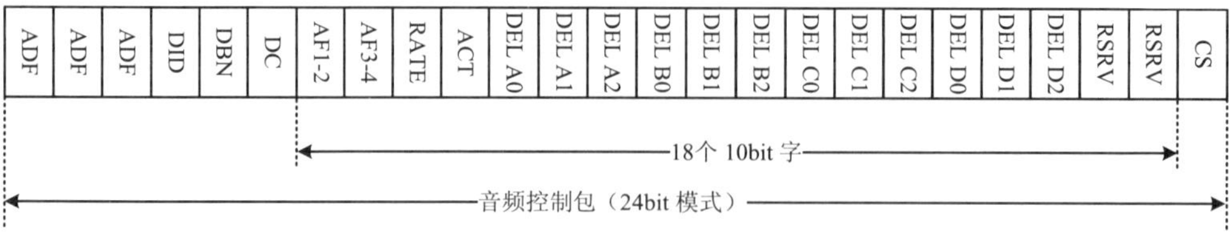

ADF	ADF	ADF	DID	DBN	DC	AF1-2	AF3-4	RATE	ACT	DEL A0	DEL A1	DEL A2	DEL B0	DEL B1	DEL B2	DEL C0	DEL C1	DEL C2	DEL D0	DEL D1	DEL D2	RSRV	RSRV	CS

18个 10bit 字

音频控制包（24bit 模式）

ADF：辅助数据标志　DID：数据标字　DC：数据数目　CS：校验和
AUX：附加数据　DBN：数据块号　AF：音频帧号　ACT：有效通路
DEL：每对音频通路相对延时　RATE：每对音频通路的取样频率指示

图 2-20　音频控制包结构

机、帧同步机和编解码器，为了降低比特率，在信号处理之前抽出了行、场消隐期间的数据，不能透明地记录或处理完整的数字音频信号，而在设备的输出端再加上行、场消隐。某些设备在输入端把辅助数据完整地抽取出来，存储在存储器里，而在输出端重新插入。因此，在采用音频嵌入视频的方式处理和传送数字信号时，应注意系统中各设备能否按推荐标准处理辅助数据，适当地进行系统配置和音频信号传送。

2.2　高清晰度演播室数字分量标准

国际电信联盟的 ITU-R BT. 709 建议提出了两种 HDTV 节目制作及节目交换用的 HDTV 参数，一种是隔行扫描数字 HDTV 视频格式，另一种是方型像素通用高清晰度视频格式。参考方型像素通用高清晰度视频格式，我国在 2000 年颁布了 GY/T 155-2000《高清晰度电视节目制作及交换用视频参数值》标准，具体参数见表 2-5。

表 2-5　我国高清晰度电视节目制作数字参数表

参数	数值	
编码信号	R、G、B 或 Y、C_B、C_R	
R、G、B、Y 的取样结构	正交，行和帧扫描位置重复	
C_B、C_R 取样结构	正交，行和帧扫描位置重复，彼此的取样点重合，与亮度取样点隔点重合（第一个有效色差样点与第一个有效亮度样点重合）	
编码方式	线性，8 或 10bit/样值	
量化电平 R、G、B、Y 的消隐电平 C_B、C_R 的消色电平 R、G、B、Y 的峰值电平 C_B、C_R 的峰值电平	8bit 编码 16 128 235 16 和 240	10bit 编码 64 512 940 64 和 960
量化电平分配 视频数据 同步基准	8bit 编码 1 ~ 254 0 和 255	10bit 编码 4 ~ 1019 0 ~ 3 和 1020 ~ 1023
每帧总行数	1125	

续表

参数		数值
隔行比		2:1
帧频(Hz)		25
行频(Hz)		28 125
每行总样点数	R、G、B、Y	2640
	C_B、C_R	1320
每行有效取样点数	R、G、B、Y	1920
	C_B、C_R	960
标称信号带宽(MHz)		30
R、G、B、Y的取样频率(MHz)		74.25
C_B和C_R的取样频率(MHz)		37.125

我国HDTV标准采用分辨率为1920×1080,帧频为25Hz的隔行扫描方式。从表2-5可以看出,我国高清晰度数字电视编码在信号的取样结构、编码方式、量化以及量化电平的分配等处理方面在原理上与标准清晰度电视完全相同,只是高清晰度数字电视参与编码的信号可以是R、G、B分量格式。

由于每帧总行数是1125行,帧频为25Hz,则行频为1125×25Hz=28 125Hz。信号标称带宽为30MHz,R、G、B、Y的取样频率为2.25MHz的整数倍,且大于2.4倍的标称带宽,所以,R、G、B、Y的取样频率为33×2.25MHz=74.25MHz。色差信号的取样频率为亮度取样频率的一半,为74.25MHz/2=37.125MHz。这样每行R、G、B、Y的总样点数为R、G、B、Y的取样频率/行频=74.25MHz/28125Hz=2640;由于色差信号取样频率降低一半,每行色差信号的总样点数也减少一半,为1320个样点。

此外,为了传输并重现丰富的彩色效果,我国高清晰度电视标准还采用了扩展色域的方法:通过保留已有的基色荧光粉坐标的彩色编码方式,扩大摄像机的R、G、B三基色信号动态范围来扩展色域。由于电视系统所需的信号动态范围取决于基色坐标、光电转换特性和需要传输的颜色范围,要使电视系统传输并重现的扩展色域能够覆盖相应标准规定的彩色范围,经过校正后的R、G、B信号的动态范围应在-0.23~1.15之间。这一动态范围超出了现行电视系统规定的信号幅度范围,要重新进行量化电平的分配。

标准还包括了24p格式参数,这是符合电影规范的逐行扫描方式,主要是为了适应运用数字电影制作高清电视节目或使用高清电视设备制作数字电影的情况,便于电影和高清电视节目之间的转换。24p格式参数见表2-6。

表2-6　24p格式参数

参数	数值	参数	数值
每帧总行数	1125	每行取样点数(C_B和C_R)	1375

续表

参数	数值	参数	数值
帧频	24	标称信号带宽(MHz)	30
隔行比	1:1	R、G、B 和 Y 的取样频率(MHz)	74.25
行频	27000	C_B 和 C_R 的取样频率(MHz)	37.125
每行取样点数(R、G、B 和 Y)	2750		

与数字标清信号一样，数字高清晰度数字信号为二进制编码，信号中包括 8bit 字或 10bit 字的视频数据、定时基准码和辅助数据等信息。

2.2.1 中国高清晰度信号格式的视频数据

我国的数字高清晰度电视演播室参数标准规定，一帧图像的有效亮度及三个基色信号的像素数各为 1920×1080，两个色差信号像素各为 960×1080。并行传输时，两个色差信号按次序进行时分复用，如果是串行传输还要对亮度信号和复用后的色差数据进一步进行时分复用。如果是三基色信号，要对 R、G、B 数据进行时分复用后，再形成串行数据。

对于并行传输的数据格式，亮度信号和经过时分复用后的色差信号处理为并行的 20bit 数据字，每个 20bit 数据字对应一个色差取样和一个亮度取样，复用次序是($C_{B1}Y_1$)、($C_{R1}Y_2$)、($C_{B3}Y_3$)、($C_{R3}Y_4$)……括号里是并行的 20bit 的数据字。R、G、B 信号通常被处理成 30bit 的数据字。这样，对于并行传输的数字高清晰度电视，色差分量格式一行共有 2640 个 20bit 的数据字，R、G、B 分量格式一行共有 2640 个 30bit 的数据字。一行中用于传输视频信号的有效数据字为 1920 个。一行数字高清晰度电视的并行传输的数据格式如图 2-21 所示。

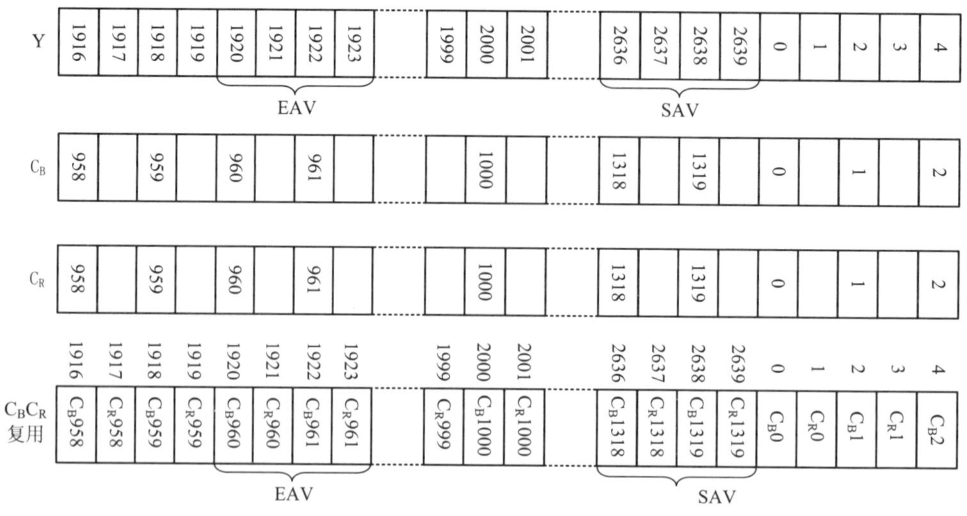

图 2-21 高清 1125/50 标准的数字行消隐及数据合成

2.2.2　数字高清视频信号与模拟高清视频信号波形的定时关系

下面着重介绍一下 1125/50 隔行扫描系统的定时关系。

2.2.2.1　行定时关系

模拟高清晰度电视采用三电平同步脉冲,该脉冲波形先低于消隐电平,然后又高于消隐电平,在三电平同步脉冲中的定时基准位于同步基准的上升时期与消隐电平相交处,模拟高清视频行起始于三电平同步脉冲的定时基准处,结束于下一行的三电平同步脉冲的定时基准处。同步脉冲电平幅度为 ±300mV,正负同步电平之间的幅度差应不超过 6mV,三电平同步脉冲的波形及参数如图 2-22 所示。行频 28 125Hz 的倒数就是模拟行周期,时长为 35.556μs;1920 乘以取样周期 1/74.25MHz 可得到模拟行正程,时长为 25.859μs;行周期减去行正程可得到模拟行消隐,时长为 9.697μs;其中,消隐前肩规定为 6.518μs,消隐后肩规定为 1.993μs,其正向和负向同步脉冲宽度各为 0.593μs。

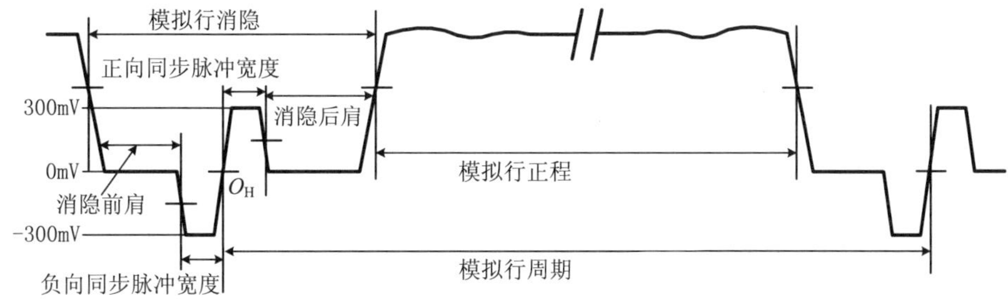

图 2-22　三电平同步脉冲的波形及参数

由于数字高清晰度电视视频信号是由模拟高清晰度视频信号经过 A/D 转换得到的,那么,在高清数字视频信号与模拟视频信号之间存在明确的定时关系。图 2-23 给出了高清数字视频数据流与模拟行波形之间的详细关系,表 2-7 是两者之间的详细的定时参数。每行 35.556μs 内有 2640 个亮度或基色信号取样周期,数字行开始于相应行的模拟同步信号的基准点(O_H)前 528 个亮度取样周期处;数字有效行开始于相应行的模拟同步信号的基准点(O_H)后的 192 个亮度取样周期处,有效行长度为 1920T(T 为抽样间隔);数字消隐起始于模拟行同步前沿 O_H前 528 个亮度周期处,其长度为 720T。消隐行左端有 4T 的定时基准 EAV,EAV 代表有效视频结束;EAV 之后是各 2T 的行号和 CRC 循环校验码;右端有 4T 的定时基准 SAV,SAV 代表有效视频开始。其中,T 代表亮度或基色信号的抽样周期(间隔),T = 1/74.25MHz = 13.48ns。

表 2-7　1125/50 高清数字行与模拟定时参数

参数	数值	参数	数值
模拟同步类型	三电平同步脉冲	模拟行正程终点与 EAV 始点的间隔	0T
模拟定时基准	上升沿过零点或 50% 处	模拟行正程始点与 SAV 终点的间隔	0T

续表

参数	数值	参数	数值
总行数/帧	1125 行	EAV 至模拟同步定时基准	528T
有效行数/帧	1080 行	SAV 至模拟同步定时基准	192T
场频	50Hz	SAV 持续时间	4T
场周期	20ms	EAV 持续时间	4T
行频	28125 Hz	数字行全行	2640T
行周期	35.556μs	数字有效行	1920T
行消隐	9.697μs	数字行消隐	720T
消隐前肩	6.518μs	行号及 CRC 信息	各 2T
负同步脉冲宽度	0.593μs		
正同步脉冲宽度	0.593μs		
消隐后肩	1.993μs		

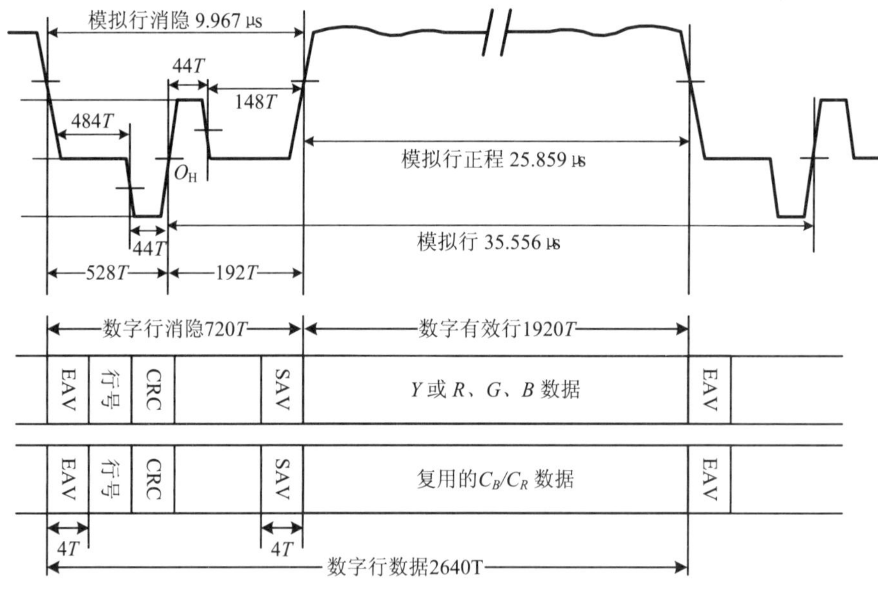

图 2-23　数字高清并行数据格式与模拟视频波形关系

2.2.2.2　场定时关系

隔行扫描数字高清晰度电视视频系统的模拟场与数字场之间的详细定时关系如图 2-24 和图 2-25 所示。从图中可以看出，两者存在比较一致的定时关系，其行号和奇偶场次序是一致的，差别在于模拟信号的奇偶场分界点在第 563 行的中间，而数字信号的奇偶场分界点则在 563 行的结束，这就可以避免对半行信号进行处理。第 1 场的第 1 行到 20 行为数字场消隐，第 21 行到 560 行是数字有效视频行，第 561 行到 563 行为第 1 场的数字场消隐；第 2 场的第 564 行到 583 行是数字场消隐，第 584 行到 1123 行是第 2 场的数字有效视频行，第 1124 行和 1125 行为第 2 场的数字场消隐。需要说明一下的是，这里的行数指的是在数据传输、处理过程中按照时间顺序计数的行数，并不是在屏幕上从上往下数的行数。

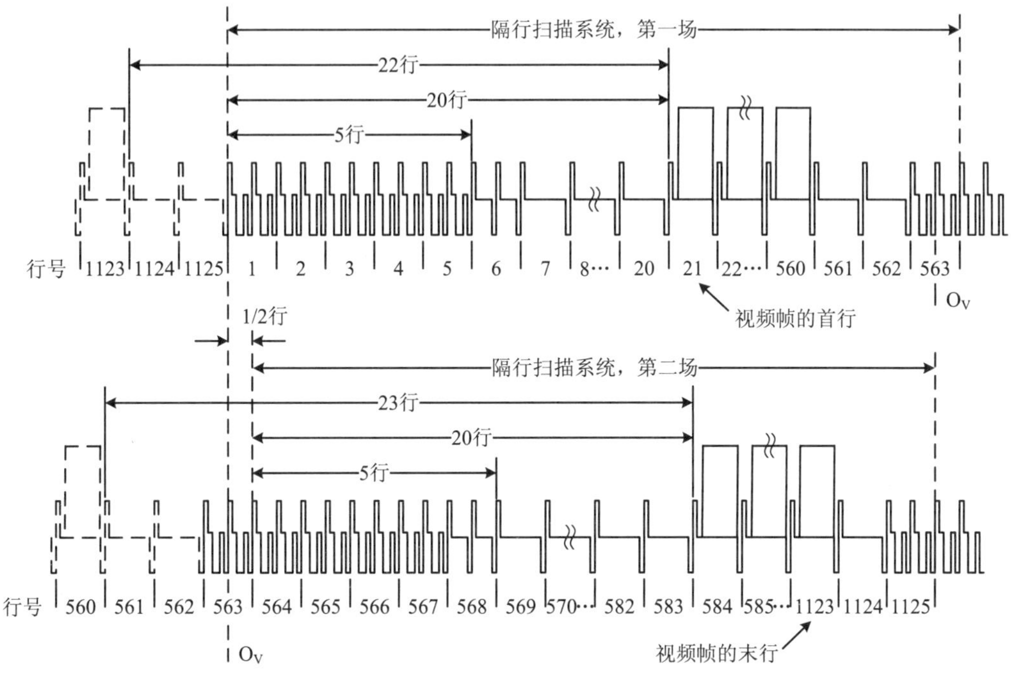

图 2-24　隔行扫描系统高清模拟视频场定时关系

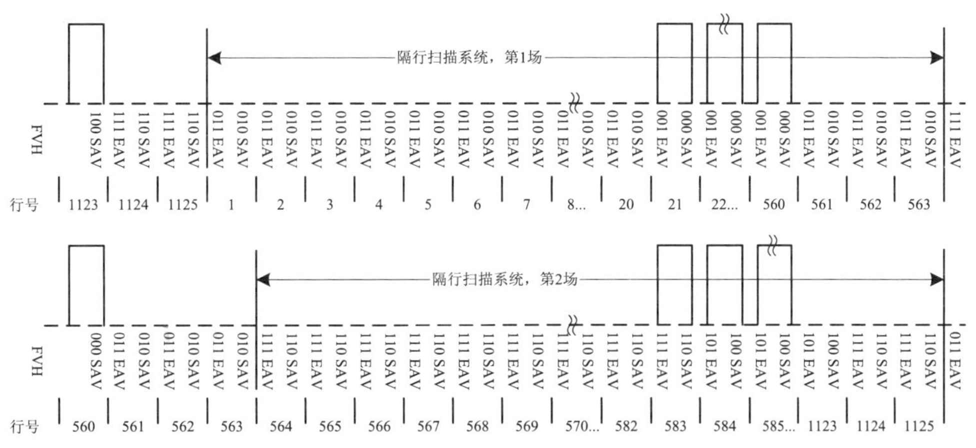

图 2-25　隔行扫描系统高清数字视频场定时关系

2.2.3　高清数字视频定时基准码

定时基准 SAV 表示每个视频数据块的开始，EAV 表示每个视频数据块的结束。定时基准 EAV 和 SAV 中的 F、V、H 各位的取值表示 F、V、H 的状态，高清数字视频定时基准的组成和各比特位的分配以及保护比特的构成方式与标清数字视频的视频定时基准码是一致的,具体可参看标清部分有关内容。高清的逐行扫描系统的 F、V、H 取值表示的状态有别于隔行扫描系统,逐行扫描方式下,由于不分奇偶场,F 恒为 0。图 2-26 是 1125/50 隔行扫描系统的 F、V、H 的取值。

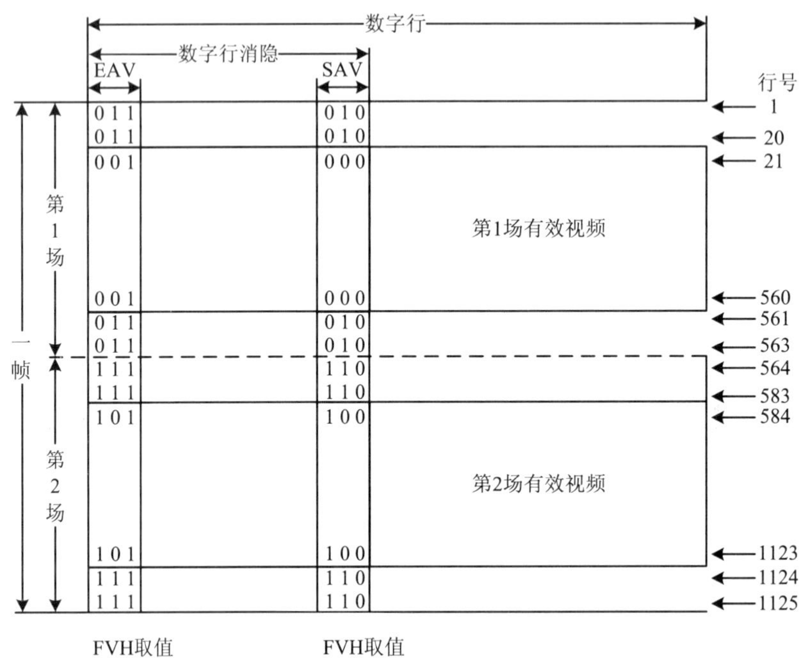

图 2-26　1125/50 隔行扫描系统的 F、V、H 的取值

2.2.4　行编号及 CRC 循环校验字

与标清数字视频不同,在数字高清晰度视频数据格式的 EAV 之后,附加了 4 个数据字,如图 2-27 所示。

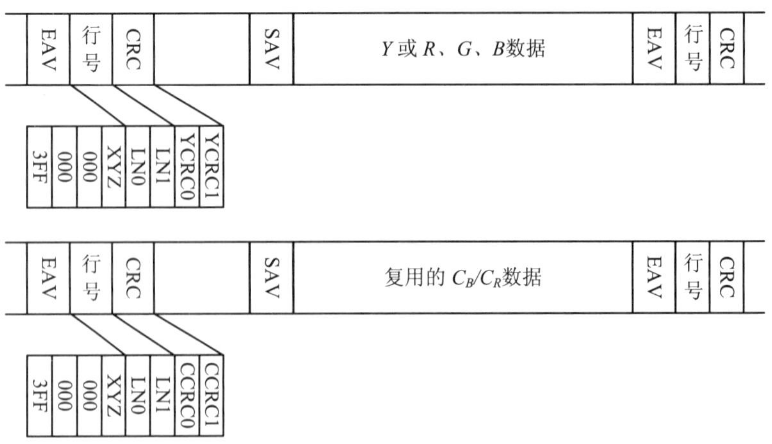

图 2-27　数字高清并行数据格式辅助数据字

其中有两个数据字的行编号(LN1 和 LN0),这是一个 11bit 的二进制行计数器,用于指示行号,这 11bit 分布在数据字 LN1 和 LN0 中,具体分布如表 2-8 所示。第 9 位为最高位,数值为第 8 位数值取反。第 0 位为最低位。R 位为保留位,置 0。L10 至 L0 是二进制的行编号。比如第 1024 行,二进制行编号是 L10 ~ L0 = 100 0000 0000B,数据字 LN0 = 10 0000 0000B,数据字 LN1 = 10 0010 0000B。

表 2-8　行编号数据字中各比特位分布

行编号及数据字	9MSB	8	7	6	5	4	3	2	1	0LSB
LN0	NotB8	L6	L5	L4	L3	L2	L1	L0	R(0)	R(0)
LN1	NotB8	R(0)	R(0)	R(0)	L10	L9	L8	L7	R(0)	R(0)

紧跟着行编号数据字的是两个数据字的 CRC 循环冗余校验码。由于在高清晰度视频数据格式下,亮度和色差数据是并列排列的,因此,有色差和亮度两种 CRC 循环冗余校验码,分别对每行的亮度数据和色差数据按照公式 $CRC(x) = x^{18} + x^{5} + x^{4} + 1$ 进行计算,得到亮度校验字(YCRC0 和 YCRC1)和色差校验字(CCRC0 和 CCRC1),用于校验数字有效行的错误,计算的范围是每一个有效行的起始数据字到该行的行编号的最后一个数据字。

需要说明一下,在数字高清视频信号的消隐期可以传送辅助数据字,如不传送辅助数据字,则发送消隐电平数据,Y、R、G、B 信号消隐期的消隐电平数据是 64(十进制),色差信号 C_B 和 C_R 消隐期的消隐电平是 512(十进制),与标清时的填充要求是一样的。

2.3　超高清晰度演播室数字分量标准

基于数字电视技术的不断进步,超高清晰度电视也随着人们对视频展现技术要求的不断提高而出现了。2004 年 7 月 1 日,数字电影促进会(Digital Cinema Initiatives, DCI)修订并推出了数字影院技术规范草案 4.0 版,首次提出了 4K(4096 × 2160 或 3840 × 2160)的概念。后来又提出了 8K 的概念。有一种观点认为,8K(8192 × 4320 或 7680 × 4320)分辨率的超高清晰度电视已经足以满足正常巨幕电影所需要的分辨率要求,更高的分辨率已经没有实际意义。

超高清晰度电视与高清晰度电视的区别不仅仅体现在前者的分辨率更高。随着技术的进步,显示器件的表现能力也已远非当初的显像管所能比拟的。为了能够更逼真地还原大自然的色彩与声音,超高清晰度电视在信号扫描频率、色域、信号的量化比特数、动态范围、音频的声道数量等方面都采用了更高的标准。

ITU-R BT. 2020 超高清晰度电视标准采用了基于国际照明委员会(法语简称 CIE)1931 XYZ 的 RGB 色彩空间,将超高清晰度电视系统的 R、G、B 三基色色度坐标选在了可见光谱色轨迹上,几乎包含了全部真实表现色,沿用了 HDTV 系统基准白(Rec. 709 的

D65 标准),用色彩度极高的三基色实现了全新的宽色域系统。

超高清晰度电视的色域空间要比高清晰度电视(ITU-R BT.709 标准)的色域空间大不少,从标准色域范围的覆盖面积来看,超高清晰度电视是 CIE 1931 的 75.8%,而高清晰度电视仅为 35.9%。超高清晰度电视色域标准更加接近数字电影的技术标准,能够显示更加丰富的色彩,使人眼的视觉色彩感受更加逼真。

超高清晰度电视全部采用了“逐行扫描”方式(简称 p),取消了“隔行扫描”方式(简称 i)。中华人民共和国广播电影电视行业标准 GY/T 307-2017 对超高清晰度电视节目制作和交换参数做了具体的规定,如表 2-9 到 2-13 所示。

表 2-9　图像空间特性

序号	参数	数值	
1	幅型比	16:9	
2	有效像素数(水平 * 垂直)	7680 * 4320	3840 * 2160
3	取样结构	正交	
4	像素宽高比	1:1(方形)	
5	像素排列顺序	从左到右、从上到下	

表 2-10　图像时间特性

序号	参数	数值
1	帧频(Hz)	120,100,50
2	扫描模式	逐行

表 2-11　系统光电转换特性及彩色体系

序号	参数	数值		
1	非线性预校正前的光电转换特性	设定线性[a]		
2	基色和基准白[b]	色坐标(CIE,1931)	x	y
		基色红(R)	0.708	0.292
		基色绿(G)	0.170	0.797
		基色蓝(B)	0.131	0.046
		基准白(D65)	0.3127	0.3290

a　图像信息可用 0 至 1 范围内的 RGB 三基色值线性表示。
b　图像的色彩体系由 RGB 三基色和基准白坐标确定。

表 2-12　信号格式

<table>
<tr><th>序号</th><th>参数</th><th colspan="2">数值</th></tr>
<tr><td rowspan="2">1</td><td rowspan="2">信号格式</td><td colspan="2">$R' \ G' \ B'$[a]</td></tr>
<tr><td>恒定亮度
$Y'_C \ C'_{BC} \ C'_{RC}$[b]</td><td>非恒定亮度
$Y' C_B' C_R'$[c]</td></tr>
<tr><td>2</td><td>非线性转换函数[d]</td><td colspan="2">$$E' = \begin{cases} 4.5E, & 0 \leqslant E \leqslant \beta \\ \alpha E^{0.45} - (\alpha - 1), & \beta \leqslant E \leqslant 1 \end{cases}$$
式中 E 为与经摄像机曝光调整后的线性光强度成正比的，参照基准白电平归一化后的基色信号值；E' 为转换后的非线性信号值。
α 和 β 为以下联立方程的解：
$$\begin{cases} 4.5\beta = \alpha\beta^{0.45} - \alpha + 1 \\ 4.5 = 0.45\alpha\beta^{-0.55} \end{cases}$$
该联立方程提供了两个曲线段平滑链接的条件，得出：
$\alpha = 1.09929682680944\cdots$ 和 $\beta = 0.018053968510807\cdots$
在实际应用中，可使用以下数值：
$\alpha = 1.099$ 和 $\beta = 0.018$，用于 10 比特系统
$\alpha = 1.0993$ 和 $\beta = 0.0181$，用于 12 比特系统</td></tr>
<tr><td>3</td><td>亮度信号 Y_c' 和 Y' 的导出式</td><td>$Y'_C = (0.2627R + 0.6780G + 0.0593B)'$</td><td>$Y' = 0.2627R' + 0.6780G' + 0.0593B'$</td></tr>
<tr><td>4</td><td>色差信号的导出式</td><td>$$C'_{BC} = \begin{cases} \dfrac{B' - Y'_C}{-2N_B}, & N_B \leqslant B' - Y'_C \leqslant 0 \\ \dfrac{B' - Y'_C}{2P_B}, & 0 < B' - Y'_C \leqslant P_B \end{cases}$$
$$C'_{RC} = \begin{cases} \dfrac{R' - Y'_C}{-2N_R}, & N_R \leqslant R' - Y'_C \leqslant 0 \\ \dfrac{R' - Y'_C}{2P_R}, & 0 < R' - Y'_C \leqslant P_R \end{cases}$$
其中：
$P_B = \alpha(1 - 0.0593^{0.45}) = 0.7909854\cdots$
$N_B = \alpha(1 - 0.9407^{0.45}) - 1 = -0.9701716\cdots$
$P_R = \alpha(1 - 0.2627^{0.45}) = 0.4969147\cdots$
$N_R = \alpha(1 - 0.7373^{0.45}) - 1 = -0.8591209\cdots$
在实际应用中，可采用以下数值：
$P_B = 0.7910, N_B = -0.9702$
$P_R = 0.4969, N_R = -0.8591$</td><td>$$C'_B = \frac{B' - Y'}{1.8814}$$
$$C'_R = \frac{R' - Y'}{1.4746}$$</td></tr>
<tr><td colspan="4">a　为了达到高质量节目交换，制作时信号格式可采用 $R'G'B'$。
b　需要精确保留亮度信息或预计传输编码效率会提升时，可使用恒定亮度的 $Y'_C \ C'_{BC} \ C'_{RC}$（参见 ITU-R BT.2246-6 报告）。
c　重点考虑与 SDTV 和 HDTV 相同的操作习惯时，可使用非恒定亮度的 $Y' C_B' C_R'$（参见 ITU-R BT.2246-6 报告）。
d　通常制作时，在 ITU-R BT.2035 建议书推荐的观看环境下，使用具有 ITU-R BT.1886 建议书推荐解码功能的显示器，通过调整图像源的编码函数，达到最终图像的理想展现。</td></tr>
</table>

表 2-13 数字参数

<table>
<tr><th>序号</th><th>参数</th><th colspan="6">数值</th></tr>
<tr><td>1</td><td>编码信号</td><td colspan="6">R'、G'、B'或Y'、C'_B、C'_R或Y'_C、C'_{BC}、C'_{RC}</td></tr>
<tr><td>2</td><td>取样结构
R'、G'、B'、Y'、Y'_C</td><td colspan="6">正交，取样位置逐行逐帧重复</td></tr>
<tr><td rowspan="3">3</td><td rowspan="3">取样结构
C'_B、C'_R或C'_{BC}、C'_{RC}</td><td colspan="6">正交，取样位置逐行逐帧重复，取样点相互重合
第一个（左上）取样与第一个 Y 取样重合</td></tr>
<tr><td colspan="2">4:4:4系统</td><td colspan="2">4:2:2系统</td><td colspan="2">4:2:0系统</td></tr>
<tr><td colspan="2">水平取样数量与Y'（Y'_c）分量的数量相同</td><td colspan="2">水平取样数量是Y'（Y'_c）分量的一半</td><td colspan="2">水平和垂直取样数量均为Y'（Y'_c）分量的一半</td></tr>
<tr><td>4</td><td>编码格式</td><td colspan="6">每分量 10 比特或 12 比特</td></tr>
<tr><td>5</td><td>亮度信号及色差信号的量化表达式</td><td colspan="6">$DR' = \mathrm{INT}[(219 \times R' + 16) \times 2^{n-8}]$
$DG' = \mathrm{INT}[(219 \times G' + 16) \times 2^{n-8}]$
$DB' = \mathrm{INT}[(219 \times B' + 16) \times 2^{n-8}]$
$DY'(DY'_C) = \mathrm{INT}[(219 \times Y'(Y'_C) + 16) \times 2^{n-8}]$
$DC'_B(DC'_{BC}) = \mathrm{INT}[(224 \times C'_B(C'_{BC}) + 128) \times 2^{n-8}]$
$DC'_R(DC'_{RC}) = \mathrm{INT}[(224 \times C'_R(C'_{RC}) + 128) \times 2^{n-8}]$</td></tr>
<tr><td rowspan="2">6</td><td rowspan="2">量化电平：
a）黑电平
DR'、DG'、DB'、DY'、DY'_C
b）消色电平
DC'_B、DC'_R、DC'_{BC}、DC'_{RC}
c）标称峰值电平
DR'、DG'、DB'、DY'、DY'_C
DC'_B、DC'_R、DC'_{BC}、DC'_{RC}</td><td colspan="3">10 比特编码</td><td colspan="3">12 比特编码</td></tr>
<tr><td colspan="3">64

512

940
64 和 960</td><td colspan="3">256

2048

3760
256 和 3840</td></tr>
<tr><td rowspan="2">7</td><td rowspan="2">量化电平分配：
a）视频数据
b）同步基准</td><td colspan="3">10 比特编码</td><td colspan="3">12 比特编码</td></tr>
<tr><td colspan="3">4 ~ 1019
0 ~ 3 和 1020 ~ 1023</td><td colspan="3">16 ~ 4079
0 ~ 15 和 4080 ~ 4095</td></tr>
</table>

超高清晰度电视的伴音应支持立体声或 5.1 环绕声，有条件的应支持三维声。音频的量化比特数采用 24 比特，取样频率为 48kHz。

需要说明一下，在高清电视及以前的标清电视系统中，亮度信号（Y）表示的并不是最原始的亮度信息（非恒定亮度）。这是由伽玛校正和亮度信号的计算顺序导致的。在高清及标清系统中，是先对 R、G、B 信号进行伽玛校正，再利用亮度方程计算亮度信号的值。在超高清晰度电视系统中，在对亮度信号要求严格的情况下，有时需要采用先计算亮度信号（恒定亮度），再进行伽玛校正的方式。

2.4　串行数字信号的传输接口

2.4.1　标准清晰度串行数字信号接口

为了方便演播室数字视频设备之间的互相连接,ITU-R BT.656 建议书规定了标清数字信号的接口标准,我国参考该建议制定了国家标准 GB/T 17953《4:2:2数字分量图像信号的接口》。标准主要规定了视频数据格式、接口信号结构、视频定时基准、辅助数据及消隐期数据字、比特并行接口和比特串行接口。下面简要介绍一下比特并行接口和比特串行接口。

2.4.1.1　比特并行接口

数字视频信号复用以后,信号以 C_{B0}、Y_0、C_{R0}、Y_1、C_{B1}、Y_2、C_{R1}……这样的顺序进行 10 比特传输,在并行接口中使用 10 对导线平衡传输 10 个并行比特的 NRZ(不归零)码。为了使接收端获取定时信息,还需要用一对导线传输 27MHz 的时钟信息。此外,收发两端需要一对公共地连接线及电缆的屏蔽线。因此,比特并行接口采用25 芯电缆,内有 12 对双绞线。

比特并行接口由于电缆接口复杂、电缆较粗,适应的传输距离较短,且使用不方便,实际上在设备之间很少使用。使用比较多的场合主要是作为设备内部板卡之间的连接接口,还有电路板中视频处理芯片之间的连接接口,采用并行接口可以较低的码率传输数字视频信号。

2.4.1.2　比特串行接口

采用比特串行方式传输数字视频信号比用比特并行方式经济得多,所有的数字视频数据、同步信息、辅助数据以及几路 AES/EBU 标准数字音频都可以通过一根电缆在电视节目制播区域内传输。在很多情况下,现有的视频电缆都可用来传输串行数字信号,图 2-28 是一个简单的比特串行数字视频信号传输模型。

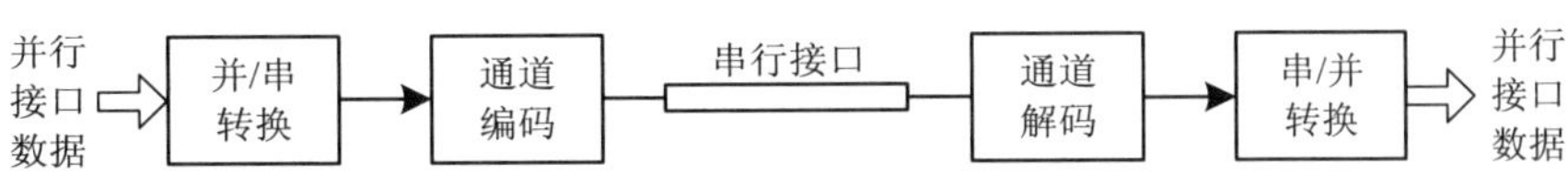

图 2-28　比特串行数字视频信号传输模型

在图 2-28 中,比特并行数字信号经过并/串变换,再由通道编码变换成比特串行数字信号(NRZI,倒置的 NRZ 码),以符合传输标准。信号在传输到接收端时将会增加噪声,噪声过大会破坏有用信号,甚至产生比特误码或比特丢失,影响接收端的通道解码。接收端的通道解码将 NRZI 码还原为 NRZ 码,并将串行比特信号变成并行比特信号。

对于并行接口来说,10 位并行码在 10 根传输线上对 Y、C_R、C_B进行时分复用,采用非归零码进行传输,每条传输线上的传输码率为27Mbit/s,传输顺序如图2-29所示,每一个有效行的起始是C_{B0},它与邻接的Y_0、C_{R0}为同取样点的亮度和色度取样信号。为了便于接收端恢复数据,专门增加一个传输线传送时钟信号,时钟周期为37ns。

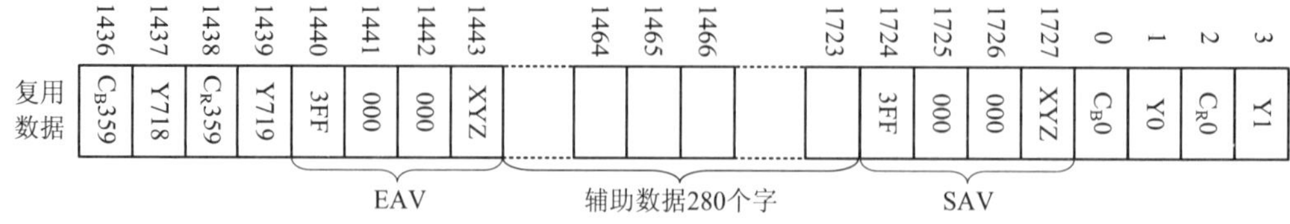

图2-29 625/50标准的并行数字信号传输顺序

并/串转换是将并行数字信号转换成串行数字信号,转换按照并行数据的最低有效位在前,并行数据的最高有效位在后的原则进行。转换后的串行数据的传输顺序如图2-30所示。

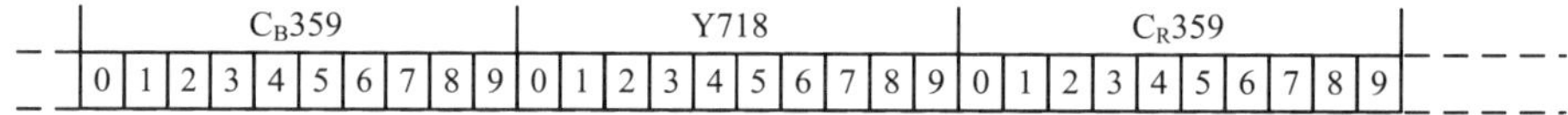

图2-30 串行码传输顺序

比特串行数字信号的比特率为:比特并行数字信号的波特(兆字/秒)×比特数/字,4:2:2串行分量数字信号的比特率为:27兆字/秒×10bit/字=270Mbit/s。

图2-31展示出几种常规电视的串行数字信号之频谱,这是典型的非归零(NRZ)码的频谱,在时钟频率及其整数倍的频率上出现零点。显然,传输串行数字信号需要很宽的频带,在演播室内是能满足这个频带要求的。但在远距离的电缆、光缆传输、地面广播或通过卫星传输时都需要压缩码率以适合当时的标准信道容量。

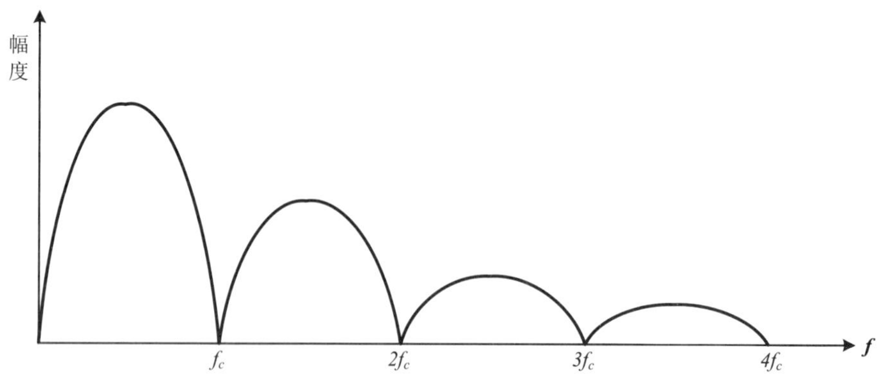

图2-31 各种格式的串行数字信号频谱

2.4.1.3 通道编码

通道编码确定数据流进入通道时0和1的变化方式,也就是0和1以什么样的波形呈现出来。各种通道编码的目的都是使串行数字信号形状得到优化,从而使信号频谱的能量分布相对集中,降低直流分量,有利于时钟恢复等。

最简单、应用最多的信道码是非归零码(NRZ)。NRZ 码的特征是:对逻辑 1 规定一个相对高的直流电平,对逻辑 0 规定相对低的直流电平。串行数字信号在传输时并不附带传送时钟信号,需要在接收设备中用一个锁相环(PLL)和压控振荡器(VCO)重新产生时钟信号,锁相环通过数字信号中 0 到 1 或 1 到 0 的跳变沿进行锁定。NRZ 码可能出现连 0 和连 1 的状态,这样就在一段时间内失去了 0 和 1 的转换,锁相环就失去了基准,这段时间内在接收端数据再生的取样精度就取决于 VCO 的稳定度了。另外,NRZ 码有直流分量。其大小随数据流本身的状态改变,还有明显的低频分量,这不适合交流耦合的接收设备。鉴于以上原因,在串行数字视频传输中不采用 NRZ 码的基本形式。

串行数字视频信号传输采用倒置的 NRZ 码,称 NRZI 码(NRZ Inverted Code)。图 2-32 展示了一段 NRZ 码数字信号以及由它生成的 NRZI 码信号。NRZ 码是逻辑 1 时,NRZI 码的电平变化;NRZ 码是逻辑 0 时,NRZI 码的电平保持不变。在 NRZ 码信号为很长的连续 1 时,其 NRZI 码就成为方波信号,其频率是时钟频率之半。因此,NRZI 码在每个时间单元内比 NRZ 码有更多的电平变换次数,即脉冲沿增多,这可改进接收端时钟再生锁相环的工作,从而稳定地产生时钟信号。显然 NRZI 码的极性并不重要,只要检测出电平变换,就可以恢复数据,所以 NRZ 码是极性敏感码,而 NRZI 码是极性不敏感码。

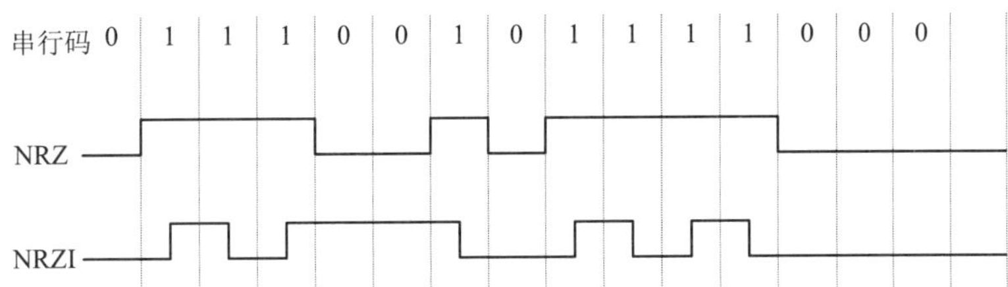

图 2-32　NRZ 码和 NRZI 码的特征

NRZI 码虽然比 NRZ 码优越,但它仍有直流分量和明显的低频分量。为进一步改进接收端的时钟再生,可采用扰码的方法(Scrambling)。扰码器使长串连 0 和连 1 序列以特定的重复方式伪随机化,扰乱的结果是限制了直流分量,提供了足够的信号电平转换次数,保证时钟恢复可靠。

为什么一定要从接收的码流中恢复时钟?原因很简单。在通道的接收端要靠时钟来进行解码,如果让接收端自由地产生时钟,由于其频率与接收码流存在差别,要么因时钟频率偏高而造成码字重复,要么因时钟频率偏低而导致码字丢失。所以,必须让接收端的时钟与接收的数据流的时钟良好地锁定。合理选择码型,有利于时钟的恢复。

图 2-33 是加扰器和 NRZI 编码器。加扰器产生伪随机二进制序列(PRBS),伪随机二进制序列与传送数据组合起来,使传输的数据具有随机化特性。加扰器由 9 级带反馈的移位寄存器组成,移位寄存器由 9 级时钟触发的主从 D 触发器构成,如图 2-33 所示。

反馈信号通过异或门与传送数据合成到一起。在图 2-33 中,加扰序列用生成多项式表示为 $G_1(x)=x^9+x^4+1$。

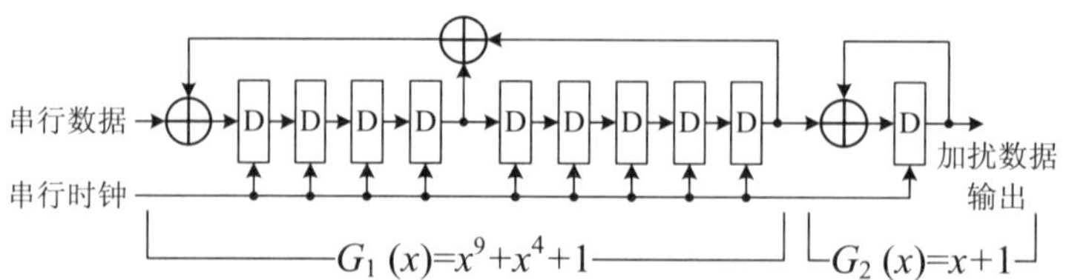

图 2-33　加扰器和 NRZI 编码器

加扰器可能会产生长串连续 1 序列,但在加扰器后接有 NRZ 到 NRZI 变换器,将连续 1 变成电平不断转换的形式,可参见图 2-32 所示波形。NRZI 变换由一级带一个异或门的主从型 D 触发器组成,NRZI 变换器的生成多项式为 $G_2(x)=x+1$。

在接收端,传送数据首先通过 NRZI 到 NRZ 变换器,用同样的生成多项式,进行相反的运算,还原出 NRZ 码,再通过解扰器,如图 2-34 所示。其生成多项式与加扰器的生成多项式相同,但在电路中用前馈代替了发端的反馈,用同样的伪随机序列进行相反的运算,恢复出原始数据。

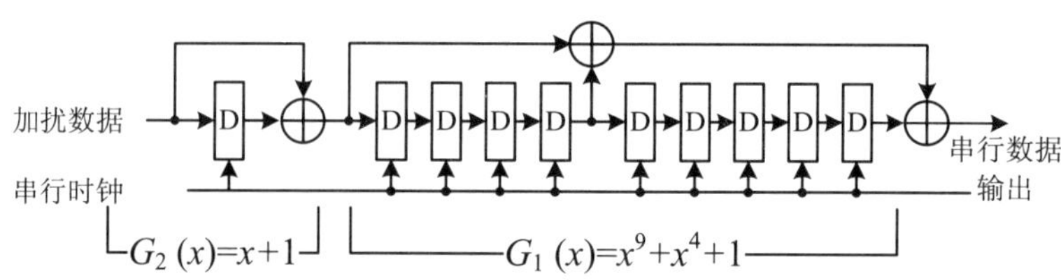

图 2-34　NRZI 解码器和解扰器

2.4.2　高清晰度串行数字信号接口

我国广播电视行业标准 GY/T 157-2000《演播室高清晰度电视数字视频信号接口》规定了高清晰度电视的接口参数。

2.4.2.1　高清晰度比特并行接口

高清晰度视频信号并行传输的数据字为 20bit 或 30bit。对于 4∶2∶2编码的演播室视频信号,亮度信号 Y 和时分复用的色差信号 C_B/C_R并行传输,数据字为 20bit,采用 20 对屏蔽导线进行传输,也可以附加一个 10bit 的辅助数据流通道,构成 30bit 的传输通道;对于 R、G、B 信号,三路信号进行并行传输,数据字为 30bit,采用 30 对屏蔽导线进行传输;此外,加上一对屏蔽导线传输同步时钟信号。不论哪种并行传输方式,其传输的比特率都是 74.25 兆字/秒,只是数据字长度可能是 20bit 或 30bit。

并行传输的每个线路驱动器是平衡输出,相应的线路接收器是平衡输入。线路驱动器输出阻抗 110Ω，相对于地的共模电压为 -1.29（1±15%）V；加 110Ω 匹配负载时，信号幅度峰值为 0.8～2.0V；时钟抖动 ±0.04Tck，1Tck = 1/74.25MHz = 13.468ns；数据定时容差 ±0.075Tck；各导线之间的延时差 ±0.18Tck。

2.4.2.2　高清晰度比特串行接口

数字高清晰度视频比特串行接口传输的数据流包括视频数据、视频定时基准、行号、校验码、辅助数据和消隐数据。在并行传输中，亮度数据和复用后的色差数据 C_B/C_R 是并行的数据，数据字长度各为 10bit。两个并行比特流经过复用、并串转换和加扰后转换成串行比特流，通过单一通道进行传输。

复用就是把两个并行码流 10bit 亮度数据 Y 码流和 10bit 复用后的色差数据 C_B/C_R 码流合成一个串行 10bit 数据流，复用后的数据流按照 $C_B, Y, C_R, Y, C_B, Y, C_R$，……的顺序传输。

复用的具体过程如图 2-35 所示。图中，$Y_{D0} \sim Y_{D1919}$ 表示 Y 信号的数字亮度数据：$C_{BD0} \sim C_{BD\,959}$ 表示 C_B 信号的数字色差数据；$C_{RD0} \sim C_{RD959}$ 表示 C_R 信号的数字色差数据；$Y_{A0} \sim Y_{A707}$ 表示亮度数据流 Y 中的辅助数据或消隐数据；$C_{A0} \sim C_{A707}$ 表示色差数据流 C_B/C_R 中的辅助数据或消隐数据；$T = 1/74.25\text{MHz} = 13.468\text{ns}$，$T_S = 1/2T$。

两个传输码率为 74.25 兆字/秒的 10bit 的数据流复用成一个 10bit 的数据流，其传输码率为 2×74.25 兆字/秒 = 148.5 兆字/秒，再通过并串移位寄存器，以 148.5MHz 时钟写入移位存器，使用 10 倍时钟（1485MHz）按照最低有效位在先，最高有效位在后的次序读出，得到传输码率为 1485Mbit/s 的不归零自然码串行数据流。

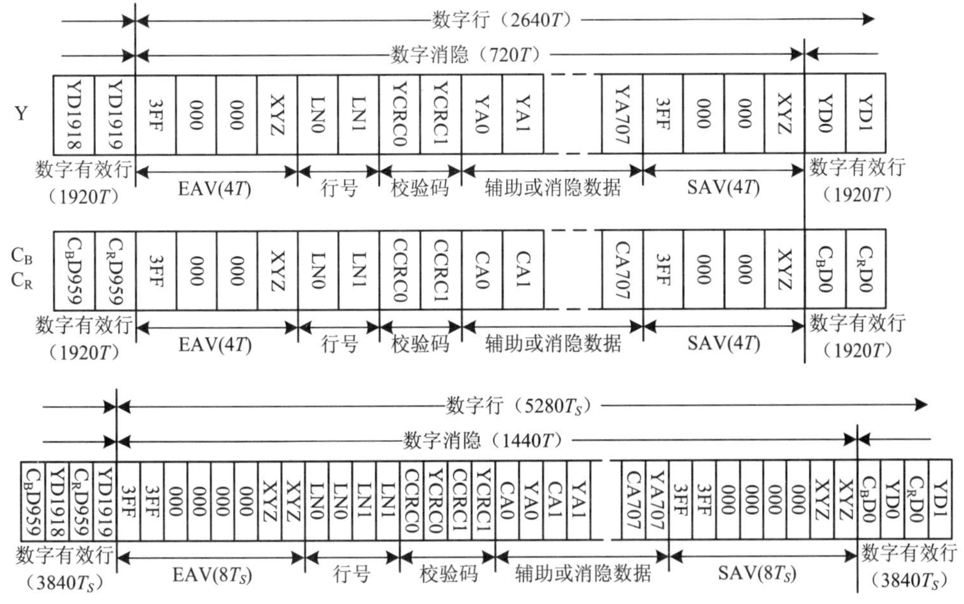

图 2-35　1125/50 隔行扫描系统信号的数据流

此外,为了传输,还要进行传输信道处理,对串行数据流进行扰码和编码,其处理方式与标清串行数字流的扰码和编码类似,这里不再重复。

2.4.3 超高清晰度串行数字信号接口

随着分辨率的提高和扫描格式改为逐行,超高清晰度电视的数据码率也显著提高。以4:2:2采样为例,我们知道 1920×1080/50i 高清晰度电视的数据码率为1.485Gbps,大约是 1.5Gbps,而4K 超高清晰度电视的像素是高清晰度电视的 4 倍,并且是逐行扫描,可以得到4K 超高清晰度电视的数据码率是 12Gbps。这么高的数码率要进行传输是很困难的,除了传统的 SDI 传输方式之外,也采用 TCP/IP 传输方式。SDI 接口有 3Gbps、6Gbps、12Gbps 等接口标准。随着数码率的提高,同轴电缆的有效传输距离将迅速缩短。为了解决这个问题,多采用光纤传输的方法。4K 超高清晰度电视 12Gbps 的数码率,在早期实践中多采用 4 条 3Gbps 电缆传输的方法。可采用两种传输方式,一种是把画面分为左上、右上、左下、右下 4 个高清晰度电视画面分别编码传输,到接收端再把四个高清晰度电视画面合成为一个 4K 超高清晰度电视画面。另一种是从左上角开始,把紧邻两行的 8 个像素分为 4 组,分别通过 4 个通道传输。如图 2-36 所示。这两种传输方式各有优缺点:第一种方式很容易判断哪一路传输出现故障,但是如果各通路的传输时延过大,会出现四个画面不同步的问题。第二种方式,只要有一路正常工作,就会有完整的画面展现,而且不会出现整幅画面不同步的问题。8K 超高清晰度电视的数据码率在 4:2:2采样,场频为 50Hz 时,码率可以达到 48Gbps,这么高的数码率,对数据的存贮和传输都是一个很大的挑战,可以预见采用 TCP/IP 传输是将来发展的方向。

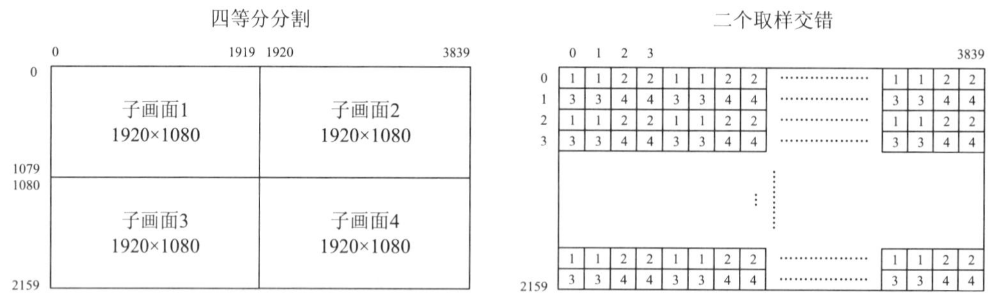

图 2-36 4K 超高清晰度电视的 4 通道 3Gbps 传输

内容小结

1. 本模块主要讲述了数字电视信号形成的过程:取样、量化、编码。取样是把模拟信号在时间上离散化的过程,把时间上连续的模拟信号用有限个时间点的样值来表示,取样后的样值信号在幅度上还是连续的模拟量。量化的过程是把幅度上连续的模拟量用有限个量值来代表,量化的过程会引入量化误差,通常称为量化噪声。编码是对取样、量化后的离散数字信号进行处理,以便于在信道中进行传输。

2. 音频信号常用的取样频率有 32kHz、44.1kHz 和 48kHz 等,电视摄像机经常采用的音频量化比特数有 16 比特和 24 比特,因为采用的量化比特数已经相对足够多,所以,一般情况下数字电视的伴音采用线性量化。

3. 视频信号的数字化有复合编码和分量编码两种编码方式。复合编码是将彩色全电视信号直接编码成 PCM 形式;分量编码是将亮度信号及两个色差信号(或三个基色信号)分别编码成 PCM 形式。分量编码在各种电视制式之间进行节目制式转换更为方便,所以数字电视演播室标准采用分量编码方式。

4. 在我国采用的标准中,标准清晰度电视亮度信号的采样频率为 13.5MHz,高清晰度电视亮度信号的采样频率为 74.25MHz。标清和高清电视的量化比特数可以取 8 比特或者 10 比特,现在多采用 10 比特量化。在采用 10 比特量化的系统中共有 1024 个数字电平(2^{10}个),用十六进制表示时,其数值范围为 000 ~ 3FF。数字电平 000 ~ 003 和 3FC ~ 3FF 为储备电平或保护电平,这两部分电平数值是不允许出现在数据流中的,因为这些数值要留作他用,比如 000 和 3FF 就用于传送同步数据。从 004 ~ 3FB 即十进制数的 4 ~ 1019 代表亮度信号电平;消隐电平定为 040;峰值白电平定为 3AC。有关标准规定数字电平可以留有很小的余量,底部电平余量为 004 ~ 040,顶部电平余量为 3AC ~ 3FB,这是标准中容许的黑电平和白电平“过冲”。色差信号的电平是双极性的,而 A/D 转换器需要单极性信号,处理方法是将色差信号的电平上移 350mV。色差信号的消隐电平(即零电平)定为 200(十六进制数)。

数字视频分量编码亮度信号和色差信号的取样安排采用正交取样结构,有 4:4:4、4:2:2、4:2:0和 4:1:1四种取样结构。演播室多采用 4:2:2的取样结构。

5. 根据需要,亮度数据和色差数据可以单独(同时)传输,或采用时分复用的方式传输。采用时分复用的方式传输时,亮度和两个色差这三个分量信号按 C_{B1}, Y_1, C_{R1}, Y_2, C_{B3}, Y_3……的顺序输出。前 3 个字(C_{B1}, Y_1, C_{R1})属于同一个样点的三个分量,紧接着的 Y_2是下一个样点的亮度分量,它只有 Y 分量。每个有效行输出的第一个视频字应是 C_B。

6. 数字分量标准规定不对模拟同步脉冲进行取样,而是在每一行的数字有效行数据流之中,通过复用方式加入两个定时基准信号。在行消隐期间留出 8 个数据字位置,用于传送定时基准信号 EAV 和 SAV。

除了 EAV 和 SAV 同步字以外,几乎所有的行消隐期和场消隐期都可以用来嵌入辅助数据和伴音信号。辅助数据分为行辅助数据 HANC(Horizontal Ancillary Data)和场辅助数据 VANC(Vertical Ancillary Data)。

7. 与标清数字视频不同,在数字高清晰度视频数据格式的 EAV 之后,附加了 4 个数据字,其中有两个数据字的行编号(LN1 和 LN0),这是一个 11bit 的二进制行计数器,用于指示行号。紧跟着行编号数据字的是两个数据字的 CRC 循环冗余校验码,由于在高清晰度视频数据格式下,亮度和色差数据是并列排列的,因此,有色差和亮度两种 CRC 循环冗余校验码。

8. 基于数字电视技术的不断进步,超高清晰度电视也随着人们对视频展现技术要求的不断提高而出现了。2004 年 7 月 1 日,DCI 修订并推出了数字影院技术规范草案 4.0 版,首次提出了 4K(4096×2160 或 3840×2160)的概念。后来又提出了 8K 的概念。超高清晰度电视与高清晰度电视的区别不仅仅体现在前者的分辨率更高。随着技术的进步,显示器件的表现能力也已远非当初的显像管所能比拟的。为了能够更逼真地还原大自然的色彩与声音,超高清晰度电视在信号扫描频率、色域、信号的量化比特数、动态范围、音频的声道数量等方面都采用了更高的标准。超高清晰度电视全部采用了“逐行扫描”方式(简称 p)。

9. 在高清晰度电视及以前的标准清晰度电视系统中,亮度信号(Y)表示的并不是最原始的亮度信息(非恒定亮度)。这是由伽玛校正和亮度信号的计算顺序导致的。在高清晰度及标准清晰度电视系统中,是先对 R、G、B 信号进行伽玛校正,再利用亮度方程计算亮度信号的值。在超高清晰度电视系统中,在对亮度信号要求严格的情况下,有时需要采用先计算亮度信号(恒定亮度),再进行伽玛校正的方式。

10. 为了方便演播室数字视频设备之间的互相连接,ITU-R BT.656 建议书规定了标准清晰度数字电视信号的接口标准,我国参考该建议制定了国家标准 GB/T 17953《4:2:2 数字分量图像信号的接口》。标准主要规定了视频数据格式、接口信号结构、视频定时基准、辅助数据及消隐期数据字、比特并行接口和比特串行接口。

比特并行接口由于电缆接口复杂、电缆较粗,适应的传输距离较短,且使用不方便,在设备之间很少使用,其使用比较多的场合主要是作为设备内部板卡之间的连接接口,还有电路板中视频处理芯片之间的连接接口,采用并行接口可以较低的码率传输数字视频信号。

采用比特串行方式传输数字视频信号比用比特并行方式经济得多,所有的数字视频数据、同步信息、辅助数据以及几路 AES/EBU 标准数字音频都可以通过一根电缆在电视节目制播区域内传输。

比特并行数字信号经过并串变换,再经通道编码变换成比特串行数字信号(NRZI,倒置的 NRZ 码),以符合传输标准。

通道编码确定数据流进入通道时 0 和 1 的变化方式,也就是 0 和 1 以什么样的波形呈现出来。各种通道编码的目的都是使串行数字信号形状得到优化,从而使信号频谱的能量分布相对集中,降低直流分量,有利于时钟恢复等。

NRZI 码虽然比 NRZ 码优越,但它仍有直流分量和明显的低频分量。为进一步改进接收端的时钟再生,可采用扰码的方法。扰码器使长串连 0 和连 1 序列以特定的重复方式伪随机化,扰乱的结果是限制了直流分量,提供了足够的信号电平转换次数,保证时钟恢复可靠。

11. 随着分辨率的提高和扫描格式由隔行改为逐行，超高清晰度电视的数据码率也迅速提高。以4:2:2采样为例，我们知道 1920×1080/50i 高清晰度电视的数据码率为1.485Gbps，大约是1.5Gbps，而4K超高清晰度电视的像素是高清晰度电视的4倍，并且是逐行扫描，可以得到4K超高清晰度电视的数据码率达12Gbps。这么高的数码率要进行长距离传输是很困难的，在传统的SDI传输方式之外，也采用TCP/IP传输方式。

思考与训练

1. 我国标准采用的高清晰度与标准清晰度电视的取样频率分别是多少？超高清晰度电视的取样频率可能会是多少？

2. 数字视频信号的像素都是方形像素吗？

3. 数字电视中音频信号常用的取样频率有哪几个？

4. 我国1080/50i高清电视采用4:2:2采样时，视频信号的数码率是多少？

5. 说明625/50标准的数字行内定时基准信号EAV、SAV的位置。

6. 恒定亮度与非恒定亮度的区别是什么？

7. 说明高标清视频信号中定时基准信号的区别。

8. 采用10bit量化时，亮度信号电平的取值范围是多少？

9. 数字电视的复合编码和分量编码的定义是什么？

10. 电视演播室数字编码的国际标准是复合编码还是分量编码？这种编码方式的优点是什么？

11. 请说明数字电视4:2:0样值结构。

12. 625/50标准的数字电视采用4:2:2样值结构时奇数场与偶数场的行数是否一样？数字有效行分别是多少？

13. 计算ITU-R601标准625/50和525/60制式中每行的亮度采样点数分别是多少。

14. 说明ITU-R601标准数字电视亮度信号和色差信号的传输顺序。

15. 说明数字电视定时基准信号的构成。

16. 说明数字电视辅助数据(ANC)的应用

17. 说明我国高清晰度数字电视标准的数字行内定时基准信号EAV、SAV的位置。

18. 我国高清晰度数字电视标准奇数场与偶数场的行数是否一样？数字有效行分别是多少？

19. 与标准清晰度数字电视相比，高清晰度数字电视的辅助数据多了行号和循环校验字的内容，说明它们的位置和大体结构。

20. 串行数字视频信号在信道中一般是怎样传输的？

模块三　数字电视音视频信号压缩编码技术

教学目标

通过本模块的学习，学生能了解音视频信号压缩编码的必要性、可行性，理解并掌握差值编码、预测编码、变换编码、统计编码等视频压缩编码的基本原理和方法，以及 MUSICAM 编码、AC −3 编码等音频压缩编码的基本原理和方法，为以后的学习打下基础。

教学重点

1. 常用的数字电视视频压缩编码：差值编码、预测编码、变换编码、统计编码。
2. 两种数字电视音频压缩编码：MUSICAM 编码和 AC-3 编码。

教学难点

1. 变换编码的物理意义。
2. 统计编码的计算。

3.1　数字电视视频压缩的必要性和可行性

3.1.1　数字电视视频压缩的必要性

数字电视具有诸多优点：可以中继传输和多次复制而不会造成噪声和非线性失真的累积；便于进行加密；便于借助超大规模集成电路（VLSI）实现功能，设备制造方面成本低、可靠性高；便于和计算机联网等。数字摄像机进行图像采集后，生成不压缩的或压缩比不高的基带信号，输出一个亮度信号和两个色差信号。根据数字电视演播室标准，亮度信号分量和色度信号分量采用4∶2∶2格式采样，即对亮度信号（Y）进行四个采样，对相应的色度信号，即红蓝两个色差信号（C_R，C_B）各进行两个采样；采用 10 比特量化时，高清晰度数字电视信号的基带码率是 1485Mbps（亮度信号的取样频率 × 量化比特数 +2 个色差信号的取样频率×量化比特数 = 74.25MHz × 10bit + 2 × 37.125MHz × 10bit)。这个速率在传输和存储时对硬件的要求比较高,不仅要求硬盘有较大的容量,还要求有较快的读写速度即吞吐能力,编解码设备也要具有较强的运算能力和较宽的传输带宽。

从以上例子可以看出,数字化后的视频数据量十分巨大,因此非常有必要将视频信号进行编码压缩,减少视频在存储和传输时的数据量,既节约存储空间,又提高信道的传输效率。

3.1.2　数字视频压缩的可行性

数据压缩不仅是必要的,而且也是可行的。对信源进行编码是对原始图像或声音信息的编码数据"减肥"的过程,这个过程要保证接收端解码信号后能得到满足要求的图像和声音质量,也就是用尽量少的带宽传输高质量的音视频信号。压缩数据率的信源编码过程通常会带来损伤,数字电视用的信源编码技术和设备,要能实现压缩后的数据流到达接收端并经过解码后,重建的图像、声音和数据等达到符合标准的质量要求,这样就需要对画面和声音进行分析,找出可以去除的重复信息和无效信息,将数据量尽可能地压缩。图像中的视频数据存在着极强的相关性,也就是说,存在着大量的冗余信息。采用各种方法去除冗余信息,用尽量短的数据来传送有用的信息,也就达到了数据压缩的目的。压缩编码就好像把牛奶中的水分挤掉制成奶粉一样,在接收端可以通过解码将视频图像信号恢复,就好像将水冲入奶粉又变成牛奶。在一般的图像和视频数据中,主要存在以下几种形式的冗余:

3.1.2.1　空间冗余

以静态图像为例,图像像素点在空间域中的亮度值和色差信号值,除了边界轮廓外,都是缓慢变化的,小区域的像素值存在相似性,且这样的区域大量存在。比如,图 3-1 是建党百年庆祝大会时飞行编队的截图,里面的蓝天背景、直升机、标语等处的亮度、颜色都是渐变的,相邻像素的亮度、色差信号值比较接近,具有极强的相关性,如果先去除冗余数据,可降低单幅图像的数据量(即通常所说的电视图像的帧内编码),这就是减少空间冗余进行数据压缩。

3.1.2.2　时间冗余

从信息论的观点来看,描述信源的数据是信息和数据冗余之和,即:数据 = 信息 + 数据冗余。时间冗余是序列图像和语音数据中经常包含的一种数据冗余,这种冗余的产生跟时间紧密相关。在视频、动画图像中,相邻帧之间往往存在着时间和空间的相关性。例如,人们在会议室中开会,随着会议的进行,时间在改变,但是背景(房间、家具等)一直是相同的,而且没有移动,变化的只是人们的动作和位置。这里的背景就表现为时间冗余。要减少时间冗余,可以采用具有运动补偿的帧间编码进行数据压缩编码。

同样以建党百年庆祝大会的视频为例,如图 3-2 所示,在直升机编队飞行时,连续几

图 3-1　空间冗余举例

秒钟的画面里,相邻两幅图像的内容基本没有变化。这样只需要记录变化的部分,就可以减少因为时间因素造成的相似数据的冗余。

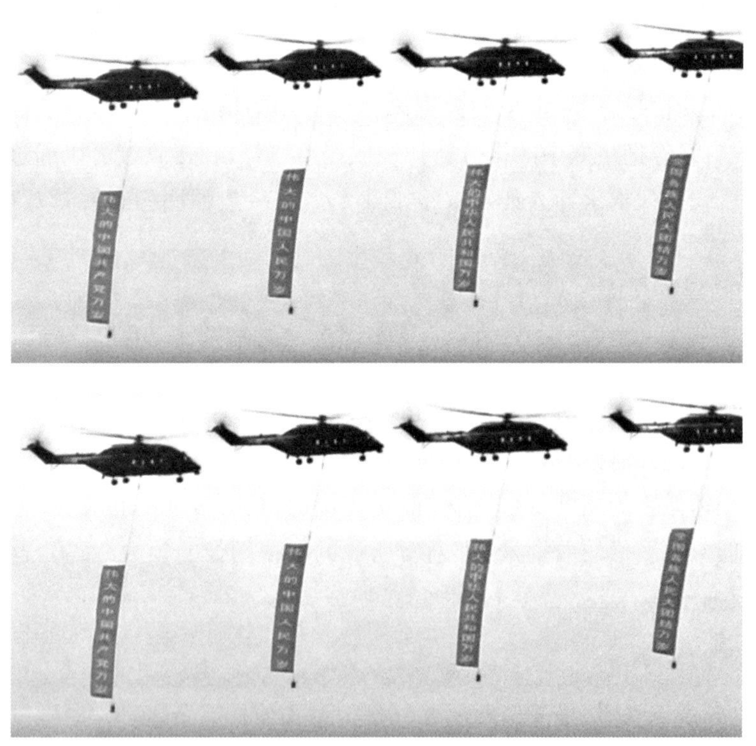

图 3-2　时间冗余举例

统计表明,在相邻的两帧视频图像中,其亮度信号平均只有 7.5% 的像素发生变化,而色度信号只有不超过 4.5% 的像素发生变化。这就是说视频信号中存在着大量的时间冗余和空间冗余。时间冗余和空间冗余是视频图像结构中的主要冗余。

3.1.2.3　符号冗余

符号冗余也称编码表示冗余。由信息论的有关原理可知,表示图像数据的一个像素点,只要按其信息熵的大小分配相应的数据位数即可。然而,对于视频画面的每个像素,很难得到它的信息熵。因此在对一幅图像数字化时,把每个像素用相同的数据位数表示,没有区分信息出现的概率,这样必然存在冗余。也就是说,若用相同码长表示出现概率不同的符号,则会造成数据位数的浪费。如果采用可变长编码技术,对出现概率大的符号用短码字表示,对出现概率小的符号用长码字表示,就可以减少符号冗余,提高码字效率,节约码字。

符号冗余、空间冗余和时间冗余统称为统计冗余,因为它们都取决于图像数据的统计特性,都可用统计编码进行数据压缩。

3.1.2.4　结构冗余

一些图像的部分区域有着很相似的纹理结构,或是图像的各个部分之间存在着某种关系,例如自相似性等(譬如一幅花朵的图像,花瓣具有对称性和相似性),这些都是结构冗余的表现。分形图像编码的基本思想就是利用了结构冗余,分形图像编码是用一种变换来代替原图像,如果这种变换复杂度低于原图像,或者变换后去除里面权重较低的信息还能与原图像保持较高的相似性,就可以实现数据压缩。

3.1.2.5　知识冗余

在某些特定的应用场合,编码对象中包含的信息与某些先验的基本知识有关。比如,在电视电话中编码对象是人的面部图像,其中头、眼、鼻和嘴的相互位置等信息就是常识。这时,可以利用这些先验知识为编码对象建立模型。通过提取模型参数对参数进行编码而不是对图像像素值直接进行编码,可以达到非常高的压缩比。这是模型基编码(或称知识基编码、语义基编码)的基本思想。

3.1.2.6　视觉冗余

为了达到较高的压缩比,还可以利用人类视觉系统的生理和心理特性。人类的视觉系统对于图像的注意通常是非均匀非线性的,并不是对图像中的任何变化都能感知。所以,在许多应用场合不要求经压缩及解码后的重建图像和原始图像完全相同,允许有少量的失真,只要这些失真不被人眼察觉就可以。

人眼的视觉特性主要表现在以下几个方面:

1. 与色彩信号相比,人眼对亮度信号的变化更敏感。在 CCIR601 标准中,Y: U: V 选用4:2:2就是利用了这个特性,将色差信号的空间分辨率减半,仍可得到很好的图像主观质量,但数据量却是 4:4:4格式的 2/3。

2. 人眼对亮度的细小变化存在阈值,而且此阈值随着图像内容的变化而变化。在平坦区,阈值低,对失真较敏感;在边缘和纹理区,阈值高,对失真不敏感,这就是视觉掩蔽效应。这种特性可被用来提高压缩比。

3. 人眼对画面静止部分的空间分辨力高于对运动部分的空间分辨力。所以,对静止图像或慢速运动图像可充分利用其时间轴的较强相关性,降低采样率(帧频)或进行帧间编码;对快速运动图像,利用人眼的空间分辨力下降的特点,可以降低空间采样率,以达到数据压缩的目的。

4. 人眼对屏幕中心区的失真敏感,对屏幕四周的失真不敏感。因此,对四周的粗量化也可以节约码字。

上述各种形式的冗余,是压缩图像与视频数据的出发点。图像与视频压缩编码方法就是要尽可能地去除这些冗余,以减少表示图像与视频所需要的数据量。综上所述,图像/视频压缩编码的目的,是在保证重建一定的图像质量的前提下,以尽量少的比特数来表征图像/视频信息。在数字电视系统中,压缩编码直接决定了电视的基本格式与信号编码效率,它决定了数字电视最终如何在实际系统中实现,因而信源编码是数字电视技术的核心与关键技术。表 3-1 列出在多种应用情形下视频压缩前后的码率对比。

表 3-1　视频压缩前后的码率(8 比特/像素)

应用形式	像素数/行	行数/帧	帧数/秒	压缩前码率	压缩后码率
电视电话	128	112	25	5.2Mbps	56 ~ 128kbps
会议电视	352	288	25/30	36.5Mbps	1 ~ 1.5Mbps
SDTV(PAL)	720	576	25	167Mbps	2 ~ 5Mbps
HDTV	1920	1080	25	1.18Gbps	8 ~ 15Mbps

3.2　常用的数字电视视频压缩编码技术

3.2.1　差值编码

如上所述,电视图像在空间和时间上有很强的相关性,即内容相同或相近部分(如蓝天、大地)的相邻像素的取值相同或相近,只有跃变部分相对应的像素取值才有较大的区别,但跃变部分只占整幅图像的很小一部分。画面的大部分内容帧间相同的概率就更大了,静止图像相邻帧间的对应位置的像素完全一样。这就是说,电视图像一行中前后像素取值之差或前后帧间对应位置像素取值之差为零或差值很小的概率大,而其差值大的概率小。显然,若只传送图像中相邻像素取值的差值,便能压缩码率,这就是差值编码的基本想法,其原理框图如图 3-3(a)所示。图中 T 为延时器,其延迟时间为一个像素的传输时间,即传输相邻两个像素的时间间隔。其工作过程是,发送端将当前样值和前一个样值相减所得差值经量化后进行传输,接收端将收到的差值与前一个样值相加得到当前样值。显然,该过程会造成量化误差的积累。一种能够克服量化误差积累的电路如图 3-3(b)所示,图中输入的当前样值不是与输入的前一个样值相减，而是与输出的前一个样值相减。在接收端，由于在差值中已经包含了前一个样值的量化误差的负值，在与输出的前一个样值相加时，这部分量化误差被抵消，只剩下当前的量化误差，从而避免了量化误差的积累。

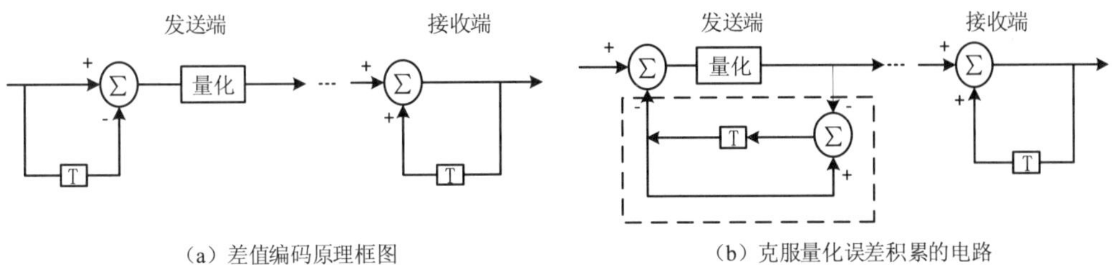

图 3-3　差值编码系统框图

3.2.2　预测编码

在信息理论中，预测就是从已知的信息推测未来的信息。未知信息出现的概率越小，其包含的信息量即信息熵越大。通信包括图像通信，只有最大程度传送未知信息时才具有更大的实际意义，所以在图像的预测编码中，人们力求根据图像或信息存在的相关性来推测未来图像或像素可能的值。实践中的统计数据表明，一般视频的相邻两帧，只有 10% 以下的像素亮度值的变化超过 2%，色度变化低于 1%。毫无疑问，预测编码技术应用到图像处理中是非常正确的，当然，预测编码仅对非独立信源起作用，这一点很重要。预测编码系统的框图如图 3-4 所示。

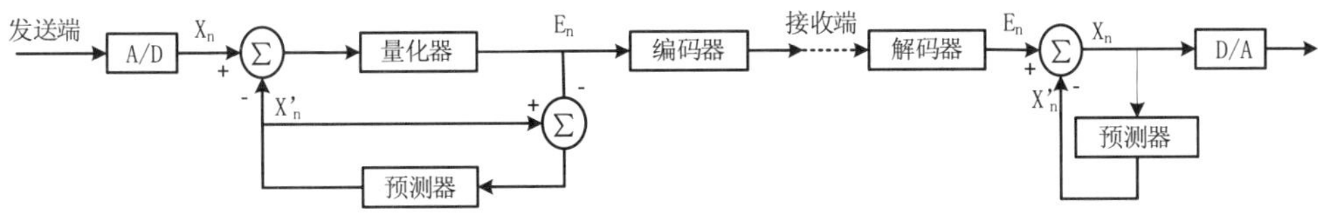

图 3-4　预测编码系统框图

差分脉冲编码调制（Differential Pulse Code Modulation，DPCM）是预测编码的一种基本方式。DPCM 不直接传送图像样值本身，而是对实际样值 X_n 与其预测值 X_n' 之间的差值，即预测误差（$E_n = X_n' - X_n$）进行再次量化和编码。这种方法用来消除图像信号的空间冗余（帧内预测）和时间冗余（帧间预测）。DPCM 系统的输入信号 X_n 是脉冲编码调制（Pulse Code Modulation，PCM）图像信号。对于每一个输入样值 X_n，预测器产生一个预测值 X_n'。预测值是根据已传出的相邻像素数值估算（预测）出来的。如果所选的参考样值（在 X_n 前已传出的样值）与 X_n 处在同一扫描行内，就叫作一维预测；如果所选取的参考样值除了本行的，还有前一行或前几行的，就叫作二维预测；若除此以外还选择处于前一帧图像上的样值作为参考样值，则称为三维预测。采用一维、二维预测叫作帧内预测，三维预测属于帧间预测。从图 3-4 可看出，预测编码的基本原理是：利用图像数据的相关性，用已传输的一些像素值对当前像素值进行预测，然后对当前像素实际值与预测值的差值（预测误差）进行编码传输，而不是对当前像素值本身进行量化编码。当预测比较准确的时候，预测误差接近于零，预测误差方差比原始图像序列的方差小。因此对预测误差进行编码所需传送的数据位数要比对原始图像像素值本身进行编码所需传送的数据位数小得多，从而达到压缩的目的。在接收端将收到的预测误差的码字解码后，再与预测值相加，即可得到当前像素值。

3.2.3 变换编码

3.2.3.1 变换编码的基本原理

变换编码是利用图像在空间分布上的规律性来消除图像冗余的另一种编码方法，它的基本思想是把原来在几何空间（空间域）描写的图像信号，变换到另一个正交矢量空间（变换域）进行描述。预测编码是对像素点进行处理，变换编码是对像素块进行处理。空间域的一个 $N \times N$ 个像素点组成的像素块经过正交变换后，在变换域变成同样大小的变换系数块。变换前后存在明显差别是由于空间域的像素块中像素点之间存在很多强相关性，能量分布比较均匀。在经过正交变换后，变换域的变换系数近似是独立统计的，相关性基本解除，并且能量主要集中在直流和少数低频率谐波分量的变换系数上，这样一个解相关过程就是冗余压缩过程。经过正交变换后，再在变换域进行滤波，进行与视觉特征匹配的量化和统计编码，就可以去除图像的空间冗余度，这个过程叫作变换编码。变换编码的系统框图如图 3-5 所示。

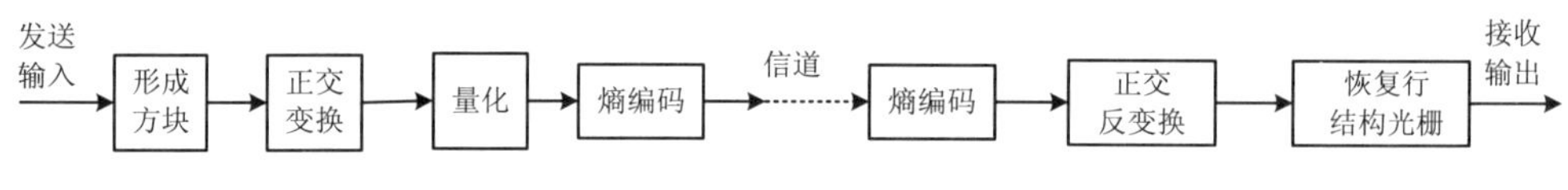

图 3-5　变换编码的系统框图

变换编码的一个最典型例子是离散余弦变换（Discrete Cosine Transform，DCT）。在傅立叶级数展开式中，如果被展开的函数是实偶函数，那么其傅立叶级数中只包含余弦项，再将其离散化（DFT）可导出余弦变换，因此称之为离散余弦变换。DCT 用于图像和语音处理比较多，它是国际标准建议采用的编码方式之一，下面重点介绍 DCT 编码。

3.2.3.2 离散余弦变换编码

如上所述，图像信号的能量主要集中在直流分量和各低频分量上，高频分量的能量随频率的增加而迅速衰减，如果有选择地去除高频分量，再经过逆变换后的图像质量可以接受，那么这种压缩方法就是可行的。通过频域变换，可以将原图像信号用直流分量及少数低频交流分量的系数来表示，这就是变换编码中离散余弦变换（DCT）编码的方法。

DCT 编码和解码的系统框图如图 3-6 所示，其编码实现过程如下：

1. 将整幅图像划分为 $N \times N$ 个像素块以方便进行 DCT。

$N \times N$ 个像素单元中的每一个像素用 8 比特进行量化,即每一个像素对应一个 0 ~ 255 的数值,这些数值可以看作一个 N 行 N 列的二维数组,然后对这个数组进行 DCT。需要指出的是,像素块单元的选择可以是逐行选择,也可以是隔行选择,要根据画面的活动情况选用。

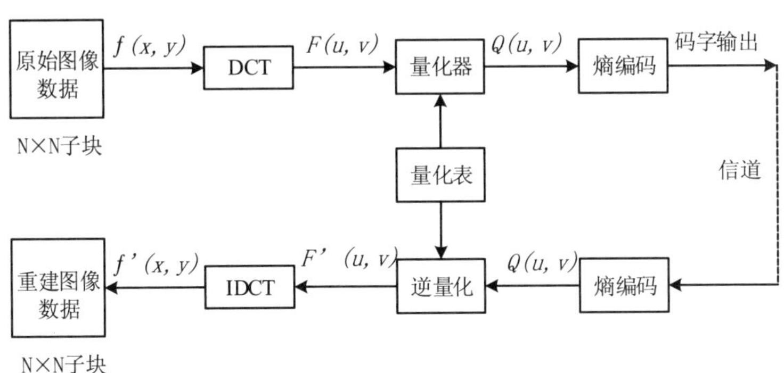

图 3-6　DCT 编码和解码的系统框图

2. 对 N 行 N 列的二维数组进行 DCT——将空间域信号变换到频率域,以达到能量向直流和低频分量集中的目的。

二维正、反离散余弦变换的计算如下:

$$F(u,v) = \frac{2}{N}C(u)C(v)\sum_{x=0}^{N-1}\sum_{y=0}^{N-1}f(x,y)\cos\left[\frac{(2x+1)u\pi}{2N}\right]\cos\left[\frac{(2y+1)v\pi}{2N}\right]$$

$$f(x,y) = \frac{2}{N}C(u)C(v)\sum_{u=0}^{N-1}\sum_{v=0}^{N-1}F(u,v)\cos\left[\frac{(2x+1)u\pi}{2N}\right]\cos\left[\frac{(2y+1)v\pi}{2N}\right]$$

式中 $f(x,y)$ 表示二维数组中 x 行、y 列的像素样值;

$F(u,v)$ 表示二维数组经 DCT 后新二维数组中 u 行、v 列的系数值;

常取 $N=8$;

当 $u=v=0$ 时,$C(u)=C(v)=\frac{1}{\sqrt{2}}$;当 $u=v=$ 其他数值时,$C(u)=C(v)=1$

一般来说,DCT 每次取 8×8 共 64 个像素作为一个单元进行变换,原因一是相邻的像素点亮度和颜色相似的概率较大,原因二是过大的单元格像素数会大幅增加 DCT 运算量,过小又会导致分组过多降低精度,所以选择 8×8 个像素较为合适。经过 DCT,像素点数值或帧间差值就变换为相同个数的系数,这里称为 DCT 系数,如图 3-7 所示。

严格地讲,DCT 本身并不能进行码率的压缩,因为原来的 8×8 的二维矩阵经过 DCT 后还是 8×8 的二维矩阵,甚至有些系数值还增大了,如图 3-8(a)(b)。但是,这些系数有明确的物理意义。例如:其左上角($u=0,v=0$ 的位置)即 $F(0,0)$ 的系数为直流成分或称为直流分量,其余的 $F(u,v)$ 均表示交流成分或称为交流分量;右下角 $F(7,7)$ 的系数表示高次谐波分量;在右上角的系数 $F(7,0)$ 表示水平方向频率最高,垂直方向频率最低的

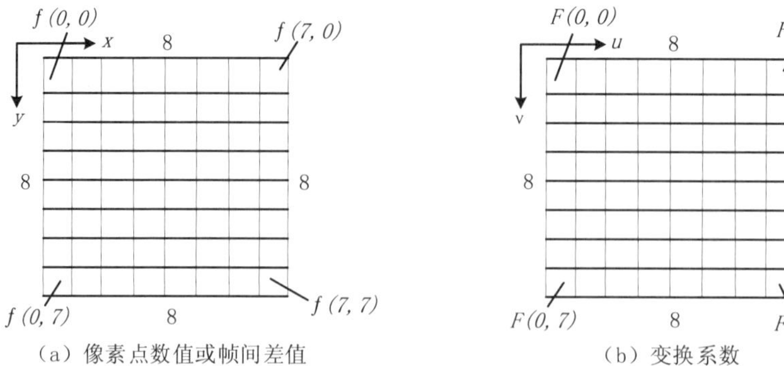

（a）像素点数值或帧间差值　　（b）变换系数

图 3-7　DCT 系数

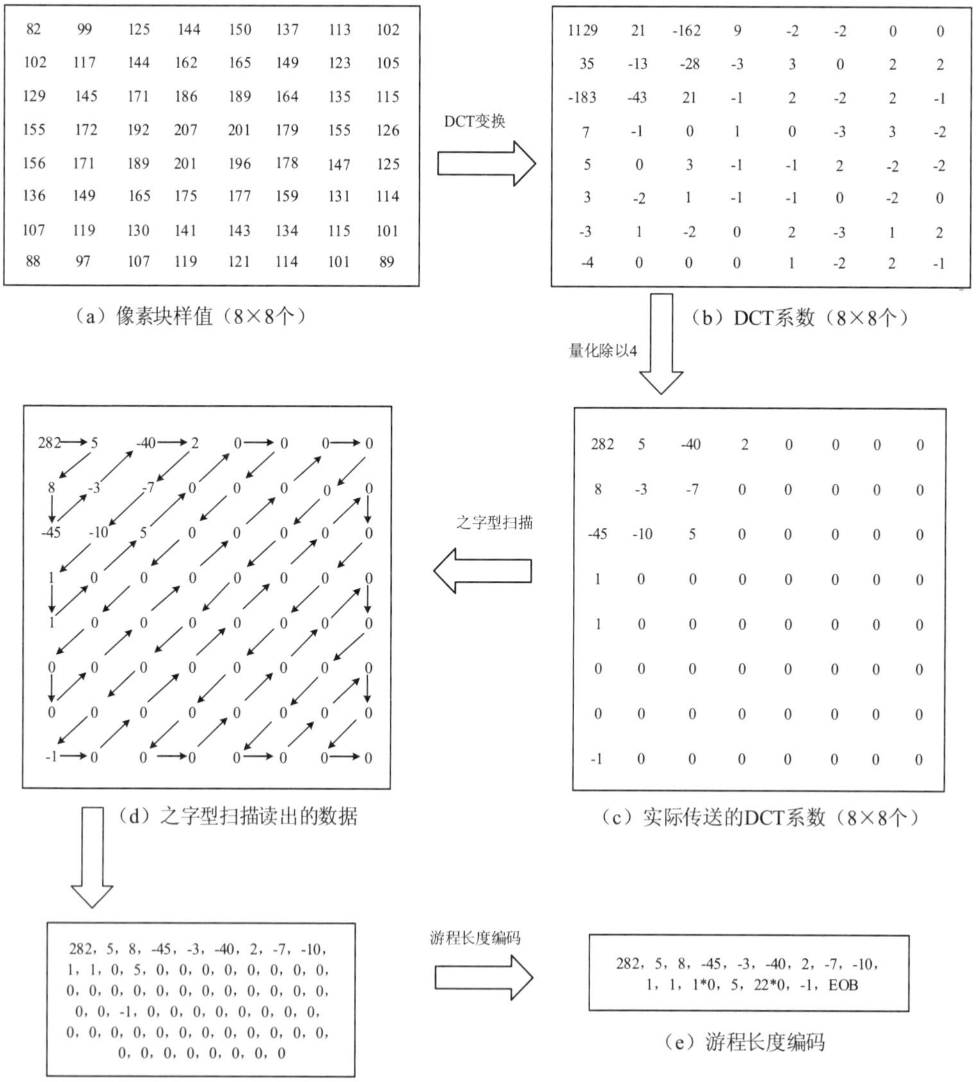

82	99	125	144	150	137	113	102
102	117	144	162	165	149	123	105
129	145	171	186	189	164	135	115
155	172	192	207	201	179	155	126
156	171	189	201	196	178	147	125
136	149	165	175	177	159	131	114
107	119	130	141	143	134	115	101
88	97	107	119	121	114	101	89

（a）像素块样值（8×8个）

DCT变换

1129	21	-162	9	-2	-2	0	0
35	-13	-28	-3	3	0	2	2
-183	-43	21	-1	2	-2	2	-1
7	-1	0	1	0	-3	3	-2
5	0	3	-1	-1	2	-2	-2
3	-2	1	-1	-1	0	-2	0
-3	1	-2	0	2	-3	1	2
-4	0	0	0	1	-2	2	-1

（b）DCT系数（8×8个）

量化除以4

282	5	-40	2	0	0	0	0
8	-3	-7	0	0	0	0	0
-45	-10	5	0	0	0	0	0
1	0	0	0	0	0	0	0
1	0	0	0	0	0	0	0
0	0	0	0	0	0	0	0
0	0	0	0	0	0	0	0
-1	0	0	0	0	0	0	0

（c）实际传送的DCT系数（8×8个）

之字型扫描

282	5	-40	2	0	0	0	0
8	-3	-7	0	0	0	0	0
-45	-10	5	0	0	0	0	0
1	0	0	0	0	0	0	0
1	0	0	0	0	0	0	0
0	0	0	0	0	0	0	0
0	0	0	0	0	0	0	0
-1	0	0	0	0	0	0	0

（d）之字型扫描读出的数据

282，5，8，-45，-3，-40，2，-7，-10，
1，1，0，5，0，0，0，0，0，0，0，0，
0，0，0，0，0，0，0，0，0，0，0，0，
0，0，-1，0，0，0，0，0，0，0，0，
0，0，0，0，0，0，0，0，0，0，0，0，
0，0，0，0，0，0，0，0

游程长度编码

282，5，8，-45，-3，-40，2，-7，-10，
1，1，1*0，5，22*0，-1，EOB

（e）游程长度编码

图 3-8　DCT 过程举例

交流分量;左下角的系数 $F(0,7)$ 表示垂直方向频率最高,水平方向频率最低的交流分量。空间频率的数值随着 u 或 v 的增大而增大,相应的系数分别代表逐步增加的水平方向频率和垂直方向频率的能量。进行 DCT 后,左上角的直流分量和低频交流分量所含的能量高,右下角高频交流分量所含的能量低,适当忽略掉偏右下角能量低的高频部分,不会影响画面还原,即对画质的影响在可接受范围内,这就达到了压缩的目的。

3. DCT 系数的不均匀量化——数据压缩,去除视觉冗余。

DCT 虽然本身并不能进行码率压缩,但它为去除视觉冗余提供了前提条件。如前所述,人眼对信号的细微差别不敏感,因此可以设定一个量化阈值,舍弃阈值以下的信号。简单地将 64 个二维 DCT 系数除以同一个常数会导致有用信息损失过多,较为理想的做法是尽可能多地保留数组中左上位置的信息,因为它们表示图像中对视觉影响更大的部分。通过大量实验并根据主观评价效果确定了表 3-2 亮度量化表和表 3-3 色度量化表,其值随 DCT 系数的位置而改变,量化表的尺寸为64,与64 个变换系数一一对应。在量化表中,左上角及其附近区域的数值较小,而右下角及其附近区域的数值较大。同一像素的亮度量化表和色度量化表不同,色度量化步长比亮度量化步长要大,这符合人眼的视觉特性,因为人的视觉对高频分量不太敏感,而且对色度信号的敏感度比亮度信号的敏感度低。

表 3-2　亮度量化表

16	11	10	16	24	40	51	61
12	12	14	19	26	58	60	55
14	13	16	24	40	57	69	56
14	17	22	29	51	87	80	62
18	22	37	56	68	109	103	77
24	35	55	64	81	104	113	92
49	64	78	87	103	121	120	101
72	92	95	98	112	100	103	99

表 3-3　色度量化表

17	18	24	47	99	99	99	99
18	21	26	66	99	99	99	99
24	26	56	99	99	99	99	99
47	66	99	99	99	99	99	99
99	99	99	99	99	99	99	99
99	99	99	99	99	99	99	99
99	99	99	99	99	99	99	99
99	99	99	99	99	99	99	99

经过量化,右下角部分的高频交流分量的权重可以大大减小,取整后很多数值都变为0,也就是去掉了高频成分,再结合游程长度编码实现码率压缩。

为了突出问题和便于理解,图3-8(b)到图3-8(c)的过程是个均匀量化的过程,即每个系数除以4再向零取整。

4. 按之字形扫描方式读出数据,形成右下部分连续的0,为使用游程长度编码创造条件。

变换后的二维矩阵,左上角部分数值最大,越往右下方向数值越小,右下角部分很多数值都为0,如图3-8(c)。用图3-8(d)的方式从左上方开始,之字形读取系数(Zig-Zag),可以得到如图3-8(e)的一组数值。可以看到,二维数组简化为一维数组,且开始的数值较大(第一个数值为直流分量),后面数值趋势性变小(低频交流分量),最后面会出现多个连续的0。这就为使用游程长度编码创造了条件。

5. 进行游程长度编码(Runlength Encoding),进一步压缩码率。

游程长度编码中的一种方案是,非0数值顺序读取,遇到0的时候记录0的个数,如果数据后面全为0,则用结束符(EOB)结尾。游程长度编码应用于上述之字形扫描读出64个量化后的系数,其优点显而易见。因为之字形扫描,读出的数据在大多数情况下出现连续为0的机会比较多。尤其在最后,如果都是0,在读到最后一个非0数值后,只要给出"像素块结束"(EOB)码,就可以结束传输,从而大大降低了码率。对图3-8(d)所示的数据序列进行的游程长度编码如图3-8(e)所示,减少了数据,实现了码率压缩。

DCT反变换按照以上过程反向进行,如图3-6。

3.2.4 统计编码

统计编码又称熵编码,它是用不同长度的码字对应不同概率的事件(符号),即用短的码字对应概率大的事件(符号),用长的码字对应概率小的事件(符号),从而使平均码长最短。统计编码实现了码字长度与事件出现频率的最佳匹配。下面通过实例来了解统计编码技术和原理。变字长编码,即霍夫曼(Huffman)编码的步骤如下。

1. 先将 K 个信源符号按出现的概率由大到小顺序排列,如图3-9所示。

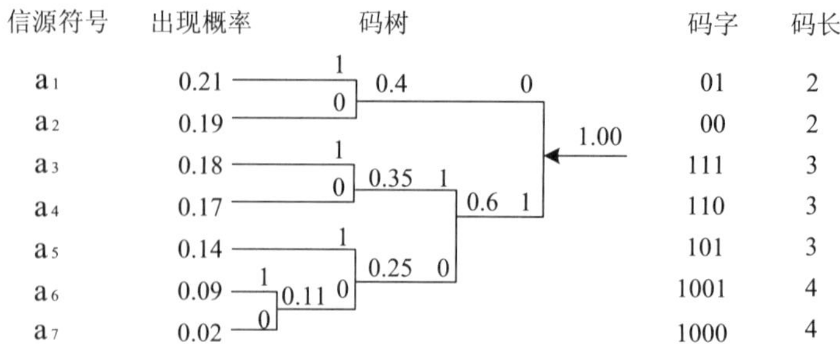

图3-9 统计编码示意图

2. 将最小的两个概率相加,可将其中概率大者赋予“1”,概率小者赋予“0”;当然,也可以反过来,将概率大者赋予“0”,概率小者赋予“1”。应注意赋值方法须始终保持一致,这里采用前者编排。

3. 把相加求出的和作为一个新的概率集合,再按第 2 步方法重排。如此重复,直到剩下最后两个概率值。

4. 分配码字。码字分配从最后一步开始反向进行。对最后两个概率值(0.40 和 0.60)赋值,一个赋予“0”码,另一个赋予“1”码。由图 3-9 可以看出,这个编码过程实际上是一个二叉树遍历的过程。树的 K 个端点对应 K 个信源符号。每个节点的两个分支用二进制码的两个码元符号“1”和“0”标志。从根开始,沿着图中所示的路径,经过一个或几个节点到端点,将一路上遇到的二进制码元符号按顺序排列起来,就是这个端点所对应的信源符号的码字。概率大的符号分配较短的码字,如概率为 0.21 的 a_1 分配为 01;而概率小的比如概率为 0.02 的 a_7 则分配较长的码字 1000,这样就提高了编码效率。

统计编码已被广泛地应用到各种静止和活动图像的编码中。它可以用来对一维信源符号编码,也可以用来对多维信源符号编码(一维信源符号用变字长编码,二维信源符号用游程长度编码)。但是统计编码要求事先知道各信源符号出现的概率,否则编码效率会明显下降。总而言之,统计编码的基本原理就是去除图像信源像素值概率分布的不均匀性,使编码后的图像数据接近于其信息熵而不产生失真,基于图像概率分布特性的主要编码方法有霍夫曼编码、算术编码、游程长度编码。

3.3 数字电视音频压缩编码技术

目前,声音的采集和重放这两个环节还必须对模拟音频信号进行处理,在中间的传输和存储环节已经广泛地使用数字处理技术。声音信号的数字化具有诸多优点:传输稳定差错少,声音动态范围大,声音还原度高,信噪比高串音小,容易复制编辑等。把模拟音频信号转换为数字音频,同样经过抽样、量化与编码三大步骤。与数字图像信号的压缩编码相同,数字声音信号压缩编码的目的是降低声音信号中的冗余,将数字声音的信息量减到最小程度,但又能得到接近原声音的质量。

3.3.1 声音信号压缩的必要性

对数字音频信号进行压缩是很有必要的。例如常见的 CD 音质:采样频率为 44.1kHz,16 比特量化,共两个声道,其数据传输率为 $44.1 \times 16 \times 2 = 1.411$Mbps;每分钟需要的存储空间为 $1.411 \div 8 \times 60 = 10.584$MB。如果传输 5.1 声道的声音:采样频率 48kHz,16 比特量化,6 个声道,其数据传输率为 $48 \times 16 \times 6 = 4.608$Mbps,每分钟需要的存储空间为 $4.608 \div 8 \times 60 = 34.56$MB。由上可以看出,音频信号数字化后产生的数据量显然比视频小得多,但和文本信息相比,仍然显得比较庞大。为了节约传输带宽和存储空间,很有必要对音频信号进行压缩。

3.3.2 声音压缩编码的可行性

数字声音信号压缩编码的依据,是人耳的听觉特性及声音本身存在的冗余信息。

3.3.2.1 根据人耳听觉特性可以进行数据压缩

响度,又称声强或音量,它表示的是声音能量的强弱程度,主要取决于声波振幅的大小。声音的响度一般用声压(达因/平方厘米)或声强(瓦特/平方厘米)来计量,声压的单位为帕(Pa),它与基准声压比值的对数值称为声压级,单位是分贝(dB)。对于响度的心理感受,一般用单位宋(Sone)来度量,并定义频率为 1kHz、声压级为 40dB 的纯音的响度为 1 宋。响度的相对量称为响度级,它表示的是某响度与基准响度比值的对数值,单位为方(phon),即当人耳感到某声音与 1kHz 单一频率的纯音同样响时,该声音声压级的分贝数即其响度级。不同频率、相同响度级的点连成的曲线称为等响度曲线,它实际上反映了响度级、声压级与频率三者之间的关系。由等响度曲线可以看出,人耳对不同频率的声音的敏感程度不一样。利用人耳的这种特性有选择地忽略一部分频率或者响度的声音,可以达到减少数据量的目的。

利用与基准音比较的方法,测出整个可听范围的纯音响度级,这就是著名的弗莱切—芒森等响度曲线,见图 3-10(坐标横轴为常用对数值)。

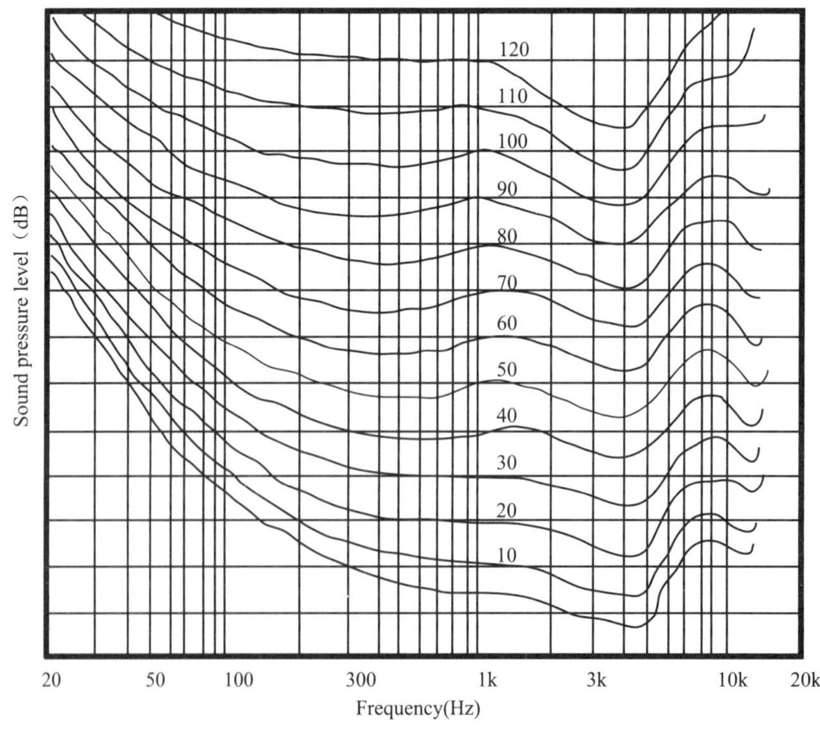

图 3-10 弗莱切—芒森等响度曲线

声学方面的一些结论可以作为压缩编码的依据：

1. 人耳的正常听觉频率范围为20Hz～20kHz，强度范围为－5dB～130dB，但人耳对于16kHz以上的高频声的响应很不敏感。

2. 语音的动态范围为30dB～70dB，音乐的动态范围更大一些，约20dB～100dB。

3. 人耳感受声音刺激的响度，并不与声音震动的振幅一致。响度的大小与声音的频率有关，在低声强时，人耳对中频段1kHz～3kHz的声音最为灵敏，对高、低频段的声音，特别是低频声变得迟钝。另外，对于高声强级的声音信号，人耳感觉其响度与频率的关系不大，相同振幅的各频率声音，听起来感觉响度差不多；对于低声强级的声音则与频率关系较大。对于振幅相同的信号，人耳感到高、低频的声音比中频声音小得多，而且这种现象随着声音振幅的减小更为明显，也就是人耳对中频声音更为敏感。

4. 掩蔽：一个较强声音的存在可以掩蔽另一个较弱声音的存在，即人耳具有掩蔽特性。人耳的掩蔽特性是一个较为复杂的心理学和生理声学现象，主要表现为频谱（域）掩蔽和时间（域）掩蔽。频谱掩蔽，即在人耳敏感听阈范围内，某一频率的高响度声音可以掩蔽它相邻频率的声音。响度差别越大，对周围频率的掩蔽作用越强。时间掩蔽是指时间相近的两个声音，强音掩蔽弱音。这种特性在相差时间越短和响度差别越大的情况下越明显。

5. 人耳的方向特性，即人耳对于特定频率范围内的声音可以辨别方向，对超出这段频率范围的声音无法辨明方向。在声音编码中，可利用此特性把多个声道的辨向频率以外的声音耦合到一个公共声道以达到压缩编码的目的。

3.3.2.2　声音信号本身存在冗余信息

上面从人耳的听觉特性上分析了数字音频信号压缩的可行性，从声音信息本身的角度出发，还有多种冗余可供压缩，这些冗余主要有以下几种：

1. 小幅度样值比大幅度样值出现的概率大，且在通话间隔会再现大量低电平样值。

2. 当抽样频率为8kHz时，相邻样值间的相关系数大于0.85，甚至在相距10个样值时相关系数还可达0.3。抽样频率越高，样值间的相关性越强，故采用预测编码，可有效地压缩数据。

3. 当声音中只存在几个基本频率时，其波形呈现出周期振荡，即多周期之间存在着相关性。利用周期之间的相关性，可以压缩码率。

4. 声音通常分为浊音及清音，清音又分为摩擦音和爆破音两种。可以通过对语音进行分析，利用音调周期的相关性压缩码率。

5. 讲话时，字、词、句之间均有停顿。根据统计，由于话音间隙使得全双工话路的典型效率约为通话时间的40%（或静止系数为0.6）。话音间因停顿造成的时间间隙是一种很大的冗余。

6. 对语音信号，还存在着频域信息的冗余。研究发现，声音信号变换到频域后，低频谱的能量大,高频谱的能量较小。若对频谱分频段进行编码,也可以提高编码效率。

7. 随着硬件运算能力的提高,可以做到一定程度的语义预测以达到节约码字的目的。

下面介绍的 MUSICAM 编码和 AC-3 编码是数字电视和数字音频系统中最常用的压缩编码方法。

3.3.3 MUSICAM 编码

MUSICAM 编码的全称叫掩蔽型自适应通用子频带集成编码与复用,它利用了人耳的掩蔽效应,采用快速 MDCT(改进的离散余弦变换)技术,可以达到 CD 级的声音质量。针对不同的应用,MUSICAM 设计了三个不同的层次,称为层(layer)。简单版本 Layer1:在 CD 质量下,比特率为 384Kbps,压缩比为 1:4;主要用于数字盒式录音磁带、VCD。标准版本 Layer2:编码器的复杂度属中等;在 CD 质量下,比特率为 192Kbps 左右,压缩比为 1:8;主要用于数字演播室、DAB、DVB、电缆和卫星广播、计算机多媒体等数字节目的制作、交换、存储、传送。复杂版本 Layer3,它是 MUSICAM 和 ASPEC[自适应(音频)频谱感知熵编码]的混合编码,声音质量最佳,在 CD 质量下,比特率为 128Kbps,压缩比为 1:12;主要用于通信,尤其适用于 ISDN(综合业务数据网)上传送广播节目、网络声音点播、MP3 光盘存储等。

MUSICAM 编码的编解码器的结构和主要工作步骤如图 3-11:

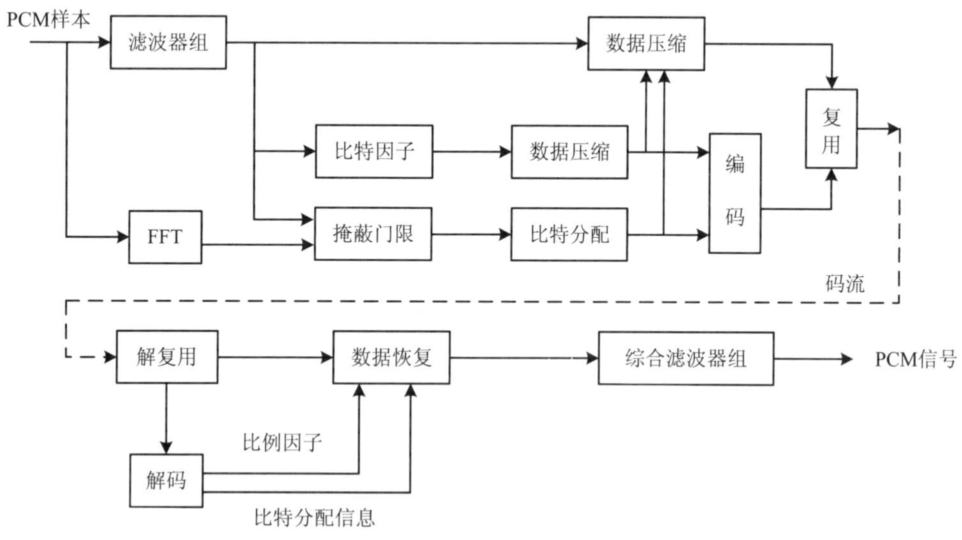

图 3-11 MUSICAM 编解码器的结构

MUSICAM 的压缩编码过程可粗略地分为 4 个步骤:

1. 时间/频率映射。

数字式多相正交分解滤波器组将输入的 768Kbps 双声道音频信号 PCM 分割成相邻

的等带宽的多个子带信号(Layer1、Layer2 带宽为 750Hz、子带数目为 32 个,Layer3 子带数目为 6×32 个或 18×32 个),即对 PCM 信号完成时间频率映射;在这一步骤中,还同时对 PCM 信号进行 FFT(快速傅里叶变换)计算,得到其精确的频谱结构。

2. 求出各子带的掩蔽门限的估值。

在对 PCM 信号进行快速傅里叶变换计算的基础上,进行心理声学模型计算。MUSICAM 有两个心理声学模型,其中模型 1 用于 Layer1、Layer2,模型 2 用于 Layer3。根据实际要求,得到每个子带的最佳掩蔽阈值。最后将各子带的最大信号电平和最佳掩蔽阈值传输给量化编码器。

3. 对各子带进行量化编码。

根据各子带的掩蔽阈值及分配的量化比特数进行量化编码。虽然各子带分配的量化比特数不同,但对于各子带而言,是均匀量化的。由于根据人耳的掩蔽特性进行了码率压缩,从而使量化比特数大大减少。

4. 量化编码器输出的码流按帧打包。

MPEG-1 标准中处理的最小单元是帧,量化编码器的输出码流按帧打包。每一帧的开始都有一个同步的信息码及 CRC 循环冗余校验码。一帧信号处理 384 个 PCM 的样值。因为要检测每个样值的大小后才能开始处理,所以延时时间为 384/48(kHz)=8ms。

MUSICAM 的解码过程与上述编码过程相反,即其逆过程。首先将输入的压缩码流去复用后进行解码(解压缩),恢复成压缩前的码流,再通过数字多相正交滤波器组进一步恢复成 768Kbps 的 PCM 数字音频信号。

3.3.4　AC-3 编码

杜比 AC-3 是 1994 年由美国杜比(DOLBY)实验室与日本先锋公司合作研制出的一种环绕声系统。该系统利用心理声学原理对音频信号进行压缩编码,采样频率有 32kHz、44.1kHz、48kHz 等,其中 48kHz 取样频率比较常用。杜比 AC-3 可同时对 6 个音频声道进行编码和传输,即左(Left)、中心(Middle)、右(Right)、左环绕(Left Surround)、右环绕(Right Surround)和低频效果(Low Frequency Effect,LFE)。其中 5 个声道带宽限于 20kHz,LFE 声道带宽限于 20Hz~120Hz。HDTV 标准中杜比 AC-3 可对 1~5.1 声道的音频源进行编码,其中.1 声道是指传送 LFE 的声道,其动态范围可达 100dB。杜比 AC-3 环绕声播放系统如图 3-12 所示。

AC-3 编码器接收标准 PCM 码流,通过时间窗和分析滤波器组的处理,把时间域内的 PCM 样值变换为频域内成块的一系列系数。每块包含 512 个样值点,其中 256 个样值在连续的两块中是重叠的。即每一个输入样值出现在前后连续的两个变换块内。因此,变换后的变换系数可以去掉一半而变成每块包含 256 个单值变换系数。每个变换系数以二进制指数形式表示,也就是说,每个变换系数对应一个二进制指数和一个尾数。指数的集合反映了信号的频谱包络信息,对其进行编码后可以粗略地代表信号的频谱,称为

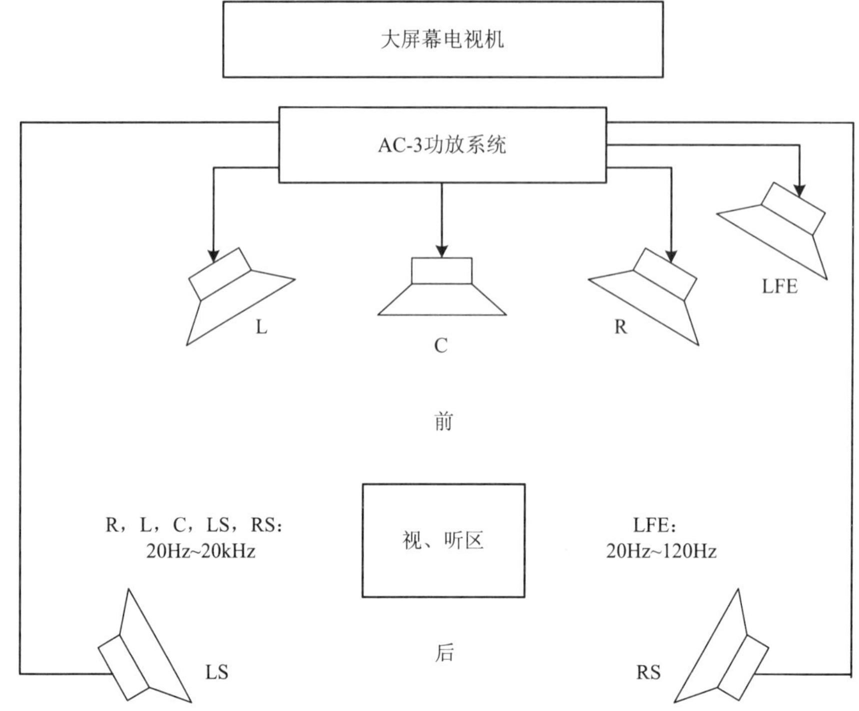

图 3-12　杜比 AC-3 环绕声播放系统

频谱包络。核心比特指派例行程序用此频谱包络决定分配给每个尾数用多少比特进行编码。另外,如果最终信道传输码率很低而导致 AC-3 编码器溢出,编码器自动采用高频系数耦合技术,以进一步降低码率。最后把连续的 6 块(共 1536 个新声音样值)频谱包络编码、量化的尾数以及其他数据格式化后组成 AC-3 数据同步帧,连续的同步帧汇成 AC-3 码流并传输出去。AC-3 编码原理见图 3-13。

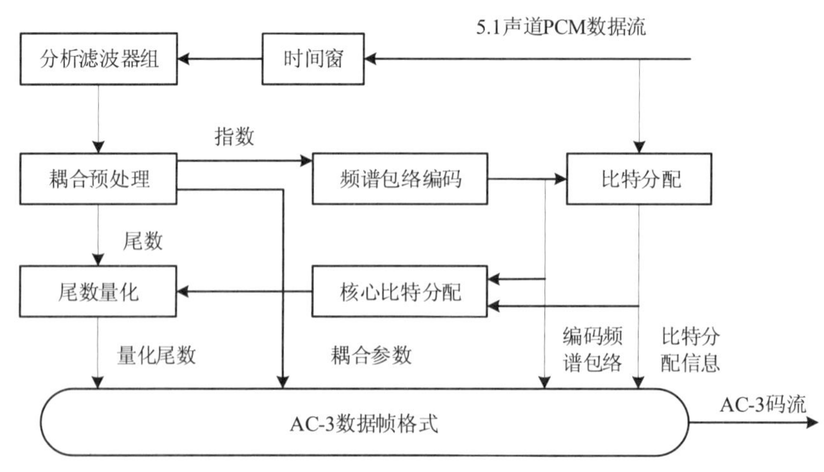

图 3-13　AC-3 编码原理框图

对多声道音频节目进行编码时,利用信道组合技术可进一步降低码率。这是因为人耳对高频区域的声音信号的相位不敏感,因此可以将几个信道的高频部分的频域系数加以平均,从而降低码率。与此同时,给各个被组合的信道分配一个特有的组合系数,以便解码时用它恢复各个声道的信号。此外,对于具有高相关性的声道,如左右声道,AC-3 并不直接对原始声道本身进行编码,而是对它们的和与差进行编码。显然,若两声道很相近,则它们的和信号较大,而差信号近似为零,这样可以用较少的比特对两声道进行编码。

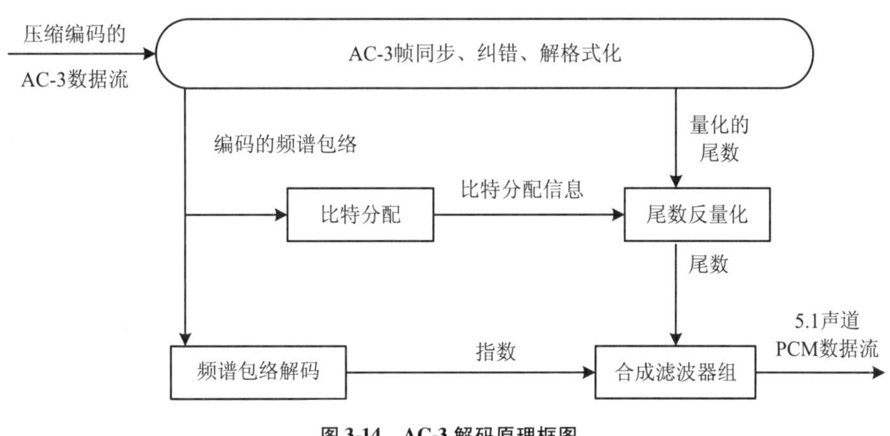

图 3-14　AC-3 解码原理框图

AC-3 解码器的工作过程是其编码的反过程,原理如图 3-14 所示。AC-3 解码器首先与压缩编码的 AC-3 数据流同步,经误码纠错后对码流进行解格式化处理,分离出各种类型的数据,如控制参数、系数配置参数、编码后的频谱包络以及量化后的尾数等。然后根据声音的频谱包络产生比特分配信息,对尾数部分进行反量化,恢复变换系数的指数和尾数,再经过合成滤波器组由频域表示变换到时域表示,最后输出重建的 5. 1 声道的 PCM 样值信号。

内容小结

1. 本模块从分析视频图像信号和声音信号的特点入手,结合视觉和听觉特性,认识到视频信号和声音信号中存在大量冗余,然后介绍了几种常用的音视频编解码技术。使用这些编解码技术的目的都是以尽量小的码率,重建较好的视频画面和声音质量。在数字电视系统中,编解码的效率直接影响了数字电视音视频信号的还原质量,因而信源编码技术是数字电视的关键与核心技术之一。

2. 除了本模块介绍的预测编码、变换编码、统计编码,常用的数字电视视频压缩技术还有小波变换编码技术、具有运动补偿的帧间编码技术、具有运动模型基编码技术补偿的帧间内插编码技术、矢量量化编码技术、分级编码技术、分形编码技术等。

3. 常用的数字电视声音压缩编码技术有 MUSICAM 编码、AC-3 编码等。

思考与训练

1. 为什么说将数字电视视频信号进行压缩很有必要?
2. 说说视频信号有些什么特点,在哪些方面可以减少码率?
3. 说说人眼的视觉特点。
4. 什么是差值编码?
5. 简述预测编码的基本原理。
6. 通过图 3-8,说说 DCT 编码的主要步骤,分析变换编码的原理。
7. 简述霍夫曼编码的原理。
8. 人耳有哪些听觉特性?
9. MUSICAM 编码分几层? 分别适合于什么样的应用?
10. 杜比 AC-3 的 5.1 环绕声系统都由哪些声道组成?

模块四 信源编码标准

▷教学目标

通过本模块的学习,学生能够掌握目前数字电视系统常用视频编码标准的主要特点及关键技术。重点掌握 MPEG-2 标准的主要内容,理解“类”和“级”的含义。熟悉 MPEG-2 视频码流的分层结构,理解 I 帧、P 帧、B 帧图像的编码特点。了解 MPEG-4 标准中基于内容编码的工作原理、视频对象(VO)和视频对象面(VOP)的概念。熟悉 H. 264 标准的主要特点及性能。掌握我国具有自主知识产权的音视频编码标准 AVS 的性能及应用。

▷教学重点

MPEG-2、MPEG-4、H. 264、AVS 标准中的视频编码类型、码流的分层结构、编码原理及关键技术。

▷教学难点

H. 264、AVS 标准中的视频编码原理及关键技术。

4.1 视频编码标准的发展状况

目前国际上的数字音视频编码标准主要有三大系列:一是由国际标准化组织(ISO)和国际电工委员会(IEC)共同成立的运动图像专家组(MPEG)制定的标准,二是由国际电信联盟电信标准部(ITU-T)制定的标准,三是由我国数字音视频编解码技术标准工作组(AVS)制定的标准。

图 4-1 列出了三大系列标准的发展历程。因为制定标准的背景有所不同,面向的主要应用也有所区别。有的标准或标准的某些部分为不同国际标准化组织及其标准共用,有的由不同国际标准化组织联合制定,它们采用的技术有很多共同点,应用领域也有所

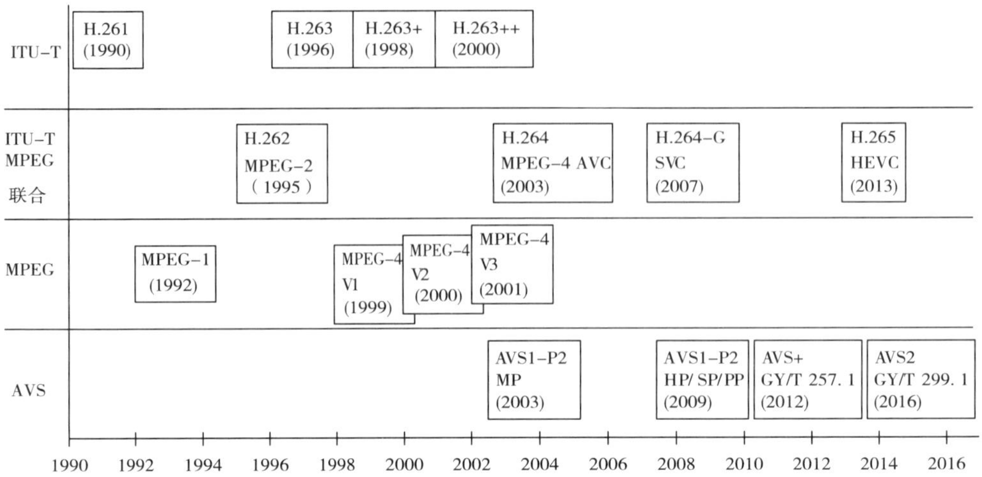

图 4-1　视频编码标准发展历程

重叠。

在这些组织制定的系列音视频压缩编码标准中，具有代表性的是 ITU-T 推出的 H. 26x系列编码标准，包括 H. 261、H. 262、H. 263、H. 264、H. 265，主要针对实时视频通信领域的应用，如可视电话、会议电视等。

H. 261 主要应用在综合业务数字网 ISDN 上传输电视电话会议等低码率的多媒体领域，是其他压缩标准的基础，其全称为“速率为 $P \times 64$Kbit/s（$P = 1,2,\cdots,30$）视听业务的视频编解码”，简称为 $P \times 64$Kbit/s 标准。

H. 262 是由 ITU-T 的视频编码专家组（Video Coding Experts Group，VCEG）和 ISO/IEC 的运动图像专家组（Moving Picture Experts Group，MPEG）合作制定的，完成后分别成为两个组织的标准，在不同组织拥有不同的名称：ITU-T 将其正式命名为 H. 262，MPEG 将其命名为 MPEG-2 标准的视频部分（ISO/IEC 13818-2），这两个标准所有的内容都是相同的。它是在消费类电子视频设备中使用最广泛的视频编码标准之一，广泛应用于卫星数字电视、有线数字电视、地面数字电视、DVD 等技术中。

H. 263 是为低码率通信而设计的视频编码标准，但实际上这个标准可用于很宽的码流范围，并非只用于低码流应用，它在许多应用中可以取代 H. 261。H. 263 的编码算法与 H. 261 的基本一致，为提高性能和纠错能力，做了一些改善。

H. 264 同时也是 MPEG-4 第十部分（ISO/IEC 14496-10），是由 ITU-T 的视频编码专家组（VCEG）和 ISO/IEC 的 MPEG 组成的联合视频组（Joint Video Team，JVT）共同制定的新一代视频压缩编码标准，面向多种实时视频通信应用。这个标准通常被称为 H. 264/AVC（或者 AVC/H. 264、H. 264/MPEG-4 AVC、MPEG-4/H. 264 AVC）。

H. 265，高效视频编码（High Efficiency Video Coding，HEVC），等同于 MPEG HEVC（ISO/IEC 23008-2），是继 H. 264/AVC 后的下一代视频编码标准，由 ISO/IEC MPEG 和

ITU-T VCEG 共同组成的视频编码联合协作小组(Joint Collaborative Team on Video Coding,JCT-VC)负责开发及制定。H.265 标准在 H.264 的基础上使用更先进的技术来改善码流和编码质量,使延时和算法复杂度之间的关系达到最优化设置。具体的研究内容包括:提高压缩效率、提高错误恢复能力、减少实时的时延、减少信道获取时间和随机接入时延、降低复杂度等。它主要应用在 4K(3840×2160)和 8K(7680×4320)超高清晰度视频领域。

运动图像专家组(MPEG)开发的标准通常称为 MPEG 标准。MPEG 系列标准是国际上影响最大的多媒体技术标准,具有以下优势:兼容性较好、提供更高的压缩比、数据损失很小。到目前为止,已经开发和正在开发的 MPEG 标准包括:

MPEG-1 是 MPEG 组织制定的第一个视频和音频有损压缩标准,针对 1.5Mbit/s 以下数据传输率的运动图像及其伴音信息编码,标准号 ISO/IEC 11172。适用于当时的存储媒介 CD-ROM、VCD,在影视作品存储及计算机多媒体领域得到了广泛应用。

MPEG-2 是运动图像及其伴音信息的通用编码,标准号 ISO/IEC 13818。广泛用于存储媒介中的 DVD、广播电视中的数字电视和 HDTV 以及交互式的视频点播(VOD)等。

MPEG-4 是基于音频和可视对象的编码,标准号 ISO/IEC 14496。

MPEG-7 是多媒体内容描述接口,用于对庞大的图像、声音信息的管理和迅速检索,标准号 ISO/IEC 15938。

MPEG-H Part 2 等同 H.265,标准号 ISO/IEC 23008-2。

AVS(Audio Video coding Standard)是基于我国创新技术和部分公开技术的自主标准,是《信息技术　先进音视频编码》系列标准的简称,国家标准号 GB/T 20090.2-2006。AVS 编码效率比 MPEG-2 高 2~3 倍,与 H.264/AVC 的编码效率处于同一水平,而且技术方案简洁,芯片实现复杂度低。AVS 通过简洁的一站式许可政策,解决了 H.264/AVC 专利许可问题,易于推广。主要面向高清晰度和高质量数字电视广播、网络电视、高密度激光数字存储媒体等应用领域。

AVS 工作组制定了 AVS1-P2 视频编码标准,并于 2006 年颁布为国标 GB/T 20090.2-2006,之后于 2012 年在国标的基础上升级为 AVS+,形成了广电行业标准 GY/T 257.1-2012。

AVS2,即第二代 AVS 标准。2016 年 5 月,AVS2 被国家新闻出版广电总局颁布为广电行业标准 GY/T 299.1-2016《高效音视频编码 第 1 部分:视频》。2016 年 12 月,AVS2 被国家质检总局和国家标准委颁布为国家标准 GB/T 33475.2-2016《信息技术 高效多媒体编码 第 2 部分:视频》。其首要应用目标是超高清晰度(4K 或 8K)视频。测试表明,AVS2 视频标准的压缩效率已经比上一代 AVS 国家标准和 H.264/AVC 国际标准提高了一倍,在场景类视频编码方面大幅度领先于最新国际标准 HEVC,实现复杂度不高于同等级的编码标准。

4.2 图像压缩 H.261 标准

H.261 是 CCITT(现改称为 ITU-T)制定的国际上第一个视频编码标准,主要用于在综合业务数字网(ISDN)上开展可视电话、会议电视等双向视听业务,该标准于 1990 年 12 月获得批准。H.261 标准的名称为"速率为 $P\times64$Kbit/s($P=1,2\cdots,30$)视听业务的视频编解码",简称为 $P\times64$Kbit/s 标准。当 P=1 或者 2 时,仅支持 QCIF 的图像分辨力(176×144 像素),用于低帧频的可视电话;当 $P\geqslant6$ 时,可支持 CIF 的图像分辨力(352×288 像素)的会议电视。

H.261 的视频编码算法是把输入的 CIF 或 QCIF 格式的视频分成一系列以块为基础的结构,即分为图像(Picture)、块组(GOB)、宏块(MB)和块(Block)。H.261 编码基本的单位称为宏块。每个宏块由 4 个 8×8 的亮度块和 2 个 8×8 的色度块(C_B和 C_R各一个)组成,一个块组由 3×11 个宏块组成。一个 QCIF 图像由 3 个 GOB 组成,一个 CIF 图像则包含 12 个 GOB,这种复杂的分级结构是高压缩比视频编码算法所必需的。

H.261 是第一个实用的数字视频编码标准,它使用帧间预测来消除时间冗余,使用运动矢量进行运动补偿。变换编码部分使用 8×8 的离散余弦变换来消除空间域的冗余,然后对变换后的系数进行阶梯量化,之后对量化后的变换系数进行"之"字形(Zig-zag)扫描,并进行熵编码(使用 Run-Level 变长编码)来消除统计冗余。H.261 的这些关键技术都被后来的 MPEG-1、MPEG-2、H.263、H.264 等视频编码标准所采用。

4.3 视频压缩 MPEG-2 标准

4.3.1 MPEG 标准概述

运动图像专家组(MPEG)是 ISO 与 IEC 于 1988 年成立的专门针对运动图像和语音压缩制定国际标准的组织。MPEG 标准主要有以下五个:MPEG-1、MPEG-2、MPEG-4、MPEG-7 及 MPEG-21。

MPEG-1 是第一个标准,针对 1.5Mbit/s 以下的数据传输率的运动图像及伴音信息编码。MPEG-1 的目标是将压缩后的视频音频码流存入光盘,数据传输率为 1.416Mbit/s,其中的 1.1Mbit/s 用于视频,128Kbit/s 用于音频,其余用于系统开销。主要应用于 VCD,MP3 音乐等。

MPEG-1 标准的目标主要包括以下几方面:

1. 在图像和声音的质量上必须高于可视电话和会议电视的声像质量,至少应达到 VHS 家用录像机的声像质量。

2. 压缩后的数码率应能存储在光盘、数字录音带 DAT 或可写磁光盘等媒体中。

3. 压缩后的码率应与计算机网络传输码率相适配，为 1.2～1.5Mbit/s。

4. 能适应在多种通信网络上的传输。

MPEG-2 标准(ISO/IEC13818)是 MPEG 制定的第 2 个标准，其正式名称为“运动图像及伴音信息的通用编码标准”。MPEG-2 不是 MPEG-1 的简单升级，它在系统和传送方面做了更加详细的规定和进一步的完善。它是针对标准清晰度数字电视和高清晰度数字电视在各种应用下的压缩方案，传输速率为 3Mbit/s～10Mbit/s。MPEG-2 标准目前包括 9 个部分，统称为 ISO/IEC 13818 国际标准。MPEG-2 完全兼容 MPEG-1，任何 MPEG-2 的解码器都能够对 MPEG-1 的码流进行解码。

4.3.2　MPEG-1/MPEG-2 标准中的三种编码类型图像

MPEG 标准所规定的视频编码算法在实现高压缩比的同时，又能获得较高的重建图像质量，并且还要满足随机存取的要求，单靠帧内编码是不可能达到的。在 MPEG 压缩编码中，主要通过 DCT 变换和运动预测技术来压缩空间冗余和时间冗余，采用了帧内编码和帧间编码相结合的方式。

利用运动补偿的帧间预测可减少时间冗余。只用上一帧图像预测当前帧，称为前向预测。既用上一帧图像预测当前帧，也用下一帧图像预测当前帧，称为双向预测。

MPEG 标准将编码图像分为三种类型，分别称为 I(Intra)帧、P(Predicated)帧和 B(Bi-directional)帧。各帧排列位置如图 4-2 所示。

I 帧作为预测基准的独立帧，只采用了帧内离散余弦变换(DCT)编码和本帧图像内的空间相关性，而没有利用时间相关性，所以 I 帧图像的压缩比相对较低。设置 I 帧的主要理由是：

1. 当某帧找不到匹配的参考帧时，就只好进行帧内编码，场景切换或图像中的“遮挡”和“暴露”部分就是这种情况的例子。

2. 解码 I 帧不需要参考帧，因而可以在 I 帧进行码流的切换和编辑等操作，提供随机存取的插入点。

3. 长时间连续地进行预测编码，预测误差会不断累积，导致压缩效率逐渐降低，图像质量不断下降。为防止解码图像损伤的逐渐加剧，需定时进行帧刷新，即周期性地插入 I 帧，以便开始一个新的预测编码过程。

P 帧又称前向预测编码帧，它用前面最近的 I 帧或 P 帧作为参考进行前向预测，采用带运动补偿的帧间预测编码方式。同时利用了空间相关性和时间相关性，P 帧压缩率比 I 帧高，P 帧可作为参考帧。

B 帧又称双向预测编码帧，它既用源视频序列中位于前面且已编码的 I 帧或 P 帧作为参考帧，进行前向运动补偿预测，又用位于后面且已编码的 I 帧或 P 帧作为参考帧，进行后向运动补偿预测。B 帧可采用帧内编码、前向预测编码、后向预测编码或双向预测编码四种技术，其压缩比最高。但 B 帧不能作为其他帧进行运动补偿预测的参考帧。

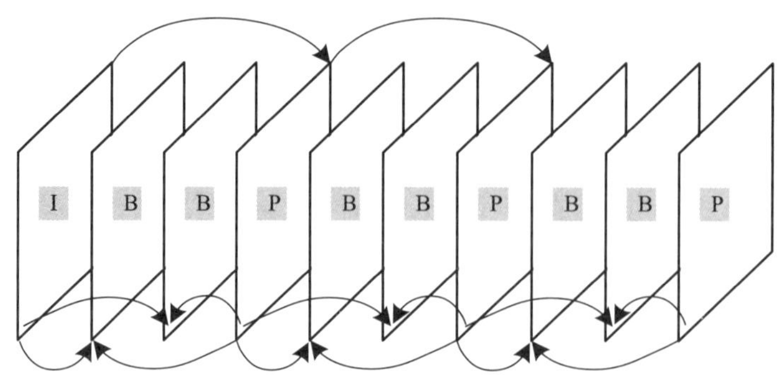

图 4-2　I 帧、P 帧与 B 帧的排列位置

下面以 10 帧为例，说明 I、P、B 三种帧的典型设置方式。视频序列被分成一个个图像组（Group of Pictures，GOP），GOP 中的图像数目一般为 10 至 15，每个 GOP 中包含一个 I 帧，可以没有 B 帧，甚至没有 P 帧。

节目输入顺序如图 4-2 所示，是按实际出现顺序排列的，I_0、B_1、B_2、P_3、B_4、B_5、P_6、B_7、B_8、P_9，为了解码时便于从 I、P 画面插补得到 B 画面，在编码节目时，改变画面顺序为 I、P、B、B……，即改为按画面顺序 I_0、P_3、B_1、B_2、P_6、B_4、B_5、P_9、B_7、B_8。解码时先解出 I_0 帧、P_3 帧，再由其插补预测计算得出 B_1 帧、B_2 帧等。为此，须在解码器内设置动态存储器，将 I、P 帧先解码并存储，再计算出各个 B 帧。在最后输出时，还是应当按照实际编码顺序重组读出，按正确顺序输出，即 I_0、B_1、B_2、P_3、B_4、B_5、P_6、B_7、B_8、P_9。

4.3.3　MPEG 视频码流的分层结构

视频数据经过压缩编码后形成视频基本码流（ES）。MPEG 为了更好地表示编码比特流，用语法规定了一个分层结构，目的是把比特流中逻辑上独立的实体分开，防止语义含糊，并减轻解码过程中的负担。

MPEG 视频基本的码流分层结构如图 4-3 所示，共分 6 层，从高到低依次是视频序列层（Video Sequence，VS）、图像组层（Group of Picture，GOP）、图像层（Picture）、宏块条层（Slice）、宏块层（Macro-block）及像块层（Block），对应的码流句法结构如图 4-4 所示。

在这 6 层中，除了宏块层和像块层之外，其他 4 层的数据都以相应的起始码（Start Code，SC）为开头。起始码是预留的，在视频码流或其他数据中不会出现，作为同步标识使用，一旦收发失步，重新同步的过程首先就是从比特流中寻找相应的起始码，在正确的间隔上发现有效的起始码，解码就可以重新开始。视频序列的起始码为 0x000001B3、图像组的起始码为 0x000001B8、图像的起始码为 0x00000100、宏块条的起始码为 0x00000101。

每一层支持一个确定的功能，或者是信号处理功能（如 DCT、运动补偿），或者是逻辑功能（如同步、随机存取点）等。下面简要介绍各层的定义及功能。

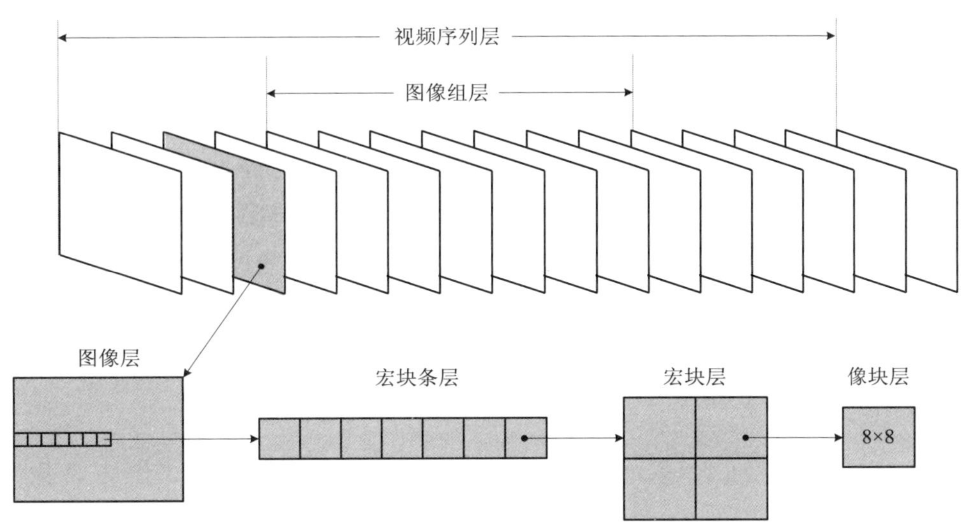

图 4-3 MPEG 视频基本码流的分层结构

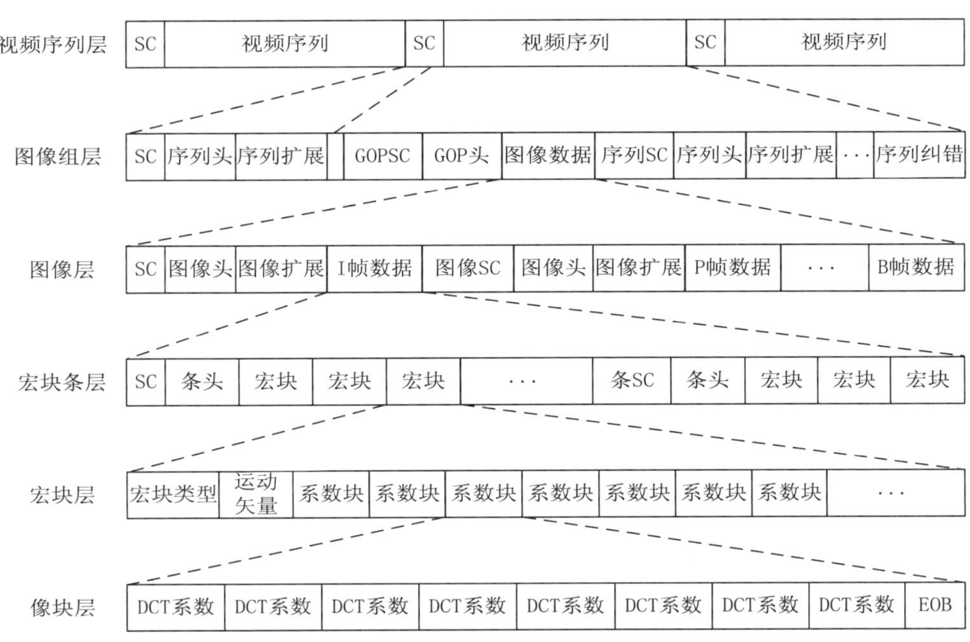

图 4-4 MPEG 视频基本码流的句法结构

4.3.3.1 视频序列层

视频序列是指构成某路节目的连续图像序列，是随机选取的节目的一个基本单元。从节目内容看，一个视频序列大致对应一个镜头。切换一个镜头，即表示开始一个新的序列。在视频序列层，起始码后是序列头，包含视频序列参数，如图像尺寸大小、宽高比、帧频、数码率等。为确保 MPEG-2 能够在不同时间随机进入视频序列，允许重复发送序列头。后面是由许多图像(I、P 和 B)组成的一系列 GOP,视频序列结束于一个序列终止码(SEQEC)。

4.3.3.2 图像组层

图像组(GOP)由一个视频序列中连续的若干帧图像组成,每个 GOP 由一个 I 帧、若干 B 帧及 P 帧组成,GOP 的第一帧一定为 I 帧。这样分组的目的是便于随机存取和编辑,以及定时进行帧刷新,防止由于帧间预测引起传输误码的长时间扩散。在通常情况下,0.5s 内必须传一个 I 帧,对 PAL 制,一个 GOP 通常包含 12 个帧,例如 IBBPBBPBBPBP。在图像组层中,GOP 头中给出了紧跟在 I 帧后面的 B 帧图像的预测特性等信息。

4.3.3.3 图像层

图像是一个独立的显示单元,在图像层中,图像头中给出了时间参考信息、图像编码类型和延时等信息。图像层包括不同编码类型的图像,即 I 帧、B 帧和 P 帧。

在 MPEG-2 标准中,图像的扫描方式可以是逐行的也可以是隔行的,亮度和色度的采样格式可以为 4:2:0、4:2:2及 4:4:4。在 MPEG-1 中,图像的扫描方式是逐行的,亮度和色度的采样格式是 4:2:0。

4.3.3.4 宏块条层

每个宏块条包括若干个连续宏块,其顺序和行扫描顺序一致。宏块条可以从一个宏块行(16 行宽)的任何一个宏块开始。在 MPEG-2 MP@ML 格式中,一个宏块条必须在同一宏块行中起始和结束,而且一个宏块条至少包括一个宏块。

宏块条是比特流重新同步的基本单元。一旦因传输差错发生误码而导致接收端解码失步,宏块条可根据起始码重新获得同步。划分成宏块条的主要目的在于防止误码的扩散,即如果一个宏块条内的数据因传输差错发生误码但又不可纠正时,下一个宏块条不受其影响,仍能准确地找到下一个宏块条的起始位置并正常解码。

4.3.3.5 宏块层

一个宏块由 16×16 像素的亮度阵列和同区域内的 C_B、C_R 色差阵列共同组成。MPEG-2 中定义了三种宏块结构:4:2:0宏块、4:2:2宏块和 4:4:4宏块,分别代表构成一个宏块的亮度和色差块的数量关系,如图 4-5 所示。而在 MPEG-1 中只采用 4:2:0宏块结构。

一个 4:2:0宏块包含 4 个亮度(Y)块,1 个 C_B块和 1 个 C_R块,块的顺序如图 4-5(a)所示;一个 4:2:2宏块包含 4 个 Y 块,2 个 C_B块和 2 个 C_R块,块的顺序如图 4-5(b)所示;一个 4:4:4宏块包含 4 个 Y 块,4 个 C_B块和 4 个 C_R块,块的顺序如图 4-5(c)所示。

这 3 种宏块结构实际上分别对应如图 4-6 所示的 3 种亮度和色度的采样结构。图中的"○"代表 Y 信号的采样点,"●"代表 C_B、C_R 与 Y 信号重合的采样点。

在对标清视频进行编码前,分量信号 R、G、B 变换为亮度信号 Y 和色差信号 C_B、C_R 的形式。在 4:2:2格式中,亮度信号的采样频率为 13.5MHz,两个色差信号的采样频率均为

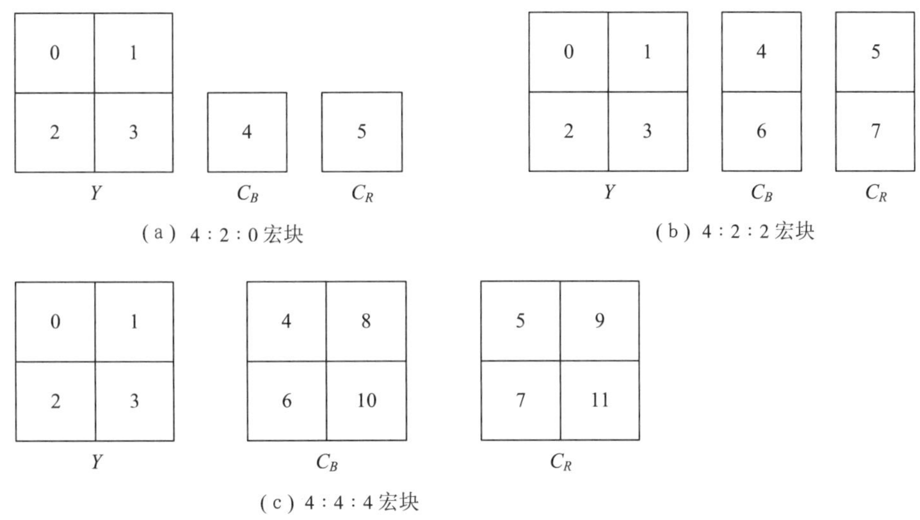

图 4-5　三种宏块结构

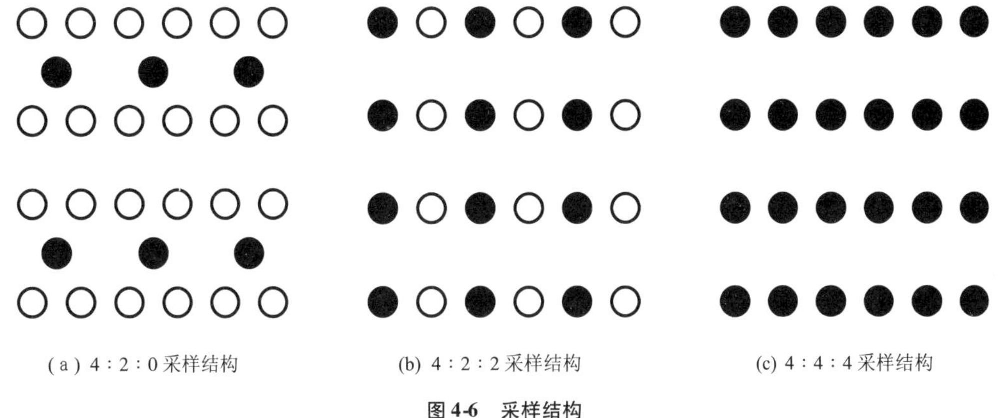

图 4-6　采样结构

6.75MHz。对于 PAL 制电视信号,每帧的 Y 信号包含 720×576 个样本值,C_B、C_R信号各包含 360×576 个样本值,即每行中每隔一个像素对色差信号采一次样。在 4:4:4格式中,亮度和色差信号的采样频率都是 13.5MHz,每帧的亮度和色差信号各包含 720×576 个样本值。而在 4:2:0格式中,亮度信号的采样频率为 13.5MHz,每帧的亮度信号各包含 720×576 个样本值,每帧的色差信号 C_B、C_R各包含 360×288 个样本值,即每隔一行对两个色差信号进行采样,每采样行中每隔一个像素对两个色差信号采样一次。

通过上述分析可以计算出,在 4:2:0格式中,每 4 个 Y 信号的像块空间内的 C_B、C_R样本值分别构成一个 C_B、C_R像块;在 4:2:2格式中,每 4 个 Y 信号的像块空间内的 C_B、C_R样本值分别构成两个 C_B、C_R像块;而在 4:4:4格式中,每 4 个 Y 信号的像块空间内的 C_B、C_R样本值分别构成 4 个 C_B、C_R像块。相应的宏块结构正是以此为基础构成的。

宏块是运动补偿预测的基本单元。宏块层中的宏块类型码给出了宏块属性、运动矢量。为了提高编码性能,MPEG 算法在 I 帧中的全部宏块采用帧内编码模式,在 P 帧和 B 帧中既可以采用帧内编码,也可以以宏块为单位自适应地选择合适的运动补偿预测模式的帧间编码。P 帧中的宏块主要采用前向运动补偿预测模式,当预测效果不佳时,则切换到帧内编码模式。B 帧中的宏块既可以采用前向运动补偿预测模式,也可以采用后向运动补偿预测模式,还可以采用双向运动补偿预测后取平均值的模式,当然,亦可采用帧内编码模式,这取决于哪一种模式下编码该宏块所需的比特数最少。

4.3.3.6 像块层

像块层是 MPEG 算法中最小的编码单元,包含 8×8 个像素值,是亮度信号 Y、色差信号 C_B或 C_R之一。像块是 DCT 的基本单元。像块层的数据包含 8×8 个像素的样值经 DCT 后所生成的 DCT 系数的编码码字。一个 4:2:0的宏块由 6 个块组成,其中有 4 个亮度块、1 个 C_B块和 1 个 C_R块。一个 4:2:2的宏块由 8 个块组成,其中有 4 个亮度块、2 个 C_B块和 2 个 C_R块。一个 4:4:4的宏块由 12 个块组成,其中有 4 个亮度块、4 个 C_B块和 4 个 C_R块。

4.3.4 MPEG-1/MPEG-2 视频编码原理及关键技术

概括地说,MPEG 视频压缩是利用了序列图像中的空间相关性和时间相关性。

MPEG 的视频编码原理如图 4-7 所示,采用了帧内 DCT 编码和带运动补偿的帧间预测编码相结合的方案。

帧内编码:图 4-7 中的开关 K1 和 K2 断开,待编码图像不经过预测环处理,仅经过 DCT、量化器、"之"字形扫描和游程编码以及熵编码器,即生成编码比特流。

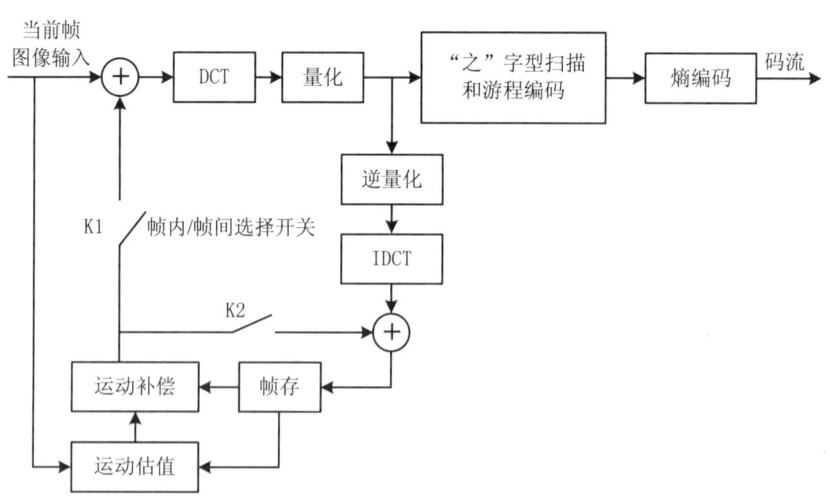

图 4-7 MPEG 的视频编码原理框图

帧间编码:图 4-7 中的开关 K1 和 K2 闭合,待编码图像首先与帧存储器中的预测图像进行比较,计算出运动矢量,由该运动矢量和参考帧生成原始图像的预测图像。而后,将原始图像与预测图像的像素差值所生成的差值图像数据进行 DCT 变换,再经过量化器和熵编码器生成输出编码比特流。

可见,帧内编码与帧间编码流程的区别在于是否经过预测环的处理。MPEG 视频压缩方案中包含以下关键技术环节。

4.3.4.1　离散余弦变换(DCT)

离散余弦变换简称为 DCT(Discrete Cosine Transform),能够将空间域的信号转换到频率域上,使原本在空间域上能量分散的信号样值经变化后把能量主要集中在少数几个变换系数上,变换后的系数按频率由低到高分布,视频图像的相关性明显下降,采用量化和熵编码可有效地压缩数据量。

通常将一幅图像分解成若干像素块,每个像块的大小为 8 ×8 像素,对每个块进行 DCT 变换,变换后得到由 8 ×8 频域系数组成的矩阵,这 64 个值称为 DCT 系数,包括 1 个代表直流分量的“DC 系数”和 63 个代表交流分量的“AC 系数”。矩阵左上角的系数为 DC 系数,代表该像素块的直流分量。对自然景物图像的统计表明,DCT 系数矩阵的能量集中在反映水平和垂直低频分量的左上角,DCT 矩阵左上方的系数值会大些,而越接近右下角,系数值会越小。DCT 变换本身是无损的,给接下来的量化、霍夫曼编码等创造了很好的条件。

4.3.4.2　DCT 系数量化

DCT 变换本身并不能压缩数据,64 个样值经变换后仍为 64 个变换系数,需要对 DCT 变换系数进行量化处理,再结合游程编码和熵编码,才能达到数据压缩的目的。所谓量化就是对 DCT 系数除以某个值后再取整,使一些较小的数值化为零。根据人眼的视觉冗余特性,人眼对低频敏感,对高频不敏感。采用量化矩阵而不是一个统一的数值,即对不同位置的系数使用不同的量化系数进行量化,对低频分量进行小步长量化,对高频分量进行大步长量化,在保证主观质量的情况下,可提高压缩效率。在实际应用中,亮度信号和色度信号分别有具体的量化矩阵。经量化处理后,位于矩阵右下角的高频分量系数大部分化为零,为后续的压缩处理提供了有利条件。

4.3.4.3　“之”字型扫描与游程编码

为便于压缩码率,需要把 DCT 变换产生的 8 ×8 的二维数据转换为一维排列方式。常用的从二维到一维的读出方式有两种:“之”字型(Zig-Zag)扫描和交替扫描。

在 MPEG-2 标准中推荐使用“之”字型扫描,按二维频率从低到高的顺序读出变换系数。大多数非零的 DCT 变换系数集中于二维矩阵的左上角,经过“之”字型扫描后,这些非零 DCT 变换系数就集中于一维排列数组的前部,后面跟着长串的量化为零的 DCT 变换系数,这样就为游程编码创造了条件。

在游程编码中,只有非零系数被编码。一个非零系数的编码由两个部分组成:前一部分表示非零系数前的连续零系数的数量(称为游程),后一部分是非零系数,例如(7×0,4),就是表明在“4”前面有7个连续的“0”,这样就体现出“之”字型扫描的优点了,因为采用“之”字型扫描后,出现连零的机会比较多,游程编码的效率就比较高。当一维序列中的最后剩余部分的量化DCT变换系数全都为零时,只需要用一个“块结束”标志(EOB)来表示,这个8×8变换系数块的编码过程就结束了,产生的压缩效果非常明显。

4.3.4.4 熵编码

为了进一步压缩数据,提高编码效率,在传输或者存储前还需对DCT变换系数进行熵编码。熵编码基于编码符号的统计特性,去除了统计冗余,使得平均码率降低。常见的熵编码有:香农编码、霍夫曼编码和算术编码。MPEG视频编码方案中采用的是应用较广泛的霍夫曼编码。在霍夫曼编码中,在确立了所有编码符号的概率后产生一个码表,对出现次数多(概率大)的符号分配较少的比特来表示,对出现次数少(概率小)的符号分配较多的比特来表示,使得整个码流的平均长度趋于最短。

4.3.4.5 具有运动补偿的帧间编码技术

通常,彩色电视节目的前后帧图像的内容差别不大,在相邻帧之间亮度信号平均只有7.5%的像素有变化,而色度信号平均只有6.5%的像素有变化,电视图像的帧间信号具有很强的相关性,序列图像在时间轴上的冗余度是相当大的。消除序列图像的时间相关性可采用预测编码技术进行压缩,这种利用帧间的时间相关性,减少时间冗余度的方法称为具有运动补偿的帧间编码技术。

运动处理原理如图4-8所示,许多情况下画面上仅有很少一部分在运动,只需知道画面中哪些部分在运动,其运动方向和位移量如何,就可以从前一帧图像中预测出当前帧图像。由于运动预测会有误差,需要对帧间预测误差信号进行编码和传送。在此情况下,只需要传送运动矢量和帧间预测差值,从而可以大幅度压缩码率。

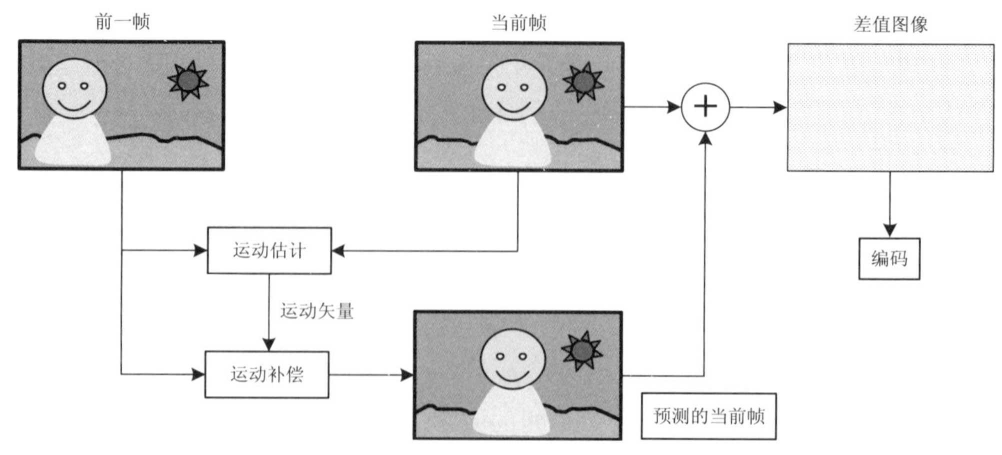

图4-8　运动估计与运动补偿示意图

运动估计:在帧间预测之前,对运动物体从上一帧到当前帧位移的方向和像素数做出估计,即求出运动矢量。

运动补偿:按照运动矢量,找到上一帧中相应的块,求得对当前帧的估计(预测值)的这个过程。

4.3.5 MPEG-2 中“类”与“级”的概念

与 MPEG-1 标准相比,MPEG-2 标准是具有更高的图像质量、更多的图像格式和更高的传输码率的图像压缩标准。MPEG-2 标准不是 MPEG-1 的简单升级,它是针对标准清晰度数字电视和高清晰度电视在多种应用下的压缩方案,在传输和系统方面做了更加详细的规定和进一步的完善。

4.3.5.1 类的概念

MPEG-2 通用性强,适用范围广,为了适应广播、通信、计算机和家电视听等各方面的需求,MPEG-2 针对不同的应用,兼顾复杂度和性价比,在单一语法的基础上,规定了 6 个语法子集,称为类(Profile),依次为:简单类(Simple)、主类(Main)、4:2:2类、信噪比可分级类(SNR Scalable)、空间可分级类(Spatial Scalable)以及高级类(High),它们都是 MPEG-2 的子集。

1. 简单类。

简单类使用最少的编码工具,不支持双向预测帧,采样格式为 4:2:0,不支持任何分级编码方法,延迟低,适合视频会议应用。

2. 主类。

主类除使用所有简单类的编码工具外,增加了双向预测编码的方法,引入了 B 帧图像。没有可分级性,信号采样格式为 4:2:0。

3. 4:2:2类。

4:2:2类是主类的扩展类,即在主类的基础上推出的更适用于演播室视频节目制作的数据压缩处理方法。用 4:2:2采样格式的 MPEG-2 码流经多次编码解码后,图像质量不会有明显下降。而采用 4:2:0采样格式经过多次编解码,重建图像质量将明显下降。

4. 信噪比可分级类和空间可分级类。

信噪比可分级类:具有与主类相同的所有功能,且按信噪比可分级(多种级别的图像质量)。

空间可分级类:具有与信噪比可分级类相同的功能,支持图像空间域分辨率的可分级性(多种级别的图像质量)。

信噪比可分级类和空间可分级类提供了一种多级广播方式,将图像的编码码流分为基本层和一个或多个增强层。基本层码流包含图像解码重要的基本数据,解码器根据基本码流即可进行解码,但重建图像的质量较差,图像分辨率低一些,或者帧速率低一些。

增强层码流包含图像的细节,可用来改善信噪比或者清晰度。数字电视系统可利用MPEG-2 的这种可分级性,使数字信号能同时覆盖接收条件好的和接收条件差的地区,并使能接收和不能接收的区域过渡更为平滑。应对基本层码流加以较强的保护,使其具有较强的抗干扰能力。在距离较近、接收条件较好的情况下,可以同时接收到基本层码流和增强层码流,恢复出较清晰的图像;在接收条件不好的地方,只解码基本码流,不至于造成节目解码中断。

5. 高级类。

高级类可应用于对图像质量要求更高的场合,支持逐行同时处理色差信号(4:2:2采样格式),并且支持各种可分级编码。

4.3.5.2 级的概念

级是指图像的输入格式,从有限清晰度的 VHS 质量直到 HDTV,共有 4 级,分别为:低级、主级、1440-高级、高级。级表示 MPEG-2 编码器输入端的信源图像格式。

1. 低级(Low Level,LL)。

LL 级对应的输入信源格式是 CIF 格式,即 352 ×240 ×30 或 352 ×288 ×25,相应编码的最大输出码率为 4Mbit/s。

2. 主级(Main Level,ML)。

ML 对应于 ITU-R601 建议的信源格式,即 720 ×480 ×30 或 720 ×576 ×25,最大允许输出码率为 15Mbit/s(高档次为 20Mbit/s)。

3. 1440-高级(High-1440 Level)。

H-1440 属于高清晰度电视发展道路上的准高清晰度级,但没有得到实际应用。宽高比为 4:3,格式为 1440 ×1080 ×30 或 1440 ×1152 ×25。

4. 高级(High Level,HL)。

HL 对应高清晰度电视的信源格式,即 1920 ×1080 ×30、1920 ×1080 ×25 或 1920 ×1152 ×25,最大输出码率为 80Mbit/s(高档次为 100Mbit/s)。

同一类中的各个级遵循该类的语法,只是参数不同。类与级的组合构成了 MPEG-2 视频编码标准在某种特定应用下的子集。对某一输入格式的图像,采用特定集合的压缩编码工具,产生规定速率范围内的编码码流。

类与级的可能组合共有 24 种,见表 4-1,有的组合不用。表示类与级组合时,常用缩写的形式表示,如 HP@ HL,表示 High Profile 与 High Level 的组合。

表 4-1 MPEG-2 类与级的可能组合

	简单类	主类	4:2:2类	SNR 可分级类	空间可分级类	高级类
高级 1920 ×1080 ×30 1920 ×1152 ×25		MP@ HL				HP@ HL

续表

	简单类	主类	4:2:2类	SNR 可分级类	空间可分级类	高级类
1440-高级 1440×1080×30 1440×1152×25		MP@ H1440			SSP@ H1440	HP@ H1440
主级 720×480×30 720×576×25	SP@ ML	MP@ ML	4:2:2P@ ML	SNP@ ML		HP@ ML
低级 352×240×30 352×288×25		MP@ LL		SNP@ LL		
备注	无 B 帧 4:2:0采样 不分级	有 B 帧 4:2:0采样 不分级	有 B 帧 4:2:2采样 不分级	有 B 帧 4:2:0采样 SNR 可分级	有 B 帧 4:2:0采样 SNR 可分级 空间可分级	有 B 帧 4:2:0或4:2:2 SNR 可分级 空间可分级 时间可分级

4.4 视频压缩 MPEG-4 标准

随着计算机多媒体及网络技术的快速发展,MPEG-1 和 MPEG-2 技术压缩比不高,多媒体文件体积过大,在网络上实时传输较困难,交互性及灵活性较低,只能实现简单回放等缺点开始显现。自 1994 年起,MPEG 运动图像专家组开始着手研究视听数据的编码算法作为低速率数据多媒体通信标准,目标是在异构网络环境下能够可靠工作,更加注重多媒体系统的交互性和灵活性。

1999 年 1 月,MPEG-4 标准正式发布,标准号为 ISO/IEC 14496,其标准名称是音视频对象编码(Coding of Audio-visual Objects)。迄今为止,MPEG-4 标准包含 27 个部分,各个部分既独立又紧密相关。与视频编码相关的是第 2 部分和第 10 部分,其中第 10 部分等同于 ITU-T 的 H.264 标准,将在下一节介绍,本节主要介绍 MPEG-4 标准的第 2 部分。除非另作说明,本书提到的 MPEG-4 视频编码标准特指 MPEG-4 标准的第 2 部分。

4.4.1 MPEG-4 标准概述

为了实现低码率下的多媒体通信,MPEG-4 引入了 AV 对象(Audio/Visual Objects)概念,使得更多的交互操作成为可能。MPEG-4 技术的标准是对运动图像中的内容进行编码,其具体的编码对象就是图像中的音频和视频,称为 AV 对象,而连续的 AV 对象组合在一起又可以形成 AV 场景。

MPEG-4 在编码时将一幅景物分成若干在时间和空间上相互联系的视频音频对象,分别编码后,经过复用传输到接收端,然后再对不同的对象分别解码,最后组合成所需要的视频和音频。这样既方便对不同的对象采用不同的编码方法和表示方法,又有利于不同数据类型间的融合,还可以实现对于各种对象的操作及编辑。例如,在图 4-9 中,我们可以将背景与笑脸、小汽车、松树分解,然后分别对它们进行编码、复用在一起传送,解码时先解复用,再对每一个对象分别解码,最后合成原始图像。

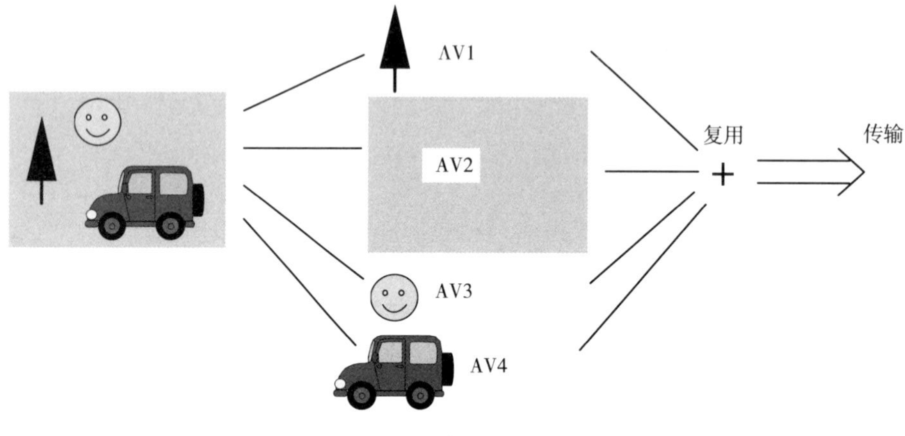

图 4-9　图像分解示意图

在 MPEG-4 中所见的音视频已不再是过去 MPEG-1、MPEG-2 中图像帧的概念,而是一个个视听场景,这些不同的 AV 场景由不同的 AV 对象组成。AV 对象是指在一个场景中能够访问和操纵的实体,对象的划分可以其独特的纹理、运动、形状、模型和高层语义为依据。AV 对象是听觉、视觉或者视听内容的表示单元,其基本单位是原始 AV 对象,它可以是自然的或合成的声音、图像。原始 AV 对象具有高效编码、高效存储与传输以及可交互操作的特性,它又可进一步组成复合 AV 对象。因此,MPEG-4 标准的基本内容就是对 AV 对象进行高效编码、组织、存储与传输。AV 对象的提出,使多媒体通信具有高度交互及高效编码的能力,AV 对象编码就是 MPEG-4 的核心编码技术。

MPEG-4 系统的一般框架是:对自然或合成的视听内容的表示,对视听内容数据流的管理如多点、同步、缓冲管理等,对灵活性的支持和对系统不同部分的配置。

4.4.2　MPEG-4 视频编码功能

为了实现基于内容的交互功能,MPEG-4 引入了视频对象 VO(Video Object)和视频对象平面 VOP(Video Object Plane)的概念。MPEG-4 中的视频对象可以是视频场景中的人物或具体的景物,例如,新闻节目中的主持人的头肩像(没有背景图像),即自然视频对象;也可以是计算机产生的二维、三维图形,即合成视频对象;还可以是矩形帧。

MPEG-4 视频编码处理的数据类型主要有:动态视频、视频对象(任意形状区域的动态视频)、二维和三维的网格对象(可变形的对象)、人脸和身体的动画、静态纹理(静止图像)。

为了支持众多的多媒体应用,MPEG-4 视频标准支持以下三类功能:

1. 基于内容的交互性。

MPEG-4 提供了基于内容的多媒体数据访问工具，如索引、超级链接、上传、下载、删除等。这些工具可以使用户方便地从多媒体数据库中有选择地获取自己所需的与对象有关的内容，并提供内容的操作和位流编辑功能，可应用于交互式家庭购物，淡入淡出的数字化效果等。MPEG-4 提供了高效的自然或合成的多媒体数据编码方法。它可以把自然场景或对象组合起来成为合成的多媒体数据。

2. 高压缩率。

MPEG-4 具有更高的编码效率。同其他标准相比，在相同的比特率下，它能提供更高的视觉听觉质量，使得在低带宽的信道上传送视频、音频成为可能。MPEG-4 还能对同时发生的数据流进行编码。一个场景的多视角或多声道数据流可以高效、同步地合成为最终数据流。在立体视频应用方面，MPEG-4 将利用对同一景物的多视点观察所造成的信息冗余，有效地描述三维自然景物。

3. 通用的访问性。

强抗误码能力用来保证其在许多无线和有线网络以及存储介质中的应用。在易发生严重错误的低码率应用中，MPEG-4 抗误码能力较强。此外，MPEG-4 还具有内容的可分级性，给图像中的各个对象分配优先级，比较重要的对象用较高的空间、时间分辨率表示。对于极低比特率的应用，可分级性是一个关键的因素，用户可以选择景物中各对象的解码质量，能按不同的分辨率和质量来访问数据库。

这些特点使 MPEG-4 在多个领域得到了广泛应用：因特网多媒体应用、广播电视、实时可视通信、交互式存储媒体应用、演播室技术及电视后期制作等。

4.4.3　MPEG-4 基于内容的视频编解码器结构

图 4-10 给出了 MPEG-4 基于内容的视频编解码器结构。首先从原始序列图像中分割出 VO，然后由编码控制单元为不同 VO 的形状、运动、纹理信息分配码率，对各个 VO 分别独立编码，最后将各个 VO 的码流复合成一个输出码流。接收端经解复用，将各个 VO 分别解码，然后将解码后的 VO 合成场景输出。解复用和 VO 合成时也可以加入用户交互控制。

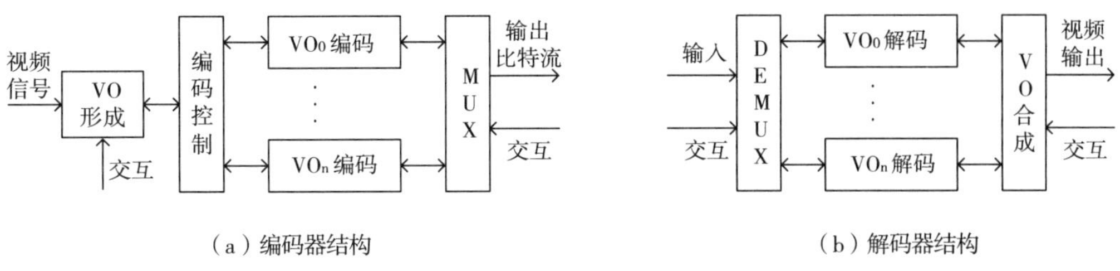

（a）编码器结构　　（b）解码器结构

图 4-10　MPEG-4 基于内容的视频编解码器结构框图

4.4.4 MPEG-4 视频码流结构

MPEG-4 视频序列是视频对象的集合,对视频序列进行编码,就是对所有的视频对象进行编码,MPEG-4 的码流结构也是以视频对象为中心的。按照从上至下的顺序,MPEG-4 采用视频序列、视频会话(VS)、视频对象(VO)、视频对象层(VOL)、视频对象平面组(GOV)和视频对象平面(VOP)的 6 层结构,如图 4-11 所示。

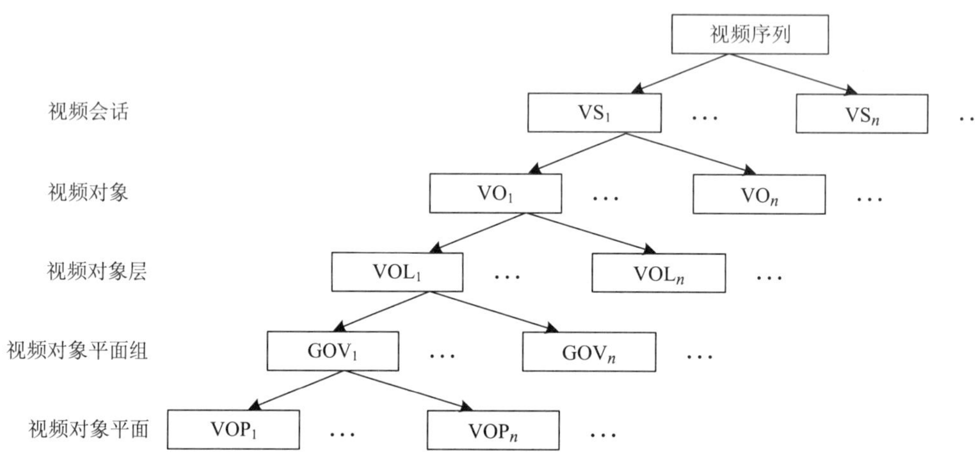

图 4-11 MPEG-4 视频码流结构

1. 视频序列:对应于场景的电视图像信号,由多个视频会话(VS)组成。

2. 视频会话(Video Session,VS):由一个或多个 VO 构成。

3. 视频对象(Video Object,VO):对应于场景中的人、物体或背景,它可以是任意形状的。VO 层由 VO_0、VO_1……VO_n组成,是从 VS 中提取的不同视频对象。

4. 视频对象层(Video Object Layer,VOL):VO 码流中包括的纹理、形状和运动信息层。VOL 用于实现分级编码,VOL 层由 VOL_0、VOL_1……VOL_n组成,是 VO 的不同分辨率层(一个基本层和多个增强层)。

5. 视频对象平面组(Group of VOP,GOV):GOV 层是可选的。GOV 由多个 VOP 组成。GOV 提供了比特流中独立编码 VOP 的起始点,以便于实现比特流的随机存取。

6. 视频对象平面(Video Object Plane,VOP):VOP 层由 VOP_0、VOP_1……VOP_n组成,是 VO 在不同分辨率层的时间采样。VOP 可以独立地进行编码(I-VOP),也可以运用运动补偿编码(P-VOP 和 B-VOP)。VOP 可以是任意形状的。

4.5 视频压缩 H.264 标准

4.5.1 H.264 标准概述

H.264 是由 ITU-T 的视频编码专家组(VCEG)和 ISO/IEC 的运动图像专家组

(MPEG)组成的联合视频组(JVT)推出的新一代视频压缩编码标准,面向多种实时视频通信应用,同时也是 MPEG-4 标准的第 10 部分,这个标准通常被称为 H.264/AVC(Advanced Video Coding),说明它是由这两个组织共同开发的。H.264 相对于以往的标准,采用了更先进的技术,在相同的数码率下用 H.264 标准编码能够获得更高的图像质量。

H.264 仍采用基于块的运动补偿预测编码、变换编码以及熵编码相结合的混合编码框架,并在帧内预测、块大小可变的运动补偿、4×4 整数变换、1/8 精度运动估值、基于上下文的自适应二进制算术编码(CABAC)等诸多环节引入新技术,使其编码效率比以往标准有了较大提高。此外,它采用分层结构的设计思想将编码与传输特性进行分离,增强了码流对网络的适应性及抗误码能力。

4.5.2 H.264 的主要特点

1. 更高的编码效率:与其他当时已经存在的视频编码标准 H.263 和 MPEG-4(SP)相比,在相同的带宽下可提供更加优良的图像质量,平均能够节省约 50% 的码率。在网络传输过程中所需要的带宽更少,也更加经济。

2. 高质量的图像:H.264 能提供连续、流畅的高质量图像。

3. 网络适应能力增强:H.264 可以应用在低延时模式下的实时通信(如视频会议),也可以应用在没有延时的视频存储或视频流服务器中。H.264 提供了网络抽象层,使得 H.264 的文件易于在有线网络和移动网络上传输。

4. 采用混合编码结构:H.264 仍采用基于块的运动补偿预测编码、变换编码以及熵编码相结合的混合编码框架,还增加了多模式运动估计、帧内预测、多帧预测、基于内容的变长编码、4×4 整数变换等新的编码技术,提高了编码效率。

5. 错误恢复功能强:H.264 提供了解决网络传输包丢失之类问题的工具,适用于在高误码率传输的无线网络中传输视频数据。

6. 较高的复杂度:H.264 性能的改进是以增加复杂性为代价而获得的。据估计,H.264 编码的计算复杂度大约相当于 H.263 的三倍,解码复杂度大约相当于 H.263 的两倍。

4.5.3 H.264 的关键技术

4.5.3.1 功能和算法的分层设计

H.264 为了适应网络信道传输特性,视频编码结构从功能和算法上分为两层设计,即视频编码层(Video Coding Layer,VCL)和网络抽象层(Network Abstraction Layer,NAL),如图 4-12 所示。

VCL 负责高效的视频编码压缩,采用基于块的运动补偿预测、变换编码以及熵编码相结合的混合编码框架,处理对象是块、宏块的数据。VCL 是视频编码的核心,包含许多实现差错恢复的工具,采用了大量先进的视频编码技术以提高编码效率。

NAL 将经过 VCL 层编码的视频流进行分割和打包封装，具有强大的自适应处理能力，能够适配不同性能的网络。NAL 的任务是提供适当的映射方法将头部信息和数据映射到传输协议上。为了提高 H.264 标准的 NAL 在不同特性的网络上定制 VCL 数据格式的能力，在 VCL 和 NAL 之间定义的基于分组的接口、打包和相应的信令也属 NAL 的一部分。这种分层结构扩展了 H.264 的应用范围，几乎涵盖了目前数字电视、视频会议、视频点播、流媒体业务等大部分的视频业务。

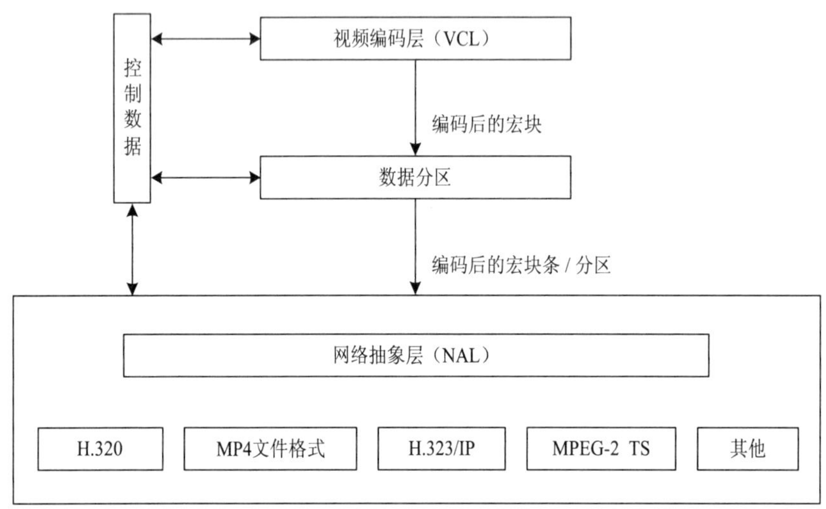

图 4-12 H.264 中的分层结构设计

4.5.3.2 帧内预测编码

为了提高帧内编码效率，H.264 引入了帧内预测的方法，利用相邻宏块的相关性对编码的宏块进行预测，然后对预测残差进行变换编码，消除空间冗余。值得注意的是，以前的标准是在变换域中进行预测，而 H.264 是直接在空间域中进行预测。

1. 对亮度像素而言，预测块可用 4×4 子块或者 16×16 宏块操作。

H.264 提供九种模式进行 4×4 像素宏块预测，包括一种直流预测（模式 2）和八种方向预测，适用于含有大量细节内容的图像编码。

在图 4-13 模式 0 中，左侧和上方相邻块像素均已经被编码，可以被用来预测，A 列下边 4 个像素被预测为与 A 相等的值，B 列下边 4 个像素被预测为与 B 相等的值，C、D 列同上。其他模式由于篇幅所限，不再详细介绍。

对于平坦区域图像编码，H.264 也支持 16×16 的帧内预测编码，如图 4-14 所示。

2. 8×8 色度预测模式。

每个帧内编码宏块的 8×8 色度成分由已编码左上方色度像素的预测而得，两种色度成分常用同一种预测模式。四种预测模式类似于帧内 16×16 亮度块预测的四种预测模式，只是模式编号有所不同，其中 DC 预测为模式 0，水平预测为模式 1，垂直预测为模式 2，平面预测为模式 3。

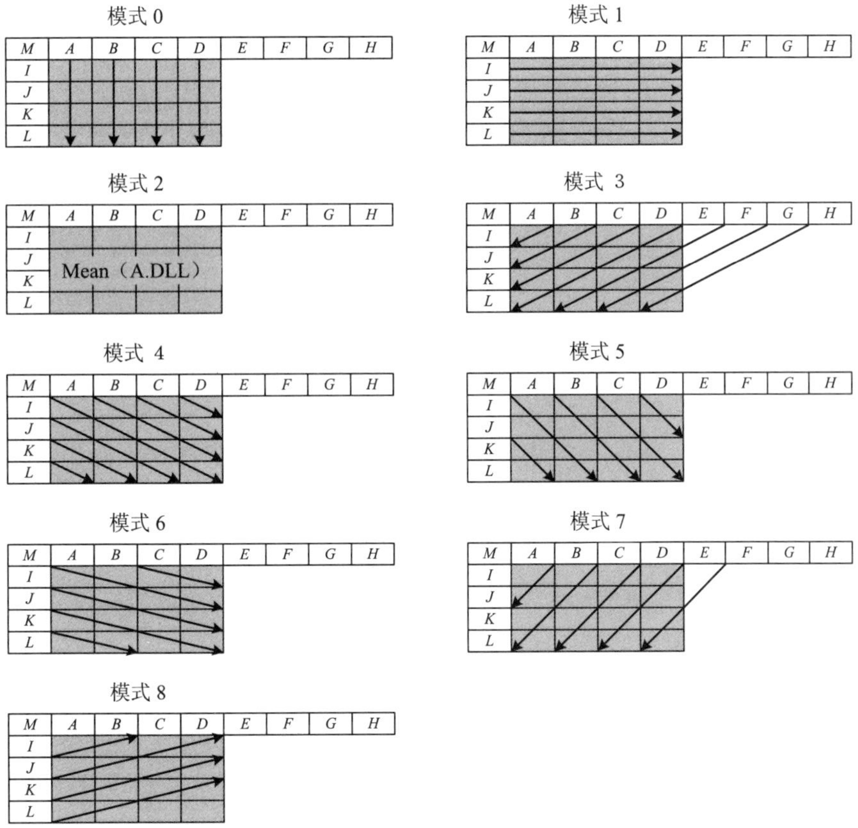

模式 0　模式 1　模式 2　模式 3　模式 4　模式 5　模式 6　模式 7　模式 8

Mean（A.DLL）

图 4-13　4×4 亮度块帧内预测模式

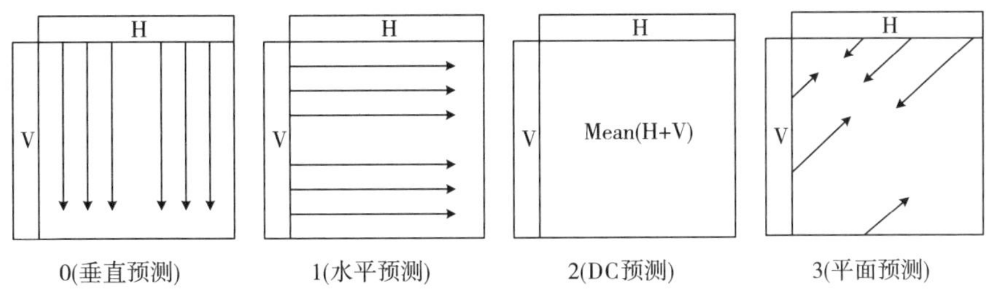

图 4-14　16×16 亮度块帧内预测模式

4.5.3.3　帧间预测编码

帧间预测编码利用连续帧中的时间冗余进行运动估计和补偿。H.264 进行帧间预测时,使用基于块的运动补偿预测模式。

1. 不同大小和形状的宏块分割。

对每一个 16×16 像素宏块的运动补偿可以采用不同的大小和形状,如图 4-15 所示。H.264 按四种方式把宏块的亮度分量分割成:一个 16×16 块、两个 16×8 块、两个 8×16 块和四个 8×8 块,对应的前向预测模式也有四种。如果选择 8×8 模式,则每个 8×8 块可以进一步分割成:一个 8×8、两个 8×4、两个 4×8 和四个 4×4。这种树状结构

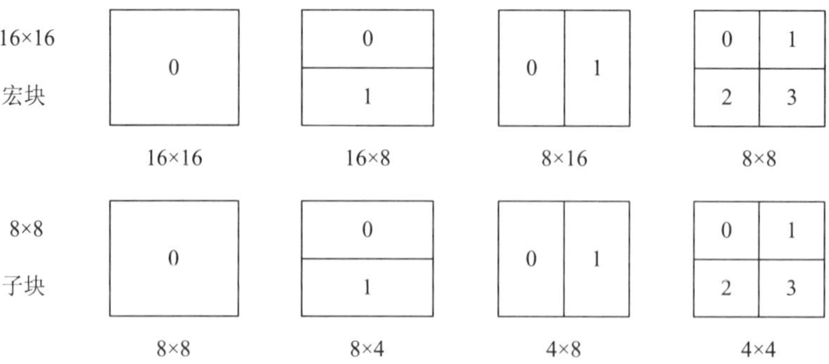

图 4-15　树状结构运动补偿块的划分

的块分割方式使得宏块内部具有多种块尺寸和组合方式，每个小块都有单独的运动矢量，因此能够更准确地描述内部像素运动不一致的宏块，减小了运动补偿预测残差。H.264 由于采用了此项技术，提高了预测精度，节省了码率。小块模式的运动补偿提高了运动详细信息的处理性能，减少了方块效应，提高了图像的质量。对较大物体的运动，用较大的块预测，可以降低码率。

宏块中色度成分（C_B和 C_R）的分辨率是相应亮度的一半，除了块尺寸在水平和垂直方向上都是亮度的1/2以外，色度块采用和亮度块同样的划分方法。例如，8×16 亮度块所对应的色度块尺寸为 4×8 像素，8×4 像素亮度块所对应的色度块尺寸为 4×2 像素等。色度块的运动矢量也是通过相应的亮度运动矢量的水平和垂直分量减半而得的。

2. 高精度的亚像素运动补偿。

在 H.263 中采用的是半像素精度的运动估计，而在 H.264 中可以采用 1/4 或者 1/8 像素精度的运动估计。在要求相同精度的情况下，H.264 使用 1/4 或者 1/8 像素精度的运动估计后的预测误差要比 H.263 采用半像素精度运动估计后的误差小。运动矢量位移精度越高，帧间预测误差越小，压缩比越高。

3. 多帧预测。

在 MPEG-2、H.263 等标准中，P 帧只采用前一帧进行预测，B 帧只采用相邻的两帧进行预测。而 H.264 采用更为有效的多帧运动估计，即在编码器的缓存中存有多个刚刚编码好的参考帧（最多 5 帧），编码器从其中选择一个预测效果最好的参考帧，并指出是哪一帧被用于预测的，这样就可获得比只用上一帧作为预测帧更好的编码效果。这一特性主要应用于以下场合：周期性的运动、平移运动、在两个不同的场景之间来回切换摄像机的镜头，而且有助于比特流的恢复。

4.5.3.4　整数变换

与 MPEG-2 或 H.263 不同，H.264 中采用的变换技术不再是 8×8 块的 DCT 变换，而是 4×4 残差块的整数变换，H.264 的 4×4 块的整数变换中只有整数运算，整数运算只有加法和移位，计算速度快，在反变换中不会出现失配问题，从而消除了因变换精度差所引起的图像失真。由于变换的最小单位是 4×4 像素块，相比于 8×8 块的 DCT 变换编码，能够降低图像的块效应。

H.264 共有三种变换：4×4 残差数据变换、4×4 亮度直流系数变换（16×16 帧内模式下）、2×2 色度直流系数变换。

4.5.3.5 量化

H.264 定义了 52 个量化步长，对应 52 个量化参数。量化参数每增加 6，量化步长增加一倍。量化步长范围的增加，使编码器在比特率和图像质量间的均衡更加精确自如。

在 H.264 中，变换系数的读出方式有两种："之"字形扫描和双扫描，在大多数情况下使用简单的"之"字形扫描。双扫描仅用于使用较小量化级的宏块，有助于提高编码效率。

4.5.3.6 熵编码

H.264 有两种熵编码方法：一种是基于上下文自适应的可变长编码（Context Adaptive Variable Length Coding，CAVLC），另一种是基于上下文自适应的二进制算术编码（Context Adaptive Binary Arithmetic Coding，CABAC）。

CAVLC 算法的特点在于变长编码器能够根据已经传输的变换系数的统计规律，在几个不同的既定码表之间实行自适应切换，使其能够更好地适应其后传输变换系数的统计规律，以此提升变长编码的压缩效率。

CABAC 充分发挥算术编码压缩效率高的特点，而且其基于上下文的特点使其可以充分利用不同视频流的统计特性和符号间的相关性，自适应不同符号（消息）出现的概率。因此，CABAC 的编码性能更好，与 CAVLC 相比较，在相同质量下，编码电视信号使用 CABAC 会使比特率减少 10% ~15%。但 CAVLC 的编码则更为简单快速、容易实现。

4.5.3.7 H.264 的档次

H.264 规定了四种不同的档次，每个档次支持一组特定的编码功能，并支持一类特定的应用。

1. 基本档次（Baseline Profile）：支持帧内和帧间编码，支持利用基于上下文自适应的可变长编码（CAVLC）。主要应用在可视电话、会议电视和交互式通信等低成本视频通讯领域。

2. 主要档次（Main Profile）：采用了多项提高图像质量和增加压缩比的措施。主要面向数字标清、高清电视和 DVD 等较高画质应用。

3. 扩展档次（Extension Profile）：支持流码间的有效切换，改进误码性能，不支持隔行视频和 CABAC，主要面向各种网络的流媒体传输。

4. 高端档次（High Profile）：主要应用于数字高清电视、数字电影图像等高质量的视频图像。它对每个样值支持 8 比特、多采用 10 或 12 比特量化，抽样结构除了 4:2:0外，还可以采用 4:2:2和 4:4:4，实现了无损编码、高质量、高分辨率的目标。

4.6 视频压缩 AVS 标准

4.6.1 AVS 标准简介

AVS(Audio Video coding Standard)是我国具有自主知识产权的信源编码标准,是《信息技术 先进音视频编码》系列标准的简称。中国数字音视频编解码技术标准工作组(简称 AVS 工作组),由国家信息产业部于 2002 年 6 月批准成立。工作组的任务是面向我国的信息产业需求,联合国内企业和科研机构,制(修)订数字音视频的压缩、解压缩、处理和表示等共性技术标准,为数字音视频设备与系统提供高效经济的编解码技术,服务于高分辨率数字电视、高密度激光数字存储媒体、无线宽带多媒体通信、互联网宽带流媒体等重大信息产业应用。

AVS 包括系统、视频、音频、数字版权管理四个主要技术标准和符合性测试支撑标准,涉及视频编码的有两个独立部分:一是 AVS 第 2 部分(AVS1-P2)。AVS 工作组制定了 AVS1-P2 视频编码标准,主要针对高清晰度、标准清晰度数字电视以及高密度激光数字媒体技术,并于 2006 年颁布为国标 GB/T 20090.2-2006,之后于 2012 年在国标的基础上升级为 AVS+,形成了广电行业标准 GY/T 257.1-2012。二是 AVS 第 7 部分(AVS1-P7),主要针对手机等移动设备提供低码率视频编解码规范和标准,应用范围包括交互存储媒体宽带视频业务、远程视频监控、视频会议、可视电话等。

AVS 视频编码标准总体框架与 H.264 非常相似,吸收了 H.264 的优秀算法思想,在细节上做了较多改动,AVS 视频标准主要面向高清晰度和高质量数字电视、网络电视、高密度激光数字存储媒体和其他相关应用,具有以下特点:

1. 编码效率高:AVS 编码效率是 MPEG-2 的两倍以上,可以将 MPEG-2 标准所需的 5~6Mb/s 传输速率降低至 1.5~3Mb/s,与 H.264 的编码效率处于同一水平。

2. 实现复杂度低:在获得高效编码的同时,AVS 视频标准降低了实现复杂度。当编码高清视频信号时,AVS 获得了与 H.264 主要档次(Main Profile)相当的编码效率,但解码器的实现复杂度只有 H.264 的 60%~70%,软硬件实现成本都低于 H.264。

3. 专利费用低:我国自主研发并掌握主要知识产权,AVS 通过简洁的一站式专利许可政策,使费用大大低于国际同类标准。

4.6.2 AVS1-P2 视频标准关键技术

4.6.2.1 AVS 编码器框架

与 H.264 类似,AVS1-P2 也采用混合编码框架,主要包括帧内预测、帧间预测、变换与量化、环路滤波、熵编码等技术模块,其编码器的原理如图 4-16 所示。

视频编码的基本流程:将视频序列的每一帧划分为固定大小的宏块,通常为 16×16

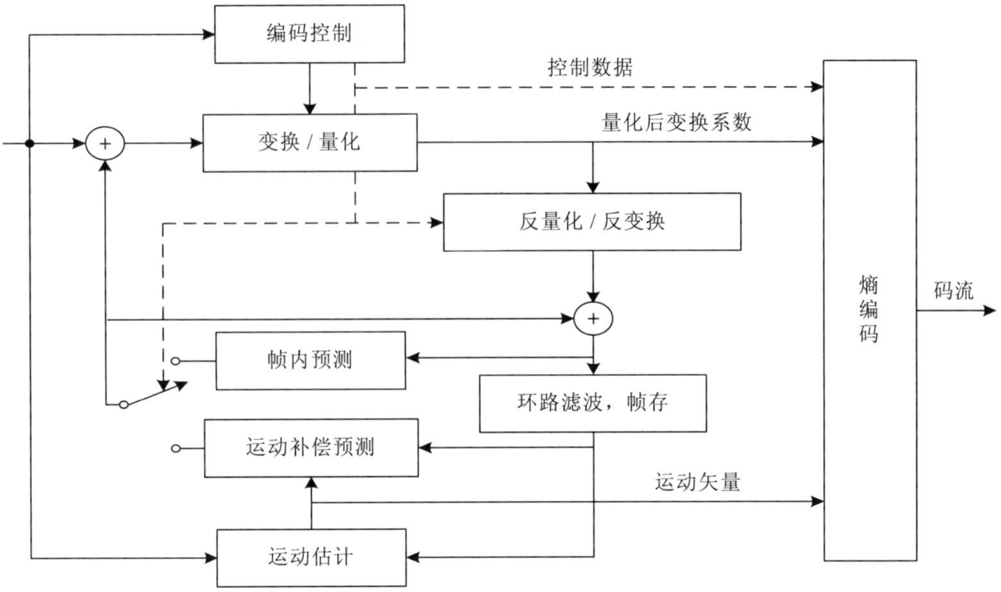

图 4-16 AVS1-P2 编码器原理框图

像素的亮度分量及两个 8×8 像素的色度分量(对于 4:2:0格式视频)。以宏块为单位进行编码。对视频序列的第一帧及场景切换帧或者随机读取帧采用 I 帧编码方式,I 帧编码只利用当前帧内的像素做空间预测,其大致过程为:利用帧内先前已经编码块中的像素对当前块内的像素值作出预测,将预测值与原始视频信号作差运算得到预测残差,再对预测残差进行变换、量化及熵编码形成编码码流。对其余帧采用帧间编码方式,包括前向预测 P 帧和双向预测 B 帧,帧间编码是对当前帧内的块在先前已编码帧中寻找最相似块(运动估计)作为当前块的预测值(运动补偿),之后如 I 帧的编码过程对预测残差进行编码。编码器中还内含一个解码器,内嵌解码器模拟解码过程,以获得解码重构图像,作为编码下一帧或下一块的预测参考。解码步骤包括对变换量化后的系数进行反量化、反变换,得到预测残差,之后预测残差与预测值相加,经滤波去除块效应后得到解码重构图像。

4.6.2.2 AVS1-P2 视频码流的分层结构

AVS1-P2 标准采用了与 H.264 类似的比特流分层结构,视频基本码流共分为五层,从高到低依次为视频序列层、图像层(帧层)、条带层、宏块层、块层,如图 4-17 所示。

1. 视频序列。

视频序列是 AVS1-P2 视频编码比特流的最高层语法结构。它包含序列头和图像数据,图像数据紧跟在序列头后面。为了支持随机访问视频序列,序列头可以重复插入比特流,图像数据可以包含一帧或多帧图像。序列头以视频序列起始码作为序列开始的标志,而序列结束码则代表序列完结。它规定了两种不同的序列:逐行序列和隔行序列。

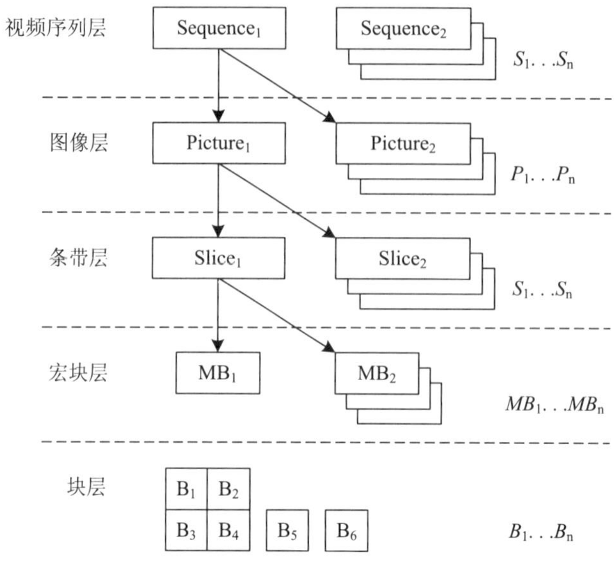

图 4-17　AVS1-P2 视频码流的分层结构

2. 图像。

图像也就是通常所说的一帧图像，每帧图像数据以图像头开始，后面跟着具体图像数据，出现三种情况代表图像数据结束：下一序列开始、序列结束或下一帧图像开始。AVS1-P2 标准定义了三种图像编码类型：I 帧、P 帧、B 帧。I 帧以当前帧内已编码像素为参考，只以帧内预测模式编码。P 帧最多可参考前向的两帧已编码图像和帧内像素，可以采用帧内预测和帧间预测模式编码。B 帧可参考一前一后的两帧图像。

3. 条带。

条带是一帧图像中按光栅扫描顺序连续呈现的若干宏块行。它采用了简单的按整个宏块行划分的方式，即同一行的宏块只能属于一个条带，而不会出现一行宏块分属不同条带的情况。

4. 宏块。

条带可以进一步划分为宏块，宏块是 AVS1-P2 编解码过程的基本单元。一个宏块大小为 16×16，对于 4:2:0采样格式图像，一个宏块包括一个 16×16 的亮度块和两个 8×8 色度块。为了支持不同模式的运动估计，宏块可按图 4-18 所示划分为更小的子块用于运动补偿。

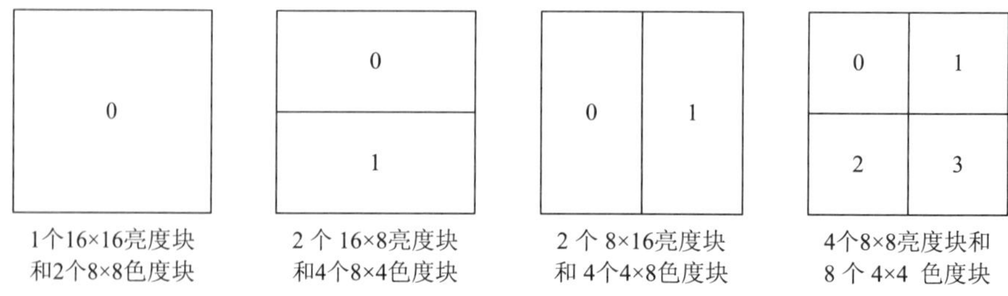

图 4-18　AVS1-P2 中的宏块划分

5. 块。

宏块是 AVS1-P2 编码过程的基本单元，无论是以哪种模式划分宏块，实际上码流处理时均以 8×8 块为最小的编码单元。实验表明，在高分辨率情况下 8×8 块的性能比4×4 块更优，因此在 AVS1-P2 中的最小块单元为 8×8 像素。

4.6.2.3 AVS1-P2 主要技术

1. 帧内预测。

帧内预测技术用于去除当前图像中的空间冗余度。由于当前被编码的块与相邻的块相似度较高，AVS1-P2 的帧内预测技术沿袭了 H.264/AVC 帧内预测的思路，用相邻块的像素预测当前块，采用空域内的多方向帧内预测技术，以提高编码效率。

在帧内预测中，当前被编码的块由其左侧及上方已解码的块来预测，左侧及上方块应该与当前块属于同一条带。亮度块和色度块的帧内预测都以 8×8 块为单位。亮度块采用 5 种预测模式，色度块采用 4 种预测模式，如表 4-2 所示。色度块预测模式中有 3 种与亮度块预测模式相同，因此使得预测复杂度大大降低。实验表明，虽然 AVS1-P2 采用了较少的预测模式，但编码质量与 H.264 相接近。

表 4-2 帧内预测模式

亮度块		色度块	
模式	名称	模式	名称
0	8×8 垂直模式	0	DC 预测
1	8×8 水平模式	1	水平预测
2	8×8 DC 预测模式	2	垂直预测
3	8×8 左下对角线预测	3	平面预测
4	8×8 右下对角线预测	—	—

如图 4-19 所示，图中的四种预测方向与表 4-2 相对应。分别为模式 0（垂直预测）、模式 1（水平预测）、模式 3（左下对角线预测）、模式 4（右下对角线预测），模式 2（DC 预测）没有预测方向。当前块内像素由其左侧及上方的参考样值来预测。色度块的帧内预测模式和亮度块类似，分别为模式 0（DC 预测）、模式 1（水平预测）、模式 2（垂直预测）、模式 3（平面预测），相同位置的两个色度块 C_B、C_R具有相同的最佳模式。

2. 帧间预测。

帧间预测用来消除视频序列的时间冗余，包含了帧间的运动估计和运动补偿。AVS1-P2 支持 P 帧和 B 帧两种帧间预测图像。P 帧至多采用两个前向参考帧进行预测，B 帧采用前、后各一个参考帧进行预测。与 H.264 的多参考帧相比，AVS1-P2 在不增加存储、数据带宽等资源的情况下，尽可能地发挥现有资源的作用，提高压缩性能。

AVS1-P2 将用于帧间预测的宏块划分为四类：16×16、16×8、8×16 和 8×8。

P 帧有五种预测模式：P_Skip（16×16）、P_16×16、P_16×8、P_8×16 和 P_8×8。P_

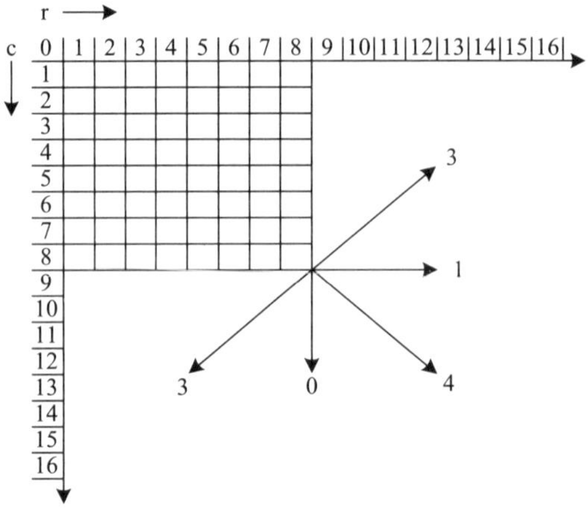

图 4-19　8×8 亮度块帧内预测方向

Skip(16×16)模式不对运动补偿的残差进行编码,也不传输运动矢量,运动矢量由相邻块的运动矢量通过缩放而得到,并由得到运动矢量指向的参考图像获取运动补偿图像。对于后四种预测模式的 P 帧,每个宏块选取一个参考帧来预测,候选参考帧为最近解码的 I 帧或 P 帧。对于后四种预测模式的 P 场,每个宏块由最近解码的四个场来预测。

B 帧的双向预测有三种模式:跳过模式、对称模式和直接模式。在对称模式中,每个宏块只需传送一个前向运动矢量,后向运动矢量由前向运动矢量通过一定的对称规则获得,进而节省后向运动矢量的编码开销。在直接模式中,前向和后向运动矢量都由后向参考图像中的相应位置块的运动矢量获得,无须传输运动矢量,因此也节省了运动矢量的编码开销。这两种双向预测模式充分利用了连续图像的运动连续性。

3. 高精度亚像素的运动估计。

由于物体运动的不规则性,参考块可能不处于整像素上。为提高预测精度,AVS1-P2 在帧间运动估计与运动补偿中,亮度的运动矢量精度为 1/4 像素,色度的运动矢量精度为 1/8 像素,因此需要相应的亚像素插值。为降低复杂度,简化设计方案,亮度亚像素插值分为 1/2 和 1/4 像素插值两步进行。1/2 像素插值用 4 抽头滤波器 H1(-1/8,5/8,5/8,-1/8)。1/4 像素插值分两种情况:8 个一维 1/4 像素位置用 4 抽头滤波器 H2(1/16,7/16,7/16,1/16);另外 4 个二维 1/4 像素位置用双线性滤波器 H3(1/2,1/2)。与 MPEG-4/H.264 的亚像素插值相比,AVS1-P2 的数据带宽减小 11%,而计算复杂度没有提高,此插值方法在高清视频应用上略占优势。

4. 整数变换与量化。

MPEG-1、MPEG-2、MPEG-4、H.261、H.263 等标准均使用 8×8 离散余弦变换(DCT),但 DCT 变换存在正反变换之间失配的问题。H.264 采用 4×4 整数余弦变换(Integer Cosine Transform,ICT)代替了传统的 DCT,克服了之前视频编码标准中变换编码存在的失配问题。

考虑到编码性能以及实现复杂度，AVS1-P2 采用了 8×8 二维整数余弦变换（ICT），其性能接近于 8×8DCT，ICT 可用加法和移位直接实现，精确定义到每一位的运算避免了正反变换之间的失配问题。采用 ICT 进行变换和量化时，由于各变换基矢量模的大小不一，因此需要对变换系数进行不同程度的缩放以达到归一化。为了减少乘法的次数，H.264 在编码端将正向缩放和量化结合在一起操作，解码端将反向缩放和反量化结合在一起操作，图 4-20 是 H.264 中的整数变换与量化实现的框图。在 AVS1-P2 中，采用带 PIT（Pre-scaled Integer Transform）的 8×8 整数余弦变换技术，在编码端将正向缩放、量化、反向缩放结合在一起，而解码端只进行反量化，不再需要反缩放，图 4-21 是 AVS1-P2 带 PIT 的整数变换与量化实现的框图。

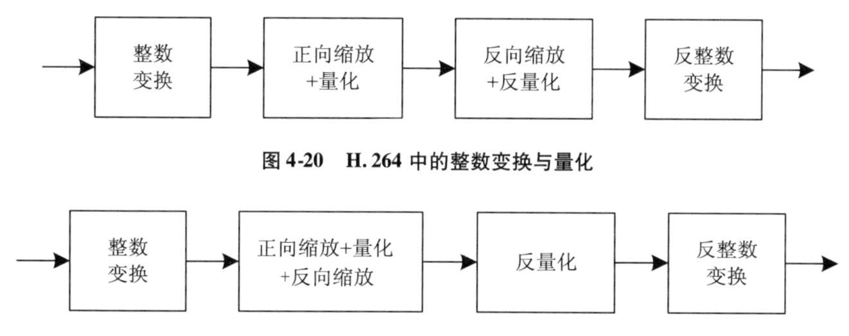

图 4-20　H.264 中的整数变换与量化

图 4-21　AVS1-P2 带 PIT 的整数变换与量化

量化是编码过程中唯一带来损失的模块。在量化级数的选取上，H.264 标准采用 52 个量化级数，采用 QP（Quantization Parameter）值来索引，QP 值每增加 6，量化步长增加一倍。而 AVS1-P2 采用总共 64 级近似 8 阶非完全周期性的量化，QP 值每增加 8，量化步长增加一倍。精细的量化级数使得 AVS1-P2 能够适应对码率和质量有不同要求的应用领域。

5. 熵编码。

熵编码主要用于去除数据的统计冗余，是视频编码器的重要组成部分。AVS1-P2 中的熵编码主要有三类：定长编码、k 阶指数哥伦布编码（Exp-Golomb）和基于上下文的二维变长编码（2 Dimension-Variable Length Code，2D-VLC）。AVS1-P2 中所有语法元素均是根据定长码或 k 阶指数哥伦布码的形式映射成二进制比特流。一般来说，具有均匀分布的语法元素用定长码来编码，在 AVS1-P2 标准中用指数哥伦布码为所有可变分布的语法元素进行编码。

AVS1-P2 采用基于上下文的 2D-VLC 来编码 8×8 块变换系数。基于上下文的意思是用已编码的系数来确定 VLC 码表的切换。对不同类型的变换块分别用不同的 VLC 表编码，例如有帧内块的码表、帧间块的码表等。AVS1-P2 充分利用上下文信息，编码方法总共用到 19 张 2D-VLC 表，需要约 1000 字节的存储空间。实验结果表明，AVS1-P2 与 H.264 主档次的性能接近，而明显优于标清和高清视频应用的 MPEG-2 标准。

4.6.3 AVS+标准

2012年3月,为推动AVS标准在国内广播电视行业的全面应用,国家广播电影电视总局与工业和信息化部联合成立了“AVS技术应用联合推进组”,在国标AVS(GB/T 200902-2006,AVS1-P2)视频编码标准的基础上研究新的编码技术,主要面向高清及3D电视节目的视频编解码标准,以满足广播电视高质量的播出要求。2012年7月10日,国家广播电影电视总局正式颁布了GY/T 257.1-2012《广播电视先进音视频编解码第1部分:视频》行业标准—广播电视先进视频编码(Advanced Coding of Video Standard for Broadcasting,简称AVS+),并于颁布之日开始实施。在AVS国标中,AVS+对应《信息技术先进音视频编码第16部分:广播电视视频》。下面简要介绍AVS+标准的技术特点。

AVS+的基础是AVS标准,AVS+在AVS基本类的基础上,新增了广播类。新增加了编码工具,完全向下兼容AVS标准,即符合AVS+标准的解码器可以对AVS1-P2编码的视频流进行解码。

与AVS1-P2相比,AVS+保留了帧内预测、双向预测、运动矢量预测、1/4像素插值、整数ICT变换和量化、基于上下文的2D-VLC和环路滤波等方面的自主创新技术。在此基础上针对广播电视的编码需求,在熵编码、运动矢量预测量化等方面增加了四项关键技术。

熵编码方面,AVS+新增了高级熵编码(Advanced Entropy Coding,AEC),采用基于上下文的算术编码(Context-based Arithmetic Coding,CBAC)。提出了基于对数域的算术编码引擎,将乘法运算转换为对数域的加法运算,降低了编码复杂度。与AVS1-P2基本类的变长编码相比,高级熵编码在编码效率上平均有10%左右的提升。

加权量化方面,引入了图像级自适应加权量化(Adaptive Weighting Quantization,AWQ)技术。据研究,人眼生理视觉对高频细节部分不如低频部分敏感。根据变换系数特性和人眼视觉特征,将变换系数块划分为不同的频带,每个频带分配不同的频带参数进行加权量化。使用自适应加权量化时,采用加权量化矩阵。关闭自适应量化时,采用默认加权量化矩阵。共分为四种不同的加权量化模式:默认、关注细节、关注非细节、均关注。自适应加权量化可根据图像特征灵活调整编码质量,降低了编码码率。

在运动矢量估计预测方面,针对隔行扫描应用场景,引入了两项技术:一是同极性场跳过模式编码(P Field Skip,PFS),用于隔行视频中P场skip宏块的运动矢量推导;二是增强场编码技术(B Field Enhanced,BFE),用于隔行视频中B场skip与direct宏块运动矢量推导,利用隔行扫描序列的特点,更有效地提高编码效率。

4.6.4 AVS1-P2视频标准与H.264标准关键技术比较

AVS1-P2和H.264均采用基于块的运动补偿混合编码框架,包括帧内预测、帧间预测、变换、量化、熵编码、环路滤波等当前主流技术模块。

4.6.4.1 帧内预测

AVS1-P2 和 H.264 都采用在空间域内进行帧内预测，即在空间域内利用当前块的临近像素对块内的系数进行预测的方法。AVS 的帧内预测基于 8×8 亮度块和色度块，定义了五种 8×8 亮度块预测模式和四种 8×8 色度块预测模式；H.264 的帧内预测定义了九种基于 4×4 的亮度块预测模式、四种 16×16 的亮度块预测模式和四种 8×8 色度块预测模式。

4.6.4.2 帧间预测

1. 变块大小和运动补偿。

AVS1-P2 采用的帧间预测块有四种：16×16、16×8、8×16、8×8；H.264 采用的帧间预测块有七种：16×16、16×8、8×16、8×8、8×4、4×8、4×4。

2. 1/4 像素运动补偿。

两大标准都采用1/2 和1/4（色度 1/8）像素精度的运动矢量，在差值方法上 AVS1-P2 采用 4 抽头均值滤波器，H.264 采用 6 抽头均值滤波器。

3. 多参考帧预测。

AVS1-P2：在帧间预测中最多使用两个预测帧（I 帧或 P 帧），P 帧至多采用两个前向参考帧进行预测，B 帧采用前、后各一个参考帧进行预测。

H.264：采用多帧运动估计，从编码器缓存中存储的多个（最多 5 个）刚刚编码好的参考帧中选取一帧作为参考帧，这能节约一定的码率，对编码器的性能要求较高。

4.6.4.3 变换和量化

AVS1-P2 采用 8×8 的二维整数余弦变换（ICT），H.264 采用 4×4 的整数变换（在 High Profile 中也加入了 8×8 的整数变换）。在量化的方法上，两者都采用与变换结合的方法，并将变换部分的缩放移到量化部分进行。AVS1-P2 在编码端将正向缩放、量化、反向缩放结合在一起，而解码端只进行反量化，不再需要反缩放；H.264 在编码端将正向缩放和量化结合在一起操作，解码端将反向缩放和反量化结合在一起操作。在 AVS1-P2 中量化参数（QP）每增加 8，量化步长翻倍。在 H.264 中 QP 每增加 6，量化步长翻倍。

4.6.4.4 熵编码

AVS1-P2 中的熵编码主要有三类：定长编码、k 阶指数哥伦布编码（Exp-Golomb）和基于上下文的二维变长编码（2D-VLC）。AVS1-P2 中所有语法元素均是根据定长码或 k 阶指数哥伦布码的形式映射成二进制比特流。H.264 标准有两种熵编码方法：一种是基于上下文自适应的可变长编码（CAVLC），与周围块相关性高，实现较复杂；另一种是基于上下文自适应的二进制算术编码（CABAC），计算较复杂。

4.6.5 AVS1-P7 主要技术

4.6.5.1 系统结构

AVS1-P7 采用了传统的基于块的混合视频编码框架，与 AVS1-P2 相似，如图 4-22 所示，包括帧内预测、帧间预测、变换、量化和熵编码等一系列技术来实现高效率的视频编码。AVS1-P7 的主要目标是以较低的运算和存储代价实现在移动设备上的视频应用。

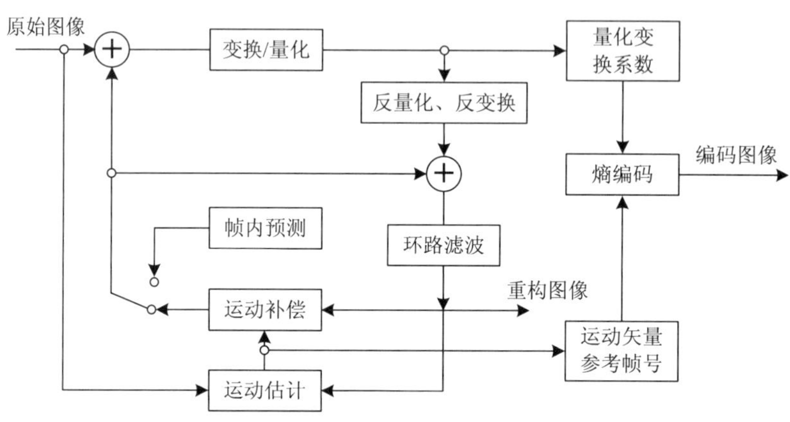

图 4-22　AVS1-P7 编码器框架结构

AVS1-P7 码流结构、语法层次与 AVS1-P2 类似。不同的是 AVS1-P7 的条带由以扫描顺序连续呈现的若干宏块组成，而并不要求是完整的宏块行，这样便于视频流的打包传输。图像类型只有 I 帧和 P 帧两种。目前，AVS1-P7 已定义了一个基本类和九个级别。

4.6.5.2 主要技术

1. 帧内预测。

AVS1-P7 帧内预测沿用了 H.264 帧内预测的技术思路，用其左侧和上方相邻块的像素预测当前块，采用代表空间域纹理方向的多种预测模式。亮度预测模式由相邻块预测得到，色度预测模式直接从码流中获得。为保证条带(Slice)的编码独立性，帧内预测不允许跨越条带边界。与高分辨率图像的压缩相反，在低分辨率情况下，变换和预测补偿的单元越小，性能越好。因此，AVS1-P7 采用 4×4 的块大小作为变换、预测补偿的基本单位。在 AVS1-P7 标准帧内预测中，亮度有九种基于 4×4 的预测模式，即在八个不同方向上及 DC 的预测模式。色度帧内预测有三种基于 4×4 块的预测模式，即 DC 模式、垂直模式和水平模式。

2. 帧间预测。

AVS1-P7 充分考虑到移动通信设备处理能力和存储容量的限制，在帧间预测中采取了更为简洁有效的技术方案。其表现在，AVS1-P7 中帧间预测帧只有 P 帧类型，没有 B 帧，最大参考帧数为两帧。P 帧分为两类，分别为可做参考的 P 帧和不可做参考的 P 帧，这样既简化了操作,又保证了码流的可伸缩性。此外,AVS1-P7 只支持 4:2:0格式的图像压缩,且只支持帧图像,不支持场图像,使标准更趋于简洁。

帧间运动补偿的块大小可以为:16×16、16×8、8×16、8×8、8×4、4×8、4×4。帧间运动补偿的精度最高为 1/4 像素。1/2 像素插值水平和垂直方向分别采用 8 抽头和 4 抽头均值滤波器。1/4 像素插值均采用 2 抽头均值滤波器。为了便于实现,AVS1-P7 中将运动矢量范围限制在图像边界外 16 个像素以内。

3. 变换和量化。

AVS1-P7 采用基于 4×4 块的整数变换对预测残差进行编码。在变换过程中实现了变换归一化与量化的结合,计算只使用加减、移位运算,降低了编解码器的实现复杂度,避免了精度的损失。AVS1-P7 对变换系数的量化使用 64 级步长的量化器,量化步长范围的扩大使得编码器能够更灵活和精确地在比特率和图像质量之间匹配。

4. 熵编码。

与 AVS1-P2 相似,AVS1-P7 变换系数也采用基于上下文的 2D-VLC 编码。精心设计的 2D-VLC 码表和码表的切换方法更适应于 4×4 变换块的(Level,Run)分布。

AVS1-P7 中还包含虚拟参考解码器、网络适配层以及补充增强信息等工具,从而有较好的网络友好性和一定的抗差错能力。

4.6.6 AVS 系列标准应用情况及意义

AVS 系列标准推出后得到了广泛应用,中央电视台率先采用 AVS+标准。国家新闻出版广电总局制定了《广播电视先进视频编解码(AVS+)技术应用实施指南》,要求自 2014 年 7 月 1 日起,国内高清和标清节目压缩编码逐步向 AVS+过渡,卫星传输高清频道采用 AVS+;地面数字电视的高清频道直接采用 AVS+;有线数字电视网络内新部署的高清机顶盒应支持 AVS+解码;有线数字电视网络中新增加的高清频道,视频应优先采用 AVS+标准。目前国内外采用 AVS 播出的数字电视节目已经超过一千套。

AVS 系列标准是支撑国家数字音视频产业发展的重要标准。科技工作者们刻苦攻关,自主创新,实现了高水平科技的自立自强,使我国数字电视产业摆脱了国外技术垄断,解决了企业“卡脖子”的难题,让相关行业发展不再受制于人,在世界数字传媒技术领域拥有了话语权。牢牢掌握音视频压缩标准的金钥匙突破欧美高收费专利池的限制,既为我国节省了巨额的专利费用,也进一步增强了我们的“科技自信”,只要我们足够努力,就没有克服不了的困难,就没有办不成的事情。AVS 系列标准还沿着“一带一路”倡议走出去,为我国建设网络强国打下坚实基础。全球超高清联盟(UHD Forum)将 AVS2 采纳为 4K 超高清技术规范,并把 AVS2 列为和 H.265 并列的候选标准,推荐给全球的 TV 和视频业务运营商使用。除此之外,我国第三代 8K 超高清视频编码标准 AVS3 已经在关键技术上取得突破,可将广播视频的数据压缩到原来的六百分之一,将监控视频的数据压缩到原来的千分之一,处于国际领先水平。

内容小结

本模块主要介绍了目前在数字电视领域中常用的音视频编码标准。标清数字电视多采用 MPEG-2 标准，高清数字电视多采用 MPEG-4、H.264 和 AVS 标准。

1. MPEG-2 标准及关键技术。

MPEG-2 标准与 MPEG-1 标准相比，具有更好的图像质量、更多的图像格式和更高的传输码率。MPEG-2 标准兼容 MPEG-1，它在传输和系统方面做了更加详细的规定和进一步的完善。传输速率在 3Mbit/s ~ 10Mbit/s。MPEG-2 中编码图像被分为三类，分别称为 I 帧、P 帧和 B 帧。MPEG-2 的编码码流分为六个层次，从上至下依次为：视频序列层、图像组层、图像层、像条层、宏块层和块层。MPEG-2 标准的关键技术主要包括 DCT 变换、运动估计与运动补偿预测以及熵编码。使用 DCT 变换来减小空间冗余，使用运动估计和运动补偿减小视频序列上的时间冗余，用熵编码来减小统计冗余。MPEG-2 比 MPEG-1 压缩比高，编码质量好，为数字电视产业的发展打下了坚实基础。

2. MPEG-4 标准及关键技术。

MPEG-4 以视听媒体对象为基本单元，采用了基于对象、基于内容的压缩编码，以实现数字音视频、图像合成应用及交互式多媒体的集成。MPEG-4 把视频序列看作视频对象的集合，对视频序列进行编码，就是对所有的视频对象进行编码。MPEG-4 的码流结构以视频对象为中心，按照从上至下的顺序分为视频序列、视频会话（VS）、视频对象（VO）、视频对象层（VOL）、视频对象平面组（GOV）和视频对象平面（VOP）六层。

3. H.264 标准及关键技术。

H.264 视频编码结构从功能和算法上分为两层，即视频编码层（VCL）和网络抽象层（NAL）。VCL 负责高效的视频编码压缩，采用基于块的运动补偿预测、变换编码以及熵编码相结合的编码框架，处理对象是块、宏块的数据。NAL 将经过 VCL 层编码的视频流进行进一步分割和打包封装，提供对不同网络性能匹配的自适应处理能力，负责网络的适配。H.264 是一种高效的视频编码技术，它采用了多种新技术：多种新的帧内预测方法、可变尺寸块的运动补偿、多参考帧的运动补偿、4 ×4 整数变换和环路滤波等技术。

4. AVS 标准及关键技术。

AVS 是结合了我国自主创新技术和国际公开技术，拥有自主知识产权的压缩编码标准。编码效率与 MPEG-4 和 H.264 标准相当，但技术实现更简单。AVS 标准采用混合编码框架，包括帧内预测、帧间预测、变换、量化、熵编码、环路滤波等技术模块。AVS 视频中具有特征性的核心技术包括：8 ×8 整数变换、量化、帧内预测、1/4 精度像素插值、特殊的帧间预测运动补偿、二维熵编码、去块效应环路滤波等。编码效率比 MPEG-2 高 2 ~ 3 倍，可节省一半以上的频谱和信道资源，当前在我国高清电视系统中得到了广泛应用。

思考与训练

1. 国际上主要有哪些数字音视频编码标准?

2. MPEG-1/2 视频编码标准中定义了哪几种编码图像类型? 哪种类型图像的压缩比最高? 哪种类型图像的压缩比最低?

3. MPEG 标准将编码图像分为三种类型,分别称为 I 帧、P 帧和 B 帧,某个 GOP 中各帧排列位置为:I_0、B_1、B_2、P_3、B_4、B_5、P_6、B_7、B_8、P_9,请写出各帧在编码和传输时的顺序。

4. 请解释 MPEG-2 视频编码中的“类”与“级”的概念。

5. 请写出 MPEG 视频基本码流由高到低的分层结构。

6. MPEG-2 标准中定义了哪三种宏块结构? 请分别画出宏块结构图。

7. 请画出 MPEG-4 基于内容的视频编/解码器结构框图,并作简要介绍。

8. 请简单介绍 MPEG-4 视频码流结构。

9. 请简述 H.264 采用了哪些关键技术。

10. 请比较 H.264 与 AVS1-P2 的变换和量化。

模块五 数字电视传输流与复用技术

教学目标

通过本模块的学习，学生能了解和掌握数字电视的传输流及复用技术，ES流、PES流、PS流、TS流的基本概念和关系，PS流和TS流复用形成过程及数字电视TS流中的PSI和SI信息，PCR、PMT、PAT、CAT等各种控制码流在解复用中的重要作用。

教学重点

1. MPEG-2系统流的复用。
2. 数字电视TS包帧结构。
3. 数字电视节目专用信息。

教学难点

1. MPEG-2系统流的复用。
2. 数字电视TS包帧结构。

5.1 MPEG-2系统流的复用

MPEG-2是MPEG(运动图像专家组)制定的视频和音频压缩标准。其设计目标是高级工业标准的图像质量及更高的传输率，是国际上常用的数字视音频编码标准。MPEG-2可提供广播级的图像，可较大范围地改变压缩比，以适应不同画面质量、存储容量以及带宽的要求。由于MPEG-2的出色性能表现，除了作为DVD的指定标准外，我国有线电视前端和卫星广播电视在数字化改造过程中，大多采用了MPEG-2标准。虽然现在我国已经有了拥有自主知识产权的AVS压缩编码标准，但MPEG-2标准及其相关设备仍在标清数字电视领域被广泛使用。

数字视频广播DVB标准体系提供了一套完整的适用于不同传播媒介的数字电视广

播系统规范。DVB 采用 MPEG-2 标准作为视音频的压缩编码方式,在信源编码方式上具有一致性。在信息传输过程中,首先要对节目码流进行打包形成传输流,多个传输流再进行复用,最后通过卫星、有线电视及地面无线等不同传输方式进行传输。本章的主要内容就是经 MPEG-2 压缩编码后的数字电视信号的传输和复用技术。

5.1.1 常用的复用技术

在广播电视或通信系统中,传输信道的带宽是有限的,为了有效地利用传输通道,即利用一个信道传输多路信号,需要用到多路复用技术。常用的复用技术主要有两大类:频分复用(FDM)和时分复用(TDM)。传统模拟电视传输中采用了频分复用方式,数字电视系统中节目传输流的复用采用了时分复用方式。

5.1.1.1 频分复用

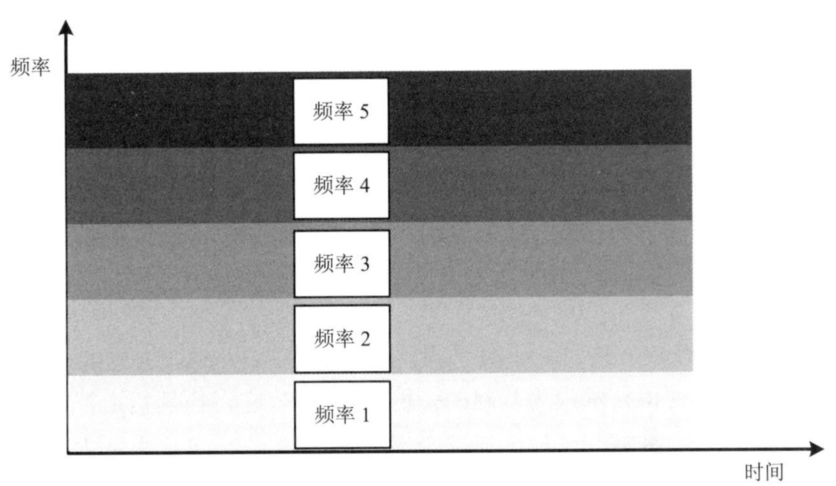

图 5-1 频分复用

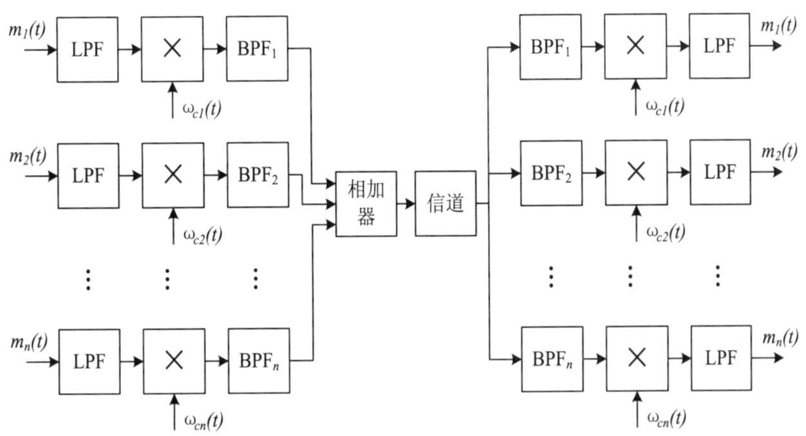

图 5-2 频分复用和解复用

频分复用是按照不同频率复用多路信号的方法，参见图5-1。在频分复用中，信道的带宽被分为若干个相互不重叠的频段，每路信号占用一个频段。在接收端可以采用带通滤波器将多路信号分开，从而恢复所需要的信号。图5-2是一般性的频分复用和解复用系统框图，图中有 n 路需复用的信号，分别为 $m_1(t)$、$m_2(t)\cdots m_n(t)$，每路信号先通过低通滤波器（LPF），限制各路信号的最高频率（带宽），再分别用不同频率的载波信号 $\omega_{c1}(t)$、$\omega_{c2}(t)\cdots\omega_{cn}(t)$ 进行调制（频谱搬移），经带通滤波器（BPF）后，由相加器把各路调制信号混合起来，然后发送出去。频分复用系统的接收端先进行信道处理，然后通过中心频率与发送端各载波频率分别相同的带通滤波器（BPF）把各路信号的频谱分离开来，通过各自的相干解调器进行相干解调，最后恢复出各路信号。频分复用要传送的信号带宽是有限的，而信道可使用的带宽则远远大于要传送的信号带宽，通过对多路信号采用频谱搬移的方法，使调制后的各路信号在频率空间上错开，就可以达到多路信号同时在一个信道内传输的目的。因此，频分复用的各路信号在时间上重叠而在频谱上不重叠。用户在分配到一定的频带后，在传输过程中自始至终都占用这个频带。频分复用的所有用户可在同一时间占用不同的频率带宽资源。多车道的马路与频分复用有点类似，车辆按照划分好的车道各自进行，互不影响。传统的模拟电视就采用了频分复用技术，将亮度、色度、伴音信号分别调制到不同频率的载波上，合成为一路节目发送，这就是典型的多路模拟信号使用频分复用的方式传输信号的做法。频分复用是模拟通信系统中最主要的信道复用方式，在有线通信和微波通信系统中应用广泛。

5.1.1.2 时分复用

时分复用技术是通信技术最为基础的一种复用技术，它将物理信道按时间分成若干时间片，轮换地分配给多路信号使用，每一路信号在自己的时间片内独占信道传输。时分复用的信号在时间上是离散的，这就决定了时分复用技术只能用于抽样后的数字信号。

图5-3是一个 n 路时分复用系统的示意图。图中发送端的转换开关S1以一个固定时间值 T 依次在各路信号之间进行切换，从而获得时分复用信号。这里我们把开关转换的固定时间间隔 T 称为时隙，时隙是多路信号间分配信道的最基本单位。在图5-3中，时隙1分配给第一路；时隙2分配给第二路，时隙 n 分配给第 n 路。n 个时隙的总时间（即同一路信号两个相邻抽样值之间的间隔）就称为一个帧周期，它的值由抽样频率确定。例如语音信号的最高频率为4000Hz，则按照抽样定理，单路语音信号的抽样频率应不小于8000Hz，相应的帧周期为1/8000 = 125μs。信号通过信道后，在接收端通过与发送端完全同步的转换开关S2，分别接入相应的信号通路，使 n 路信号分离开来。分离后的信号再通过低通滤波器，便可恢复出该路的原始信号。如图5-4所示，将时间划分为一段段等长的时分复用（TDM）帧，每一个时分复用的用户在每一个TDM帧中占用固定序号的时隙，每一个用户所占用的时隙周期性地出现（其周期就是TDM帧的长度），因此TDM

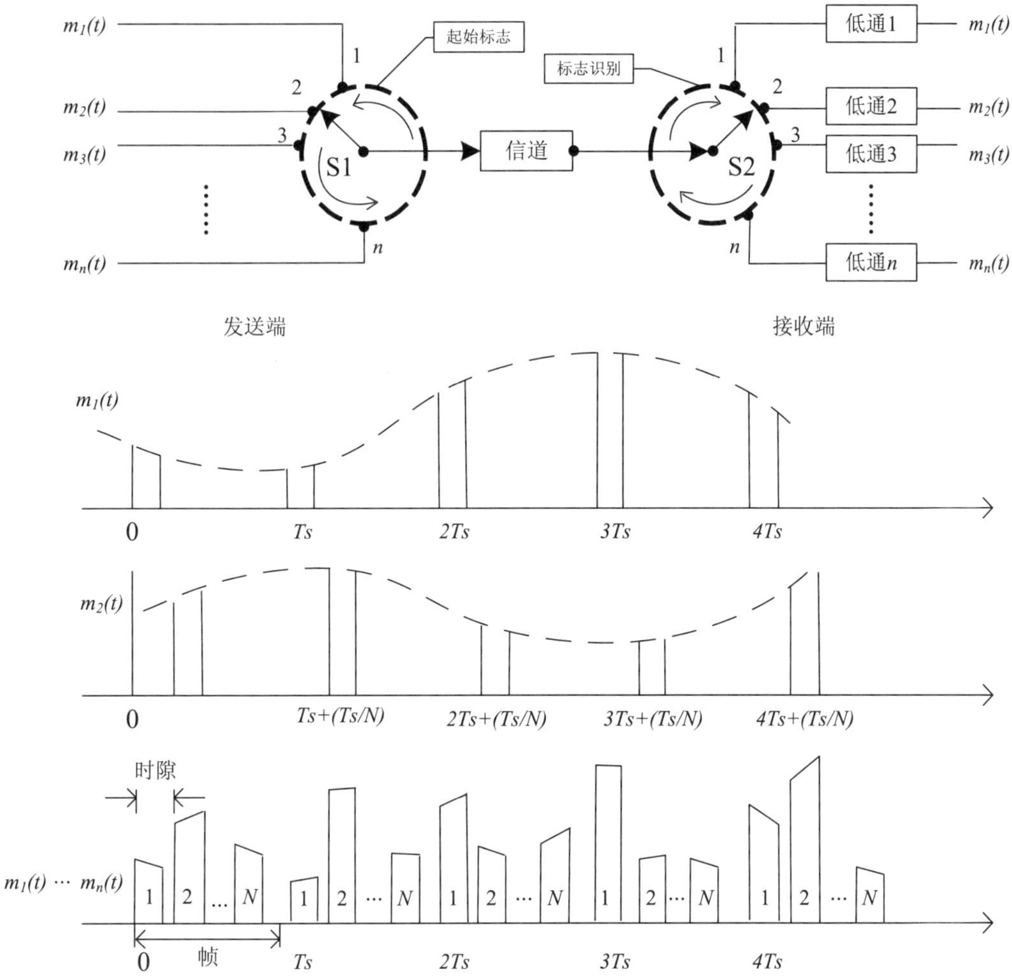

图 5-3　时分复用示意及波形

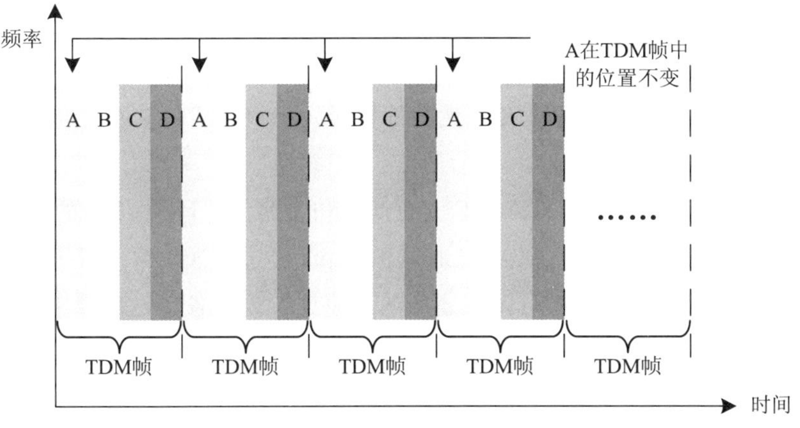

图 5-4　时分复用

信号也称为等时信号。时分复用技术以抽样定理为基础,通过抽样使波形连续的模拟信号成为一系列时间上离散的样值脉冲,这使同一路信号的各抽样脉冲之间出现了时间空隙,从而使其他路信号的抽样脉冲可以利用这个空隙进行传输,这样就可在同一个信道中同时传送若干路信号。列车的编组与时分复用有相似之处,把多节车厢“复用”在一起,从某个固定的参照位置看运行的列车,车厢就相当于一个个接续不断的“时隙”。

现代数字电视系统中经过压缩编码的视频流、音频流和辅助数据流在信号形式上都是由“0”和“1”构成的比特流,只是各码流速率有所不同,将它们合成为统一的传输流的方式就是数字通信系统中的时分复用方式。

5.1.2 MPEG-2 系统流复用结构

在数字电视传输系统中,视频、音频、文字、图片等经过编码统统变成了数据,数据在传输和存储处理中需要引入码流的概念。码流是指视音频等文件在单位时间内呈现的数据流量,是视频编码中画面质量控制最重要的部分,一帧图像在同样的压缩方式下,压缩比越小码流就越大,画面质量就越好。

数字复用/解复用中的另一个重要概念是“包结构”。为了使接收端的解复用器能够正确地从复用信息流中分离出各路信息以便进行相应处理,要求发送端的复用器按照规定的结构对复用的数据流进行打包。打包就是先将按顺序连续传送的复用数据流按一定的时隙长度分段,每段之前加入规定的同步比特以及描述段内信息类型和用户类型的标志比特。如此构成的具有特定结构和时隙长度的传送单位称为“包”,也称为“分组”。然后将这些包按先后顺序组成一个连续的包序列,实际在信道中进行传送的信息流就是这种包序列。在一个包中,同步及标志信息称为“包头”(Header),后面跟随的传送给用户的信息称为“净荷”(Payload),包的长度可以是固定的,也可以是变化的。由于包头是收、发两端约定的,具有特定的格式,因此解复用器从传送信息流中找出各包头,分离各传送包,再按照包结构的规定进行相关操作就可以正确地分离各路信息。

MPEG-2 标准系统中定义了四种码流,即基本码流(Elementary Stream,ES)、打包基本码流(Packetized Elementary Stream,PES)、节目码流(Program Stream,PS)和传输码流(Transport Stream,TS)。这几种码流虽然各不相同,但相互关联,它们之间的层次关系及形成过程如图 5-5 所示。

数字电视中多路打包基本码流(PES)的复用和多路传输码流(TS)的复用均采用数字通信系统中的时分复用方式,视频、音频的 PES 流(经过音视频编码器压缩编码的原始码流)和辅助数据按所需容量被分配到复用的高速比特流的各传输时隙中,构成一路 TS 流。而多路节目的 TS 流也以类似的复用方式构成更高速率的传送流。需要注意的是,时分复用操作是在数字基带域内进行的,通过数字处理技术在各路信号间灵活地分配时隙,按需分配各路信号的容量。时分复用中的一个比特周期称为一个传送时隙。

MPEG-2 标准的系统复用/解复用可分为两个层次:节目级复用/解复用和系统级复

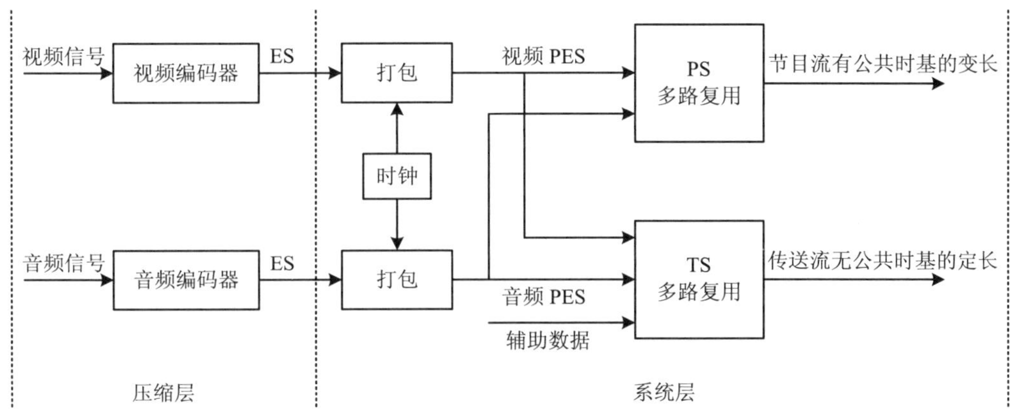

图 5-5　MPEG-2 系统流复用结构

用/解复用。节目级复用/解复用指各 PES 流的复用/解复用。系统级复用/解复用指多路 TS 流的复用/解复用，相关内容我们将在 5.2 节中讨论。这两级复用所生成的都是 MPEG-2 标准的 TS 码流。

5.1.2.1　基本码流和打包基本码流

在图 5-5 中，左部分属压缩层，右部分属系统层。压缩层编码包括两部分，分别遵循 ISO/IEC 13818-2 标准和 ISO/IEC 13818-3 标准。音视频或数据经编码器得到一串具有一定结构的音视频或数据的基本码流，其结构和内容是根据各种数据的编码格式而定的。ES 流仅仅是编码器对音视频进行压缩后得到的一串原始的数据，如果不经过进一步处理，很难用于传输和发送，所以需要在系统层对原始视频 ES 流、音频 ES 流和其他辅助数据及控制信号 ES 流再分别经过一个打包器打包（数据分组）并插入包头等信息后，打成一个又一个的 PES 包，其包结构长度可变，但一般是取单元的长度。一个单元的长度可以是一帧视频图像，也可以是一个音频帧。PES 包的包头包含当前 PES 包数据的重要信息，可由此识别这个 PES 包是视频还是音频数据。此外还必须在 PES 流中周期性插入显示时间标签（PTS）和解码时间标签（DTS），以便于解码器正确地解码和显示相应的音视频单元。这些 PES 包针对不同的应用环境（传输或是存储）复用可形成 PS 流和 TS 流。

无论是 PS 流还是 TS 流，MPEG-2 系统复用分两个步骤完成。

1. 视频和音频的 ES 流分别按一定的格式打包，构成具有规定格式的基本码流，分别称为视频 PES 和音频 PES。PES 的长度可在一定范围内变化。

2. 将视频、音频的 PES 以及辅助数据按不同的格式再打包，然后进行复用，则分别生成 PS 流和 TS 流。

5.1.2.2　节目流和传送流

针对不同的应用环境（信道和存储介质），ISO/IEC 13818-1 规定了两种系统编码方法：节目流 PS 和传送流 TS。PS 流和 TS 流的格式是分别针对不同的应用而优化设计的，

PS 流为本地应用设计,TS 流为传输应用设计。

1. 节目流 PS 是将具有同一个时间基准(PCR)的一个或几个打包的音视频和辅助数据的 PES 流进一步通过时分复用方式按一定的先后顺序规则组成单一数据码流,并为这些 PES 流加上包头的附加信息,包头中插入了解码时需要的包起始码和其他信息等。为了进行检错,在包的后部还加有循环冗余检验码(CRC),这些 PS 包称为节目码流或节目流。在同一个 PS 包中,只能有同一类信号,如音视频等。所有 PES 包中的 ES 流都能在同步情况下解码。由于 PS 包长度是变化的,一旦某一个 PES 包的同步信息丢失,接收机无法确定下一包准确的同步位置,无法快速恢复同步,会导致严重的信息丢失。因此 PS 是针对那些不容易发生错误的环境而设计的系统编码方法,特别适合于软件处理的环境,如光盘存储系统上的多媒体应用和误码率较小的演播室。

2. 传输流 TS 也是将一个或几个打包的音视频和辅助数据的 PES 流经时分复用组成单一的码流,但这些 PES 流可以使用同一个时间基准,也可以使用几个独立的时间基准。如果几个 PES 流用同一个时间基准,那么这几个 PES 流可先复用成一组单节目的 TS 流。由于 TS 流的包长固定且较短,提高了抗误码的能力,这就为纠错和解码带来了方便。例如,当发生传输误码破坏了某 TS 包的同步信息时,接收机可在固定的位置检测它后面包中的同步信息,从而恢复同步。因此 TS 是针对那些容易发生错误,表现为位置错误或包丢失的环境而设计的系统编码方法,如卫星、有线、地面无线等。

5.1.3 PES 包帧结构

如前所述,一路节目的视频/音频及其他辅助数据经过数字化后,通过 MPEG-2 标准完成信源压缩编码,分别形成视频的基本流、音频的基本流和其他辅助数据的基本流。压缩后所有基本流(ES 流)被打成不同长度的 PES 包,由于不同时刻音视频内容的不同,数据量时刻变化,数据包的长度也不断地变化,音频 PES 包一般不超过 64KB,视频一般一帧一个 PES 包,包结构如图 5-6 所示。

图 5-6 PES 包结构

5.1.3.1 包起始码

包起始码占 3 个字节,是一个固定的码字结构,由 23 个 0 和一个 1 组成,用于收发两端的 PES 包同步。

5.1.3.2 ES 流标识符(ID)

ES 流标识符占 1 个字节,是一个 8bit 整数,标识符说明 PES 包所属码流的种类(视频、音频、数据)及序号。110XXXXX 表示是 MPEG 音频 ES 流,序号是二进制数 XXXXX;1111XXXX 表示是 MPEG 视频 ES 流,序号是二进制数 XXXX。

5.1.3.3 PES 包长度

PES 包的长度是可变的,PES 包长度字段有 2 个字节,共 16bit,PES 包的最大长度应为 $2^{16}-1=65\ 535$ 字节。若包长度置为 0,表明对包的大小没有限制。视频 PES 包与一帧图像、一个图像序列、一个 GOP(图像组)的起始码是对齐的,要么是一帧图像的起始码,要么是一个图像序列的起始码。

5.1.3.4 PES 包头标志

PES 包头标志共包含 14bit,如图 5-7 所示,其中 SC 是加扰指示;PR 是优先级指示;DA 表示相配合的数据;CR 是有无版权指示;OC 说明该节目是原版节目还是复制节目;PD 表示是否有显示时间标志 PTS(Presentation Time Stamp)和解码时间标志 DTS(Decoding Time Stamp);ESCR 指明 PES 包头是否有基本码流的时钟基准(Elementary Stream Clock Reference)信息;RSCR 表示 PES 包头是否有基本码流(Elementary Stream Rate)信息;TM 指出是否有 8bit 的字段说明 DSM(Digital Storage Media)的模式;AC 表示未定义;CRC 表示是否有 CRC 字段;EXT 说明是否有扩展标志。

2b	1b	1b	1b	1b	2b	1b	1b	1b	1b	1b	1b
SC	PR	DA	CR	OC	PD	ESCR	RSCR	TM	AC	CRC	EXT

图 5-7 PES 包头标志

5.1.3.5 PES 包头域

PES 包头域显示时间标志 PTS 和解码时间标志 DTS,对数字电视的解码和显示非常重要。PTS 通知解码器何时显示一个已解码的图像,DTS 则指示何时对收到的一帧图像的码流进行解码。

5.2 TS 包帧结构

5.2.1 TS 包链接头

在 TS 码流结构中,每个包均为固定 188 字节,按功能分为链接头、适配域、净荷。每个 TS 包由固定长度的链接头和可变长的适配域加净荷组成,如图 5-8 所示。链接头的长度为 4 个字节,它类似于模拟信号中的消隐信号,包括行/场同步及色同步信号,但在某些情况下 TS 流可能需要更多的链接头信息,这时可在有用信息前插入一个适配域,也称自适应区。适配域的长度从 0 字节到 184 字节可变,也就是说,它可以没有,也可以扩展到整个 TS 包。净荷数据的长度从 0 字节到 184 字节可变。整个 TS 流是由许多 TS 包周期性地排列而成的。

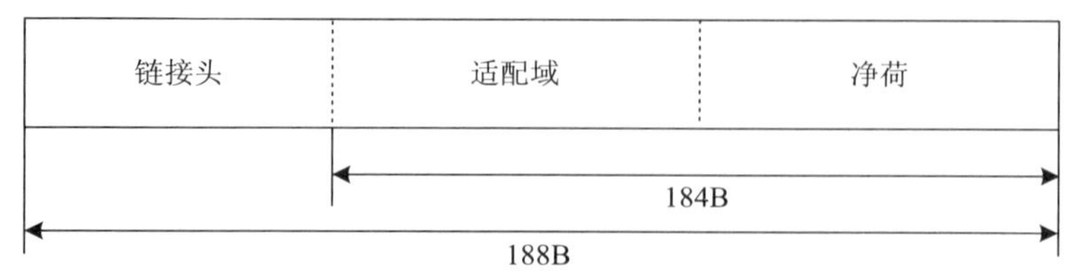

图 5-8　TS 包结构

采用固定格式包长度的 TS 码流在进行多路复用时有以下显著优点：

1. 动态带宽分配：承载视频、音频、数据的 TS 包的长度相同，通过标识符可以将总频带灵活分配，不需要预先规定。

2. 可分级性：允许一个复用好的传送码流与另外一些视频、音频的基本码流进行二次系统复用，生成包含多套(种)节目的传送码流。

3. 可扩展性：提供能够对新业务后向兼容的开放的业务扩展环境。

4. 抗干扰性：TS 包具有固定的长度，传输系统中的误码纠正和检测都是对 TS 包进行操作，以 TS 包为处理单位的。

5. 接收机成本低廉：固定长度的 TS 包结构的系统解复用相对简单，只需识别出每个 TS 包中的标识码即可。

链接头包含 4 个字节的内容，如图 5-9，包括 TS 包的同步、各种 ES 流的指示、TS 包传输差错的检测和条件接收等功能指示。

同步字节 0×47	传输误码指示	净荷单元起始指示	传输优先级	PID	传送加扰控制	适配字段控制	连续计数器
8 比特	1 比特	1 比特	1 比特	13 比特	2 比特	2 比特	4 比特

图 5-9　TS 包链接头结构

5.2.1.1　同步字节(sync_byte)

它是包中的第一个字节。TS 包以固定的 8bit 的同步字节开始，所有的 TS 传送包，同步字节都是唯一的 0x47，用于建立发送端和接收端包的同步。

5.2.1.2　传输误码指示(transport_error_indicator)

其值为“1”时，表示在相关的传送包中至少有一个不可纠正的错误位，只有在错误纠正之后，该位才能被重新置“0”。

5.2.1.3　净荷单元起始指示(payload_unit_start_indicator)

它指示当前 TS 包数据的起始状态。当 TS 包的净荷为 PES 包数据时，payload_unit_

start_ indicator 的含义为:“1”表示该 TS 包的净荷部分将以 PES 包的第一个字节开始(有且仅有一个 PES 包开始);“0”表示没有。当 TS 包的净荷为节目特定信息(PSI)或业务信息(SI)包数据时,payload_unit_start_indicator 的含义为:“1”表示该 TS 包的净荷部分的第一个字节带有 pointer_field 字段。如果 TS 包的净荷不带有 PSI/SI 包数据的第一个字节,则 payload_unit_start_indicator 应该置为“0”。当 TS 包为空包时,即不存在净荷数据时,payload _unit_start__indicator 应该置为“0”。

5.2.1.4 传输优先级(transport_priority)

它用于表示本 TS 包在所有具有相同 PID 的数据包中的传输优先级。置“1”表明它的优先级高于其他该位为“0”的 TS 包。

5.2.1.5 PID(包标识符)

PID 是识别 TS 包的重要参数,表示当前 TS 包的净荷数据的类型。在 TS 码流生成时,每一类视频、音频、辅助数据业务的基本码流均被赋予一个不同的 PID,解码器借助于 PID 判断某一个 TS 包属于哪一类业务的基本码流。包之所以能被复用和解复用,就是靠特定的基本流和控制码流的 PID。PID 值 0x0000 为节目关联表(PAT)保留,0x0001 为条件接收表(CAT)保留,0x0002 ~ 0x000F 为 PID 值暂保留,0x1FFF 为空包保留,用来匹配信道带宽。由于 PID 在包头中的位置是固定的,要提取某个基本码流的包很容易,只要同步建立后,根据 PID 值滤出这个包就行了。

5.2.1.6 传送加扰控制(transport_scrambling_control)

它由 2 个 bit 组成,用于指示 TS 包中净荷数据是否被加扰。该位置为“00”表示未加扰,为“01”“10”“11”表示由用户自行定义。如果被加扰了,就要标志出解扰的密钥。在加扰的码流中含有条件接收表,用于提供被加扰码流中的授权管理信息(EMM)的 PID 值。对于被加扰的节目码流,节目映射表(PMT)给出该加扰节目流对应的授权控制信息(ECM)的 PID 值。为正确传递关键的解码信息,TS 流的包头信息是不被加扰的。视音频等节目信息可通过加入扰码来加密,各个基本码流可以独立进行加扰。

5.2.1.7 适配字段控制(adaptation_field_control)

它表示当前 TS 包的数据组成情况。“01”表示不含有适配字段,只有净荷数据;“10”表示只有适配字段,没有净荷数据;“11”表示既有适配字段,又含有净荷数据。“00”保留。

5.2.1.8 连续计数器(continuity_counter)

它对具有相同 PID 的 TS 包做 0 ~ 15 的重复计数,即当它达到最大值 15 后又清零。当 adaptation_field_control 字段为“00”或“10”时,该计数器不计数,它应该和上一个具有相同 PID 的 TS 包数据的连续计数器相同。

在 TS 包中,存在复制的数据包,它被连续传送两次。这种数据包除了节目时钟基准会被重新编码外,其余的数据将和原始的数据包完全一样。在这种情况下,continuity_ counter 的值也不被累加,adaptation_field_control 字段被置为“01”或“11”。如果 discontinuity_indicator(不连续指示标志)为“1”时,continuity_counter 的值也可以是不连续的。

5.2.2 TS 包适配域

适配域是一个可变长度的域,它在 TS 包中是否存在,由适配字段控制(adaption-_field_control)决定。当 adaptation_field_control 字段被置成“10”或“11”时,当前的 TS 包中含有适配字段。适配域提供基本码流解码所需要的同步及时序等功能,以及编辑节目所需要的各种机制,如本地节目插入等。适配域有如下功能。

5.2.2.1 编/解码器的同步和定时

在数字电视压缩编码系统中,由于图像的编码方法和复杂程度不同,每帧图像的数据量是不同的,这就不可能从图像数据的起始部分直接获取定时信息,无法保证解码与显示的同步。为解决这一问题,每隔一定的传送时间,在 TS 包适配域中传送系统时钟 27MHz 的一个采样值给接收机,作为解码器的时钟基准信号,称为节目时钟参考(Program Clock Reference,PCR)。PCR 每隔 100ms 至少传送一次。PCR 非常重要,它以固定频率插入包头,表示编码端的时钟,并反映了编码输出码率。解码端根据 PCR 来调整解码系统时钟,以保证对节目的正确解码。视频和音频解码过程能否正常进行,首先取决于解复用器能否准确恢复 PCR。

5.2.2.2 编码码流的随机进入

视频码流中存在 I 帧、B 帧、P 帧三种编码帧类型,只有 I 帧编码数据可以独立进行解码。只有在某些特定的位置上才允许对节目进行调整和切换,这样的位置称为“随机进入点”。适配域中的“随机进入标志”就是表明随机进入点的位置,在节目调谐或节目更换时,让信源解码器进行 I 帧处理,“随机进入点”与音视频的 PES 包的起始保持一致,通常为 I 帧之前的视频序列头信息的起始位置。

5.2.2.3 本地节目信息的插入

在电视广播中,常需要进行本地节目和广告的插入。在 MPEG-2 传送系统中,可使用 TS 包适配域中的一些标志来支持。插入节目的 PCR 值与插入前节目的 PCR 值是不同的,由此通知解码器及时改变时钟频率和相位,以尽快与插入节目建立同步关系。节目插入点必然是随机进入点,但并不是所有的随机进入点都适合作为节目插入点。主要限制在于将要插入的比特流的长度,应使节目前后缓冲的容量保持一致,同时在节目插入开始时缓冲器的容量应保证不致使解码端缓冲器出现“溢出”或“空闲”。

从上述 TS 流的结构可以看出,TS 包的头部(链接头 + 适配域)侧重传输数据的结构和说明,如加入同步,指示有无误码,有无加扰等;由于复用,各节目流的包又相互存在交叉。特别要说明的是,其中的 PID 对解码有重要作用,是识别各种码流和信息的标签。

5.2.3 TS 包净荷

TS 包中净荷所承载的信息包括两种类型：一是视频、音频的 PES 包以及辅助数据；二是描述多路节目复用信息的节目关联表（Program Association Table，PAT）、单路节目复用信息的节目映射表（Program Map Table，PMT）和节目特定信息（Program Specific Information，PSI）、节目业务信息（Service Information，SI）的 PES 包，如条件接收表（Conditional Access Table，CAT）之类的。几种类型的信息表均由 PID 加以区分。

5.2.3.1 基本业务流的 PES 包

如图 5-10 所示，视频和音频的 PES 包被装载到 TS 包的净荷上。PES 包的长度通常远大于 TS 包的长度，所以一个 PES 包由多个 TS 包来传送，每一个 TS 包必须只包含从一个 PES 包来的数据。MPEG-2 系统层规定，PES 包头必须跟在 TS 包的链接头或适配域后面，作为净荷的起始。对于一个特定的 PES 包，TS 包中未填满的净荷中可以塞入填充比特。当下一个新的 PES 包到来时，需用新的 TS 包来传输。

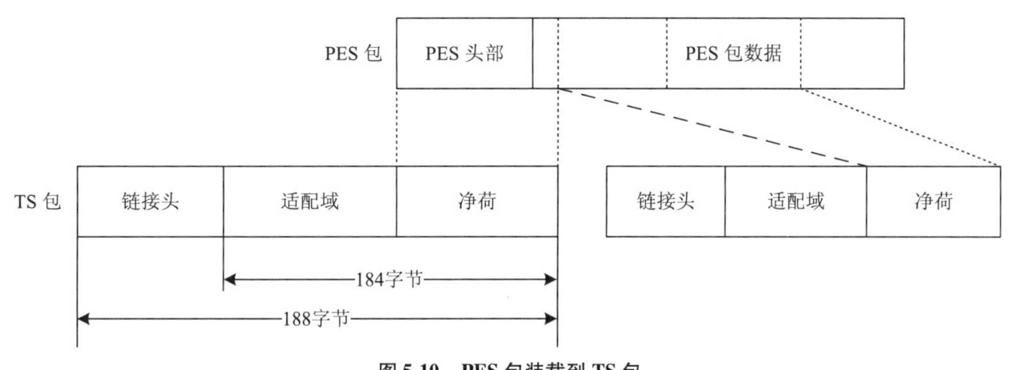

图 5-10 PES 包装载到 TS 包

5.2.3.2 节目关联表（PAT）

由于实际的传输信道的带宽常大于一套数字电视节目信号的带宽，为提高信道资源的利用率，需要将多套节目复用在一起后进行传输，这种多套节目的复用称为系统级复用。PAT 描述了系统级复用中传送每套节目 PMT 的码流的 PID 值。如图 5-11 所示，PAT 包含了与多套节目复用有关的控制信息，PAT 装载在 TS 包的净荷中传送，分配唯一的 PID。传送 PAT 的码流的 PID 值定义为固定的数值“0x0000”，所以 PAT 表算得上是“顶级”的表。若复用时遇到不同码流的 PID 值相同，则在系统复用时进行修改，修改必须同时记录在 PAT 和 PMT 中。系统级复用是可分级的，如果有更宽的频带可以利用，则可对更多路节目进行复用。此时只需将原系统级复用码流中的 PAT 取出，并重新建立新的 PID = 0x0000 的 PAT 即可。

5.2.3.3 节目映射表（PMT）

PMT 包含了与单套节目复用有关的节目信息。进行 TS 流复用时，如图 5-11 所示，各路 PES 流被分配了唯一的 PID,PES 流与被分配的 PID 值构成了一张关系表,称为节目映射表(PMT)。PMT 完整描述了一套节目由哪些 PES 流组成,它们的 PID 分别是什么。典型的构成包括 1 路视频 PES 流、2 ~ 6 路音频 PES 流、1 路或多路辅助数据。携带 PMT 的 TS 包有自己独特的 PID 值。PMT 的内容包括表识别号、表的长度指示、所描述节目的编号、用于提供本节目收发同步参考的 PCR 值所在的 PES 流的 PID 值及随后的节目描述信息,还有一个或多个组成该节目的 PES 流描述信息,包含了该 PES 流的类型(视频、音频还是数据)提示、PID 值及具体的描述信息等。MPEG-2 传送层中,传送 PMT 的码流称为控制码流,和其他 PES 流一样在 TS 包的净荷中传送,分配唯一的 PID。为使解复用器能够根据 PID 恢复各路 PES 流,需要在传送节目前将 PMT 传送给解复用器。

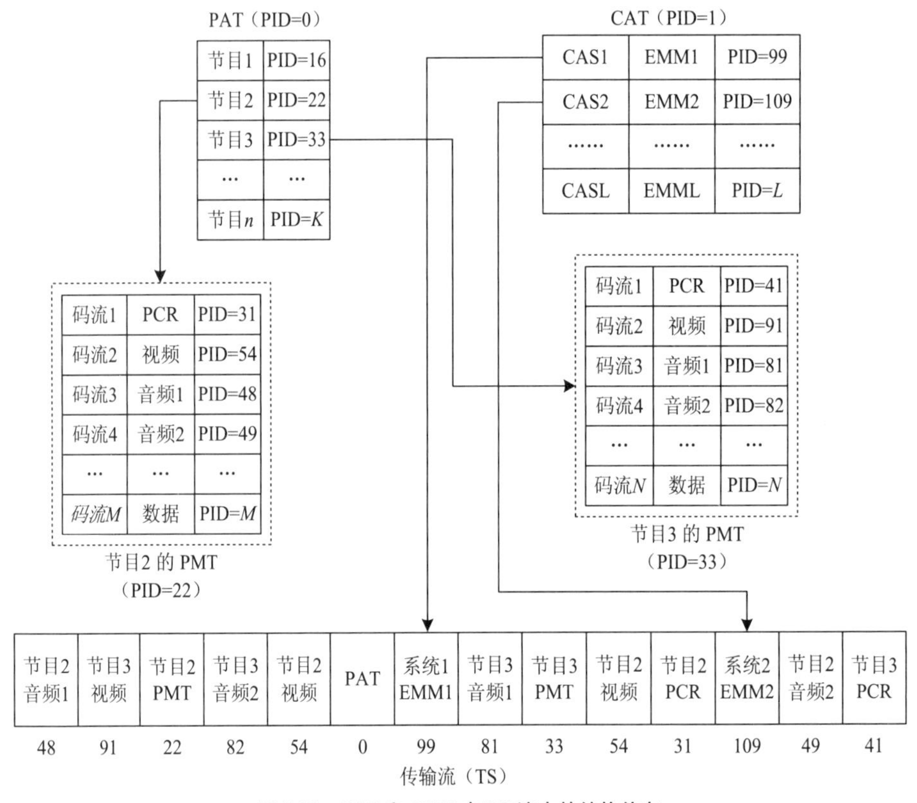

图 5-11　PAT 和 PMT 在 TS 流中的结构信息

5.2.3.4　PSI/SI 的业务信息表

从广义上说,PAT、PMT 均属于 PSI/SI 表,在语法地位上与 PES 包相同,也属 TS 包的下一层结构。PSI/SI 中的每个表可以被分成一段或多段,每个分段包含一个表的一部分,这种分法保证了出错时数据丢失最少,它们作为控制码流置于 TS 包的净荷中进行传输。

5.2.4　数字电视多节目复用 TS 流

5.2.4.1　传输复用(Transport Multiples)流程

数字电视信号经过压缩后,可在一个频道内传输多套数字电视节目,这时需要进行多套节目的双层复用。即首先通过节目复用器将一套节目的各个 PES 流(包括视频、音频和辅助数据)复用在一起,组成单个节目的 TS 流。再通过系统传输复用器将各个节目的 TS 流复用在一起,组成多套节目的 TS 流,然后传输到信道编码器。我们把这一过程称为系统复用或传输复用(Transport Multiples),节目复用有共同的时间基准,而传输复用则可以有各自独立的时间基准。多节目复用的 TS 流还包括了节目专用信息 PSI,如图 5-12 所示。

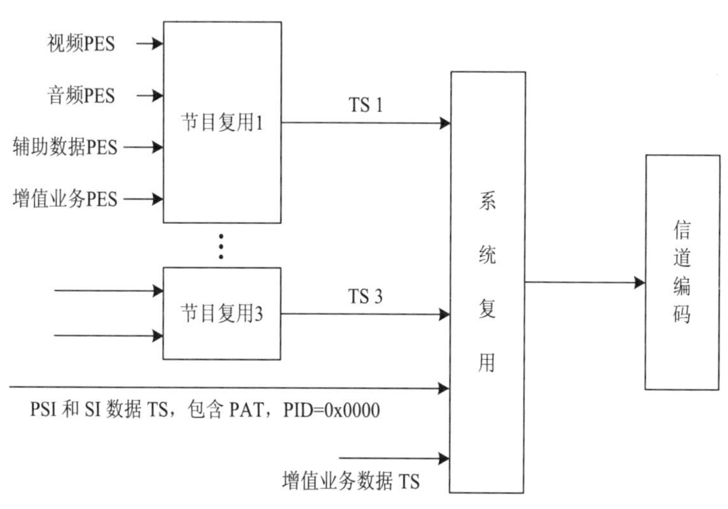

图 5-12 多节目复用的 TS 流

节目复用的单节目流包含了一个节目映射表(PMT),这个表提供了组成本节目 TS 流的各个 PES 流(音视频 PES 流及数据 PES 流)的 PID 信息、数据的性质及彼此间的关系等。PMT 也有包识别符(PID)。在传输复用的多节目流中,必须有一个节目关联表(PAT)(需注意的是,单节目流中也必须有 PAT)。PAT 提供了用于节目复用的各个 PMT 的 PID。在传输复用时,最主要的工作是进行 PSI 信息的重构和 PCR 修正。

5.2.4.2 复用器工作流程

数字信号的复用采用时分复用方式,也就是把传输通道分成若干个时间段(时隙),每段时隙依次排列,分配给某套节目或某个特定的码流,不同的节目占用不同的时隙。各套节目周期性地依次占用时隙,在接收端利用标志性信息来区分不同的节目。

复用技术分为两种:一般复用和统计复用。一般复用是指多路信号复用后输出信号的码率等于各路输入信号码率之和。统计复用是根据信号的特点,动态地调整每路信号的码率,例如体育节目,动态变化大,需要占用较大的码率,教育节目静止画面多,不需要太大的码率,二者使用一个复用器时,由复用器向各编码器发出调整码率的指令,动态地改变各编码器的压缩比。这样既充分利用信道资源,又保证每套节目都达到尽可能好的效果。

复用器的主要作用是将多个单节目码流复用成一个多节目码流,复用后能有效提高信道的利用率。数字电视系统里的许多数据,如与节目有关的 SI 信息,都是从复用器插入的。复用器从功能上还包括 PID 过滤、PID 映射、PCR 校正、PSI/SI 提取和修改等,复用器工作流程如图 5-13 所示。

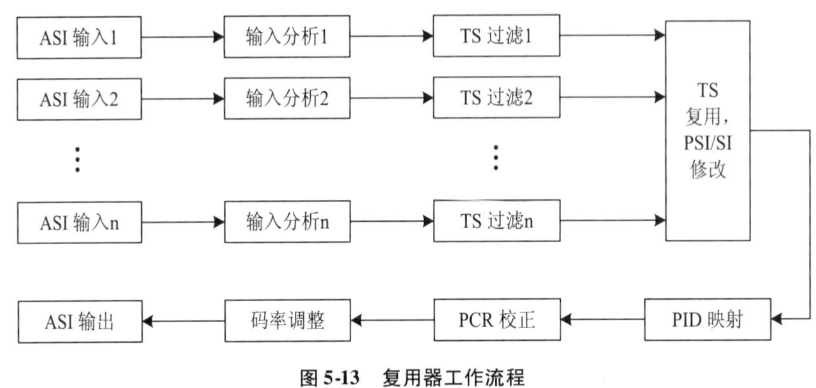

图 5-13 复用器工作流程

2007 年 7 月 13 日,国家广播电影电视总局发布了推荐性行业标准 GY/T 226 - 2007《数字电视复用器技术要求和测量方法》。该标准规定了数字电视复用器的主要技术要求和测量方法,适用于数字电视复用器的开发、应用、测量和运行维护。

5.3 数字电视节目专用信息

5.3.1 节目特定信息(PSI)

数字电视通常是一个传输通道(频道、卫星转发器等)对应一个 TS 流,一个传输通道的 TS 流由多个节目及业务组成。在 TS 流中如果没有引导信息,数字电视的终端设备将无法找到需要的码流(视频、音频、图片、文字等数据)。数字电视专门定义了节目特定信息(PSI),便于对一套节目的 TS 流中所含信息(视频包、音频包、数据包)进行标识。MPEG-2规定在复用的时候需要通过复用器插入节目特定信息,其作用是自动设置和引导接收机解码。

PSI 主要由四种信息表组成:节目关联表(Program Association Table,PAT)、节目映射表(Program Map Table,PMT)、条件接收表(Conditional Access Table,CAT)、网络信息表(Network Information Table,NIT)。图 5-14 描述了 PSI 各表在 TS 流中的结构信息。

5.3.1.1 PSI 各表在 TS 流中的结构信息

1. 节目关联表(PAT)。

PAT 算是一张"总表",包含了与多路节目复用有关的控制信息,用于指出 TS 流中包含哪些节目,每个节目的编号及相应的 PMT 的位置 PID,还提供网络信息表(NIT)的位置。PAT 所在的 TS 包的 PID 值为 0x0000。

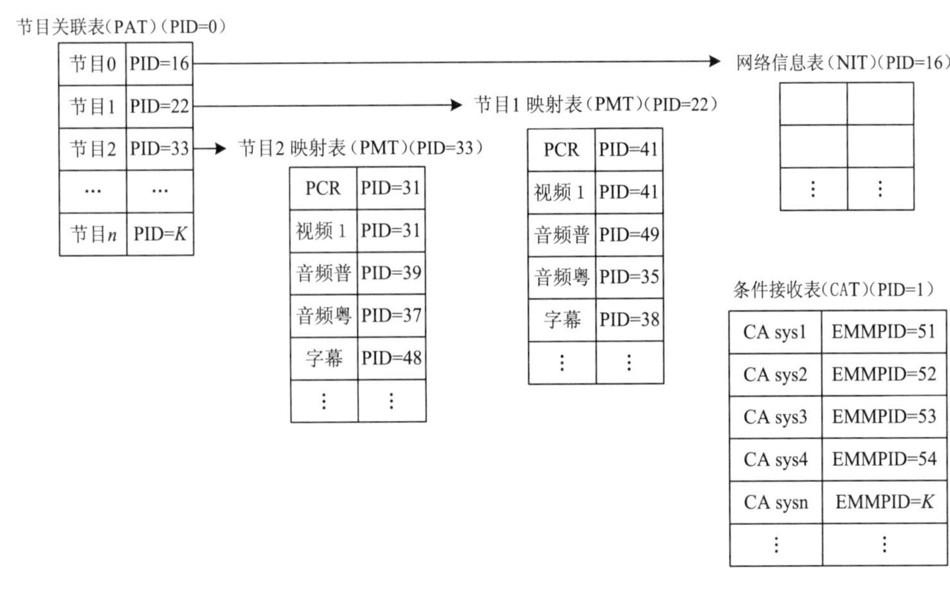

图 5-14　PSI 各表在 TS 流中的结构信息

2. 节目映射表(PMT)。

从图中可以看出,相对于 PAT,PMT 是次一级的表。可以这样认为,码流中有多少套节目,就有多少个 PMT。要收看某一套节目,就要找到这套节目的 PMT,从 PMT 中可以知道该套节目所含的内容(视频、音频、图文等)以及这些内容的 PID 各是什么。还要给出该节目的节目时钟参考 PCR 字段的位置。解码器根据指出的 PID 找到要解码的码流,将该码流送入解码器进行解码。PMT 所在的 TS 包都有自己专门的 PID,在 PAT 中列出。

3. 条件接收表(CAT)。

CAT 给出有关条件接收系统的信息,说明码流是否加密(包括全部节目加密和部分节目加密),帮助解码器找到控制加密的加密控制信息和加密管理信息。CAT 所在的 TS 包的 PID 值为 0x0001。

4. 网络信息表(NIT)。

NIT 说明节目来源的网络信息,例如节目属于哪个网络,是中央台的还是省台的等。提供诸如调谐频率、编码方式、调制方式等接收参数。NIT 所在的 TS 包的 PID 值为 0x0010。

5. 传输流描述表(TSDT)。

TSDT 提供传输流的其他一些参数。

6. 专用段(PS)。

PS 提供单节目数据。

7. 描述符(Descriptor)。

描述符提供有关视频流、音频流、语言、层次、时钟、码率等多种信息。

5.3.1.2 PSI 和 TS 流的关系

图 5-14 展示了 5 个 PSI,分别为一个 PAT、两个 PMT、一个 CAT、一个 NIT,通过 PAT 及 PMT 的设置,就可完整描述 TS 流中各套节目以及各套节目中各 TS 包之间的关系。CAT 只有在 TS 流中有一套或几套节目被加扰时才出现。NIT 在单个 TS 流中不是必需的,但在多个 TS 流传输的情况下,NIT 具有相当重要的作用。PSI 中各表和 TS 流的关系如下:

1. 每个 TS 流中必须有一个完整有效的 PAT,它包含了该 TS 流中各套节目的一个总清单。通过 PAT 可以获取各套节目 PMT 的节目号和相应的 PID 值。带有 PAT 的 TS 包在传输过程中不加密。

2. 在 TS 流中,每套节目的 PMT,含有该套节目的音视频 PES 的 PID 值、一路或多路辅助数据 PES 的 PID 值及该套节目 PCR 的 PID 值等。带有 PMT 的 TS 包在传输过程中不加密。

3. CAT 只提供 TS 流中 CA 系统与其相应的被加扰节目的授权管理信息(EMM)的 PID 值。

4. NIT 在单节目的 TS 流中不是必需的,MPEG-2 标准也没有规定这个表的格式。但它在多个 TS 流使用中是必需的,主要是对多个 TS 流的识别,所以 DVB 对 NIT 进行了进一步定义,并规定了 NIT 的 PID 值固定为 0x0010。

5.3.1.3 PSI 的作用

PSI 的作用是自动设置和引导解码器解复用及解码。在 PSI 的 4 种信息表中,PAT 是 4 个信息表的根,其 PID 值被固定为 0x0000。PID 总共 13 位,从 0 到 8191,将 PID 的值 0x0000 固定给 PAT,可见其重要性。解码时,解码器首先根据在 PID = 0x0000 的 TS 包中找到 PAT,通过读 PAT 找出相应节目的 PMT 的 PID,再由该 PID 找到 PMT,再由 PMT 找到相应节目音视频及相关数据的 TS 包,才能开始解码。例如在图5-14中,在 PAT 中列出了若干节目的 PMT 的 PID,其中节目 2 的 PMT 的 PID 是 22,节目 3 的 PMT 的 PID 是 33,由 PID = 22 可以找到相应的节目 2 的 PMT,在这个 PMT 中又可以找到节目 2 中的若干码流,这里有视频、音频 1(普通话)、音频 2(英语)……,再由这些 PID 值就可以从 TS 包中将各 PES 流的数据解复用出来,并重新组成各 ES 流送给相应的解码器进行解码。CAT 的 PID 为 0x0001,也是解码的重要条件,解码器根据是否加密,找到相应的 ECM 和 EMM 信息,根据交费和授权的情况,进而实现对该节目和业务的解扰。NIT 主要说明节目所属网络的情况和主要参数。例如要从多个 TS 流中选择某一节目,首先要通过 NIT 找到包含该节目 TS 流的传输网络有关信息,这些信息使接收机可按照用户的选择改变频道、调谐,找到所需的 TS 流,然后即可使用 PSI 信息,根据上述同样方法从该 TS 流中选择出所需的特定节目。

5.3.2 节目业务信息(SI)

PSI 的 PAT、PMT、CAT 诸表中所提供的信息只是对单一 TS 流的描述,而且都是与它所在的 TS 流相关的。随着数字电视节目或业务不断增多,不仅需要当前 TS 流中的相关信息,还需要其他并行传输的多个 TS 流的相关业务和事件信息,所以只有 PSI 信息是不够的。为了方便用户从多个 TS 流中选择和了解有关节目或业务及其事件相关信息,DVB 对 PSI 信息进行了扩展,补充定义了节目业务信息(SI)。其目的是根据选择自动利用 NIT、PAT、PMT 等信息进行频道调谐,选择节目和定位,实现电子节目指南(EPG),作为 API 的接口,进行 CA 控制等。另外,DVB 还对 NIT 也进行了强制定义,并且赋予 NIT 相当重要的作用,要求在 TS 流中必须传输 NIT。

5.3.2.1 网络信息表(Network Information Table,NIT)

NIT 提供多个 TS 流、物理网络及传输系统相关的一些信息。主要包括网络名称、网络标识符和传输系统参数等。传输网络有两个标识:现行网络标识符(network_id)和原始网络标识符(original network_id)。当 NIT 在现行网络(即产生 TS 的网络)上传输时,现行网络标识符与原始网络标识符取同一值,若现行网络 TS 流中的某个业务转移到另一传输系统,网络标识符改变,而原始网络标识符保持不变。例如,卫星传输系统的参数有:轨道位置、轨道标志、各载波频率、调制方式、极化方式、符号率及前向纠错(FEC)方式等。有线传输系统参数包括:频率、调制方式、FEC 外码、符号率、FEC 内码等。

分析 NIT 可知系统内共存在多少个 TS 流以及每个 TS 流的主要物理参数,即传输流号(transport_stream_id)、频率(frequency)、调制方式(modulation)、符号率(symbol_rate)。通过这些参数,机顶盒可以将高频头分别锁定到系统内所有的数字电视载波频点上。NIT 由 PID 固定为 0x0010 的 TS 包传输。

5.3.2.2 业务群关联表(Bouquet Association Table,BAT)

业务群指一系列相关的业务集合。BAT 用来描述节目群的名称、服务组成等。BAT 便于进行相关节目或某一类节目的浏览和选择,是形成 EPG 的重要信息来源。这些业务可以不在同一个 TS 流中,是综合接收解码器 IRD(Integrated Receiver Decoder)向观众显示一些可获得业务的一个途径,用户可以很方便地进行相关节目或某一类节目(例如:体育节目类、新闻类、影视类等)的浏览和选择。BAT 由 PID 为 0x0011 的 TS 包传输。

5.3.2.3 服务描述表(Service Description Table,SDT)

SDT 用于描述系统中业务(可理解为电视频道、音频广播或数据信息)的名称(如 CCTV-1、山东卫视等)、业务的提供者、业务的事件(比如“一场足球比赛的半场”“新闻快报或娱乐表演的一部分")等方面的信息。SDT 可以描述当前 TS 流,也可以描述其他的 TS 流,这由表标识符(table_id)来区分(0x0042 描述当前 TS 流,0x0046 描述其他 TS 流)。通过分析 SDT,可以得到业务号(service_id)、业务名称(service_name)、业务类型(service_type)等内容,每个业务都有一个独立的业务号。SDT 由 PID 固定为 0x0011 的 TS 包传输。

5.3.2.4　事件信息表(Event Information Table,EIT)

EIT 按时间顺序提供每个业务中包含的事件的信息,这里的事件是指一组给定了起始时间和结束时间、属于同一业务的基本数据流。一个事件(或节目)是一个业务中的一部分,每个事件包括事件名称、起始时间和结束时间、节目长度、节目级别、是否加密、事件的详细介绍等。EIT 实际上是一个节目表,按照年、月、日顺序提供每个业务中的节目等信息。通过分析 EIT,可以获取节目的具体描述信息,比如节目名称、节目简介、播放时间、开始时间、观看等级等,由此可以组织我们需要的节目菜单,实现电子节目指南功能。EIT 由 PID 为 0x0012 的 TS 包传输,不同的表用表标识符(table_id)做区分。

5.3.2.5　运行状态表(Running Status Table,RST)

RST 提供某一具体事件或多个事件的运行状态(运行/未运行)和时间,可用于按时自动地切换到指定事件。例如,当节目播出时间改变,一个节目提前或延迟播出时,可以通过 RST 指示出来。RST 由 PID 为 0x0013 的 TS 包传输。

5.3.2.6　时间日期表(Time and Date Table,TDT)

TDT 提供了与当前的时间和日期相关的信息。由于这些信息频繁更新,所以需要使用一个单独的表。TDT 每隔一段时间(最大间隔 30s,最小间隔 25ms)就传输一次,用于系统时钟的校准、收费业务的计时以及 EPG 中节目预订功能的实现。TDT 由 PID 为 0x0014 的 TS 包传输。

5.3.2.7　电子节目指南(Electronic Program Guide,EPG)

在数字电视广播中,由于在相同的带宽内传输的数字电视节目比模拟电视节目多好几倍,因此不能用传统的方法通过遥控器"翻屏"的方式来选择所需的节目,这就需要业务提供商为用户收看电视节目和享受信息服务提供一个便捷的导航机制,电子节目指南(EPG)应运而生。EPG 是指在符合 MPEG-2 标准的 TS 流中插入由 DVB 标准定义的业务信息。通过运行机顶盒内的 EPG 应用软件,机顶盒可以从接收的 TS 流中正确解析这些信息,通过电视屏幕向用户提供由文字和图像组成的人机交互界面,以直观的形式显示节目提供商正在播出和将要播出的节目及其相关信息等。SI 信息主要提供整个数字电视机顶盒的设置信息,而不像 PSI 那样提供 MPEG-2 的解码信息。在实际应用中,EPG 所需的节目信息,有些从 PSI 得到,如解码器需要的基本音视频流的参数,有些从 SI 得到,如节目描述的附加信息(内容介绍、节目导航)等。SI 标准虽然对传输流、业务信息、描述信息等进行了详细的定义,但没有统一规定 EPG 的具体实现形式,因此目前不同厂商生产的机顶盒实现 EPG 的形式是不同的,造成不同机顶盒的 EPG 信息不兼容,这样会形成市场屏障,不能有效保护用户的利益,影响数字电视的应用和推广。为了使机顶盒建立 EPG 的信息具有兼容性,我国的 SI 标准规定,EPG 的基本信息应该从 SI 信息中得到,也就是说应该用 SI 信息来建立 EPG,而个性化的 EPG 所需的额外信息和高级功能,可以通过专用描述符加以补充。

在数字电视广播应用中,业务信息包括两大部分:第一部分是由 MPEG-2 定义的节目特定信息(PSI);第二部分是由 DVB 定义的节目业务信息(SI)。PSI/SI 的总体结构如图 5-15 所示。SI 是面向用户应用的基于 PSI 的扩展,以 PSI 为基础。在功能上,PSI 信息表一般是必须传输的,而 SI 的 9 个表在实际使用中并不都是必须要传输的,只有 SDT、EIT

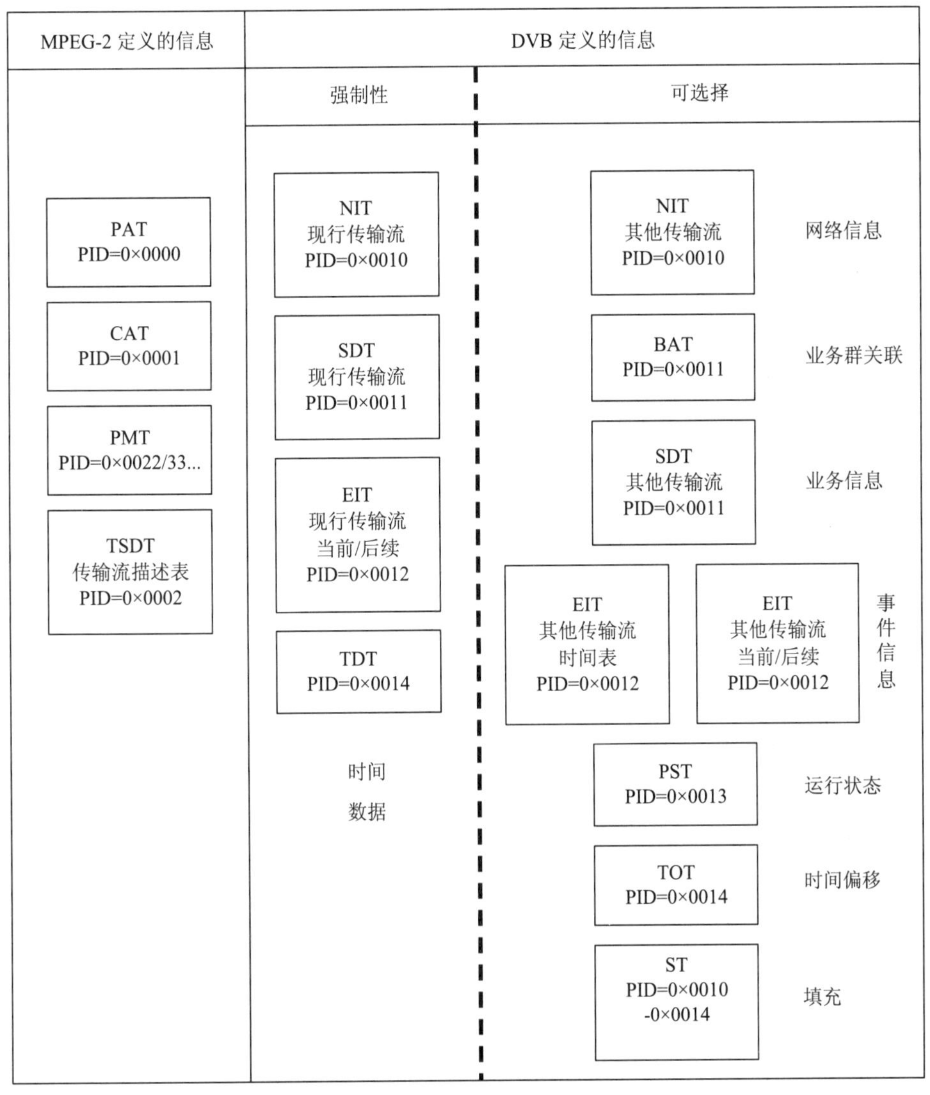

图 5-15 PSI/SI 的总体结构

和 TDT 是必须传输的,其他表则根据需要进行有选择的传输。两者的关系如图 5-16 所示。

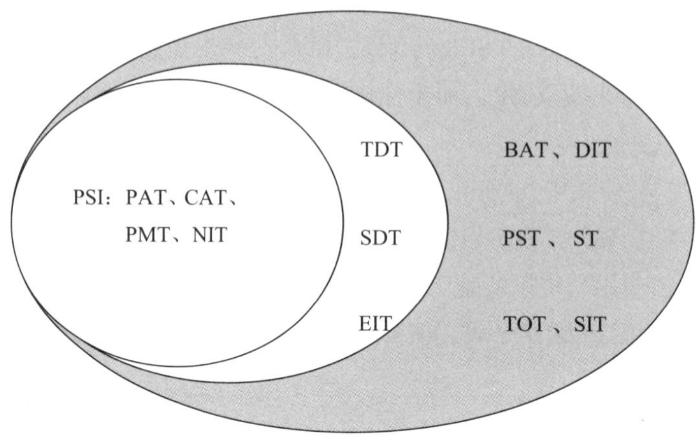

图 5-16　PSI 与 SI 关系图

PSI 和 SI 的主要区别是 PSI 的信息基本和当前码流有关,SI 可以包括不在当前码流中的一些服务和事件,允许用户进行更多的选择和了解更多的服务内容。PSI 的主要功能在于帮助接收机有选择地解码,SI 的主要功能在于支持接收机调谐、选择节目和实现电子节目指南。

内容小结

1. 本模块主要围绕数字电视 MPEG-2 系统流复用结构展开讲解,MPEG-2 标准的系统定义了四种码流,即基本码流(ES)、打包基本码流(PES)、节目码流(PS)和传输码流(TS)。这几种码流虽然各不相同,但相互关联。本模块重点剖析了数字电视传输码流中的 PES 包帧结构和 TS 包帧结构。MPEG-2 标准对信源进行统一的压缩编码形成 ES 流,随后对 ES 流进行打包形成 PES 流,再复用为 TS 或 PS 流。复用技术分为单节目复用和多节目系统复用,其作用就是将视频、音频和数据的基本码流组合成一个或多个适于存储、传输的码流。

2. MPEG-2 标准的系统复用/解复用可分为两个层次:节目级复用/解复用和系统级复用/解复用。节目级复用/解复用指从各 ES 流到单路节目传输码流(TS)的复用/分离,系统级复用/解复用指多路节目 TS 流的复用/分离。这两级复用所生成的都是标准的 MPEG-2 的 TS 码流。

3. 无论是 PS 流还是 TS 流,MPEG-2 系统复用分两个步骤完成:第一步,将视频和音频的 ES 流分别按一定的格式打包,构成具有某种格式的基本码流,分别称为视频 PES 和音频 PES。PES 的长度可在一定范围内变化。第二步,将视频、音频的 PES 以及辅助数据按不同的格式再打包，然后进行复用，即分别生成了 PS 流（节目流）和 TS 流（传输流）。

4. TS 包的长度是固定的 188 字节，其中链接头包含固定的 4 字节，适配域和净荷为 184 字节（适配域是可变长度的）。净荷所承载的信息有视频/音频的 PES 包以及辅助数据；单路节目复用信息的节目映射表（PMT）；单路和多路节目复用信息的节目关联表（PAT）。

5. MPEG-2 专门定义了节目特定信息（PSI）用于自动设置和引导接收机进行解码。DVB 定义了节目业务信息（SI），它是基于 PSI 面向用户应用所做的扩展，是数字电视传输码流中不可缺少的重要组成部分。

思考与训练

1. 简述时分复用技术，并说明其特点。

2. 画出数字电视系统流复用结构，并简述节目流和传输流的主要区别。

3. 压缩后的基本流（ES 流）分别被打包成视频 PES 包和音频 PES 包，二者各有何特点？

4. 画出 TS 包结构图，标注出 TS 包长度和链接头长度。

5. 简述 PES 包是如何装载到 TS 包中的。

6. 在 MPEG-2 传送系统中，如何实现本地节目和广告的插入？

7. 简述传输码流包头的组成及各部分作用。

8. 简述节目专用信息表和业务信息表的组成，并说明 PAT 和 PMT 的主要区别。

9. 画出复用器的工作流程图。

模块六　数字电视信道编码技术

教学目标

通过本模块的学习，学生能了解差错控制的基本方式及分类，最小码距与纠检错能力之间的关系；掌握信道编码的基本概念和任务，差错产生的特点，信息码元与监督码元及两者的关系，数据交织、LDPC 码和级联码的概念；熟悉几种常见信道编码方式，掌握 RS 码的表示方法，能进行简单的数据交织计算，会根据 LDPC 码的校验矩阵画出对应的 Tanner 图。

教学重点

1. 差错控制的基本方式。
2. 最小码距与纠检错能力间的关系。
3. 扰码技术的作用。
4. 数据交织技术。
5. RS 码的表示方法。
6. 卷积编码技术。
7. LDPC 码的校验矩阵和 Tanner 图。

教学难点

1. 数据交织技术。
2. 卷积编码技术。

6.1　数字电视信道编码技术概述

6.1.1　信道编码的基本概念

信道，顾名思义，指传递信息的通道。信道可以是任何形式的信号传输方式（例如自由空间传输、光缆传输、电缆传输等）。

一般情况下，A/D 转换的数字信号不适合直接通过信道进行传输，必须经过相应的处理，使其变成适合在规定信道内进行传输的形式，与之相应的处理方法统称为信道编码。信道编码的主要目的是提高传输的可靠性。通过对传输的数字信号进行差错控制，对传输引起的误码进行检测或纠正，增强传输系统的抗干扰能力，确保信息安全可靠地传输。

信道编码又称差错控制编码或纠错编码，它不同于信源编码。信源编码的目的是提高传输的有效性，尽量去除信号中的冗余信息，降低信息传输速率，提高频带利用率。信道编码则是为了使传输的数字信号具备检错或纠错能力，在信源编码的基础上按照特定的规律增加一些冗余码元。可见信道编码实际上是增加了传输信号的冗余度，通过牺牲传输的有效性或频带利用率来换取传输的可靠性。信道编码过程中增加的冗余码元称为监督码元，监督码元与被保护的信息码元之间按照特定的规律建立一定的校验关系，发送端完成这个任务的过程称为纠错编码。接收端根据信息码元与监督码元的特定校验关系实现检错或纠错，并输出原信息码元，完成这个任务的过程称为纠错解码。

6.1.2　数字电视系统信道编码

数字电视信道一般特指经过信源编码和系统复用后的数字电视码流信号（即 TS 流），需要通过某种传输途径才能到达相应的用户接收端，这种传输途径既可以是广播式传输网络（地面无线数字电视传输、卫星数字电视传输、有线数字电视传输等），也可以是交互式互联网传输网络（IPTV、OTT TV），以及用于存储的媒介（光盘、磁盘等），这些用来传送数字电视码流信号的途径统称为数字电视传输信道。

对于数字电视信道编码的主要要求有两个：一是减小出现差错的可能性，要求信源编码器或复用器输出的数字电视码流信号的频谱特性尽可能适应传输信道的频谱特性，使传输过程中信号能量损失最小，提高传输系统信噪比。二是增强纠检错能力，即使传输系统本身出现少量差错误码也能得到纠正，这种纠检错能力需要用到的就是差错控制技术，也是信道编码的主要内容。

数字电视系统信道编码技术主要包括扰码技术、纠检错编码技术、数据交织技术、均衡技术和调制技术等，可以有效提高数字电视信号的抗干扰能力。经过以上几种方式处理得到中频已调载波，再通过上变频将数字电视信号搬移到高频载波上，从而为信号发射做好准备。信道编码后的数字码流，能够匹配信道传输特性、减少误码与差错，因此，信源编码以后的所有编码措施，包括扰码、交织、调制等，都应该划分到信道编码的范畴，如此可构造出数字电视系统信道编码结构框图，如图 6-1 所示。

数字电视系统对其采用的信道编码技术具体有以下几点要求：

1. 编码效率高，抗干扰能力强。

2. 发生误码后，误码扩散蔓延范围小，具备较强的误码扩散抑制性。

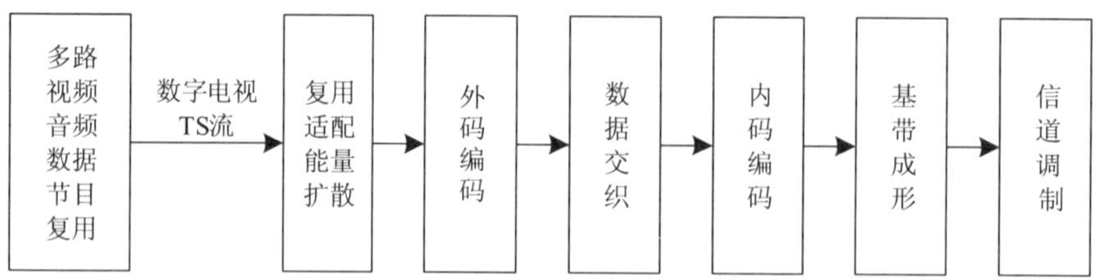

图 6-1 数字电视系统信道编码结构框图

3. 对传输信号具有良好的透明性，即信道对于传输内容无限制性。

4. 经过信道编码的信号频谱特性，与传输信道的通频带特性达到最佳匹配。

5. 编码信号应包含数据定时、帧同步等辅助信息，以方便接收端准确解码。

任何信道编码技术的纠检错能力都有局限性，当信道中干扰较强，传输误码超过一定的限度时，信道编码系统将无法纠正误码，轻者会导致视频图像出现"马赛克"，音频信号出现"喀啦"声，严重时会导致节目传输中断。

6.2 差错控制的基本概念

6.2.1 差错的产生以及特点

差错的产生，通常是因为信道环境恶劣，传输信号受到各种噪声的干扰，引起传输码元发生畸变，导致信息的接收端产生错误判决，出现误码。

6.2.1.1 差错的产生分类

信道中的噪声干扰按其性质可分为随机性噪声和突发性噪声两类，所产生的误码分别称为随机性误码和突发性误码。

随机性误码一般是由热噪声引起的误码，这类误码的特点是随机地单独出现，误码之间没有关联性，即便呈持续状态，长度也比较短，容易纠正。突发性误码一般是由雷电干扰、强脉冲干扰、信道衰落等突发性因素引起的，突发性误码分布比较密集，会在短时间内形成一连串误码。由于突发性误码长度较长，纠错难度相对较大。突发性误码的特点是具有持续性，持续时间称为突发长度。在实际信道中，突发性误码和随机性误码往往是同时存在的。

6.2.1.2 误码率的概念

衡量误码的主要参数为误码率（Bit Error Ratio，BER）。其定义为单位时间内接收码流中发生错误的码元数与接收到的码流总码元数之比。

误码率（BER）= 单位时间内接收的错误码元数/单位时间内接收的总码元数

误码率的高低直接反映了通信系统质量的好坏。不同的通信系统对误码率的要求也不相同。例如:数字电视传输系统中,RS 解码前的 BER 应低于 10^{-4},RS 解码后的 BER 在 15 分钟内应低于 4×10^{-11},在 24 小时内应低于 4.2×10^{-13};计算机通信系统要求 BER 在 10^{-9}以上;电话通信系统则要求 BER 在 10^{-4}左右即可。

6.2.2 差错控制的基本方式

数字信号在通过有噪声或干扰的信道时会产生误码差错,使用差错控制技术可以将产生的误码差错降到最少。常用的差错控制方式有三种:前向纠错(FEC)、检错重传(ARQ)和混合纠错(HEC)。

6.2.2.1 前向纠错

前向纠错(FEC)又称自动纠错方式,发送端对传输信息按照一定的规则进行纠错编码处理,使传送的码流自身具有一定的纠检错能力。接收端的纠错译码器收到这些码流之后,按预先规定的规则检错并自动纠正传输中出现的误码。这种方式的优点是不需要反向信道,接收信息的连贯性好、时延低(实时性好),特别适合应用于广播电视系统、移动通信等单向性或实时性要求高的系统。但缺点是编码冗余度较高,译码设备复杂,且纠错能力越强,编码效率越低,设备越复杂。

6.2.2.2 检错重传

检错重传(ARQ)是发送端对传输信息加入少量监督码元的检错编码方式。接收端译码器根据编码规则,能够判断出接收的码流在传输中是否有误码产生。如果有差错,就通过反向信道通知发送端对有错的码组重新发送,直到接收端确认收到正确信息为止;若无差错则进行接收解码。这里的检错是指在一组码流中能够检测到有误码,但不知道误码的具体位置,只具备发现差错的能力。ARQ 方式的优点是只需要少量的监督码,就能获得极低的误码率,译码设备相对简单。缺点是需要有反向信道和缓存设备,实时性较差,会因反复重发导致传输效率降低,产生传输时延,严重时会因等待时间长造成通信中断。该方式主要应用于计算机数据通信。

6.2.2.3 混合纠错

混合纠错(HEC)方式是 FEC 和 ARQ 两种方式的结合。发送端发送的信息码元不仅能够检测误码,还具有一定的纠错能力。接收端译码器对接收到的码组进行检测,若发现有误码存在,并且误码数量在其纠错能力范围之内,则自动纠正误码;如果误码较多,超出了纠错能力范围,但还能检测出误码,则接收端通过反向信道请求发送端重发这组信息码流,直至接收正确为止。

显然,HEC 方式具有 FEC 和 ARQ 两种方式的优点,FEC 在差错率不是很高的情况下可以直接纠错,差错率高到 FEC 不能有效纠错时才启动 ARQ,这样就大大减少信码重发的次数,降低因重发带来的时延,并能保证系统误码率尽可能达到最低。在实时性和译码复杂性方面,HEC 方式是 FEC 和 ARQ 方式的折中。HEC 方式比较适用于环路时延大的高速传输系统。

在实际通信系统中,一般要根据信源的性质、信息传输的特点、信道干扰的种类和对误码率的要求等一系列因素,综合考虑合适的差错控制方式。

6.2.3 差错控制编码的分类

差错控制编码的种类有很多,通常从以下几个方面进行分类。

1. 按照差错控制编码的功能,可分为检错码、纠错码和纠删码等。

检错码只能够检测出误码,但不具备纠错功能;纠错码在检出误码的同时,还可以纠正错码;纠删码同时具备检错和纠错能力,且当误码超过纠错能力范围时,可以发出误码指示或将无法纠正的信息删除。

2. 按照误码的类型,可分为纠正随机性误码的纠错码与纠正突发性误码的纠错码。

前者主要用于产生独立的随机性误码的信道,而后者主要用于易产生突发性连续误码的信道。

3. 按照信息码元与监督码元之间的检验关系是否线性,可分为线性码与非线性码。

信息码元与监督码元之间满足某种线性关系或满足某种线性方程,则称为线性码,否则称为非线性码。

4. 按照信息码元与监督码元之间的约束方式,可分为分组码和卷积码。

分组码是把信息码流序列以每 k 位为一组进行分组,然后按照特定的约束关系加入 r 位的监督码元,得到一个长度为 $n = k + r$ 的新码组。加入的监督码元仅仅与本码组的信息码元有关,与其他码组的信息码元无关。卷积码编码后码元序列中附加的监督码元不仅与本组的信息码元有约束关系,还与前面若干码组内的信息码元有约束关系。

5. 按照编码前后信息码元是否保持原有形式,可分为系统码和非系统码。

系统码与非系统码的主要区别在于编码后的信息码元序列是否保持原有状态,若编码后的信息码元序列保持原有形式不变,则为系统码;否则为非系统码。系统码的主要特征就是 k 位信息码元序列会直接出现在编码后的 n 位码组中,k 位的信息码元序列和 r 位的监督码元可以明显地区分出来,而非系统码则不能区分它们。

在实际应用中,分组码中的系统码与非系统码的性能相同,因此分组码中大多采用系统码;在卷积码中有时非系统码能获得更好的编码性能。

6. 按照码元取值,可分为二进制码和多进制码。

在数字传输系统中,为了提高纠检错能力,满足系统对误码率等传输性能的要求,通常会选用多种差错控制编码相互级联的方式。

6.3 差错控制编码基本原理

6.3.1 信息码元和监督码元

信源编码的主要任务是去除信息的冗余部分，压缩码元数量，提高传输效率。信道编码则与之相反，为实现信息码流自身纠检错功能，对原有信息码元按照一定的规则增加冗余部分。也就是说，信道编码以增加码元数量，降低传输效率的代价，换取较高的可靠性。

信息码元，也称为信息位，通过对信源编码后的信息数据进行分组得到，其长度通常用 k 表示。增加的冗余部分码元即为监督码元，也称为监督位或校验位，是为了实现检测、纠正误码在信道编码时加入的判别数据位，其长度通常用 r 表示。

分组编码时，k 个信息码元后面附加 r 个监督码元，就构成信道编码后的码字，其长度通常用 n 表示，$n=k+r$，分组编码后的码又称为(n,k)码。

就改善传输效率而言，信源编码与信道编码的作用恰好相反。

举例说明，比如某单位需要发布一则“明天 15 点，召开全体会议”的通知，由于打印错误，发出了“明天 10 点，召开全体会议”的通知，显然，这种差错很难被发现。但如果将通知内容更改为“明天下午 15 点，召开全体会议”，由于打印错误，发出的通知为“明天下午 10 点，召开全体会议”，员工会立即发现通知内容存在矛盾并进一步核实真实的通知信息。其中“下午”两字，从信源编码的角度来说，显然是多余信息，是要被压缩滤除的，而对于信道编码而言，它则起到了监督码元的作用，虽然工作人员需要多打两个字，降低了工作效率，却提高了信息传输可靠性。

6.3.2 许用码组和禁用码组

信道编码后长度为 n 的二进制码组序列，其组合形式共有 2^n 种，即有 2^n 个编码码组存在。但在(n,k)分组码中，只选用其中的一部分，把 2^k 个信息码组成的编码码组称为许用码组；其余的(2^n-2^k)个码组称为禁用码组，禁用码组在传输中不允许出现。发送端差错控制编码的主要任务就是利用相关条件在 2^n 个码组中选出 2^k 范围内的许用码组，由于发送端发送的都是许用码组，接收端译码时首先判断该码组是否是许用码组，若不是则说明发生了错误，再利用相关的纠错码来纠正误码。

例如 n=3 时，$2^3=8$，即 3 位二进制码有 8 种码组组合形式：000、001、010、011、100、101、110、111。如果这 8 种组合方式都用于传送信息，即每个组合都是许用码组，若其中一个码组发生一位误码，该码组就变成了另一个许用码组，由于没有禁用码组，所以接收端译码时检测不出有错误，即不具备检错能力。

如果只选用其中的 001、010、100、111 作为许用码组，就相当于只传递了 00、01、10、

11 这 4 种信息,末位为监督码元,监督码元保证每个许用码组中“1”的个数为奇数个。另外 4 种码组为禁用码组,接收端出现禁用码组就表明传输过程中出现错误。这种简单的检验关系只可以检测出一定的错误(并不能检测所有错误),但是不能够进行纠错,因为无法判断出是哪些码元发生了错误。

6.3.3 码重和码距

码重的定义为一组码组中非零码元的数目,如“1011”码重为 3,“011101”码重为 4。

两个等长码组中,对应码元位置上码元不同的位数称为两码组的距离,也称汉明距离,简称码距。如“1011”与“0110”有 3 个码元位置上的码元不同,则这两个码组的码距为 3。

对于(n,k)码,许用码组为 2^k 个,任意两码组间的码距可能不会相等,但是在许用码组构成的码组集合中,定义任意两码组之间距离的最小值为最小码距或最小汉明距离,通常用 d_{min} 表示。最小码距 d_{min} 是衡量编码方案纠检错能力的重要依据。因为码距实际上是由一个码组变成另外一个码组必须要变化的码元位数,所以码距越大,由一个码组变成另外一个码组的可能性就越小,也就是其抗干扰能力越强。因此,最小码距 d_{min} 是信道编码技术中的一个重要参数。

最小码距 d_{min} 的大小与信道编码的纠检错能力密切相关,对于分组码有以下关系:

1. 当码组用于检错时,若要检测任意 e 个误码,则要求最小码距应满足:$d_{min} \geqslant e+1$。

2. 当码组用于纠错时,若要纠正任意 t 个误码,则要求最小码距应满足:$\mathrm{d}_{min} \geqslant 2t+1$。

3. 当码组同时用于检错和纠错时,若要纠正任意 t 个误码,同时检测任意 e 个误码$(e \geqslant t)$,则要求最小码距应满足:$d_{min} \geqslant e+t+1$。

所谓同时纠正 t 个误码、检测 e 个误码,是指误码不超过 t 时,误码能够自动纠正,当误码数量超过 t 个时则不能纠正,但是仍可以检测出 e 个误码。

6.4 数字电视常用信道编码技术

6.4.1 扰码技术

所谓扰码技术,是用较长的伪随机序列与被传输的数字信号序列进行逐比特的异或运算(模 2 加),以改变数字信号序列的统计特性,使其具有伪随机性质,达到相应的目的要求。扰码又称为随机化处理。接收端则采用同样的处理方式,恢复出原有的数字信号序列,称为解扰。

在数字电视传输系统中,扰码技术得到广泛应用,不论哪种传输方式,在信道编码前通常都会采用扰码技术对复用后 TS 码流信号进行随机化处理,其主要作用有两个:一是进行能量扩散;二是改善位定时(时钟)恢复质量。

6.4.1.1 能量扩散

在数字电视传输的过程中,有时会出现编码器或复用器输入不存在,造成输出 TS 码流信号为空包;或者 TS 码流信号不是标准的 188 字节的 TS 帧结构(1 个同步字节加 187 个数据字节);或者 TS 码流信号是周期较短的周期性信号等异常状态。这会导致后级调制设备输出的已调波信号能量集中在局部并含有较多的高电平离散频谱,甚至直接发射未经调制的载波信号,从而对共用频段的其他业务造成干扰,影响传输系统的整体工作性能。而采用扰码技术处理后的 TS 码流信号已具有伪随机性,经过调制后的已调波信号频谱能量将分散开来,使得上述的干扰情况大大减轻,可消除对同频段其他业务的影响,增强传输系统的整体可靠性。因此,数字电视传输系统会根据实际需求而特意使用扰码技术。

6.4.1.2 改善位定时恢复质量

在一般数字传输系统中,接收端需要从接收到的数字信号传输流中提取位定时信息,以便进行解码。当传输流出现长连“0”或长连“1”码时,传输波形可能会出现长时间的“0”电位或者长时间的“1”电位,使得接收端恢复位定时信息时的难度大大增加,造成解码困难。因此,减少长连“0”或长连“1”也是数字传输系统需要解决的一个重要问题,采用扰码技术处理后的数字信号传输流,被有效地限制连“0”码或连“1”码的长度,使得接收端能够改善恢复出的位定时信息的精度。

6.4.2 RS 编码技术

6.4.2.1 RS 码的产生由来

RS 码是用它的研究发明者里德和所罗门(Reed and Solomon)二人的名字来命名的。RS 码属于纠错码中线性分组码的子类,是一种循环码(所谓循环码,是指除全零码外,任意一个许用码组经过任意循环移位后,仍是一个许用码组),具有较强的纠正突发性误码的能力。RS 码在数字电视传输系统中可以说是大显身手,尤其在欧洲的 DVB 标准中成为首选。

6.4.2.2 RS 码的特性分析

虽然 RS 码属于线性分组码,但是与通常所说的以比特为单位的分组码的处理方式不同,RS 码是一种非常有效的块编码技术,它是以码组(或称为符号)为基本单位来进行运算处理的,也就是说 RS 码只处理符号,即便符号内只出现 1 个比特的误码,也认为是整个符号出错。由此可见,RS 码还具备便于处理大量数据的优点。

通常一个可纠正 t 个误码符号的 RS 码可表示为(n,k,t)。其中,码长为 n 个符号,信息长度为 k 个符号,可以纠正 t 个符号的误码。若每个符号包含 m 个比特,则 RS 码的具体参数如下:

码长：$n=2^m-1=k+r$ 符号或 $n=m(2^m-1)$ 比特。

信息长度：k 符号或 mk 比特。

监督码元：$r=2t=n-k$ 符号或 $m(n-k)$ 比特。

最小码距：$d_{min}=2t+1$ 符号或 $m(2t+1)$ 比特。

由于 RS 码(n,k)的最小码距是由 n 和 k 来决定的，所以在实际使用中可以根据需求灵活设计 RS 码。同时理论表明，在给定的(n,k)分组码中，相较于其他类型的分组码，RS 码的最小码距是最大的，这就意味着其纠错能力是最强的。

例如：当 $m=8$ 比特，需要纠正 $t=16$ 符号（128 比特）误码时，则 RS 码的码长 $n=2^8-1=255$ 符号，监督码元 $r=2\times16=32$ 符号，最小码距 $d_{min}=2\times16+1=33$ 符号，信息长度 $k=255-32=223$ 符号。该 RS 码表示为（255，223），其编码效率 $=k/n=223/255\approx87\%$。

当 $m=8$ 比特，需要纠正 $t=8$ 符号（64 比特）误码时，则 RS 码的码长 $n=2^8-1=255$ 符号，监督码元 $r=2\times8=16$ 符号，最小码距 $d_{min}=2\times8+1=17$ 符号，信息长度 $k=255-16=239$ 符号。该 RS 码表示为（255，239），其编码效率 $=k/n=239/255\approx94\%$。

正是因为 RS 码的设计灵活性，其在数字电视系统标准中被广泛采用，大部分标准都选择 RS 码作为外码的编码方案。有时在某种特殊情况下，不能找到一种比较合适的码长 n 或信息长度 k 的个数时，还可以把某个 RS(n,k)码进行压缩截短以满足需求。

例如，DVB－S 系统的外码编码便采用了 RS（204，188，$t=8$）码，它是由 RS（255，239，$t=8$）码缩短而来的，具备纠正连续 64 比特误码的纠错能力。缩短 RS（204，188，$t=8$）码的实现方法是在 RS（255，239，$t=8$）码编码器输入有效信息字节之前，加入 51 个全“0”字节，在 RS 编码之后再将这些空字节丢弃。

6.4.3 数据交织技术

如上所述，在信道内产生的差错误码，通常可分为随机性误码和突发性误码两类。而实际上二者往往是同时存在的，随机性误码一般情况下是由随机性噪声引起的，误码长度相对较小，比较容易纠正。而突发性误码往往是由脉冲干扰、多径衰落等因素引起的，误码长度有时会很长，纠错难度比较高。根据突发性误码的这一特性，通过技术手段可以将传输码组进行重新排列，把连续的难以纠正的突发性误码，人为地分散到一定范围的码组内，使其呈现随机性误码的特性，再结合其他纠检错编码技术的应用，可以大大提升系统的纠检错能力。这就是数据交织技术的基本思想内容。通常，数据交织技术是要与其他纠检错编码技术联合使用来提升系统的整体纠检错能力的。

由于数据交织技术不需要增加监督码元，只是改变传送码元的排列顺序，没有冗余码元的产生，所以系统的传输效率不会降低，因此严格来说，数据交织技术并不属于纠检错编码。发送端利用交织器将信道编码器（通常是外码编码器）输出的码元序列按照一定规则重新排列后进行传输或储存。接收端再进行交织的逆过程（即去交织），把传送码元恢复成信道编码器输出的码元序列的排序后进行下一步处理。

目前常用的数据交织技术,可分为分组交织和卷积交织两类。

6.4.3.1 分组交织

分组交织又称为块交织或矩阵交织,分组交织—去交织的基本原理是:首先交织器依照“按行写入”的方式,把传输码元序列分成一个每行 n 个码元(即 n 列)共 m 行的 $m\times n$ 分组矩阵,写满一个分组矩阵后,依照“按列读出”的方式进行传输;经过信道传输后,去交织器把收到的码元序列依然按照 $m\times n$ 的方式进行分组,不同的是去交织器要“按列写入、按行读出”,这样去交织器的输出码元序列与交织器的输入码元序列是相同的。但是在信道内可能产生的连续突发性误码则被接收端的去交织器分散到了传输码元序列中,达到将突发性误码改变为随机性误码的目的。其中 m 称为交织深度,m 越大则抗干扰能力越强,但交织时延也就越大。

下面以一个 20 比特的传输码流 a_1 至 a_{20} 为例,简单说明分组交织的原理。将 20 比特的传输码流分成一个 4×5 的分组矩阵,即 $m=4$、$n=5$,如图 6-2 所示。原来按顺序传输的码流经过交织器交织后,码流输出顺序变为:a_1、a_6、a_{11}、a_{16}、a_2、a_7、a_{12}、a_{17}……假设在信道传输过程中 a_6、a_{11}、a_{16}、a_2 这 4 个码元发生连续突发性误码,变成 b_1、b_2、b_3、b_4,接收端收到的传输序列则变为:a_1、b_1、b_2、b_3、b_4、a_7、a_{12}、a_{17}……再经过去交织器的处理,输出码流序列变为:a_1、b_4、a_3、a_4、a_5、b_1、a_7、a_8、a_9、a_{10}、b_2、a_{12}、a_{13}、a_{14}、a_{15}、b_3、a_{17}、a_{18}、a_{19}、a_{20}。可见,连续的突发性误码被分散到整个传输码流中,不再具有连续性,大大降低了后级信道译码器的纠检错压力。

图 6-2 分组交织—去交织

在分组交织—去交织的过程中,必须确定分组块的起始码元(例如 a_1)才能正确还原码元序列的排序(即找到块同步),为此通常以起始码元为同步字,去交织时以此进行块同步。

对于分组交织的纠检错能力有以下结论:

在一个分组块中,若将分组中 1 行的 n 个码元看作 1 个码字,则分组交织可以使长度≤m 的突发性误码分散到若干码字中,且每个码字中最多有 1 个误码码元。如果信道编码本身可以纠正码字中 1 个码元的误码,配合分组交织技术后,则可以纠正任何长度≤m 的突发性误码;如果信道编码本身可以纠正码字中 t 个码元的误码,配合分组交织技术可以纠正任何连续长度≤mt 个的突发性误码或纠正 t 个分散的、长度≤m 的突发性误码。

交织技术的应用虽然提升了系统的纠检错能力，却也增加了系统的传输时延。分组交织中，交织器的时延和去交织器的时延分别为 $m \times n$ 个码元（1 个分组码组长度）的传输时间，系统总时延为 2 倍的 $m \times n$ 个码元的传输时间。

6.4.3.2 卷积交织

卷积交织与分组交织相比，不再将传输的码流序列进行排列分组，是一种连续进行的交织技术，所以卷积交织的系统时延更小、工作效率更高。

在 DVB-S 系统中，外码编码采用了 RS(204,188,8)码的编码技术，且每个符号为 8 个比特即 1B 的长度，外码编码后采用的便是卷积交织技术。DVB-S 系统中卷积交织—去交织的原理如图 6-3 所示。

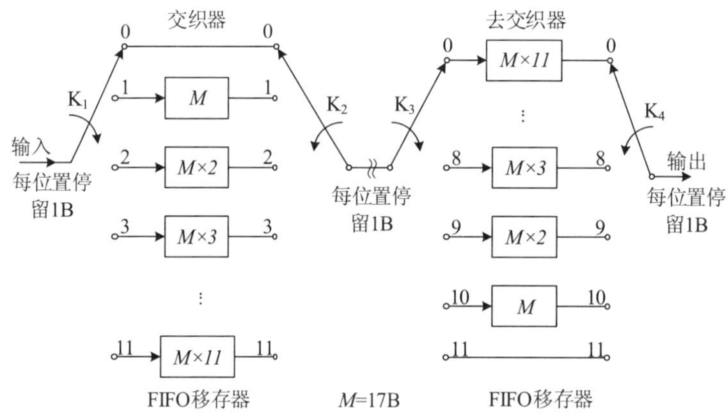

图 6-3 DVB-S 系统的卷积交织—去交织

交织器与去交织器都有 i（此处 $i=12$）条支路，由同步切换开关 K 接入，切换开关同步循环运行。交织器在第 j（$j=0$、1、2……$i-1$）支路上有 $j \times M$ 个字节的先入先出移位寄存器（FIFO），此处 $M=17$B，i 和 M 的取值可以根据实际需要选择。交织器的输入和输出开关同步动作，以每个位置停留 1B 的速度从第 0 支路到第 $i-1$ 支路进行周期切换，每个支路每次输入 1B。不难看出，原本顺序传送的码流被分配到各个支路后，会随着 j 的增加而不断滞后 $j \times M$ 字节，当切换开关工作到第 $i-1=11$ 支路后会返回第 0 支路，重新运行一个新的周期，周而复始完成卷积交织，使得顺序传送的码流被分散开来形成数据的交织。交织后的数据按相应的顺序从各支路输出，每个支路每次输出 1B。

接收端在去交织时，需要保证各个字节的延时相同，因此采用与交织器结构相同但支路排序中 FIFO 级数相反的去交织器，即第 0 支路的 FIFO 级数最多，时延最大，以保证输出数据流的时序得到还原。为保证交织器和去交织器切换开关的同步运行，在交织器中数据帧的同步字节总是由第 0 支路进行传送。通过计算，17 个切换周期处理的信息长度 $n=17 \times i=204$B，恰好是 RS 编码后的一个编码帧的长度，所以交织后的同步字节的位置不变，总是在第0支路传输，去交织器的同步总是在第0支路获取同步字节来完成。

卷积交织器可以用(n,i)来表示，其中$n=i\times M$，称为交织器的约束长度或宽度，等同于分组交织中的码组的长度或分组码长的整数倍；i称为交织深度。对于RS(204,188,8)码来说，其自身可以纠正连续8B的误码，结合交织深度$i=12$的卷积交织后，可具备最多纠正$8\times12=96$B持续长度的突发性误码的能力。

对于卷积交织时延的问题有以下结论：

假设对一长度为N的码组，若采用分组交织—去交织，总时延等于2倍的N个码元的传输时间。而采用卷积交织，传输码流相当于经过i个支路并行传输，交织器每个支路的延时是逐渐递增的，在去交织器中刚好相反，每个支路的延时是逐渐递减的，所以卷积交织—去交织的总时延等于N个码元的传输时间。可见对于同一码组而言，卷积交织—去交织的总时延是分组交织—去交织总时延的一半，卷积交织的工作效率明显高于分组交织。

6.4.4 卷积编码技术

6.4.4.1 卷积码的由来及特性

卷积码是1955年由伊莱亚斯(Elias)提出的一种编码方法，其纠错能力在相同的条件下优于常见的分组码。卷积编码具有实现简单、纠错能力强的特点，比较适用于前向纠错法。卷积码的表示方法一般采用(n,k,K)的方式，n表示码字总长度，k表示信息码元长度，K称为约束长度，(k/n)称为卷积码的编码效率。

分组码是把k个信息码元的序列编成n个码元的码组在信道上传输，每个码组的$(n-k)$个监督码元仅仅与本组的k个信息码元有关，与其他码组码元无关。分组码译码时，也仅从本组码中提取有关译码信息。为了增强纠错能力，分组码必须增加冗余度，因此分组码的码组通常都比较长，导致编译码设备的复杂程度和时延增加，不利于系统综合性能的提高。

卷积码与分组码在处理方式上有着本质的不同。它虽然也在信息码元序列中引入冗余，但不再把信息码流进行分组处理，而是对连续的信息码流进行前后的关联运算后形成新的码字。在卷积编码过程中，k个信息码元被编成n个传输码元，这n个传输码元不仅与本组的k个信息码元有关，而且与前面$(K-1)$组信息码元有关，整个编码过程中互相关联的码元为$K\times n$个。同样在卷积码的译码过程中，不仅从当前时刻收到的码组中提取有关信息，还要从以前各时刻收到的码组中提取有关信息，才能进行译码。

卷积码的纠错能力随着K的增加而增强，正是由于卷积码充分利用了各码元之间的相关性，另外也由于其n和k都比较小，因此在相同的编码效率和复杂程度下，卷积码的性能高于常见的分组码。但卷积码不具备分组码的严密数学结构和数学分析手段，所以卷积码的实现目前主要依靠计算机搜索好码来完成。

二进制(n,k,K)卷积编码器的基本组成形式如图6-4所示，它由每段k级共K段的输入移位寄存器、n个模2加运算器和一个n级输出移位寄存器构成。每输入k个码元，

输出 n 个码元,由图可以看出每个输出码元不仅与当前输入的 k 个码元有关,还与前 $(K-1)k$ 个输入的信息码元有关,可以把整个编码运算过程看作输入信息序列与由输入移位寄存器和模 2 相加器的连接方式决定的另一种序列的卷积,换句话说就是输入移位寄存器和模 2 相加器的连接方式以及输入信息码元共同决定了输出码元 n,这也是卷积码命名的由来。

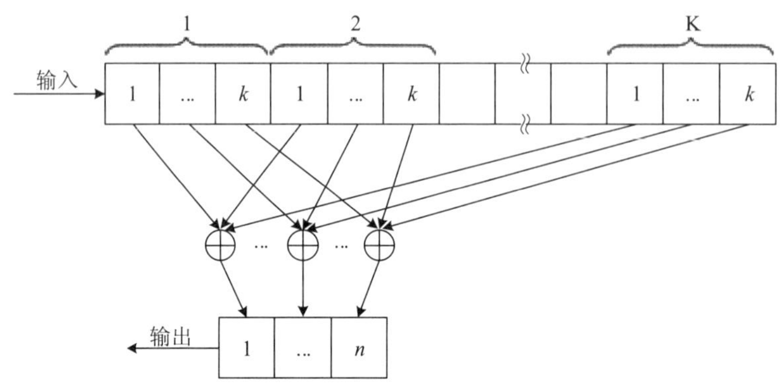

图 6-4 二进制(n,k,K)卷积编码器

6.4.4.2 (2,1,3)卷积码编码方式

(2,1,3)卷积码是目前比较常见且编码结构简单的卷积码,码元总长度 $n=2$,信息长度 $k=1$,约束长度 $K=3$,可见 1 个信息码元在进行卷积编码时,除了自身外还与其他 $(3-1)=2$ 个信息码元相关联。下面以图 6-5 所示的一种(2,1,3)卷积编码器为例,简单说明卷积编码的过程。

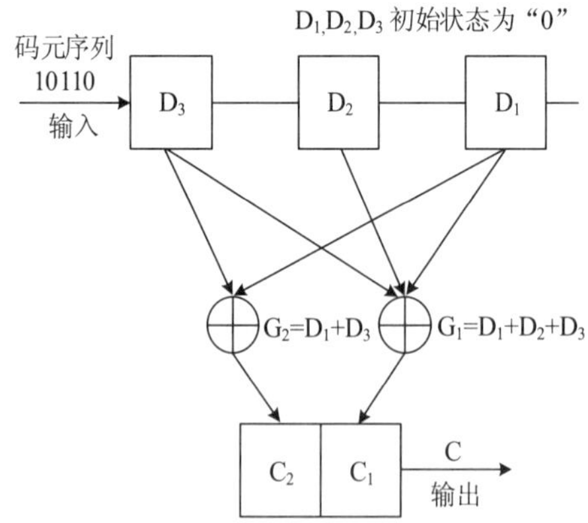

图 6-5 (2,1,3)卷积编码器

假设输入信息码元序列 $X_5X_4X_3X_2X_1$ 为 10110,输入移位寄存器 D_1、D_2 和 D_3 初始状态均为 0,输入移位寄存器和模 2 相加器的连接方式分别为 $G_1=D_1 \oplus D_2 \oplus D_3$ 和 $G_2=D_1 \oplus D_3$,n 级输出移位寄存器输出码元序列 C 为 C_2 和 C_1 的组合排列,$C_1=G_1$、$C_2=G_2$,$C=C_2C_1$。

当第 1 个输入码元 X_1 为“0”时，$D_1=0$、$D_2=0$、$D_3=0$，$C_1=D_1\oplus D_2\oplus D_3=0\oplus 0\oplus 0=0$，$C_2=D_1\oplus D_3=0\oplus 0=0$，输出移位寄存器输出码元序列 $C_{X1}=00$。

当第 2 个输入码元 X_2 为“1”时，输入移位寄存器以 k 码元右移，则 $D_1=0$、$D_2=0$、$D_3=1$，$C_1=D_1\oplus D_2\oplus D_3=0\oplus 0\oplus 1=1$，$C_2=D_1\oplus D_3=0\oplus 1=1$，输出移位寄存器输出码元序列 $C_{X2}=11$。

当第 3 个输入码元 X_3 为“1”时，输入移位寄存器以 k 码元右移，则 $D_1=0$、$D_2=1$、$D_3=1$，$C_1=D_1\oplus D_2\oplus D_3=0\oplus 1\oplus 1=0$，$C_2=D_1\oplus D_3=0\oplus 1=1$，输出移位寄存器输出码元序列 $C_{X3}=10$。

当第 4 个输入码元 X_4 为“0”时，输入移位寄存器以 k 码元右移，则 $D_1=1$、$D_2=1$、$D_3=0$，$C_1=D_1\oplus D_2\oplus D_3=1\oplus 1\oplus 0=0$，$C_2=D_1\oplus D_3=1\oplus 0=1$，输出移位寄存器输出码元序列 $C_{X4}=10$。

当第 5 个输入码元 X_5 为“1”时，输入移位寄存器以 k 码元右移，则 $D_1=1$、$D_2=0$、$D_3=1$，$C_1=D_1\oplus D_2\oplus D_3=1\oplus 0\oplus 1=0$，$C_2=D_1\oplus D_3=1\oplus 1=0$，输出移位寄存器输出码元序列 $C_{X5}=00$。

所以信息码元序列 10110 的(2,1,3)卷积编码序列为 0010101100。不难看出，在每一个单位时间输入 k 个信息码元后，编码器会相应输出 n 个码元组成一个子码，每一单位时刻输入的信息码元不但参与本子码的编码运算，还参与后续$(K-1)$个信息码元编码子码的运算，相互之间形成约束关联，这样一环扣一环地形成卷积码的编码序列。

6.4.5 BCH 编码技术

6.4.5.1 BCH 码的由来及特性

BCH 码是一种常见的能纠正多个随机性误码的循环码，1959 年由 Bose、Chandhari 和 Hocquenghem 三位科学家联合发明并以他们名字的首字母命名。它是基于伽罗华域(Galois field，GF)构成的，所有的运算处理均在 GF 域内进行，可用生成多项式进行描述，且其自身的纠检错能力与生成多项式有着密切的关系，使用者可以根据需要方便地构造出纠正 t 个误码的 BCH 码。BCH 码具有纠正多个误码的能力，纠错能力强，并且具有严格的代数结构，所以它构造方便，编译码简单。其由于出色的编解码性能，在多个领域得到广泛应用。在 DVB-S2 系统中，BCH 码就作为外码编码与采用 LDPC 码的内码进行级联使用。

BCH 码根据其生成多项式可分为本原 BCH 码和非本原 BCH 码。本原 BCH 码的码长 $n=2^m-1$，非本原 BCH 码的码长 n 是 2^m-1 的一个因子(m 为整数)。由于 BCH 码是循环码的一种，它具有分组码和循环码的特性，但它明确界定了码长、监督位和最小码距，在同样编码效率下，纠检错能力较强，特别适合于不太长的码。

一个纠正 t 个码元误码的 BCH 码具体参数如下：

码长：$n=2^m-1$

最小码距：$d_{\min}=2t+1$

监督位：$n-k\leqslant mt$

6.4.5.2　BCH 码的译码方案

在译码方面，BCH 码可分为频域译码和时域译码。频域译码是把每个码组看作一个数字信号，将接收到的信号进行离散傅里叶变换，然后利用数字信号处理技术在“频域”内进行译码，再进行傅里叶反变换得到译码后的码组。时域译码则是在时域上直接利用码的代数结构进行译码，只要码的代数结构建立了，译码器的构建便非常简单。时域译码的方式有多种，目前常用的是彼得森译码。

彼得森译码采用计算校正子后利用校正子寻找误码图样的方法进行纠错，基本思路是首先利用生成多项式的各因式作为除式，对接收到的码多项式求余式，得到 t 个余式，称为部分校正子，其次根据部分校正子确定误码位置多项式，并解出根值，这些根值可以直接确定接收多项式中的误码位置，最后纠正误码。

6.4.6　LDPC 编码技术

6.4.6.1　LDPC 码的由来

低密度奇偶校验（Low Density Parity Check）码于 1962 年首次被提出，但限于当时的集成电路发展还未形成规模，计算能力不足，其自身难以逾越的复杂程度限制了它的发展应用。直到 1993 年，LDPC 码被人们重新挖掘迅速得以应用，并成为编码领域的热点之一。欧洲的 DVB 组织已经把 BCH 码和 LDPC 码的级联码作为第二代卫星数字电视传输标准（DVB-S2）的纠检错编码方案。

6.4.6.2　LDPC 码的表述及特性

LDPC 码提出了一种新的具有低密度校验矩阵的线性分组编码结构，它利用校验矩阵的稀疏特性解决长码的译码问题，既可以实现线性复杂度的译码，又可以近似于香农提出的随机编码，因此获得了优异的编码性能。

1. LDPC 码的校验矩阵 H。

由于 LDPC 码是线性分组码，因此采用了校验矩阵 H 的零空间来表述，即：$HC^{\mathrm{T}}=0$。

LDPC 码的校验矩阵 H 是一个主要由“0”元素组成的稀疏矩阵，每行每列中“1”的个数很少，并且满足下面 3 个条件：

（1）每行中“1”的数目称为行重，行重远小于矩阵的列数。

（2）每列中“1”的数目称为列重，列重远小于矩阵的行数。

（3）矩阵中任何两行或两列，对应位置上元素均为“1”的个数不超过 1 个。

LDPC 码采用(n,p,q)的方式表示，其中 n 表示编码后的码长，p 表示列重，q 表示行重。在校验矩阵 H 中，行重和列重都是固定的，并且 $q\geqslant 3$，列之间“1”的重叠数目$\leqslant 1$。

LDPC 码的编码效率与校验矩阵 H 的行是否线性独立有关系，如果每一行都是线性独立的，则编码效率为 $(q-p)/q$，否则编码效率为 $(q-p')/q$，其中 p' 为行线性独立的数目。

一个(20,3,4)的 LDPC 码的校验矩阵 H 如图 6-6 所示，它的列重 $p=3$，行重 $q=4$，设计编码效率为 $(q-p)/q=1/4$，实际编码效率为 7/20。

	n_1	n_2	n_3	n_4	······															n_{20}
m_1	1	1	1	1	0	0	0	0	0	0	0	0	0	0	0	0	0	0	0	0
m_2	0	0	0	0	1	1	1	1	0	0	0	0	0	0	0	0	0	0	0	0
m_3	0	0	0	0	0	0	0	0	1	1	1	1	0	0	0	0	0	0	0	0
m_4	0	0	0	0	0	0	0	0	0	0	0	0	1	1	1	1	0	0	0	0
m_5	0	0	0	0	0	0	0	0	0	0	0	0	0	0	0	0	1	1	1	1
··	1	0	0	0	1	0	0	0	1	0	0	0	1	0	0	0	0	0	0	0
··	0	1	0	0	0	1	0	0	0	1	0	0	0	0	0	0	1	0	0	0
	0	0	1	0	0	0	1	0	0	0	0	0	0	1	0	0	0	1	0	0
	0	0	0	1	0	0	0	0	0	0	1	0	0	0	1	0	0	0	1	0
··	0	0	0	0	0	0	0	1	0	0	0	1	0	0	0	1	0	0	0	1
··	1	0	0	0	0	1	0	0	0	0	0	1	0	0	0	0	0	1	0	0
··	0	1	0	0	0	0	1	0	0	0	1	0	0	0	0	1	0	0	0	0
··	0	0	1	0	0	0	0	1	0	0	0	0	1	0	0	0	0	0	1	0
··	0	0	0	1	0	0	0	0	1	0	0	0	0	1	0	0	1	0	0	0
m_{15}	0	0	0	0	1	0	0	0	0	1	0	0	0	0	1	0	0	0	0	1

图 6-6　(20,3,4)LDPC 码的校验矩阵

2. LDPC 码的 Tanner 图。

LDPC 码除了用校验矩阵 H 表示以外，还可以用 Tanner 图的方式表示，图 6-7 即图 6-6 对应的 Tanner 图。

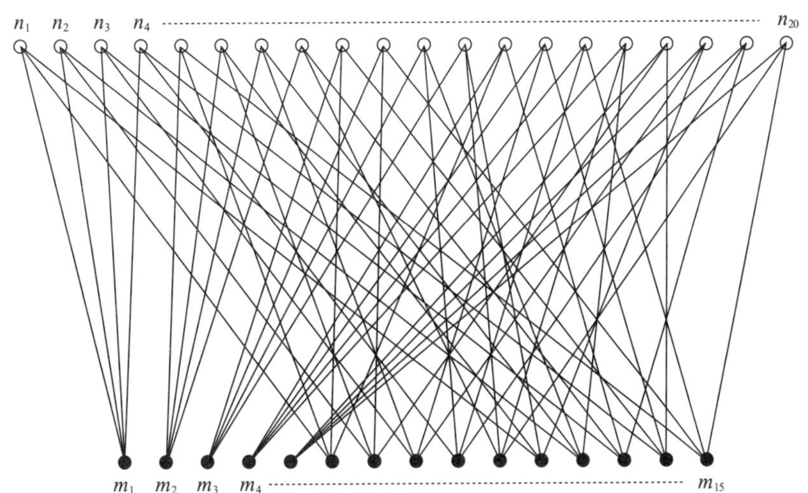

图 6-7　(20,3,4)LDPC 码的 Tanner 图

Tanner 图又称为双向图，于 1982 年由 Tanner 提出，用于对应表示 LDPC 码校验矩阵。它是由“节点”和“边”来组成的，图中所有节点分为两个子集，任何一子集内部各个节点之间没有相连的边，任何一个节点都和一个或多个不在同一子集内的节点相连。在 LDPC 码的 Tanner 图中，可以将节点分为两种类型：变量节点和校验节点。如图 6-7 所示，上方的 n 节点代表变量节点，是指编码比特的节点集合，对应着校验矩阵 H 中的行位置元素点。下方的 m 节点代表校验节点，是指校验约束节点的集合，对应着校验矩阵 H 中的列位置元素点。如果某个变量节点参与了某个校验方程，则在校验矩阵中该位置元素为“1”，表现在 Tanner 图中就是该元素变量节点与对应的校验节点相连，形成一条“边”。

例如，从校验矩阵图 6-6 中可以看到在对应 n_2 的列中共有 3 个“1”元素，分别在 m_1、m_7、m_{12} 行，于是图 6-7 中的变量节点 n_2 与校验节点 m_1、m_7、m_{12} 之间分别形成一条相连的“边”。同样，根据校验矩阵 H 就能把所有变量节点与校验节点相连表示在图中，得到 LDPC 码的 Tanner 图。Tanner 图中一个节点与之相连的边的数目称为该节点的度数，变量节点、校验节点和边首尾连接形成的环路称为环，最短环的周长称为围长。

如果校验矩阵 H 中的列重（即每列中“1”的个数，Tanner 图变量节点的度数）相同，且校验矩阵 H 中的行重（即每行中“1”的个数，Tanner 图校验节点的度数）相同，则可称该 LDPC 码为规则码（Tanner 图称为规则图），否则称为不规则 LDPC 码（Tanner 图称为不规则图）。可见上述的（20，3，4）LDPC 码便是规则码。不规则码在 LDPC 码中具有很重要的地位，适当构造的不规则码性能优于规则码，但是不规则码的编码比较复杂，在硬件实现上也比较困难。

6.4.6.3 LDPC 码的构造方法及应用

LDPC 码主要有两大类构造方法：一类是随机构造法，这类码在码长比较长（接近或超过 10^4）时具有很好的纠错能力，性能较为接近香农理论极限，但由于码长太长和生成矩阵与校验矩阵的不规则性使得编码过程过于复杂而难于用硬件实现。另一类是分析构造法，其借助于几何代数的方法，更侧重于降低编解码的复杂度，当所构造码的码长比较短时更有优势。

我国具有自主知识产权的《先进广播系统—卫星传输系统帧结构、信道编码及调制：安全模式》，简称 ABS-S 系统便使用 LDPC 码作为信道编码。同样，欧洲的 DVB-S2 标准也是使用了 LDPC 码。DVB-S2 标准中采用的 LDPC 码均为长码，如果采用信息码字和乘编码的方式，其生成矩阵占用的存储量将十分巨大，用硬件实现很不现实，所以 DVB-S2 标准采用了基于扩展的非规则重复累积码（eIRA）形式的校验矩阵来构造 LDPC 码，这种码最大的特点是具有较低的编解码复杂度，便于实现与应用。

6.4.7 级联编码技术

6.4.7.1 级联码的基本概念

目前我国数字电视系统的主要传输方式有广播式传输（地面无线数字电视传输、卫星数字电视传输和有线数字电视传输)和交互式网络传输(IPTV、OTT TV)。传输信道的实际情况也各具特点,不同的信道传输条件差别很大,由于受到编解码技术发展的限制,在不同的信道编码中采用的纠检错技术也不尽相同。目前数字电视系统中主要应用的信道编码技术有 RS 码、BCH 码、卷积码、LDPC 码和数据交织技术。根据香农定理得知,用编码长度 n 足够长的随机编码可以使信息传输速率无限接近于信道容量,实现信道利用率的最大化,但是随着编码长度 n 的不断增加,硬件设备的复杂度和信息处理计算量呈指数形式增加,导致最终难以实现。所以,实际信道编码系统通常采用级联的编码技术,即采用两级不同的信道编码技术来提高传输性能。级联码通常指的是串联式级联码,其编解码结构如图 6-8 所示。

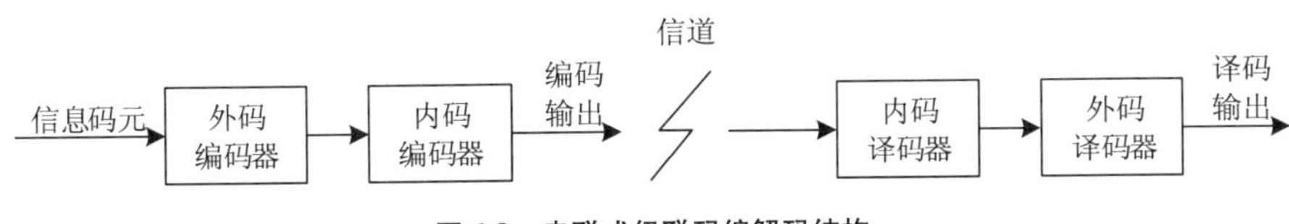

图 6-8 串联式级联码编解码结构

信息序列经过外码编码和内码编码形成级联码序列输出,接收端同样需要双重解码来恢复信息。若外码为(n_1,k_1)码,最小码距为 d_1,内码为(n_2,k_2)码,最小码距为 d_2,则级联码为(n_1n_2,k_1k_2)码,最小码距为 d_1d_2。当信道内发生少量的随机性误码时,通过内码便可以纠正;若信道内发生大量的突发性误码,超出内码的纠检错能力时,则通过外码来纠正。实际上,信道内发生的误码往往是连续的,所以在内外码之间还会加入数据交织,解码端相应地增加去交织,以进一步提高级联码的整体纠检错能力。

6.4.7.2 级联码的"门限效应"及应用

以上都是两级级联的方式,不难想到还有多级级联方式,但实际上多级级联很少采用,这是因为级联码具有一种独特的"门限效应"。"门限效应"是指当系统信噪比低于一定的门限值时,编码性能反而降低,多级编码后的性能甚至低于编码前的状态。近几年的研究发现,采用迭代算法译码能够大大降低级联码的"门限效应",但同样会使译码的复杂度和对硬件设施的要求大大提高,在实际运用中存在一定困难和局限性。

目前应用的级联码组合方式有很多,比如我国具有自主知识产权的地面无线数字电视传输标准 DTMB 系统采用了外码 BCH 码、内码 LDPC 码的级联方式。欧洲的第一代数字电视传输标准中的 DVB-S 系统和 DVB-T 系统采用了外码 RS 码、内码卷积码的级联码,第二代数字电视传输标准中的 DVB-S2、C2、T2 系统均采用了外码 BCH 码、内码 LDPC 码的级联方式。

6.4.7.3 编码增益

最后介绍一下编码增益的概念。由于误码是信道中的噪声和干扰造成的,如果发送端发射信号的功率强度足够大,接收端接收的信号信噪比足够高,是可以保证较低水平的误码率的。采用纠错编码技术的一大好处是可以降低发送端的发射功率。如果未采用纠错编码时,接收端的信噪比为$(E_b/n_0)_1$;当采用纠错编码后,接收端的信噪比降至某个$(E_b/n_0)_2$时,仍能达到与未采用纠错编码时相同的误码率,则将$(E_b/n_0)_1$与$(E_b/n_0)_2$之比,称为纠错码的编码增益。也就是说,由于采用了纠错编码措施,对接收信号信噪比的要求可以降低,对发送端发射功率的要求也相应降低,这是纠错编码带来的好处。

6.4.8 基带成形

经过信道编码的码流序列已经具备一定的纠检错能力,下一步要进行调制处理。信道编码后的码流序列如何传输至调制器输入端,或者说应该利用怎样的波形可以无失真、无码间干扰地表示信道编码后的码流序列,就是基带成形要解决的课题。

由内码编码器输出的码流序列是一串矩形脉冲波,矩形脉冲的频谱特点是带宽很宽,理论上是无限宽的,而传输信道的带宽是有限的,因此经过信道传输后必然产生波形失真。波形失真产生的拖尾现象会导致相邻符号间串扰的产生,严重影响传输系统的整体性能。为了避免相邻符号间的串扰,需要在发送端和接收端同时增加滤波器进行滤波。根据奈奎斯特第一准则,实际传输系统中可使用特定滤波器使波形呈现升余弦滚降特性。

这一过程是通过发送端的成形滤波器和接收端的匹配滤波器两个环节共同完成的。每个环节均为平方根升余弦滚降滤波,两个环节的共同作用实现了升余弦滚降滤波的匹配。滤波器具有以理想截止频率ω_C为中心,奇对称升余弦滚降边沿的低通特性,滚降系数α取值范围为0至1。当滚降系数α等于0时,是通频带为ω_C的理想低通滤波器,当滚降系数α等于1时,通频带为2倍的ω_C。滚降系数α越大,符号间串扰越小,通频带越宽,经调制后已调波信号占用带宽也就越宽。

通常把发送端在调制之前将信道编码器输出的数字码流序列进行平方根升余弦滚降的处理过程称为滤波成形,由于信道编码器输出的数字码流序列仍属于基带信号范畴,所以这一过程又称为基带成形滤波或简称基带成形。

目前我国数字电视传输系统广泛采用升余弦滚降滤波的基带成形技术。其中,DVB-S系统中标清节目传输时滚降系数α为0.35,高清节目传输时滚降系数α为0.2;DVB-C系统中,传输信道为封闭系统,信道环境较好,因此滚降系数α较低,为0.15;在DVB-S2和ABS-S系统中滚降系数α有0.2、0.25和0.35三种数值可选;在DTMB系统中,由于运用了基带后处理方式,滚降系数α仅为0.05。

内容小结

1.本模块主要介绍了数字电视系统信道中的噪声干扰和信道编码差错控制技术。噪声干扰按其性质可分为随机性噪声和突发性噪声两类,所产生的误码分别称为随机性误码和突发性误码。常用的差错控制方式有三种:前向纠错(FEC)、检错重传(ARQ)和混合纠错(HEC)。

2. 差错控制编码按照不同的划分标准可分为不同的种类。按照功能,可分为检错码、纠错码和纠删码等;按照误码的类型,可分为纠正随机性误码的纠错码与纠正突发性误码的纠错码;按照信息码元与监督码元之间的检验关系是否线性或约束方式,可分为线性码与非线性码或分组码和卷积码等。

3. 最小码距 d_{min} 是衡量分组码编码方案纠检错能力的重要依据,是一个重要参数。它的大小与信道编码的纠检错能力有密切关系,若要检测 e 个误码,最小码距应满足 $d_{min} \geqslant e+1$;若要纠正 t 个误码,最小码距应满足 $d_{min} \geqslant 2t+1$;若要纠正 t 个同时检测 e 个误码($e \geqslant t$),最小码距应满足 $d_{min} \geqslant e+t+1$。纠正 t 个同时检测 e 个误码,是指当误码不超过 t 时,误码能够自动纠正,当误码数量超过 t 个时,则不能纠正,但是仍可以检测出 e 个误码。

4. 数字电视系统中常用的信道编码技术有扰码技术、RS 编码技术、卷积编码技术、数据交织技术、BCH 编码技术、LDPC 码编码技术、基带成形技术等。

5. 扰码技术的主要作用一是使能量扩散,二是改善位定时恢复质量。

6. RS(n,k)编码,输入信号分成每组为 km 比特,每组包括 k 个符号,每个符号由 m 比特组成,因此总码长 $n=k+r$ 个符号,共有 k 个信息符号,r 个监督符号,最小码距 $d_{min}=2t+1$ 个符号,RS 码能够纠正 $t=r/2$ 个符号的错误,通常一个可纠错 t 个误码字节的 RS 码可表示为(n,k,t)。RS 码具备纠错能力强、可处理大量信息数据等优点,在数字电视系统标准中得到广泛应用。

7. 卷积编码技术是对连续的信息码流进行前后的关联运算后形成码字,在卷积编码过程中,k 个信息码元被编成 n 个传输码元,这 n 个传输码元不仅与本组的 k 个信息码元有关,而且与前面(K-1)组信息码元有关联,整个编码过程中互相关联的码元为 Kn 个。同样在卷积码的译码过程中,不仅从当前时刻收到的码组中提取有关信息,还要结合以前一段时间内收到的码组,才能进行译码。

8. 数据交织技术的基本思想内容:人为地将传输码组进行重新排列,把突发性误码分散到一定范围的码组内,使其变成随机性误码,再结合其他纠检错编码技术的应用,以提升系统的纠检错能力。目前常用的数据交织技术,可分为分组交织和卷积交织两类。

9. BCH 码是循环码的一种,具有分组码和循环码的特性,明确界定了码长、监督位和最小码距,在同样的编码效率下,纠检错能力较强,特别适合于不太长的码。BCH 码具有纠正多个误码的能力,纠错能力强,并且具有严格的代数结构,所以它构造方便,编译码简单。其由于出色的编解码性能,在多个领域得到广泛应用。

10. 由于 LDPC 码是线性分组码,通常采用校验矩阵 H 和 Tanner 图的方式表述。表示方式为(n,p,q),其中 n 表示编码后的码长,p 表示列重即每列中元素“1”的个数,q 表示行重即每行中元素“1”的个数。在校验矩阵 H 中,行重和列重都是固定的,并且 $q \geqslant 3$,列之间“1”的重叠数目 $\leqslant 1$。LDPC 码的校验矩阵 H 是一个主要由“0”元素组成的稀疏矩阵,每行每列中“1”的个数很少，并且满足下面3个条件：(1)行重远小于矩阵的列数；(2)列重远小于矩阵的行数；(3)矩阵中任何两行或两列，对应位置上元素均为“1”的个数不超过1。

LDPC码的Tanner图中有 n 节点和 m 节点，分别代表变量节点和校验节点，同时对应校验矩阵 H 中的行和列，当某个变量节点参与了某个校验方程，则在校验矩阵中该位置元素为“1”，表现在Tanner图中就是该元素变量节点与对应的校验节点相连，形成一条“边”。将所有节点间的对应关系全部表述完整便得到LDPC码的Tanner图。

我国具有自主知识产权的《先进广播系统—卫星传输系统帧结构、信道编码及调制：安全模式》，简称ABS-S系统就使用LDPC码作为信道编码。同样，欧洲的DVB-S2、T2、C2等多个国际传输标准都使用了LDPC码。

思考与训练

1. 什么是数字电视传输信道？

2. 简述随机性误码和突发性误码的主要区别。

3. 设一分组码序列的最小码距 $d_{min}=17$ 比特，求其纠检错能力。

4. 缩短RS(204，188，$T=8$)码的实现方法。

5. 数据交织的基本原理及常用的交织技术有哪些？

6. 设一分组码块如图所示，遵照“按行写入，按列读出”的交织规则，写出其对应的传输顺序。

——→写入顺序

1 0 0 1 1

0 1 0 0 1

1 1 0 1 0

0 0 1 0 1

7. 假设输入信息码元序列 $k=100110$，输入移位寄存器 D_1 和 D_2 初始状态均为“1”，D_3 输入状态则为 k，输入移位寄存器和模2相加器的连接方式分别为 $G_1=D_1\oplus D_2\oplus D_3$、$G_2=D_1\oplus D_3$，输出移位寄存器 $C_1=G_1$ 和 $C_2=G_2$，写出(2，1，3)卷积编码后的码元序列。

8. LDPC码(n,p,q)中 p 和 q 分别表示什么？其校验矩阵应满足哪几种条件？

9. 我国具有自主知识产权的数字电视地面传输标准DTMB系统采用了哪几种码的级联方式？

模块七 数字电视调制技术

▷教学目标

通过本模块的学习,学生能掌握二进制数字调制技术 2ASK、2FSK、2PSK、2DPSK 调制解调原理,掌握已调信号的表示方法;理解多进制数字调制的概念;掌握四相相移键控(QPSK)、正交振幅调制(QAM)、残留边带调制(MVSB)和正交频分复用调制(OFDM)。

▷教学重点

1. 2ASK、2FSK、2PSK、2DPSK 调制解调基本原理。

2. 二进制数字调制系统性能比较。

3. 四相相移键控(QPSK)、正交振幅调制(QAM)、残留边带调制(MVSB)和正交频分复用调制(OFDM)。

▷教学难点

正交频分复用调制(OFDM)。

7.1 数字电视调制技术概述

信源压缩编码与信道编码是数字电视系统的关键技术,而调制解调技术作为信号传输技术的重要组成部分,在数字电视领域也非常重要。数字标准清晰度电视的信息速率(10 比特量化)为 270Mbit/s,数字高清晰度电视的信息速率高达 1.485Gbit/s,要想实现便捷、有效的传输,除了采用高效的信源压缩编码技术、先进的信道编码技术之外,还需采用更加高效的数字调制技术,提高单位频带的数据传输速率。

数字信号的传输方式分为基带传输(Baseband Transmission)和通带传输(Bandpass Transmission)。因为数字基带信号往往具有丰富的低频分量,大多数信道并不能直接传送基带信号,必须搬移到频率相对较高的载波上面才能实现传输。这就需要用基带信号对载波波形的某些参量进行控制,使这些参量随基带信号的变化而变化,并使信号与信道的特性相匹配,这一过程称为调制,此时的数字信号就处于通带传输状态。在接收端通过解调器把通带信号还原成数字基带信号的过程称为数字解调(Digital Demodulation)。通常把包括调制和解调过程的数字传输系统叫作数字通带传输系统。

由于正弦信号形式简单,便于产生和处理,所以工程上多选择正弦信号作为载波。正弦信号有振幅、频率和相位三个参量可以携带信息,相应有调幅、调频和调相三种基本调制方式。数字调制与模拟调制原理相同,模拟调制是模拟基带信号对载波的参量进行连续调制,在接收端对已调波进行解调,恢复原模拟信号;数字调制则是用离散的数字信号对载波的某些参量进行调制,用载波参量的离散状态来表征所传送的信息,在接收端对已调载波的离散调制参量进行解调就可恢复原信息,因此数字调制信号也称为键控信号,并根据调制参量的不同,分为振幅键控(ASK)、频移键控(FSK)和相移键控(PSK)三种基本形式。

数字电视为提高频带利用率常采用多进制调制,多进制的数字调制技术主要有MPSK调制、MQAM调制、OFDM调制、MVSB调制等。目前在数字电视传输系统中采用的调制技术主要包括正交相移键控调制、多电平正交振幅调制、多电平残留边带调制和正交频分复用调制。选择调制方式必须考虑传输信道特性:卫星信道传输距离远易受干扰,因此应选择抗干扰能力较强的调制方式;而在有线广播中由于信噪比高、干扰较小,可采用频谱利用率较高的调制技术。在欧洲DVB系统中,卫星数字电视广播(DVB-S)采用QPSK,有线数字电视广播(DVB-C)采用QAM,地面数字电视广播(DVB-T)采用OFDM。总之,要根据信号传输通道特性选择合适的数字调制方式。

7.2 二进制数字调制技术

数字调制与模拟调制的基本原理相同,只是数字信号有离散取值的特点,因此数字调制技术有两种方法:

1. 利用模拟调制的方法去实现数字式调制,即把数字调制看成是模拟调制的一个特例,把数字基带信号当作模拟信号的特殊情况处理。

2. 利用数字信号的离散取值特点通过开关对载波实施键控,从而实现数字调制。这种方法通常称为键控法,比如对载波的振幅、频率和相位进行键控,便可获得振幅键控(ASK)、频移键控(FSK)和相移键控(PSK)三种基本的数字调制方式,如图7-1所示。

调制信号为二进制数字基带信号时的调制为二进制数字调制。在二进制数字调制中,载波的振幅、频率和相位只有两种变化状态。相应的调制方式有二进制振幅键控(2ASK)、二进制频移键控(2FSK)和二进制相移键控(2PSK)。

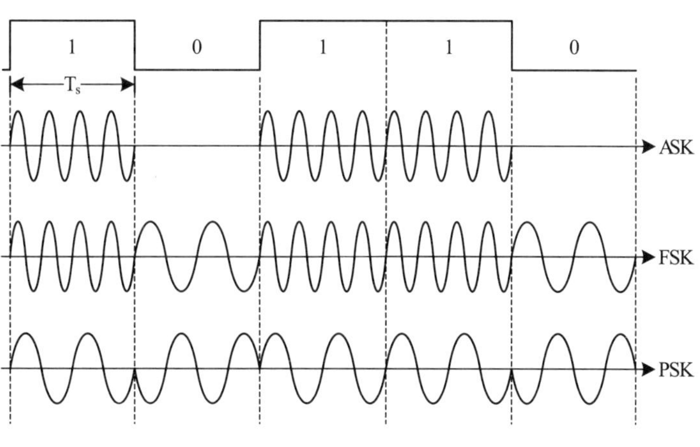

图 7-1　三种基本调制方式

7.2.1　振幅键控调制技术

振幅键控是利用载波的幅度变化来传递数字信息,而其频率和初始相位保持不变。在 2ASK 中,载波的幅度只有两种变化状态,分别对应二进制信号“0”或“1”,如图 7-2 所示。一种常用的也是最简单的二进制振幅键控方式为通 - 断键控(On-Off Keying,简称 OOK)。

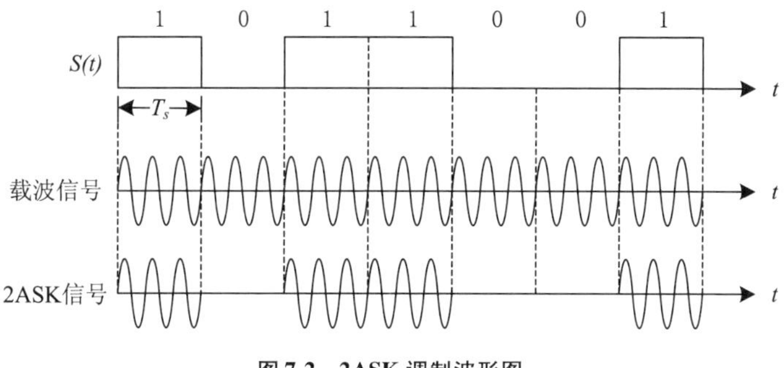

图 7-2　2ASK 调制波形图

7.2.1.1　调制方法

2ASK/OOK 信号的产生方法通常有两种:模拟调制法(相乘法)和键控法。

相乘法:通过相乘器直接将载波和数字信号相乘得到输出信号,这种直接利用二进制数字信号的振幅来调制正弦载波的方式称为相乘法,如图 7-3 所示。

键控法:使载波在二进制信号“1”和“0”的控制下分别接通和断开,这种二进制振幅键控方式即开关键控(OOK)方式,如图 7-4 所示。

7.2.1.2　解调方法

与 AM 信号的解调方法一样,2ASK/OOK 信号也有两种基本的解调方法:非相干(Non-coherent)解调(包络检波法)和相干(Coherent)解调(同步检测法)。

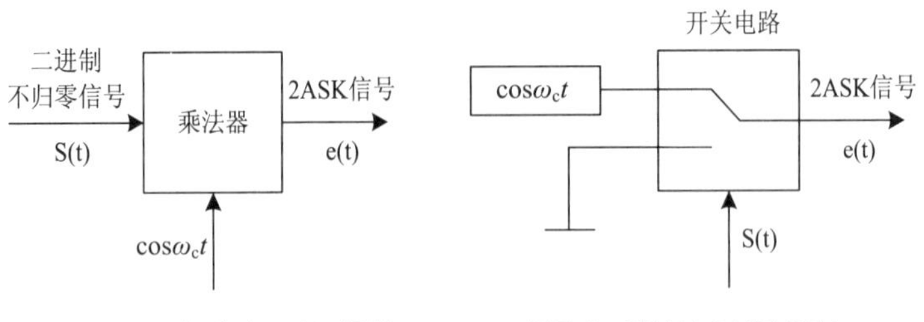

图 7-3 相乘法 2ASK 调制　　图 7-4 键控法 2ASK 调制

1. 非相干解调。

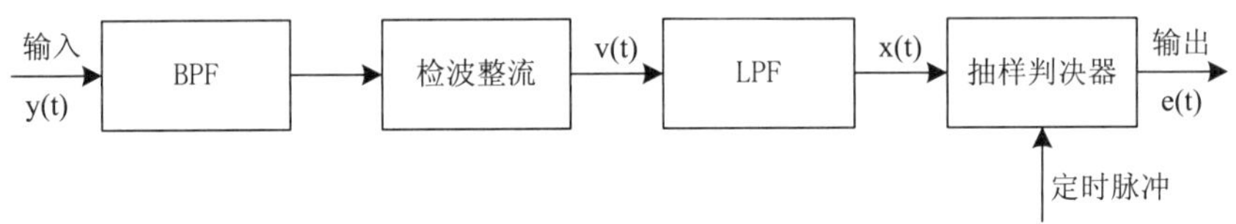

图 7-5 2ASK 非相干解调原理框图

非相干解调又称为包络检波法,图 7-5 为一种采用包络检波法进行解调的原理框图。在图 7-5 中,接收信号首先通过一个带通滤波器滤除带外噪声和杂散信号,同时图中的整流器和低通滤波器构成一个包络检波器,与常见的模拟 AM 信号的解调器相比,该图中增加了一个抽样判决器,用来对解调后有畸变的数字信号进行定时判决,以提高数字信号的接收性能,各部分波形如图 7-6 所示。

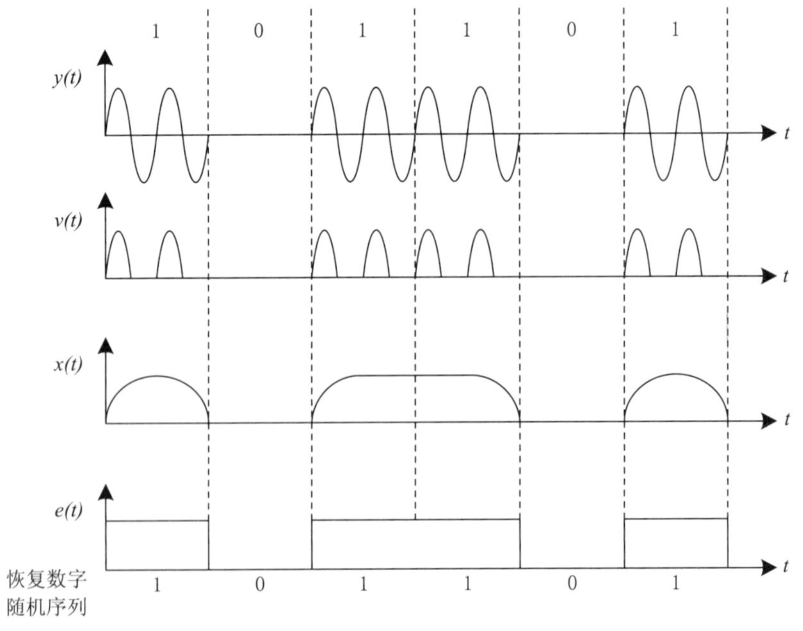

图 7-6 2ASK 非相干解调各部分波形

2. 相干解调。

相干解调是一种常见的解调方法，它是在接收端将本地载波与接收信号相乘，得到包含基带信号频率分量的输出信号，然后通过低通滤波器滤除无用频率分量让基带信号通过，并将其送至抽样电路进行判决。其原理如图 7-7 所示。因为在相干解调法中相乘电路需要有相干载波，这个信号是由收信机从接收信号中提取出来的，并且要与接收信号的载波同频同相，所以这种方法比包络检波法要复杂些。

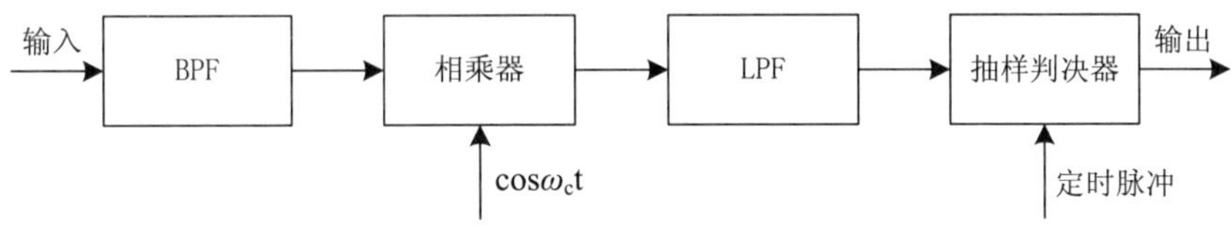

图 7-7　2ASK 相干解调原理框图

7.2.2　频移键控调制技术

数字调频也称频移键控（FSK），它用不同频率的载波来传递数字信号。如二进制的频移键控，就是用两个不同频率的载波来代表数字信号的两种电平。接收端收到不同频率的载波信号再变换为原数字信号，完成数字信息的传输。FSK 调制方法有两种：直接调频法和键控法。

7.2.2.1　2FSK 的基本原理

二进制数字频移键控信号码元的“1”和“0”分别用两个不同频率的正弦波来传送，而其振幅不变，其表达式为：$e(t)=S(t)\cos\omega_1 t+\overline{S(t)}\cos\omega_2 t$，其中$\overline{S(t)}$是 $S(t)$ 的反码。根据上面公式可以得出：当 $S(t)=1$ 时，$e(t)=\cos\omega_1 t$，而当 $S(t)=0$ 时，$e(t)=\cos\omega_2 t$，所以 2FSK 信号可以看作是两路频率分别为 ω_1 和 ω_2 的 2ASK 信号的合成。

7.2.2.2　2FSK 调制方法

2FSK 信号的产生方法主要有两种：一种可以采用模拟调频电路来实现，即直接调频法；另一种可以采用键控法来实现。即在二进制基带矩形脉冲序列的控制下通过开关电路对两个不同的独立频率进行选通。

1. 直接调频法。

直接调频法是采用二进制基带矩形脉冲信号去控制一个调频器，即振荡器的电抗元件（电感或电容），使其能够输出两个不同频率的二进制码元，其基本电路原理如图 7-8 所示。

图 7-8　2FSK 直接调频法框图

2. 键控法。

键控法是采用一个受基带脉冲控制的开关电路去选择两个独立频率源的振荡信号作为输出，如图 7 -9 所示。$S(t)$ 为数字脉冲基带信号，起到键控的作用。当 $S(t)=1$ 的时候，开关电路选择载波 f_1（或 f_2），当 $S(t)=0$ 的时候，开关电路选择载波 f_2（或 f_1）。

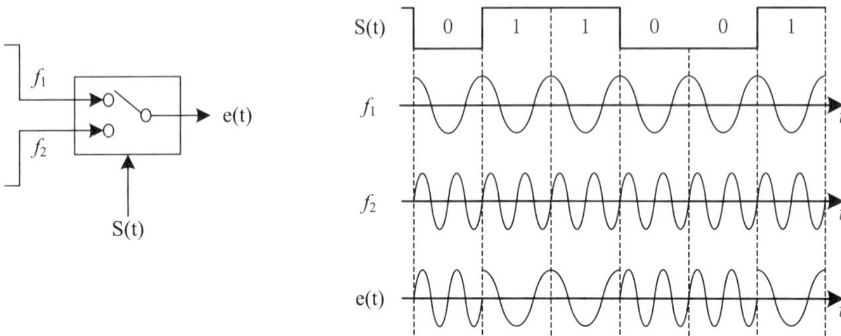

图 7-9　2FSK 键控法框图及各点波形图

7.2.2.3　2FSK 调制的解调方法

除了非相干解调和相干解调外，还有鉴频法、差分检测法、过零（Zero Crossing）检测法等，此处不再赘述。

7.2.3　相移键控调制技术

相移键控利用载波的相位变化来传递数字信息，而振幅和频率保持不变。PSK 系统由于抗噪声性能优于 FSK，可以有效地利用频带，电路易于实现，所以是目前数字通信中最常用的载波传输方式之一，尤其在微波和卫星信讯中。

相移键控又分为绝对相移（PSK）和相对相移（DPSK）两种，二进制绝对相移记为 2PSK，相对相移记为 2DPSK。

7.2.3.1　绝对相移

在 2PSK 中通常用初始相位 0 和 π 分别表示二进制的“0”和“1”。

余弦波的相位随 $S(t)$ 变化，$S(t)$ 是双极性不归零的信号，即“0”码时为 0 相位余弦波，“1”码为 π 相位余弦波，相关表达式如下：

$$S_{2PSK}(t)=S(t)\cos\omega_c t$$

$$S(t)=\sum_{n=-\infty}^{+\infty} a_n g(t-nT_s)$$

$$a_n=\begin{cases} +1 & \text{“0”码} \\ -1 & \text{“1”码} \end{cases}$$

发送的二进制符号为“0”时，a_n 的取值为 1；发送的二进制符号为“1”时，a_n 的取值为 -1，因此就可以将上式变换为下式：

$$S_{2PSK}(t) = S(t)\cos(\omega_c t + \theta)$$
$$= \begin{cases} cos\omega_c t & \text{“0”} \\ cos(\omega_c t \quad + \pi) & \text{“1”} \end{cases}$$
$$= \begin{cases} cos\omega_c t & \text{“0”} \\ -cos\omega_c t & \text{“1”} \end{cases}$$

即发送的二进制符号为“0”时，S_{2PSK}的相位 $\theta = 0$；发送的二进制符号为“1”时，S_{2PSK}的相位 $\theta = \pi$。

S_{2PSK}的信号波形如图 7-10 所示：

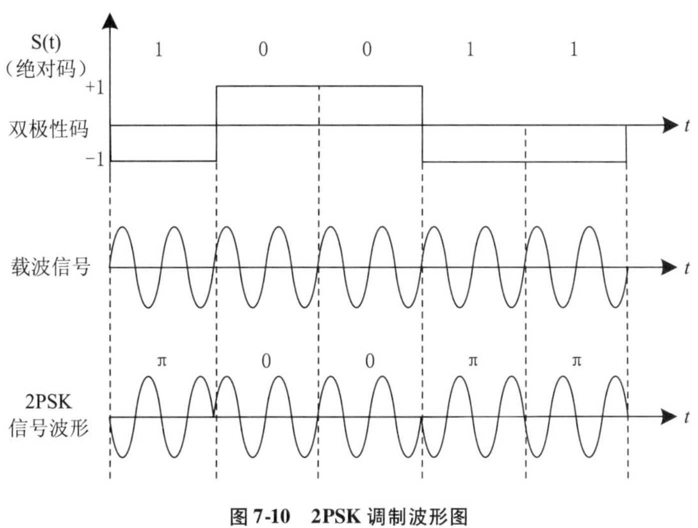

图 7-10　2PSK 调制波形图

7.2.3.2　调制方法

2PSK 信号的产生方式主要有两种，相乘调制法和键控调制法。

相乘调制法使用二进制基带不归零矩形脉冲信号与载波相乘，得到相位互为反相的两种码元，如图 7-11 所示；键控调制法采用二进制数字基带信号去控制一个开关电路，以选择输入信号，开关电路的两个输入端分别输入相位相差 π 的同频载波，如图 7-12 所示。它们调制后的波形如图 7-10 所示。

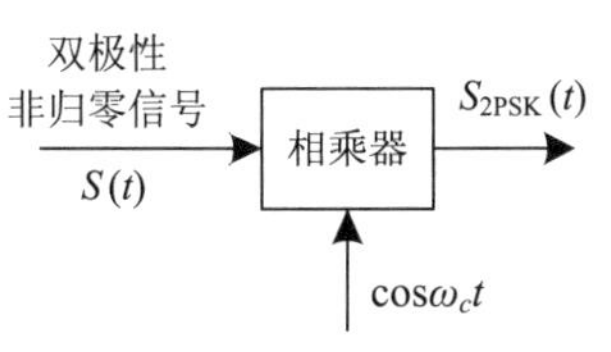

图 7-11　2PSK 相乘调制框图

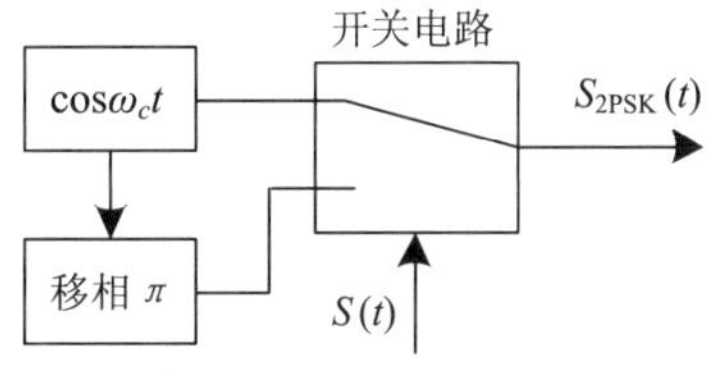

图 7-12　2PSK 键控调制框图

7.2.3.3 解调方法

2PSK 信号的解调通常采用相干解调法，如图 7-13 所示。

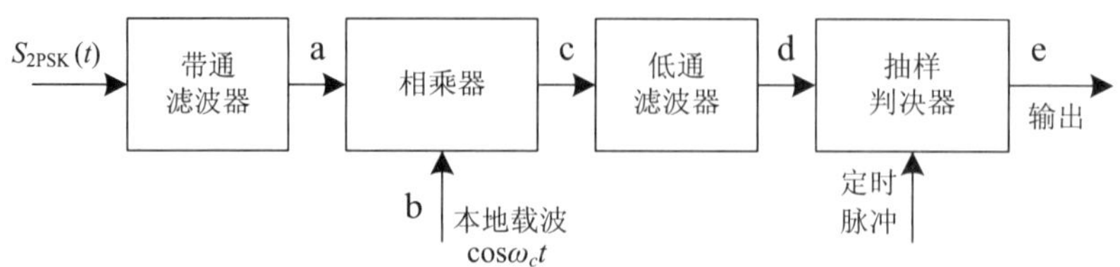

图 7-13　2PSK 相干解调框图

若“0”码与载波相乘，c 点处波形表达式为：

$$\cos\omega_c t \cdot \cos\omega_c t = \cos^2\omega_c t = \frac{1}{2}(1 + \cos2\omega_c t)$$

若“1”码与载波相乘，c 点处波形表达式为：

$$-\cos\omega_c t \cdot \cos\omega_c t = -\cos^2\omega_c t = -\frac{1}{2}(1 + \cos2\omega_c t)$$

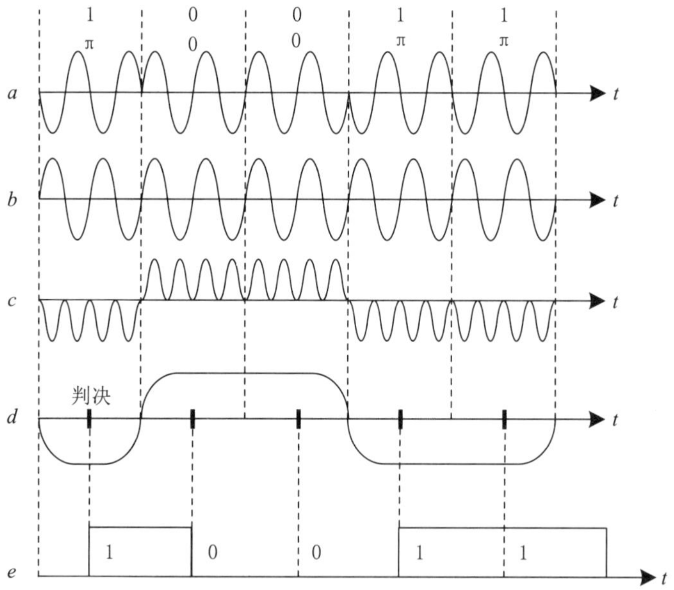

图 7-14　2PSK 相干解调各点波形图

各点的波形如图 7-14 所示，接收的 S_{2SK} 信号通过带通滤波器，在相乘器中与本地载波（b 点）相乘后，再经低通滤波器滤除谐波，当接收信号与本地载波同相时，滤波器输出一正脉冲（d 点）；当接收信号与本地载波反相时，滤波器输出一负脉冲（d 点），它们经取样判决和码元形成电路，还原成原来的调制数字序列（e 点）。

假设调制信号数字序列为“10011”，e 处解调后恢复了已调制信号的“10011”数字序列。

由载波同步电路获得的本地载波可能是 π 相位，这时所获得的波形正好相反，检波后得到的码元正好是发送码元的反码，如图 7-15 所示，e 处为解调结果。

图 7-15 中 b 处黑色实线波形表示 0 相位的本地载波，虚线波形表示 π 相位的本地载波。相应的 c、d、e 处的实线波形对应 0 相位的本地载波，虚线波形对应 π 相位的本地载波。从 e 处的解调结果来看，本地载波 0 相位时得到的数字序列结果为“10011”，与输入的已调制信号“10011”相同；本地载波 π 相位时得到的数字序列结果为“01100”，是输入的已调制信号“10011”的反码，即 2PSK 信号相干解调时出现了相位模糊（或倒 π）现象，其原因是 2PSK 信号本身具有局限性。为了消除相位模糊（或倒 π）现象，可以采用 2DPSK 调制，即相对（差分）调相。

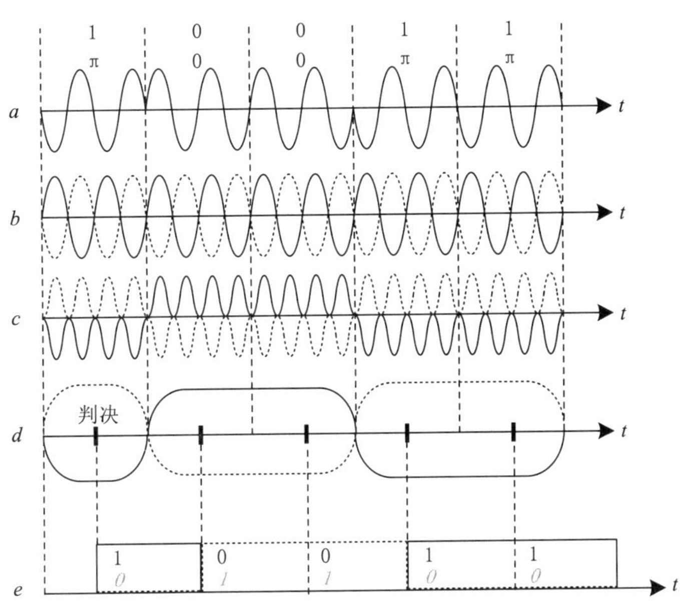

图 7-15　2PSK 相干解调各点波形及倒“π”波形图

7.2.3.4　二进制相对相移键控（2DPSK）

2DPSK 利用相邻码元载波的相对相位（变化或不变）表示信息，也就是根据前一码元与当前码元相位的变化来判断，如图 7-16。

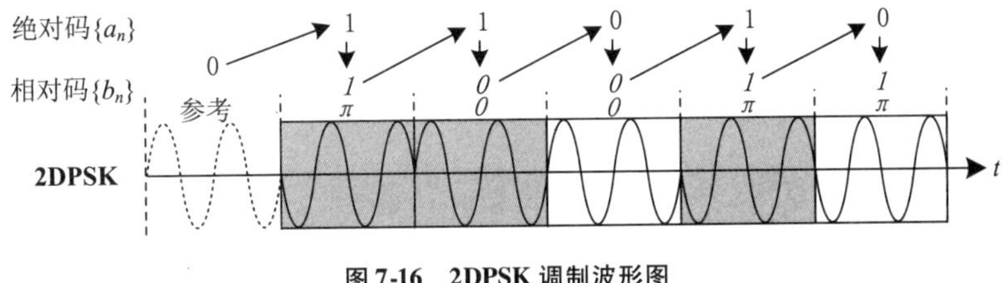

图 7-16　2DPSK 调制波形图

调制时，绝对码转换为相对码可用异或运算：假设相对码起始参考相位为 0，即 $\{b_n\}$ 起始码元为“0”，则绝对码 $\{a_n\}$ 通过公式 $b_n = a_n \oplus b_{n-1}$ 转换成 $\{b_n\}$，即二进制序列绝对码“11010”转换为相对码“10011”,然后再进行绝对调相。对于绝对码$\{a_n\}$序列而言,解调时若相邻的波形相位相差 π,则判为“1”;若相邻的波形相位相差 0,则判为“0”。

2DPSK 信号表达式:$S_{2DPSK}=S_d(t)\cos\omega_c t$

2DPSK 与 2PSK 的唯一区别是 $S_d(t)$是信息码的差分编码。

1. 2DPSK 调制的实现。

2DPSK 调制原理同 2PSK 相似,只不过在调制前,把绝对码进行差分编码,转换成差分相对码,如图 7-17 所示。

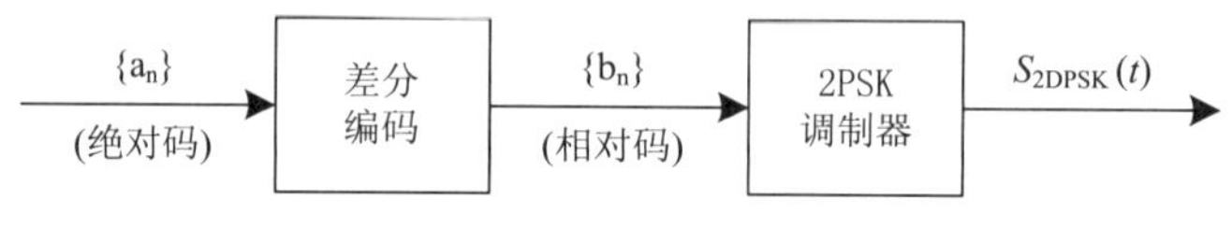

图 7-17　2DPSK 调制框图

2. 2DPSK 信号的解调。

2DPSK 信号的解调也多采用相干解调,最后加上码反变换器,进行差分译码,如图 7-18 所示。

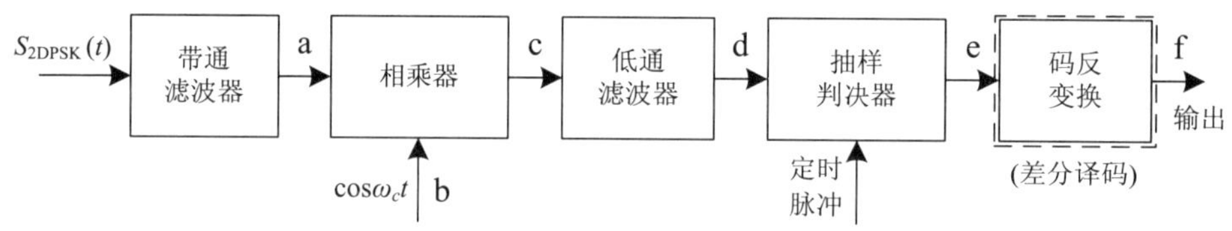

图 7-18　2DPSK 解调框图

图中差分译码也可采用异或运算:$a_n=b_n\oplus b_{n-1}$,那么各处波形如图 7-19 所示。

接收到的 S_{2DPSK}信号通过带通滤波器,在相乘器中与本地载波相乘后,再经低通滤波器滤除谐波,当接收信号与本地载波同相时,滤波器输出一个正脉冲;当接收信号与本地载波反相时,滤波器输出一个负脉冲,它们经取样判决和码元成形电路,得到相对码并输出,最后经过码反变换器变换成绝对码,还原成原来的调制数字序列。

e 点得到的黑色字体表示 0 相位时得到的相对码“10011”,灰色斜体表示 π 相位时得到的相对码“01100”,依据 $a_n=b_n\oplus b_{n-1}$进行运算译码,均可得到“11010”。f 处得到的绝对码与调制前的绝对码“11010”的码元相同。可见,利用差分编码和差分解码,可以消除相位模糊的影响。

另一种解码方法是相位比较法:通过直接比较相邻码元的相位,从而判决接收码元是“1”还是“0”。为此,需要将前一码元延迟 1 码元 Ts 的时间,然后将当前码元的相位与前一码元的相位做比较。该解调方法的原理如图 7-20 所示。这种方法对延迟单元的延时精度要求很高,较难做到,所以实际中应用较少。

相乘器起着相位比较的作用,即 $\cos\omega_c t\cdot\cos\omega_c t=\cos^2\omega_c t$ 前后码元相同,表示“0”码;

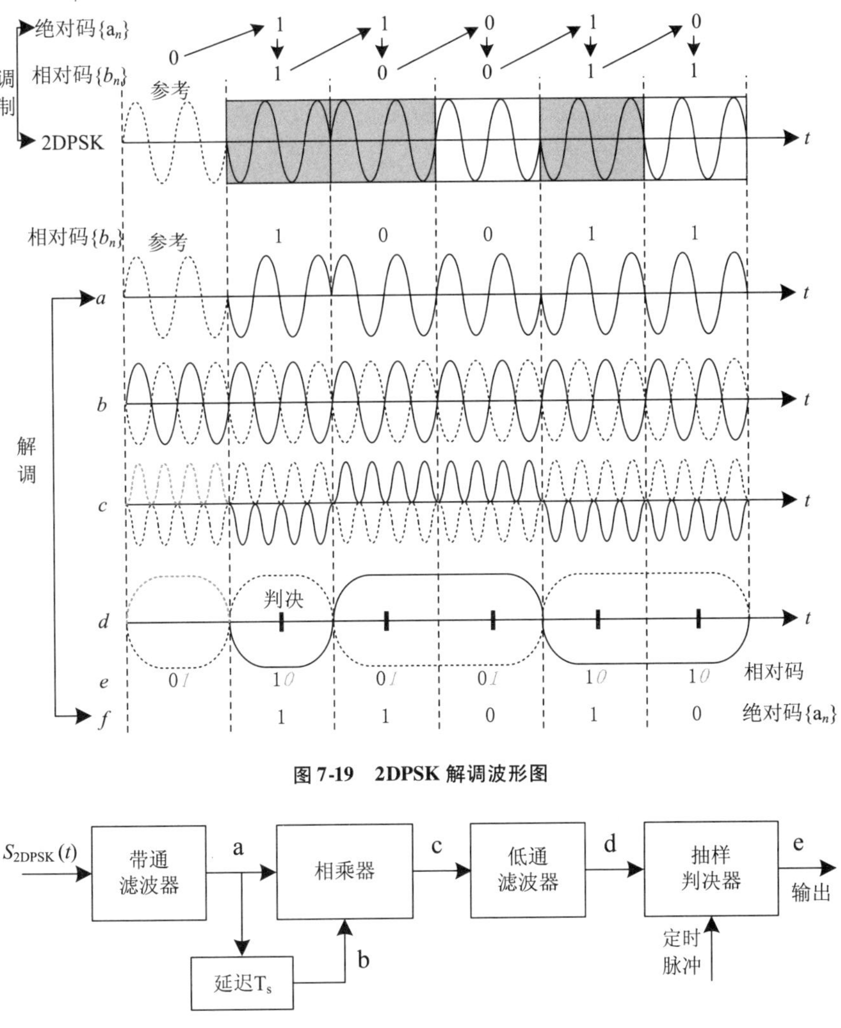

图 7-19　2DPSK 解调波形图

图 7-20　2DPSK 相位比较法解调框图

$-\cos\omega_c t \cdot \cos\omega_c t = -\cos^2\omega_c t$ 前后码元不同，表示"1"码，此时不需要差分译码（码反变换器），其各点波形如图 7-21 所示。

7.2.4　三种二进制调制方式的比较

2ASK 和 2PSK 所需要的传输带宽是码元速率的两倍；2FSK 所需的传输带宽比 2ASK 和 2PSK 都要高。

各种二进制数字调制系统的误码率取决于解调器的输入信噪比。在抗加性高斯白噪声方面，2PSK 性能最好，2FSK 次之，2ASK 最差。

ASK 是一种应用最早的基本调制方式。其优点是设备简单，频带利用率较高；缺点是抗噪声性能差，并且对信道特性变化敏感，不易于抽样判决器在最佳判决状态工作。

FSK 是数字通信中不可或缺的一种调制方式。其优点是抗干扰能力较强，不受信道

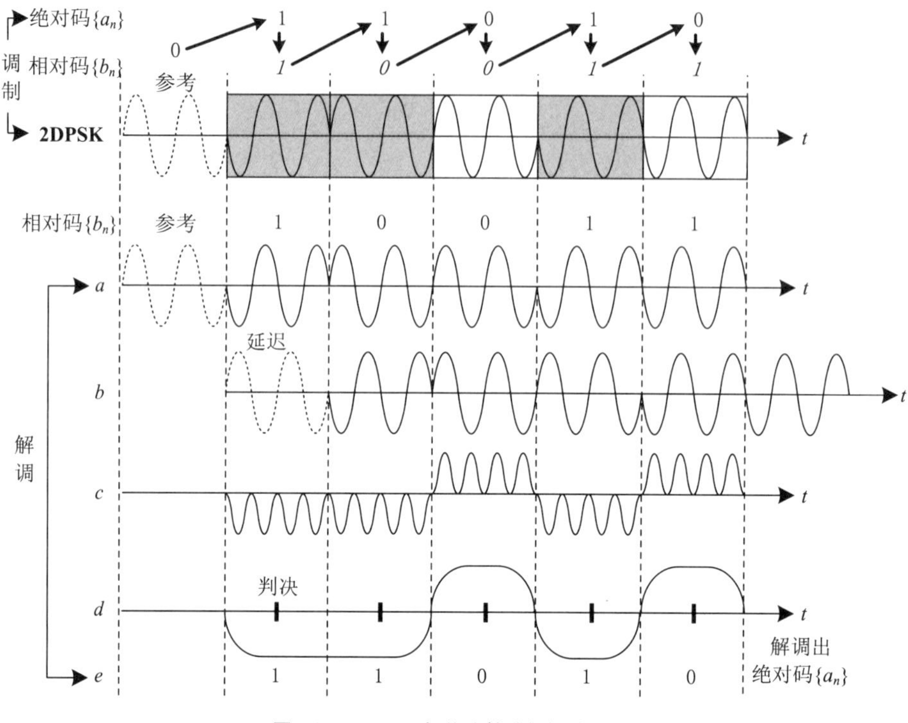

图 7-21　2DPSK 相位比较法解调波形图

参数变化的影响,因此特别适合应用于衰落信道;但缺点是占用频带较宽,尤其是 MFSK,频带利用率较低。目前,调频体制主要应用于中、低速数据传输与接入中。

PSK 和 DPSK 是一种高传输效率的调制方式,其抗噪声能力比 ASK 和 FSK 都强,且不易受信道特性变化的影响,因此在高、中速数据传输中得到了广泛的应用。绝对相移(PSK)在相干解调时存在载波相位模糊的问题,在实际中很少采用,DPSK 应用得更为广泛。

MASK、MFSK、MPSK、MDPSK 与 2ASK、2FSK、2PSK、2DPSK 分别对应。这些多进制数字键控的一个码元中包含更多的信息量。但是,为了得到相同的误比特率,它们需要使用更大的功率或占用更宽的频带。

7.3　多进制数字调制技术

多进制调制可以提高频谱利用效率,可分为:MASK、MFSK、MPSK、MQAM,$M=2^n$,n 为正整数。四相相移键控(QPSK)、正交振幅调制(QAM)及残留边带调制(VSB)等都是常用的多进制调制方法。

7.3.1　四相相移键控技术

QPSK 调制称作正交相移键控,其实质是四相相移键控(4PSK),利用载波的四种不同相位来表示数字信息。QPSK 的每一种载波相位代表两个比特码元:00、01、10 或 11。两个比特的组合称作双比特码元,记为 a、b。QPSK 信号可以认为是两个正交的 2PSK 信号的合成,其相位有两种形式:A 方式为 $\pi/2$ 相移系统,B 方式为 $\pi/4$ 相移系统,后者被广泛采用。通常把信号矢量端点的分布图称为星座图,星座图对于判断调制方式的误码率有很直观的效用。

7.3.1.1 A 方式 QPSK

图 7-22 为 A 方式原理图,图 7-23 为 A 方式调制信号的矢量图。

码元 a、b 映射为 I、Q,规则如下:

$a=0$,映射为 $I=+1$,$a=1$,映射为 $I=-1$;$b=0$,映射为 $Q=+1$,$b=1$,映射为 $Q=-1$。

利用公式 $S(t)=I\cdot\cos(\omega_c t+\pi/4)+Q\cdot\cos(\omega_c t-\pi/4)=A\cos(\omega_c t+\theta)$ 做变换推导,得到表 7-1:

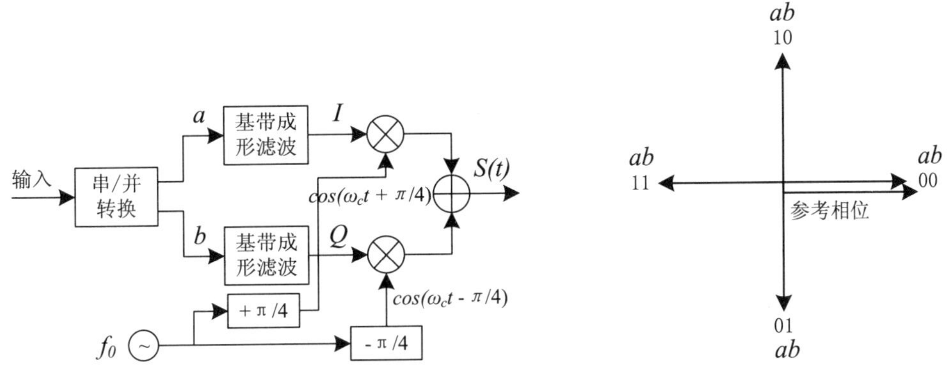

图 7-22 A 方式原理图　　**图 7-23 A 方式调制信号矢量图**

表 7-1 A 方式相位表

a	b	I	Q	相位推导过程	相位
0	0	+1	+1	$S(t)=\cos(\omega_c t+\pi/4)+\cos(\omega_c t-\pi/4)=\sqrt{2}\cos(\omega_c t)$	0
1	0	−1	+1	$S(t)=-\cos(\omega_c t+\pi/4)+\cos(\omega_c t-\pi/4)=\sqrt{2}\cos(\omega_c t+\pi/2)$	$\pi/2$
1	1	−1	−1	$S(t)=-\cos(\omega_c t+\pi/4)-\cos(\omega_c t-\pi/4)=\sqrt{2}\cos(\omega_c t+\pi)$	π
0	1	+1	−1	$S(t)=\cos(\omega_c t+\pi/4)-\cos(\omega_c t-\pi/4)=\sqrt{2}\cos(\omega_c t+3\pi/2)$	$3\pi/2$

7.3.1.2 B 方式 QPSK

图 7-24 为 B 方式原理图,图 7-25 为 B 方式调制信号的星座图和矢量图。

码元 a、b 映射为 I、Q,规则如下:

$a=0$,映射为 $I=+1$,$a=1$,映射为 $I=-1$;$b=0$,映射为 $Q=+1$,$b=1$,映射为 $Q=-1$。

利用公式 $S(t)=I\cdot\cos\omega_c t-Q\cdot sin\omega_c t=A\cos(\omega_c t+\theta)$ 做变换推导,得到表 7-2:

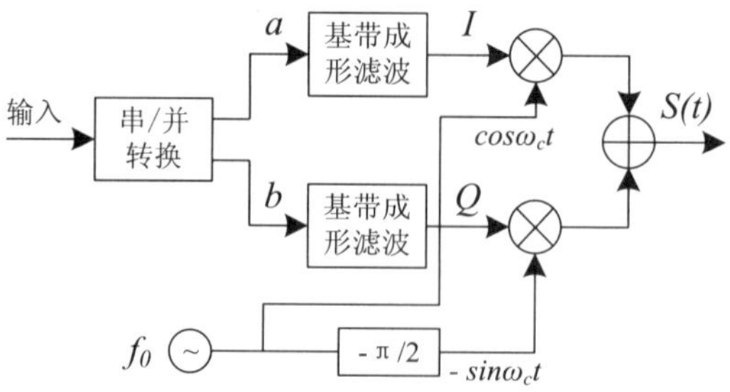

图 7-24　B 方式原理图

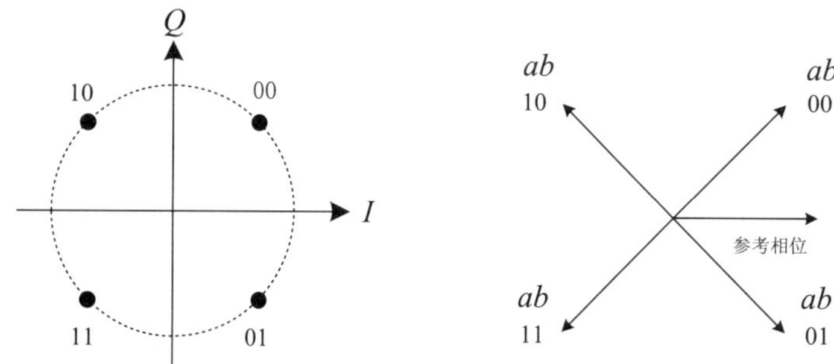

图 7-25　B 方式调制信号星座图和矢量图

表 7-2 B 方式相位表

a	b	I	Q	相位推导过程	相位
0	0	+1	+1	$S(t)=\cos(\omega_c t)-\sin(\omega_c t)=\sqrt{2}\cos(\omega_c t+\pi/4)$	$\pi/4$
1	0	-1	+1	$S(t)=-\cos(\omega_c t)-\sin(\omega_c t)=\sqrt{2}\cos(\omega_c t+3\pi/4)$	$3\pi/4$
1	1	-1	-1	$S(t)=-\cos(\omega_c t)+\sin(\omega_c t)=\sqrt{2}\cos(\omega_c t+5\pi/4)$	$5\pi/4$
0	1	+1	-1	$S(t)=\cos(\omega_c t)+\sin(\omega_c t)=\sqrt{2}\cos(\omega_c t+7\pi/4)$	$7\pi/4$

由于 QPSK 信号是由两个正交的 PSK 信号合成的，因此可以依照 PSK 信号的相干解调方法，用两个正交的相干载波分别解调得到 A 和 B 两个分量，然后通过低通滤波、抽样判决、并/串变换转换为串行的二进制数字信号输出，图 7-26 为 QPSK 的解调原理框图。

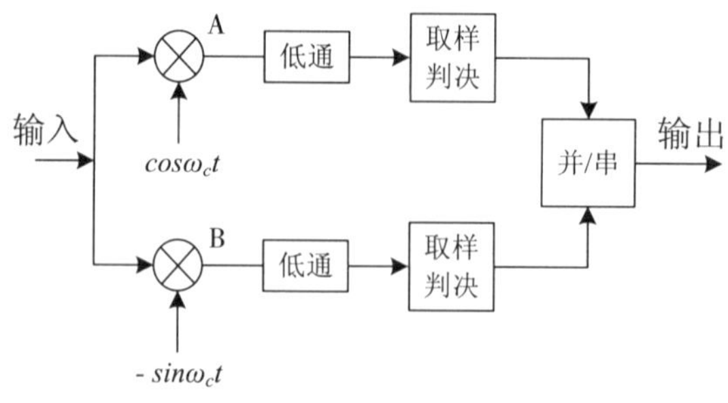

图 7-26　QPSK 解调原理框图

7.3.2　正交振幅调制技术

QAM 为振幅和相位联合键控的调制方式,它同时利用了载波的幅度和相位来传递信息比特,因此在最小距离相同的条件下,QAM 星座图可以容纳更多的星座点,实现更高的频带利用率。

信号的一个码元可以表示为:$S_k(t)=A_k\cos(\omega_c t+\theta_k)$,$kT<t\leqslant(k+1)T$

将上式展开得到:$S_k(t)=A_k\cos\theta_k\cos\omega_c t-A_k\sin\theta_k\sin\omega_c t$

令 $X_k=A_k\cos\theta_k$,$Y_k=-A_k\sin\theta_k$

则信号变为:$S_k(t)=X_k\cos\omega_c t+Y_k\sin\omega_c t$

X_k 和 Y_k 是由振幅和相位决定的取离散值的变量。每一个码元可以看作两个载波正交的振幅键控信号之和,参见图 7-28 中的 16QAM(a)。

星座图:MPSK 的星座图可以看作所有的信号点分布在同一圆周上,圆周的半径等于信号幅度。因此在同一功率下,随着 M 的增大,星座图上相邻两点的距离变小,系统误码率增大。2PSK、4PSK、8PSK、16PSK 星座图如图 7-27 所示。

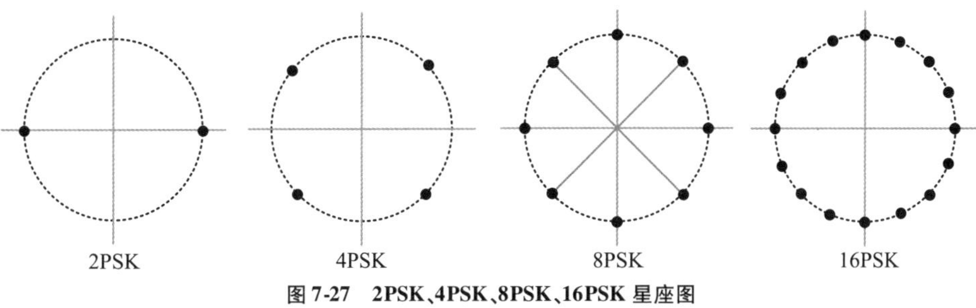

图 7-27　2PSK、4PSK、8PSK、16PSK 星座图

从 16QAM 的星座图 7-28(b)可以看出,星座图中的每一个信号点可以看作由两路载波正交的 ASK 信号叠加得到,每路 ASK 信号的振幅有 -3、-1、+1、+3(经归一化处理)四种,为 4ASK。MQAM 信号可以由两路载波正交的 $\sqrt{M}$ ASK 信号叠加得到($\sqrt{M}$表示方法仅适用于正方形星座图)。相比 PSK,QAM 可在不增大信号功率(圆周半径)的条件下,通过重新安排信号点的位置,来增大相邻信号点的距离。对比 16QAM 和 16PSK 星座图可以算出相邻点最小距离分别为:$d_1=0.47A_M$,$d_2=0.39A_M$,16QAM 最小距离大,因此其噪声容限大,抗噪声性能好。注:MQAM 星座图除了正方形结构外,还有圆形、星形等其他结构,信号点空间距离不同,误码性能也不同。星座图中振幅环和相位环个数越少越好,星座图边界越接近圆形越好,但方形星座的 QAM 信号更容易产生和接收。

以 16QAM 信号的产生为例,叠加两路正交的 4ASK 信号,利用两个同频正交的载波在同一带宽内实现了两路并行的 ASK 信号传输,调制框图如图 7-29 所示。

16QAM 的解调:利用相干解调方法,用两个正交的相干载波分别解调得到两个分量,然后通过低通滤波、4 电平抽样判决、4-2 电平转换,并/串变换转换为串行的二进制数字信号输出,解调框图如图 7-30 所示。

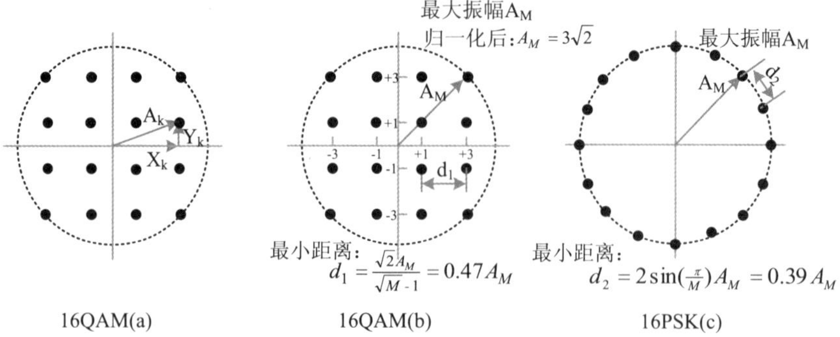

图 7-28 16QAM 和 16PSK 星座图及最小距离

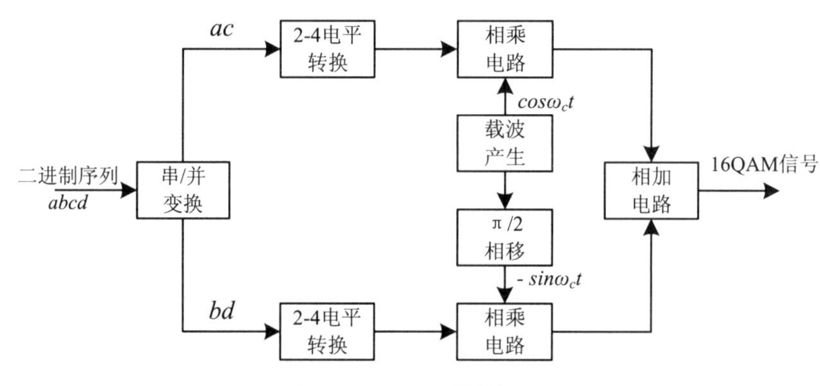

图 7-29 16QAM 调制框图

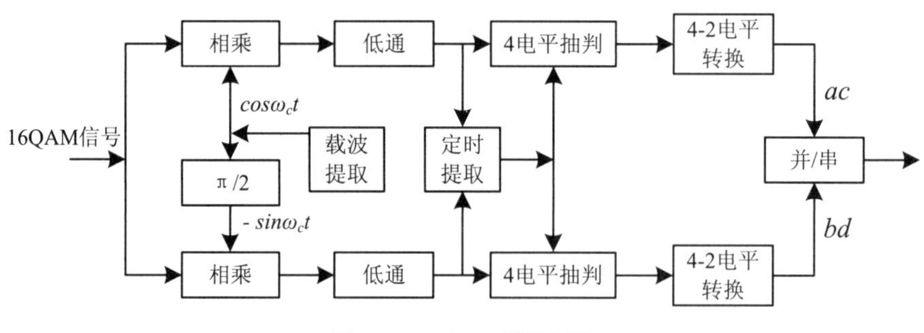

图 7-30 16QAM 解调框图

7.3.3 残留边带调制技术

7.3.3.1 单边带和双边带调幅

振幅调制（AM）信号的频谱是将基带频谱搬移到 $+\omega_c$，包含载频分量和两个边带，如图 7-31 所示。

图 7-31（a）为基带信号，带宽为 ω_m，图 7-31（b）为抑制载波的双边带（DSB）信号，其带宽比基带增加了一倍，达到 $2\omega_m$，图 7-31（c）和（d）只传输上边带或下边带。我们把只

传输一个边带的调制方式称为单边带调制(SSB),上下两个边带都传输的调制方式称为双边带调制(DSB)。采用抑制载波技术,SSB 信号可以节省载波发送功率,频带宽度只有双边带的一半,即频带利用率提高一倍。

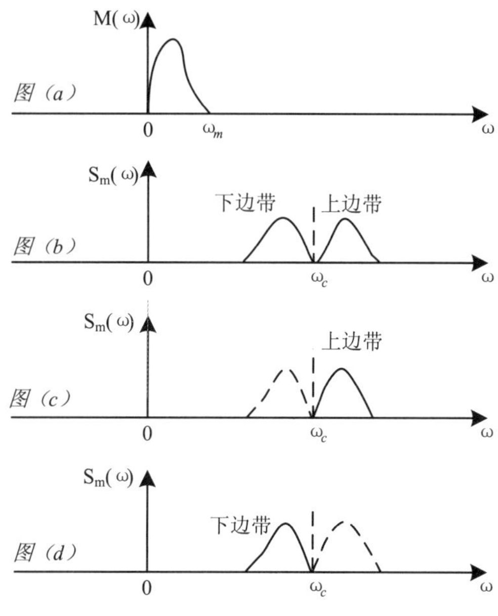

图 7-31　单边带和双边带调制频谱

7.3.3.2　残留边带调幅(VSB)

残留边带调幅从频域上来看是介于 SSB 与 DSB 之间的一种调制方式。它保留了一个边带的大部分,而将另一个边带保留一部分残余。这样既克服了 DSB 占用频带宽的问题,又解决了单边带滤波器不易实现的问题,如图 7-32 所示。

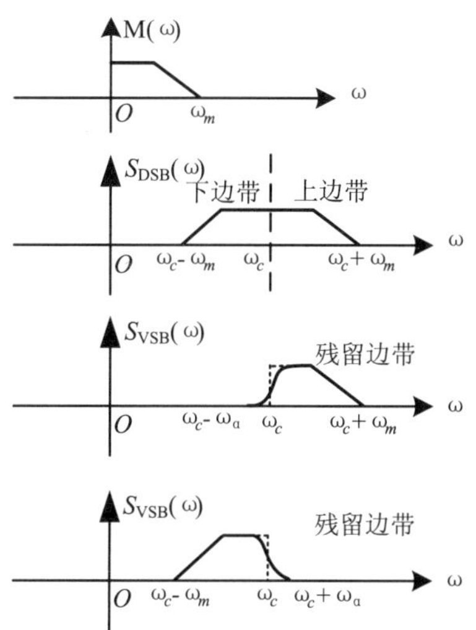

图 7-32　残留边带调幅频谱

残留边带信号的带宽 $\omega_m+\omega_\alpha$，介于双边带和单边带调幅信号带宽之间，当 ω_α 很小时，更接近于单边带调幅。由于不发送载波，调制效率与双边带及单边带基本相同。其主要优点是带宽接近单边带，并且具有良好的低频基带特性，适用于传输低频分量丰富的信号。

7.3.3.3 数字残留边带调幅(VSB)

数字残留边带调幅，同模拟信号的残留边带调幅是一样的，都是先进行调幅，再进行残留边带滤波而得到。

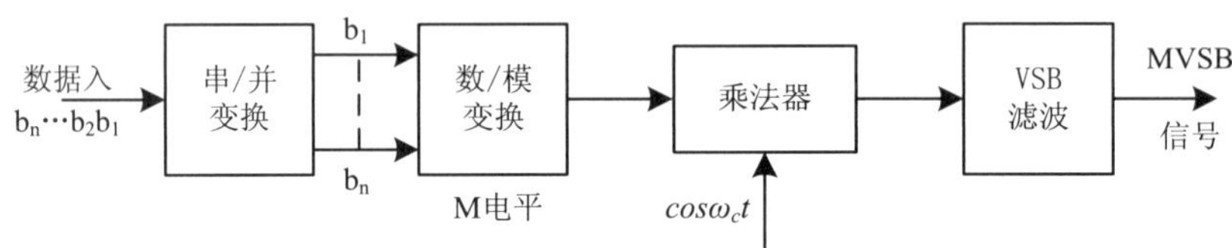

图 7-33 数字残留边带调制器框图

如图 7-33 所示，在数字基带信号对载波的残留边带调制中，数字基带信号先经过数/模变换得到多电平的信号再进行调制。4VSB 为四电平，即四种状态电平的调制，每种电平代表二比特信息；8VSB 为八电平，即八种状态电平的调制，每种电平代表三比特信息，参考图 7-34。16VSB 为十六电平，即十六种状态电平的调制，每种电平代表四比特信息。

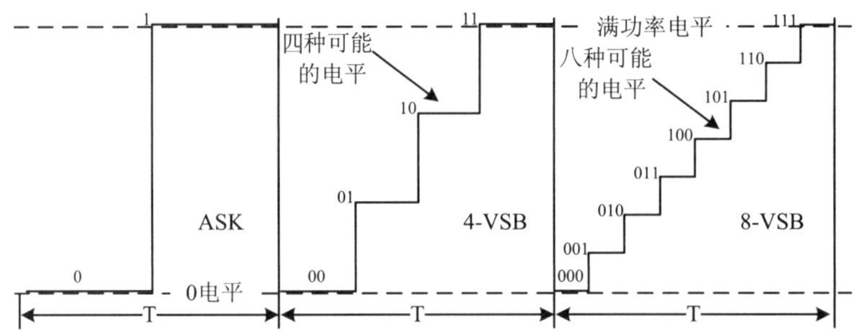

图 7-34 多进制残留边带调制电平图

按照奈奎斯特采样定理，可以推导出理想的低通信道的最大码元传输速率公式，结论是理想的低通信道的最大码元传输速率等于两倍的带宽。6MHz 带宽的信道理论上最大可传输 12MBaud 码元，如果在 6MHz 带宽的信道中采用 VSB 进行调制，则在实际应用中只能达到 10.7MBaud。采用 4VSB、8VSB、16VSB 调制，其码率分别可以达到21.5Mbps、32Mbps、43Mbps，大大提高了频谱利用率。

7.3.4 OFDM 调制技术

在地面无线电通信传输中，城市建筑群或其他复杂的地理环境，会对无线电电磁波产生反射或散射，结果是接收端不仅收到正常传输的直射波，还会接收到经过反射或散射等非正常途径传播的一次反射波或多次反射波。这些经过不同路径到达接收端的电波之间存在不同程度的时延差，相互叠加后会对直射波造成信号衰落，如果反射信号接近一个周期或在多个周期中心附近，还会给信号判决带来严重的符号间干扰，引起误码，这种现象称为多径衰落或多径干扰。

OFDM(Orthogonal Frequency Division Multiplexing)调制技术，即正交频分复用调制技术，它是通过延长传输符号周期来有效地克服多径干扰的一种多载波数字调制技术。OFDM 作为高速数据通信的调制方式，具有较强的抗多径干扰能力，因此在数字音频广播(DAB)、数字电视广播、无线局域网 802.11 等方面得到广泛应用。

7.3.4.1　OFDM 基本工作原理

其基本工作原理是将一定带宽的信道分成若干个正交子信道，在每个子信道内使用一个子载波进行调制，且各子载波并行传输，如图 7-35 所示。具体方法：首先将要传输的高速数据流进行串/并转换，转换成 N 路并行的低速数据流，并分别用 N 个子载波进行调制，每一路子载波的调制方式可以采用 QPSK 方式或者是 MQAM 方式。不同的子载波可以采用不同的调制方式，然后将调制后的各路信号叠加在一起，构成发送的射频信号。

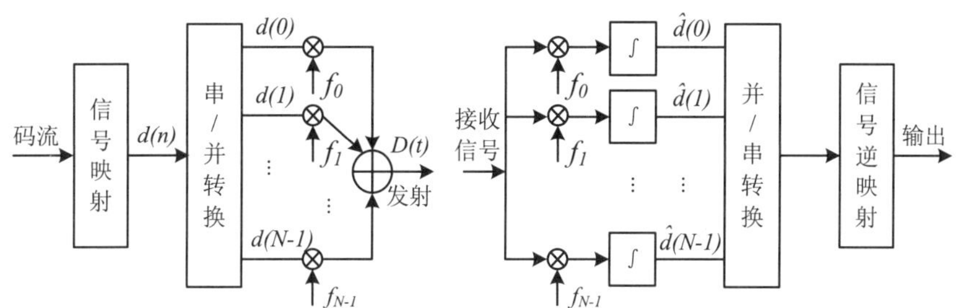

图 7-35　OFDM 调制基本原理

需要注意的是，各路已调信号进行叠加时与传统的频分复用(FDM)不同。在传统的频分复用方式中，各子载波的信号频谱互不重叠，便于接收机用滤波器分离提取。OFDM 调制中子载波数目非常大，通常可以达到几百或几千，若采用传统的频分复用方式，信号频谱会占有很宽的带宽，大大降低频带利用率。因此在 OFDM 调制方式中，各个子载波上的已调信号频谱会有部分重叠，通过保持相互正交来避免干扰，因此称为正交频分复用。在接收端通过相关的解调技术分离各个子载波。由于串/并转换后，高速串行的数据流转换成了低速数据流，所传输的符号周期可增加到大于多径延时时间，这就可以有效地抵抗多径干扰。

在 OFDM 调制信号形成的过程中，各子载波可能会选用不同的调制方式，如 QPSK、16QAM 或 64QAM，所以信号仍然是以符号的形式进行转换的。

接收端要从重叠的信号频谱内准确地分离解调出各子载波信号，必须保证各子载波的调制信号在整个符号周期内相互正交，即任意两个不同子载波调制信号的乘积在整个符号周期内的平均值为零。实现正交的条件是各子载波的最小间隔等于符号周期倒数($1/T_S$)的整数倍。一般选取最小载波间隔等于符号周期的倒数,这样能保证最大频谱利用率。在理想状态下,利用子载波在符号周期 T_S 内的正交特性,接收端可以准确地恢复每一个子载波信号,而不会受到其他子载波的影响。

OFDM 多载波调制信号频谱如图 7-36 所示,各个子载波的调制信号频谱相互重叠,但是每个子载波的调制信号频谱都对应着其他子载波过零点的位置,因此,接收端进行解调时利用子载波间的正交性,可以正确解调出每一个子载波上的调制信号。

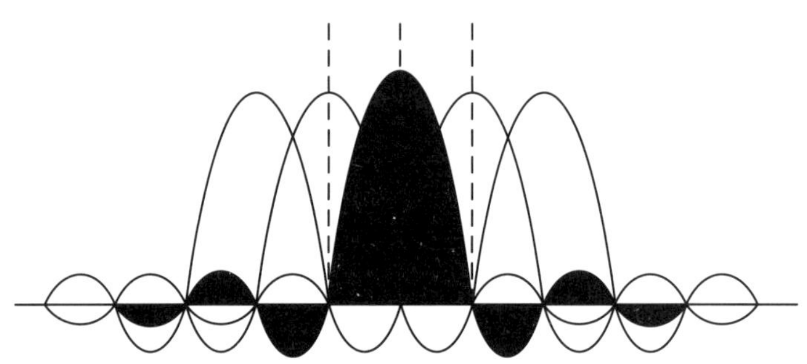

图 7-36 OFDM 多载波调制信号频谱

7.3.4.2 OFDM 的实现

OFDM 调制技术是基于离散傅里叶变换(DFT)来实现的,基本组成如图 7-37 所示。在实际运用中,离散傅里叶变换(DFT)的实现一般可采用快速傅里叶变换算法(FFT),经过转换后,OFDM 系统在射频部分仍可采用单载波模式,避免了子载波间的交调干扰和多路子载波同步复杂的问题,在保持了多载波优点的同时,也使得系统结构尽量简化。

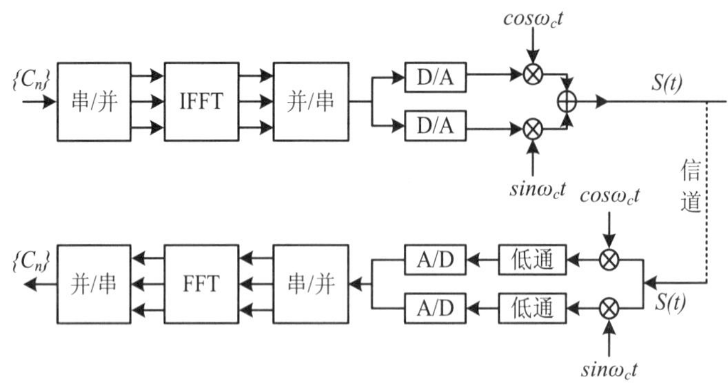

图 7-37 OFDM 调制解调组成框图

7.3.4.3 保护间隔

多载波调制时,串行的数据流被转换成 N 路的并行数据流,因此转换后的每路数据流的传输速率变成了原来的 $1/N$,每个子载波上的调制信号的符号周期是单载波调制时

的 N 倍,符号周期的扩大有利于降低符号间干扰(ISI),但是仍然不能完全消除多径衰落的影响。在多载波系统中,多径回波既使得同一载波前后相邻符号产生符号间干扰(ISI),还会破坏子载波间的正交性,造成载波间干扰(ICI)。

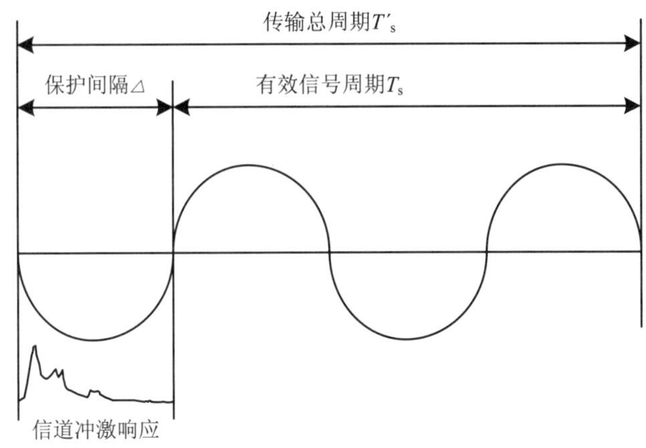

图 7-38　OFDM 的保护间隔

解决这一问题的方法是在每个符号周期前增加一段保护间隔时间 Δ,使得实际符号传输周期 $T'_S = T_S + \Delta$,如图 7-38 所示。只要保护间隔时间大于信道冲击响应的持续时间(多径回波的持续时间),根据卷积性质可知,前一符号的多径时延完全被保护间隔所吸收,不会对当前符号的有用周期 T_S 产生影响。接收端只需要在去除保护间隔后,再对有用信号进行解调即可。

7.3.4.4　子载波数 N 的选取

由于引入保护间隔会降低系统的实际频谱利用率,为了在保证信息传输速率的前提下,尽量提高频谱利用率,就必须增加子载波数量 N。但是子载波数量并不是越多越好,离散傅里叶变换 DFT 的计算复杂程度及硬件资源的消耗会随着 N 值的增大而迅速增加,同时子载波的数量越多就意味着子载波间的相互间隔越小。子载波间隔越小,对时间选择性衰落和移动状态下多普勒效应造成的频谱扩散以及载波相位噪声就越敏感,子载波间越容易失去正交性,因此在实际应用中要根据系统性能的要求,合理选择配置 N 的数值。

在数字电视系统中,子载波数量通常为 2K、4K 或 8K 三种模式。具体选择哪一种模式,除考虑上述因素外,还要考虑移动性和网络规划的灵活性等。

在移动性方面,2K 模式明显优于 8K 模式,但 2K 模式只适合小型单频网,8K 模式更适合构建大型单频网。4K 模式是兼顾移动性和网络规划灵活性的选择结果。我国地面数字广播电视传输系统(DTMB)的多载波传输方案采用了 4K 模式。日本的 ISDB 和欧洲的 DVB－H 也都在 2K 模式和 8K 模式下增加了 4K 模式,更好地兼顾移动性和网络规划的灵活性。

7.3.4.5 OFDM 的优缺点

OFDM 调制具有抗多径干扰能力强、支持移动接收、易于频率规划、频谱应用灵活、频谱利用率高、实现技术成熟、便于构成天线分集和 MIMO(多输入多输出)系统、发展潜力好等优点。

OFDM 的缺点是对频率偏移和相位噪声敏感,需要较高的峰均功率比(峰值功率与平均功率之比),再就是保护间隔的插入降低了大约 10% 的有效传输码率。

7.4 数字电视采用的主要调制技术比较

数字电视的信道编码及传输系统的调制可分为三种:地面无线传输一般采用 COFDM 或 8VSB 等调制;卫星传输一般采用 QPSK、8PSK 等调制;有线传输一般采用 MQAM、16VSB 调制,根据有线信道的不同特性,可以分别采用 16、32、64、128、256QAM 等方式。

数字电视系统的有效性和可靠性是判断数字电视调制系统性能的标准。对数字系统来讲,有效性主要指系统的码元传输速率、信息传输速率、频带宽度、频带利用率、功率利用率等,可靠性主要指误码率(BER)、误信率、接收门限等。

7.4.1 频带利用率

频带利用率,即在单位频带内所能传输的最大比特率:$\eta = \frac{f_b}{B}$(bit/s)/Hz,其中 f_b 为比特速率,B 为占用带宽。对于用滤波器限制频带的传输系统,一般采用频谱滚降参数 α 来计算 η。如二电平基带传输时,其频谱利用率 $\eta = \frac{2}{1+\alpha}$(bit/s)/Hz,理论上最大频谱利用率为 2(bit/s)/Hz($\alpha = 0$);用 M 电平作基带传输时,$\eta = \frac{2}{1+\alpha} log_2 M$(bit/s)/Hz;用二电平码进行调幅并用双边带传输,或 2 相调相时,$\eta = \frac{1}{1+\alpha}$(bit/s)/Hz;用二路二电平码进行正交调幅(QAM)或四相调相(QPSK)时,$\eta = \frac{2}{1+\alpha}$(bit/s)/Hz;而 M 相调相或 MQAM 调制时,$\eta = \frac{\log_2 M}{1+\alpha}$(bit/s)/Hz,参见表 7-3。

7.4.2 抗噪声性能

为了在相同的发送平均功率、噪声单边功率谱密度 N_0 和比特率下,比较各种调制方式的抗噪性能,表 7-3 列出各种调制方式在比特误码率为 10^{-4} 时的 E_b/N_0 值,表中还分别列出理想情况和限带情况,后者可给出频谱利用率的数值。表中的限带情况受实际系统中滤波器的影响，这些滤波器在各种调制方式中多少有些不同，从而带来某些比较基准的不一致性。不过，从总的规律来看，这些影响并不显著，所以表中所列数据能够较好地说明它们的相对性。（注：表中调制方式 FFSK 称为快速频移键控，是相位连续 2FSK 的一个特例。）

表 7-3 各种数字调制方式所需的 E_b/N_0 值（误比特率 10^{-4}）和频谱利用率

调制方式	理想情况	限带情况	
	E_b/N_0 值（dB）	E_b/N_0 值（dB）	η（bit/s. Hz）
2PSK	8.4	9.4	0.8
2DPSK	8.9	9.9	0.8
2ASK（OOK）	11.4	12.5	0.8
FFSK 相对编码	9.4	10.4	1.9
QPSK	8.4	9.9	1.9
QAM	8.4	9.5	1.7
4DPSK	10.7	11.8	1.8
8PSK	11.8	12.8	2.6
16QAM	12.4	13.4	3.1
16PSK	16.2	17.2	2.9

多相调相时，M 越大信号之间的相位差也就越小，接收端在噪声干扰下越容易判错，从而使可靠性下降。可以证明 16 相调相（16PSK）抗噪性能比 16QAM 的差，因此实际工作中不采用 16PSK，最多采用 4 相或 8 相调相。$M \geq 16$ 的 MQAM 系统的抗噪声性能优于 MPSK。图 7-39 综合给出了 QAM 和 PSK 的频谱利用率和抗噪性能（误比特率 10^{-4} 的 E_b/N_0 值）。从图中可见，4QAM 等效于 4PSK，16QAM 优于 16PSK，64QAM 优于 64PSK，因此，在频谱利用率高的场合，常用 QAM 调制。

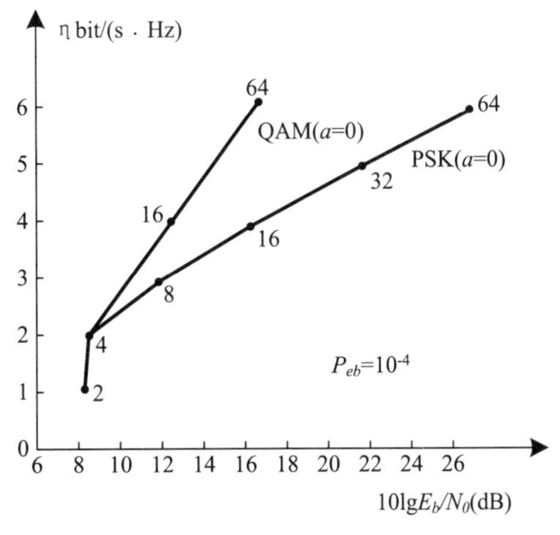

图 7-39 QAM 和 PSK 的频谱利用率和抗噪性能

7.4.3 功率利用率

功率利用率,即误码率达到要求时所需要的最小信号与噪声比值(E_b/N_0值)。

对于实际的通信系统而言,频带利用率和功率利用率这两个指标有所偏重,需综合考量。例如在 $M>2$ 多进制调制中,能在相同的频带内以更大的速率传递信息,即频带利用率高,但缺点也是显而易见的,即会降低功率的利用率。随着 M 的增大,在信号的星座图中,各信号点的最小距离会相对减少,相位差减小,在一定条件下,信号的误码率就会上升,参见图 7-40 各种调制方式误码率性能比较。

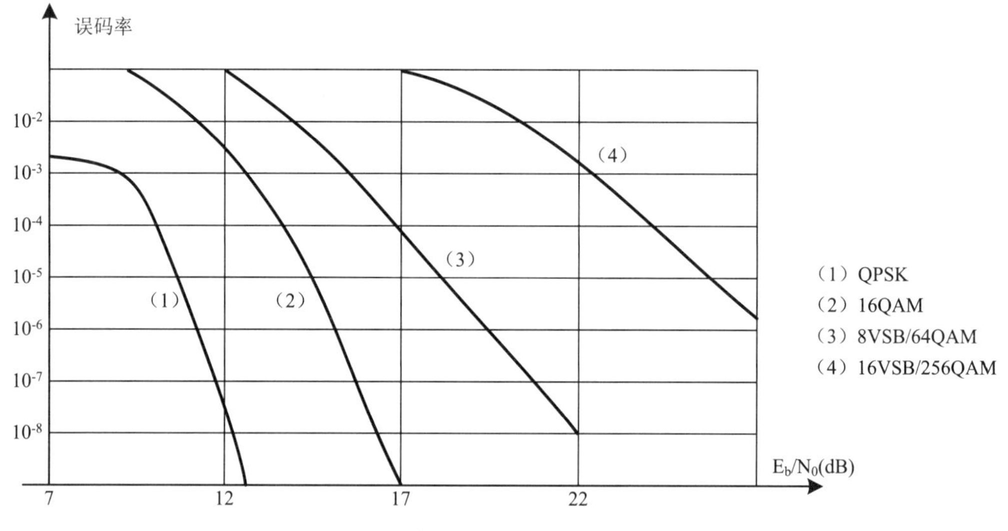

图 7-40　各种调制方式误码率性能比较

内容小结

1. 数字信号调制方式。

数字信号调制方式分为二进制调制方式(振幅键控、频移键控和相移键控)与多进制调制方式两大类,由于多进制调制方式可进一步提高信号传输码率,提高单位频带利用率,因此在实际生活中得到广泛应用。多进制的数字调制技术主要有 QPSK 调制、QAM 调制、OFDM 调制、VSB 调制等。目前在数字电视传输系统中采用的调制技术主要包括正交相移键控、多电平正交振幅调制、多电平残留边带调制及正交频分复用调制。

2. 多进制调制技术。

(1)QPSK 是一种调相技术,有 A 和 B 两种调制方式,它规定了四种载波相位。QPSK 调制每个符号代表 2 个比特的信息。解调器根据星座图及接收到的载波信号的相位来判断发送端所发送的信息比特。值得说明的是,QPSK 调制与正交振幅调制等同。

(2)QAM 是幅度、相位联合键控的调制技术。它同时利用载波的幅度和相位来传送信息比特,因此在最小距离相同的条件下,QAM 星座图中可以容纳更多的星座点,可以实现更高的频带利用率,目前 QAM 调制主要有 16、32、64、128、256QAM 几种方式。

(3)OFDM 调制是通过延长传输符号周期来有效克服多径干扰的一种数字调制技术,OFDM 由大量的在频率上等间隔的子载波构成,对各子载波进行调制。具体地说,是将串行传输的符号序列分成长度为 n 的段,将每一段内的 n 个符号分别调制到 n 个子载波上,然后一起发送。所以,OFDM 是一种并行调制技术,将符号周期延长了 n 倍,从而提高了对多径干扰的抗干扰能力。

3. 数字电视的信道编码及传输系统的调制。

可分为三种:地面广播一般采用 COFDM、8VSB 等调制;卫星广播采用 QPSK、8PSK 等调制;有线广播采用 MQAM、16VSB 调制。根据有线信道的不同特性,可以分别采用 16、32、64、128、256QAM 等方式。数字电视系统的有效性和可靠性是判断数字电视调制系统性能的标准。对数字系统来讲,有效性主要指系统的码元传输速率、信息传输速率、频带宽度、频带利用率、功率利用率等,可靠性主要指误码率(BER)、误信率、接收门限等。对于实际的传输系统而言,频带利用率、抗噪声性能、功率利用率等指标有所偏重,需综合考量。

思考与训练

1. 什么是数字调制？二进制数字调制分为哪几种基本形式？

2. 一个 2FSK 调制系统的码元速率为 1000 波特,采用相位连续的调制器,“1”码时载频为 1000Hz,“0”码时载频为 2000Hz。若发送数据序列为 10110011,试画出相应的 2FSK 信号的波形。

3. 设发送数据序列为 10011,画出双极性不归零调制的 2PSK 信号的波形示意图。

4. 什么是 DPSK？请用 2DPSK 加以说明;2DPSK 相比 2PSK 主要用来解决什么问题?

5. 请画出 2DPSK 解调原理框图,如果已调信号为 11010,画出相干解调各处的波形图。

6. 数字电视系统中为什么要采用多进制调制？列举几种常用的多进制调制方法。

7. 什么是 QPSK 调制？请画出 B 方式 QPSK 原理框图、星座图和矢量图。

8. 一个正交调幅系统采用 16QAM 调制,带宽为 2400Hz,滚降系数 $\alpha=1$,试求每一路基带信号有几个电平;总的比特率、调制速率和频带利用率各为多少?

9. 简述 OFDM 调制原理。

10. 评价一个数字电视系统调制性能通常采用哪几个指标?

模块八 数字电视传输标准

教学目标

通过本模块的学习，学生能掌握数字电视传输技术的基本概念，理解有线、卫星和地面传输等不同的信道状态下所采用的不同的传输方式，以及相应的频率利用率和抗干扰形式。

熟悉主要的数字电视标准，了解并掌握数字电视在国内外的发展现状和发展趋势，针对不同的调制方式和调制技术，建立数字电视传输的技术概念，掌握主要技术方案的优缺点。

针对数字电视不同的调制技术，熟悉完成电视信号接收所使用的相关接收设备。

教学重点

1. 数字电视传输标准的基本概念和系统的基本组成。
2. 卫星、有线和地面无线传输信道传输技术特点及技术原理。

教学难点

1. 数字电视传输系统组成和技术框图。
2. DVB 系统的结构特点，DTMB 和 ABS-S 传输技术的要点。

8.1 数字电视传输方式

数字电视传输按照信号的传输方式可以分为地面无线数字传输、有线数字传输、卫星传输和网络传输四种类型。

地面无线数字传输方式是利用发射台的天线来进行无线电波发射，用户通过天线和电视机接收信号来进行电视节目的收看。这种数字电视传输方式通常具有公益性质，目前在我国的车载电视、公交电视和楼宇电视中都得到了广泛的应用，具有较广的普及性，而且也较为经济。

有线数字传输是通过光缆和同轴电缆混合方式进行传输的，即 HFC（Hybrid Fiber Coax）方式，是目前我国城镇居民收看电视节目的主要传输方式。有线数字传输方式具有较高的信号质量，目前在我国数字电视传输中占据重要位置。

卫星传输是对数字电视信号进行编码压缩等数字处理后，由卫星地球站发射到卫星，再由地球同步卫星将其信号传输到用户家中的接收机上进行还原。卫星传输方式是由地球同步卫星面向全球进行的广域信号覆盖，信号传输的质量高，收视效果好。

网络传输方式是利用宽带网技术，向用户提供包括数字电视在内的多种交互式服务的技术。网络电视采用 MPEG-2/4、H. 264、H. 265 等标准进行信源编码，用户终端是 IP 机顶盒或者智能电视等设备，通过互联网络协议构建起基于网络的电视节目传输服务。

本章主要讨论前三种传输方式，网络电视的内容在 IPTV 模块中论述。

8.2　主要数字电视传输标准

数字电视传输涉及多个领域的标准，其中传输标准分为地面无线数字传输、有线数字传输、卫星传输三个体系。数字电视国外传输标准主要有三种，分别是 ATSC 标准、ISDB 标准、DVB 标准。

ATSC 是美国的数字电视国家标准，美国高级电视业务顾问委员会（Advanced Television Systems Committee，ATSC）于 1995 年 9 月 15 日批准通过 ATSC 数字电视国家标准。ATSC 标准的信源编码采用 MPEG-2 视频压缩和 AC-3 音频压缩，信道编码采用 VSB 调制，能提供地面广播模式（8VSB）和高数据率模式（16VSB）两种模式。

ISDB（Integrated Services Digital Broadcasting）即综合数字服务广播，是由日本电波产业会制定的数字电视和数字声音广播标准。ISDB 的核心包括 ISDB-S（卫星数字电视）、ISDB-T（地面数字电视）和 ISDB-C（有线数字电视），都基于 MPEG-2 或 MPEG-4 压缩标准。

DVB 标准包括 DVB-S（卫星数字电视）、DVB-C（有线数字电视）、DVB-T（地面数字电视）三种。由于 DVB 标准在世界上的应用广泛，本模块主要讨论 DVB 相关传输标准。

我国在数字电视发展初期，主要借鉴国外标准。随着数字电视技术的发展，经我国科技人员努力攻关，我国在地面传输和卫星传输领域推出了自主创新的 DTMB 和 ABS-S 标准，从性能到技术有了长足的进步，涵盖了数字电视的发射、传输和接收的全产业链。2006 年发布的中国地面数字电视传输标准 DTMB 于 2011 年通过 ITU-R BT 1306-6 和 ITU-R BT 1368-9 建议书，成为全球第四个地面数字电视国际标准。2007 年，国家广播电影电视总局广播科学研究院推出了我国编制的新一代卫星广播系统标准 ABS-S，在我国的直播卫星系统中得到了广泛的应用。

8.3 DVB传输标准

DVB标准(Digital Video Broadcasting)是由DVB Project组织编制并维护的一系列为国际所承认的数字电视公开标准。DVB Project组织是一个由300多个成员组成的工业组织,它由欧洲电信标准化组织、欧洲电子标准化组织和欧洲广播联盟联合组成的“联合专家组”(Joint Technical Committee,JTC)发起,制定了包括卫星、有线和地面无线的标准清晰度电视和高清晰度电视的广播与传输标准,主要目标是要找到一种对所有传输媒体都适用的数字电视技术和系统。

8.3.1 DVB传输系统

DVB系列标准规定了音频、视频采用何种压缩格式,定义了系统时间等系列参数,同时在信道编码和保护纠错上做了详细规定。DVB传输系统利用了包括卫星、有线、地面无线在内的通用电视广播传输媒质,相应的DVB传输标准包括:卫星电视(DVB-S及DVB-S2)、有线电视(DVB-C及DVB-C2)、地面电视(DVB-T及DVB-T2)和移动电视(DVB-H)。由于在商业推广上的失败,DVB-H已于2012年停用。

DVB系统在设计之初的主要技术要求有以下几点:

1. 系统应能灵活传送MPEG-2视频、音频和其他数据信号。

2. 系统使用统一的MPEG-2传送比特流复用。

3. 系统使用统一的服务信息系统提供广播节目的细节等信息。

4. 系统使用统一的一级里德-索罗门前向纠错系统。

5. 使用统一的加扰系统,但可有不同的加密。

6. 选择适于不同传输媒体的调制方法和信道编码方法以及任何必需的附加纠错方法。

7. 鼓励欧洲以外地区使用DVB标准,推动建立世界范围的数字视频广播标准,这一目标得到了ITU卫星广播的支持。

8. 支持数字系统中的图文电视系统。

8.3.2 DVB-S和DVB-S2传输标准

8.3.2.1 DVB-S标准

1. DVB-S系统处理框图。

卫星传输方式的传输距离远,覆盖面积大,一颗地球同步通信卫星的波束就可以覆盖地球表面的三分之一,接收机成本不高,使得这种传输方式非常普遍。

DVB-S主要规定卫星系统中从MPEG-2复用码流到卫星通道部分的实现方法,描述了信道编码和调制过程,完成从基带信号到高频信号的适配。DVB-S 采用四相相移键控(Quaternary PhaseShift Keying,QPSK)调制方式,调制效率较高,对传输信道的信噪比要求较低,适合卫星广播。

DVB-S 系统发送端包括节目复用适配、传输复用适配和能量扩散(数据扰码)、RS 外编码器、卷积交织器、卷积内编码器、基带成形和 QPSK 调制等部分。

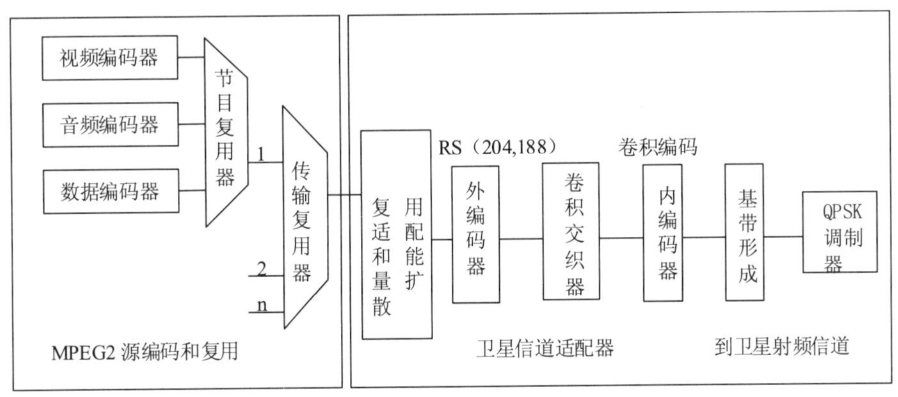

图 8-1　DVB-S 系统处理框图

如图 8-1 所示,发送端信号的处理分以下几个环节。首先是 MPEG-2 的信源编码和复用,将输入的视频信号、音频信号和数据按 MPEG-2 格式编码,再经节目复用和传输复用形成统一的数据包格式,包长 188 字节,包括 1 个同步字节。随后进行数据的能量扩散(数据随机化),其目的是避免出现长串的 0 或 1。然后为每个数据包加上前向纠错的 RS 编码,RS 编码的加入会使原始数据长度由原来的 188 字节增加到 204 字节。其后是数据交织和卷积编码纠错,最后对数据流进行 QPSK 调制。这些处理主要用来增加信号抗误码的能力并适应信道传输特性。

为了达到最大的功率利用率而又不使频谱利用率有很大的降低,DVB-S 采用 QPSK 调制并使用卷积码和 RS 级联纠错的方式。QPSK 调制具有恒包络的特点,便于转发器功率的充分利用,所以卫星系统较少采用振幅变化的数字调制方式。已调信号经卫星转发器饱和放大和带限滤波后,功率性能恶化较小,在相同的 E_b/N_0 条件下,QPSK 调制技术的抗干扰能力较强。所以目前卫星的数字电视传输系统以 QPSK 调制方式为主,也采用 8PSK、16/32APSK 的调制方式。

DVB 复用分为节目复用和传输复用两个层次,节目复用是指打包后的编码音视频、数据的 PES 流到 TS 流的复用;传输复用是指从单个 TS 流到多节目传输流(MSTS)的复用。数字化的音、视频信号分别压缩编码后,和编码的附加数据复用成单节目传输流,再与其他节目数据流复用成多节目传输流(MSTS),完成信源编码和复用。节目复用将一路数字电视节目的视频、音频和辅助数据等按照一定的方法时分复用成单一的 PS 流或 TS 流,而传输复用是将各路数字电视节目的传输流进行再复用,实现节目间的动态带宽分配,并可以提供各种增值服务。

在 MPEG-2 传输复用器后,系统输入码流组成固定长度的数据包。MPEG-2 传输复用包总长度为 188 字节,它包括一个同步字节(47_H)。发送端的处理顺序是从同步字节后的第一个字节的最高有效位开始,采用伪随机二进制序列(PRBS)对 MPEG-2 数据包进行能量扩散随机化处理,以连续八个传输复用包为一组处理单元(超帧),每八个包的第一个包的同步字节反转为 $B8_H$,作为起始标志。PRBS 输出的第一个比特加到反转后的 MPEG-2 同步字节($B8_H$)后面的第一个字节的第一位上,在后续七个传送包的 MPEG-2 同步字节期间,PRBS 输出无效,即不对这些同步字节进行随机化。能量扩散就是用随机化电路产生伪随机二进制序列,用伪随机二进制序列与信息数据逐位模 2 相加实施扰码,使数据随机化。这种伪随机序列与 TS 流包的码进行扰码运算后,数据流中"1"和"0"的连续游程都很短,且出现的概率基本相同。连"0"码或连"1"码的长度缩短,便于接收端提取比特定时信息。数据码流经此项处理,可增加信号对误码的抵抗能力并使其适应信道传输特性。然后使用 RS 编码(204,188,$T=8$)及卷积交织编码技术进行前向纠错保护,最后以 QPSK 调制方式发送至卫星转发器。

2. DVB-S 系统的帧结构。

数字通信理论在设计通信系统时都是假设所传输的比特流中"0"与"1"出现的概率是相等的,但 TS 码流经过编码处理后,可能会出现连续的"0"或连续的"1"。为了保证在任何情况下进入 DVB 传输系统的数据码流中"0"与"1"的概率都能基本相等,传输系统首先用一个伪随机序列对输入的 TS 码流进行随机化处理。

如上所述,DVB 标准将八个传输复用包规定为一个超帧,将传输复用包中的数据进行随机化处理,这个过程称为扰码。MPEG-2 传输复用器输出的 TS 流是固定长度 188B 的数据包,其中第一个字节是同步字节 Sync(47_H),如图 8-2(a)所示。在欧洲的数字视频广播标准中,无论 DVB-S、DVB-C 或 DVB-T,都对数字基带信号实施同样的能量扩散,即采用 15 级移存器产生的伪随机二进制序列 PRBS(Pseudo Random Binary Sequence)对数据序列做模 2 加。在 DVB-S 中,将八个 TS 包组成一个超帧,每个超帧中第一个 TS 包的同步字节取 47_H的反码 $B8_H$,其余七个同步字节仍为(47_H),如图 8-2(b)。在数据随机化时,以超帧作为伪随机二进制序列加扰的循环周期,PRBS 生成的多项式为 $G(x)=1+x^{14}+x^{15}$。在每个超帧的 Sync1 期间,PRBS 发生器进行初始化,初始化值为 100101010000000B,经过 1503($188\times7+187$)字节后又重新初始化。每个超帧内其余七个 Sync 期间 PRBS 发生器继续工作,但使能信号无效,与门输出为 0,这就保证了同步字节不被加扰。从信号功率谱的角度看,加扰过程相当于将数字信号的功率谱拓展了,使其能量扩散开了,因此加扰过程又被称为"能量扩散"过程。当无输入比特流或者比特流不符合 TS 流格式时,扰码处理仍然进行,以避免调制器输出未经调制的单载波信号。基带信号在随机化电路中进行能量扩散,信号扩散后具有伪随机性质,连"0"码或连"1"码的长度缩短,便于接收端提取比特定时信息。

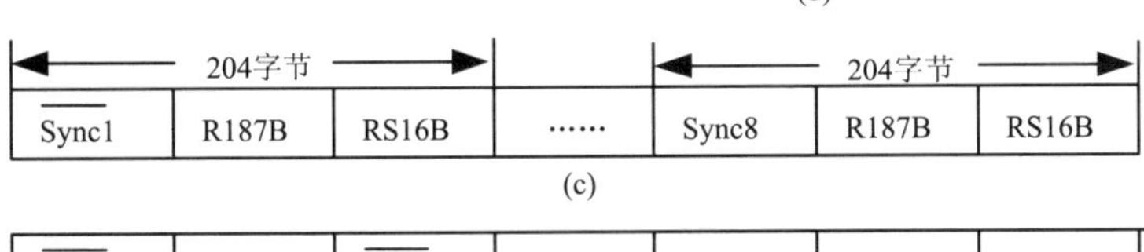

（a) MPEG-2包；（b）随机化后的传送包：同步字节和随机化序列R；
（c）RS（204，88，T=8）误码保护数据包；（d）交织帧N=IM=12×17=204

图 8-2　帧结构

3. 外码编码、交织和成帧。

从信道传输的角度看，任何纠错编码的纠错能力都是有限的，当信道中的干扰较严重、在传输过程中发生的误码超出纠错能力时，纠错编码将无法纠正错误甚至发生“误纠”。针对这种情况，DVB 系统采用两级纠错的方法以进一步提高纠错能力。处于外层的纠错编码简称为“外码”，而处于内层的纠错编码简称为“内码”。在接收端，内码首先对传输误码进行纠正，对纠正不了的误码，外码再进一步进行纠正。两层纠错编码大大提高了纠正误码的能力，外码采用 RS 码，内码采用卷积码。

RS 码编码后形成的 RS(204,188,$T=8$)纠错码分组如图 8-2(c)所示。RS 编码具有很强的突发误码纠错能力，RS(204,188,$T=8$)中，204 为纠错码分组总的字节数，188 为需要保护的信息字节，最多能纠正 8 字节误码。外码编码用 RS(204,188,$T=8$)生成一个误码保护数据包，在每 188 字节后加入 16 字节的 RS 校验码，数据包中的同步字节也要参与 RS 编码处理。RS(204,188,$T=8$)是由原始的 RS(255,239,$T=8$)截短得到的，其生成多项式为 $G(x)=(x+\alpha)(x+\alpha^2)\cdots\cdots(x+\alpha^{16})(\alpha=02_H)$，域生成多项式为$P(x)=x^8+x^4+x^3+x^2+1$。

为增强抗突发干扰的能力，对 RS 编码后的每个误码保护数据包要进行深度 $I=12$ 的卷积交织处理，以生成一个交织帧，如图 8-2(d)所示。卷积交织的处理可见图 6-3(见 142 页)，编码序列在切换开关的作用下依次进入 12 个支路，每个支路上配置延迟量不等的缓存器，周而复始，形成 $17\times12=204$ 字节的数据流。每个支路的延迟缓存器数依次以 17 的倍数增加，输出端采用同步的切换开关从 12 个支路轮流取出符号。变量 $M=17$ 称为交织宽度，代表交织后相邻的符号在交织前的最小距离。变量 $I=12$ 表示交织深度，是交织前相邻的符号在交织后的最小距离。

大多数纠错编码都是基于信道差错满足统计独立的特性，也就是针对随机错误设计的,但实际信道是突发错误和随机错误并存的组合信道,在这些信道中只纠正随机误码效果不好。在信道传输中的突发错误往往是由脉冲干扰、多径衰落引起的,在统计上是相关的,所以一旦出现不能纠正的错误时,这种错误将连续存在,还可能因超出纠错能力导致误码扩大。因此在 DVB 系统里,采用了卷积交织来解决这一问题。它以一定规律扰乱源符号数据的时间顺序,使其相关性减弱,然后将其送入传输信道,接收端的解交织器按相反规律恢复出源符号数据。交织技术是一种时间－频率扩展技术,它把信道错误的相关度减小,在交织度足够大时,就能把突发错误离散成随机错误,为正确译码创造了更好的条件。从严格意义上说,交织不是编码,因为交织技术本身不产生冗余码元。但是如果把编码器和交织器看成一个整体,则新构成的"交织码"便具有了更好的纠错性能。

4. 内码编码、基带成形和调制。

内码编码主要包括卷积编码和收缩,DVB-S 的内码编码和调制框图如图 8-3 所示。卷积可以使原本无关的数字符号序列在一定间隔内具有相关性,卷积编码把 k 比特信息段编成 N 比特的码组,所编的 N 长码组不仅同当前的 K 比特信息段有关联,而且还同前面的($K-1$)个($K>1$ 的整数,称为约束长度)信息段有关联。在码率相同、译码复杂性相同的条件下,卷积码的性能要好于分组码。DVB-S 的内编码采用(2,1,7)的收缩卷积码,根据收缩率的不同,可使用的编码效率有 1/2、2/3、3/4、5/6、7/8,以适应不同的应用场合并具有相应的纠错能力。编码效率越高,纠错能力越弱,但一定带宽中可传输的有效比特率会增大。

卷积码的译码法有两类:一类是大数逻辑码,又称门限译码;另一类是概率译码,概率译码又分为维特比译码和序列译码两种。维特比译码算法于 1967 年由 Viterbi 提出,目前在数字通信的前向纠错系统中用得较多,该算法在卫星通信中已被采用作为标准技术。维特比译码的过程可以简单地理解为接收端从符号序列可能演进的多条路径中,按照最大似然准则选择路径来解码,比逐个进行信号判决的解码性能好得多。由于卫星信道中信号衰减很大,信噪比较低,因此必须牺牲一定的频谱利用率以保证足够的功率利用率,DVB-S 系统就采取了两种措施:一是采用级联的信道编码方案,二是采用 QPSK 调制。卫星接收机在合适的 E_b/N_0输入时,QPSK 解调器输出的数据误码率即使在 $10^{-1}\sim10^{-2}$,经维特比译码误码率可达 2×10^{-4},去卷积交织后再经 RS 译码可将误码率提高到 $10^{-10}\sim10^{-11}$,这个数值相当于在任意 24 小时接收时段内只出现一个误码。

进行载波调制之前,I 支路、Q 支路信号要进行基带频谱整形,整形滤波器为平方根升余弦滚降滤波器,滚降系数为 0.35。滚降系数影响着频谱效率,滚降系数越小,频谱效率就越高,但滚降系数过小,平方根升余弦滚降滤波器的设计和实现比较困难,而且当传输过程中发生线性失真时产生的符号间干扰也比较严重。所以实际工程中,滚降系数的范围一般定在 0.15 ~0.5。

卫星信道的频带宽,卫星转发器的发射功率不高,且卫星信道路径较长,易于受雨衰

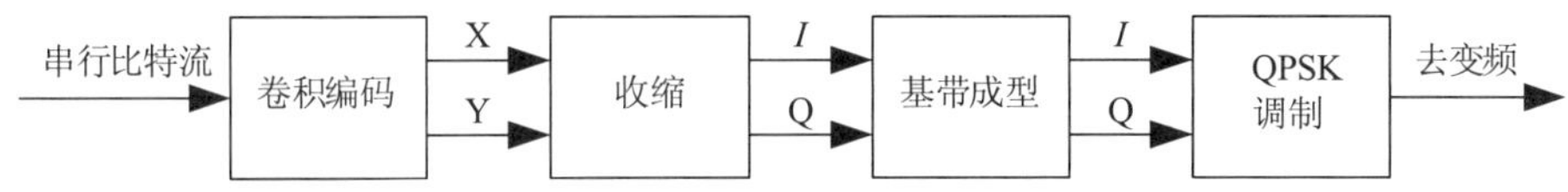

图 8-3　DVB-S 的内码编码和调制框图

干扰,影响传输质量。为保证接收可靠性,DVB-S 采用了调制效率稍低但抗干扰能力强的 QPSK 调制。根据具体的转发器功率、覆盖要求和信道质量,可以利用不同的内码编码率来适应特定的需要。例如,为确保良好的传输和接收,卷积编码率可以是 1/2 或 2/3;而若希望可用比特率高时,编码率可以是 3/4 或更大。DVB-S 系统的参数选择在内码编码率上有较大的灵活性,可适用于不同的卫星系统和业务要求。

数字调制四相相移键控(QPSK)调制抗误码性能较优,其已调信号是包络恒定信号,传输信道中的加性干扰对其性能无影响,克服了卫星传输信道衰减大的不足,非常适合卫星信道。对于卫星数字电视系统来说,充分利用卫星发射功率,降低包括天线在内的接收终端成本,具有重要意义。所以 QPSK 调制方式在卫星数字电视系统中被普遍采用。

8.3.2.2　DVB-S2 标准。

欧洲电信标准协会(ETSI)于 2005 年 4 月正式颁布第二代 DVB-S2 标准。与第一代 DVB-S 标准相比,DVB-S2 可提供除 QPSK 之外的具有更高频带利用率的调制方式,如 8PSK、16APSK 或 32APSK。QPSK 和 8PSK 近似恒包络调制,对卫星转发器的线性程度要求较低,可以在饱和状态工作,功率利用率较高。与之相比,DVB-S2 的 16APSK 和 32APSK 调制既减小了对放大器非线性区的敏感性,又提高了频谱利用率,在宽带卫星通信中有了用武之地,能很好地适应卫星传输信道。DVB-S2 采用的是功能更强大的前向纠错系统,用 BCH 和 LDPC(低密度奇偶校验码)的级联编码来代替 RS 码和卷积码的级联编码,有效地降低了系统解调门限。LDPC 码是线性分组码的一种,于 1962 年由罗伯特·加拉格提出,其纠错能力非常接近于香农极限。不过受限于当时的技术,低密度奇偶校验码一直无法付诸实用。随着集成电路技术的演进,低密度奇偶校验码的实现逐渐可行,从而成为各种先进通信系统的信道编码标准。在准无误码(QEF,$BER \leqslant 10^{-11}$)工作条件下,DVB-S2 要求的 S/N 值仅高出香农公式的理论界限 0.7～1dB,比 DVB-S 平均提高约 30% 的信道容量。DVB-S2 频谱成形中的升余弦滚降系数 α 可在 0.35、0.25、0.2 中选择,而不是 DVB-S 中固定的 $\alpha = 0.35$。α 越小,载波波形越陡峭,频谱利用率越高。

DVB-S2 为适应不同的业务数据类型,提高系统传输和抗干扰性能,采用了比 DVB-S 更多的新技术。DVB-S2 支持包括 MPEG-2、MPEG-4、H.264/MPEG-4 AVC、WMV-9 在内的多格式信源编码格式及包括 IP、ATM 在内的多种输入流格式,可以接受有时序要求的 TS 流,也可以传输时序要求不严格的 IP 分组数据,充分扩展了 DVB-S2 的应用范围。DVB-S2 传输系统能支持高数据速率应用,如高清晰度电视和宽带互联网业务,适用于广播电视、数字卫星新闻采集(Digital Satellite News Gathering,DSNG)、交互业务。除广播业务外，DVB-S2 还支持交互式服务、数据分配/中继等其他专业服务。

8.3.3 DVB-C 和 DVB-C2 传输标准

8.3.3.1 DVB-C 标准

DVB-C 传输技术用于有线数字电视系统中，DVB-C 作为一项统一的标准为很多国家所接受，我国也制定了与之兼容的广电行业标准 GY/T170-2001《有线数字电视广播系统信道编码与调制规范》在国内推广应用。

对于卫星数字电视系统来说，充分利用卫星发射功率，降低包括天线在内的接收终端成本，具有重要意义。QPSK 调制方式对提高功率利用率和保持较高的频谱利用率较为有利，所以在卫星数字电视系统中被普遍采用。而 DVB-C 的传输信道是传输条件较好的有线电缆，所以该标准采用多电平正交振幅调制（Quadrature Amplitude Modulation，QAM）。QAM 的优点是具有更大的符号率，从而可获得更高的系统效率，多电平 QAM 的调制效率更高，对传输信道的信噪比要求也较高。

DVB-C 传输系统的原理框图如 8-4 所示，DVB-C 传输系统的结构与 DVB-S 传输系统有一定的相似之处，在基带物理接口、同步反转和随机化、RS 编码、卷积交织等环节上与 DVB-S 系统完全相同。DVB-C 信道编码层与 DVB-S 的编码相协调，目的是便于卫星传送的多节目数字电视进入 DVB-C 网络向用户分配。经过卷积交织后的信号帧格式与 DVB-S 的帧格式完全兼容，便于将 DVB-S 系统中的卫星节目解调和解码后直接用于有线数字电视系统。

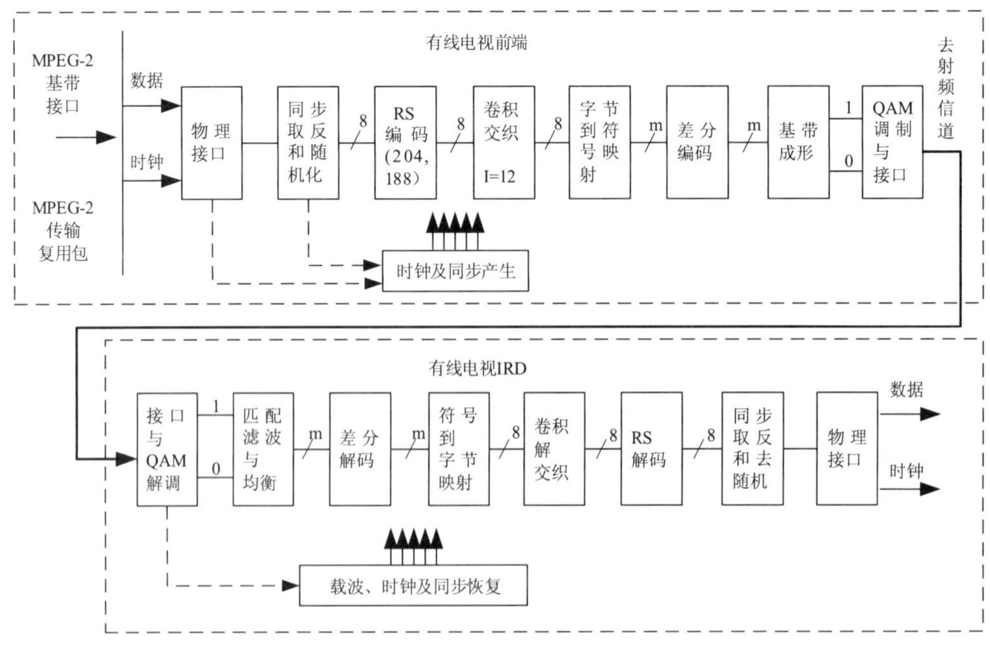

图 8-4　DVB-C 传输系统的原理框图

从图 8-4 可看出，除通道调制外，DVB-C 传输系统的结构与 DVB-S 结构的大部分处理均相同。DVB-C 传输系统从 MPEG-2 复用器输入具有固定长度数据包的码流。MPEG-2 传输复用数据包的长度也为 188 字节，包括一个同步字节。发送端从同步字节的最高有效位开始，采用伪随机二进制序列 PRBS 对 MPEG-2 数据包进行能量扩散随机化处理，处理单位为连续八个包组成的超帧。外码编码采用 RS(204，188，$T=8$)编码生成误码保护数据包，再对每个数据包进行深度为 $I=12$ 的卷积交织处理，生成交织帧。由于发送端在卷积交织之前以及接收端在卷积之后，信息都是以二进制比特的形式呈现。为方便计算，在具体处理时以 8 比特构成的字节为单位进行。而在进行 2^mQAM 调制解调时，每个调制符号要与 m 个比特(一个符号)进行映射，即每次调制解调要以 m 个比特为单位进行，因此要在字节与 m 位符号之间进行转换和映射。对每符号的两个最高有效位进行差分编码，从而获得旋转不变的星座图。字节到符号的转换，将 8 比特数据转换成 6 比特为一组的符号，前两个比特进行差分编码再与剩余的 4 比特转换成星座图中相应的点。基带成形将差分编码后的 m 比特符号映射为 I、Q 信号，在 QAM 调制前，对 I、Q 信号进行平方根升余弦滚降滤波。QAM 调制对信号进行 QAM 调制，随后通过物理接口将 QAM 已调信号送至有线射频(RF)信道。

对于 8MHz 频道带宽，当采用 64QAM 时，约能容纳 38.5Mbit/s 的有效载荷。QAM 调制字节到 m 比特符号变换和两位 MSB 差分编码的过程如图 8-5 所示。对于 64QAM，一个符号携带 6 比特信息，所以要把连续的 8 比特数据转换成 6 比特一组的符号，各符号的前两位进行差分编码，再与其余 4 位转换成星座图上的信号矢量。若多元调制为 2^m QAM，则需把 k 字节映射成 n 个符号，即 $8k=n\times m$，映射后的符号的最高两比特要进行差分编码。图 8-5 中，对于字节到 m 比特符号变换器的输出，无论 $m=4\sim8$(对应于 16QAM ~ 256QAM)中的哪一整数值，都要将它的前两个最高位比特 A_k 和 B_k 进行差分编码，得到 I_k 和 Q_k，随后在实施 QAM 调制时，由 $I_kQ_k=00,10,11,01$ 决定星座图中星座点的象限位置。其余的 $q=m-2$ 个比特形成 2^q 个星座点，在四个象限内各配置一组。编码后形成 I_k 和 Q_k 分量，接着进入具有平方根升余弦滚降特性(滚降系数 $\alpha=0.15$)的滤波器进行基带成形，然后与其他符号位一起进入 QAM 调制器完成信号调制。

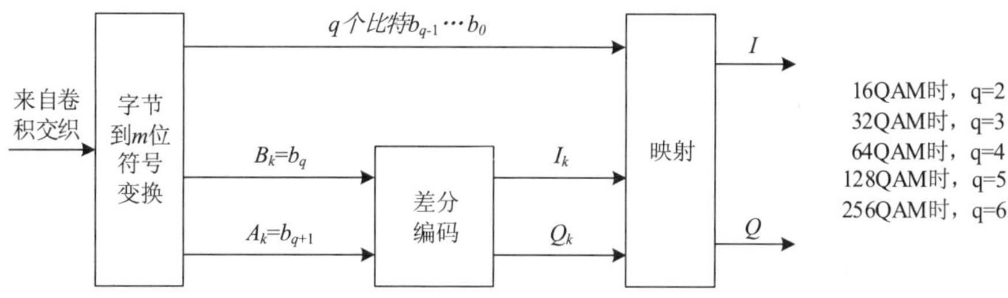

图 8-5　字节到 m 比特符号变换、两位 MSB 差分编码示意图

有线数字电视广播系统的特点包括:传输信道的带宽窄(8MHz);信号电平高,接收端最小输入信号在100mVp-p以上;传输信道质量好,光缆和电缆内的信号不易受到外来干扰。因此,DVB-C系统对FEC处理的要求可降低,调制效率可提高。由于这些特点,DVB-C不再使用内码编码。同时为提高有线电视网络的传输容量,可以采用更多电平的QAM,例如512QAM、1024QAM或2048QAM,但是此类多电平的调制方式对网络传输性能提出更高要求,也会增加设备的复杂程度。

8.3.3.2 DVB-C2标准

DVB组织开发的第二代有线数字电视标准DVB-C2于2009年4月以蓝皮书的形式发表,并于2009年7月变成正式标准。DVB-C2采用新的编码和调制技术,能更加高效地利用有线电视网。在与DVB-C同等的条件下,其频谱效率提高30%,下行容量增加60%以上。DVB-C2的信道带宽最大可以扩展到450MHz,传输数据带宽可达4.6Gb/s,DVB-C2标准信道容量逼近香农极限,通信容量大幅提升,解决了高清电视传输所需的带宽问题。

表8-1 DVB-C2与DVB-C的性能比较

项目	DVB-C	DVB-C2
输入接口	单一TS流	多通道TS流,通用封装流
模式	固定编码调制	可变编码调制,自适应编码调制
前向纠错码	RS	BCH,LDPC
交织	位交织	位交织,时频交织
调制	单载波QAM	COFDM
导频	NA	离散,连续导频
保护间隔	NA	1/64,1/128
星座映射	16-256QAM	16-4096QAM

表8-1为DVB-C2与DVB-C的性能比较。通过比较可知,DVB-C2系统在DVB-C的基础上,对每个部分都进行了改进。DVB-C2系统模式配置组合更加方便灵活,同时采用灵活的输入码流适配器,适用于各种格式的单一或多输入码流;DVB-C2采用自适应编码和调制(ACM)功能,逐帧优化频道编码和调制;采用基于BCH+LDPC级联码的强大FEC系统,信道传输效率已接近香农极限;DVB-C采用QAM(16,32,64,128,256),而DVB-C2采用COFDM,并增加了更高阶QAM(直到4096);支持较大的码率范围(2/3~9/10),6个星座,频谱效率为1~10.8(bit/s/Hz),很好地支撑了有线电视网的运行。

图8-6是DVB-C2的系统原理图,该系统由多通道输入处理模块、多通道编码调制模块、数据分片及帧形成模块、OFDM信号生成模块组成。DVB-C2建立的是一个可以对各种数字信息进行透明传输的系统,各种数据格式如MPEG TS流、DVB通用封装流及特殊设计的IP数据等都可以接入系统。DVB-C2定义了物理层管道(Physical Layer Pipe,PLP),它是一个数据传输的适配器。一个PLP适配器可以包含多个节目TS流,或单个节

目、单个应用以及任何基于IP的数据。插入PLP容器的数据需要有数据输入处理单元将其转化成DVB-C2的帧内部结构，然后由前向纠错(FEC)编码器对其进行处理。DVB-C2采用BCH外编码与LDPC内编码相级联的纠错码技术，LDPC编码具有强大的纠正传输误码功能，而使用BCH码则可以降低在特定传输条件下接收机LDPC解码的误码率。与DVB-C使用的RS码相比，DVB-C2的抗误码能力增强了很多。经过前向纠错编码的数据进行位交织，然后进行星座映射。DVB-C2提供从QPSK、16QAM到4096QAM共6种星座模式，在DVB-C的基础上增加了1024QAM和4096QAM两种高码率模式。多个物理层管道的数据可以组成一个数据分片，数据分片的作用是把物理层管道组成的数据流分配到发送的OFDM符号特定的子载波组上，这些子载波组对应频谱上相应的子频带。每一个数据分片进行时域和频域的二维交织，目的是使接收机能够消除传输信道带来的脉冲干扰及频率选择性衰落等干扰。帧形成模块把多个数据分片和辅助信息及导频信号组合在一起，形成OFDM符号。导频包括连续导频和离散导频。连续导频在每个OFDM符号里分配给固定位置的子载波，并且在不同符号中位置都相同。一个DVB-C2接收机使用6MHz带宽中的30个连续导频就可以很好地完成信号时域和频域同步。附加数据主要包括被称作L1(Layer 1)的信令信息，它被放在每一个OFDM帧的最前边。L1使用一个OFDM符号所有的子载波来进行传输，给接收机提供对PLP进行处理所需的相关信息。OFDM符号的生成是通过反傅里叶变换(IFFT)来实现的。使用4k-IFFT算法产生4096个子载波，其中3409个子载波用来传输数据和导频信息。和DVB-C相比，DVB-C2的频谱效率得到了提高，尽管DVB-C2的基本带宽只有6MHz和8MHz两种，但是DVB-C2具有支持更大下行传输带宽的性能。同时，DVB-C2采用了在DVB-S2和DVB-T2中使用的一些技术，这些先进技术的应用使得系统鲁棒性也得到了增强。

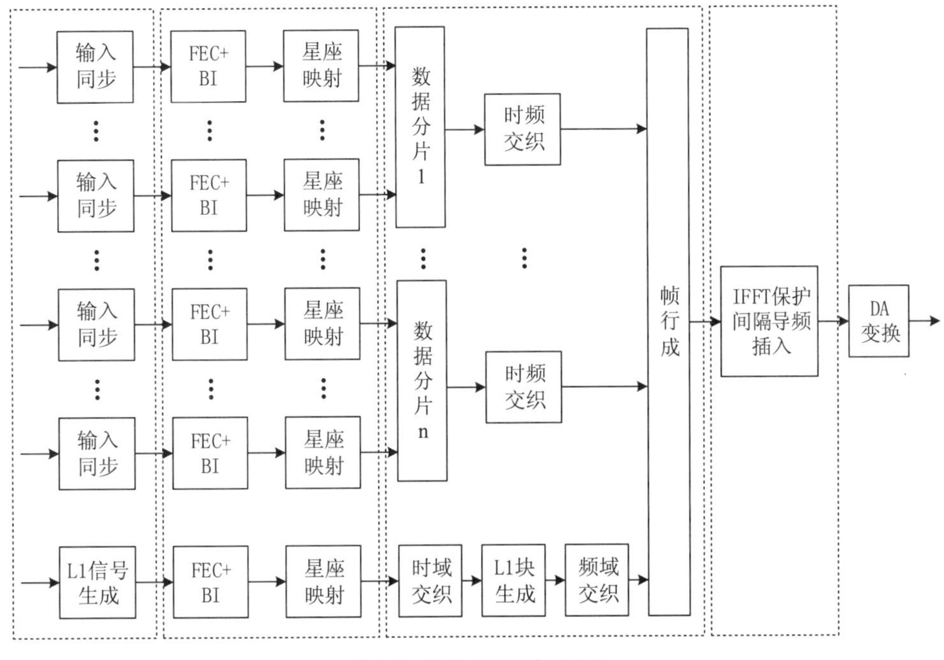

图8-6 DVB-C2系统原理图

DVB-C2 为实现宽带业务的高效与灵活应用提供了强大的技术保障，可支持的业务包括：

1. 高清晰度电视：在结合新型的信源编码技术后，DVB-C2 支持在单个 8MHz 的有线电视信道带宽内传输 10 路以上的高清电视业务。而 DVB-C 最多只能支持 3 路高清电视。

2. 双向业务：由于引入了回传通道，DVB-C2 可以支持交互等双向业务，例如互动电视。这些业务形态可以极大地增强有线系统的竞争力。

此外，DVB-C2 系统还可以提供高效的业务质量控制，可以在不同的时间范围内，根据需要来改变业务的稳健性。由于引入了回传信道，网络中心可以与用户建立双向连接，能够检测服务的质量，根据回传信息及时改变 QoS，保障用户的接收体验。

8.3.4 DVB-T 和 DVB-T2 传输标准

DVB-T(Digital Video Broadcasting-Terrestrial)是欧洲广播联盟在 1997 年发布的数字地面电视视频广播传输标准。DVB-T 采用 MPEG-2 编码和 COFDM 调制方式，对反射干扰具有很强的鲁棒性，很适合在城区等强反射干扰地区使用。所谓鲁棒性，或称系统的健壮性，是指控制系统在一定结构和大小的参数摄动下维持其他某些性能的特性，是在异常和危险情况下系统生存的关键。同时 COFDM 还允许在大范围地区内进行 SFN(单频网)操作，这大大缓和了 UHF 频段频率资源紧张的矛盾，DVB-T 非常适合数字信号的传送和接收。同时，它与 DVB-S、DVB-C 之间有很多相同特性，信号可方便地从一个系统传入另一个系统，能大大地节省开支。2007 年，欧洲 DVB 组织推出改良版的 DVB-T2 地面数字电视广播标准，频谱利用率及有效传输码率得到较大提高。

8.3.4.1 DVB-T 传输标准

DVB-T 利用开路地面传输进行 MPEG-2 数字电视的传输，由于地面电视传输的特殊环境，DVB 组织选定 COFDM 信道调制技术，以达到频谱利用效率与传输可靠性的平衡。DVB-T 传输系统的主要特点如下：

1. 适用于地面 VHF/UHF 信道，可实现与地面模拟电视节目的“同播”。

2. 可适用于单频网(SFN)。

3. 与 DVB-S 系统和 DVB-C 系统具有较好的通用性。

4. 支持多级质量节目传输。

DVB-T 发送端系统如图 8-7 所示。输入端是视频、音频和数据等复用的传送流，每个 TS 包由 188 字节组成，经过一系列信号处理后输出 COFDM 调制的载波信号。图 8-7 的前 4 个模块与 DVB-S 系统基本相同，高频调制采用多载波的 OFDM 调制方式，具有抗多径干扰、抗多普勒效应和便于构成单频网(SFN)等特点。

在 DVB-T 系统的信号处理模块中，前面的模块与 DVB-S 的相同，与 DVB-C 也有部分是相同的，这是为了与后两者尽量兼容。由于地面广播的条件较差，DVB-T 采用了更多的抗干扰和防误码的措施。DVB-T 系统的信道编码需要经过外码 RS 码编码、外码交织、内码卷积码编码和内码交织 4 个步骤，两层编码和两层交织保证了数据的正确传输。

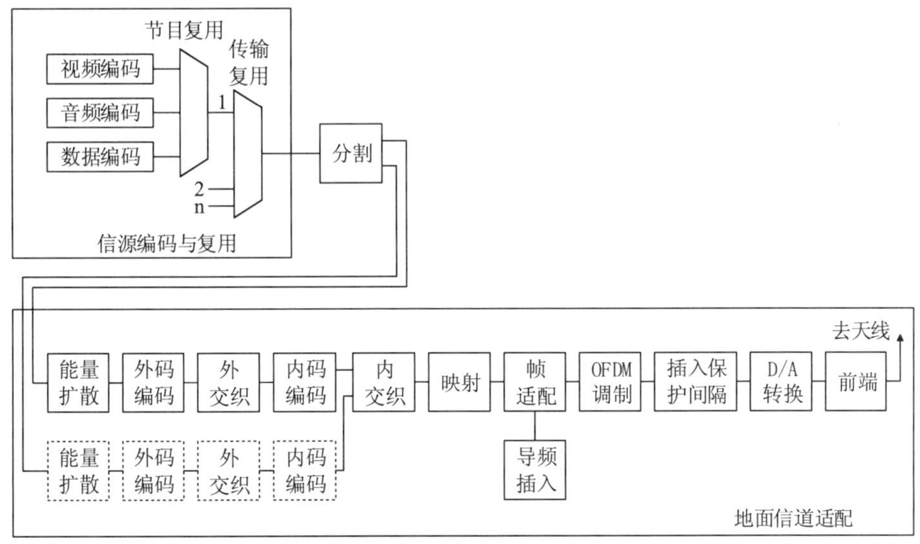

图 8-7　DVB-T 发送端系统框图

1. 信源编码及复用。

该部分与 DVB-C 及 DVB-S 相同，它对多路数字音频及数据进行复用，合成多节目传输流（MPTS）。在复用器中插用 EPG 电子节目菜单，根据管理及业务模式对全部节目或部分节目进行加扰、加密，复用器的输出信号可以传送到 DVB-T 的调制器，加入信道纠错及 COFDM 调制。

2. 等级调制（分割）。

DVB-T 根据传输环境的不同，分别实行不同的信道纠错保护。如一个码流可以采用具有较强纠错能力的纠错码，利用抗干扰能力较强的调制方式如 QPSK，但是码率较低；另一个码流可以采用纠错能力较弱的纠错码，利用抗干扰能力较弱的调制方式，例如 16QAM，但是码率较高。接收机通常可以根据应用不同，选择接收任何一个载波。DVB-T 系统在一个射频模拟频道中可以传送两个独立的数字电视传输流，通过选择不同的纠错码及调制方式使每一个传输流具有自己的信道特性及覆盖范围。

3. 能量扩散。

从复用器或单频网适配器出来的传输流有可能包含连续的"0"和"1"，使信号含有直流分量，能量扩散的目的是采用随机的方法将这些连续的"0"或"1"分散开来。

4. 外码编码。

DVB-T 标准信道编码采用 RS(204,188,$T=8$)外编码、外交织、收缩卷积码和内交织的级联方式。外编码是在 MPEG2 数字电视传输流 188 字节上，加入 16 个字节的冗余纠错码，构成一个 204 字节的传输流，该纠错码主要面向突发性连续错误。

5. 外交织。

外交织纠错也叫 Forney 卷积交织，其功能是将连续的误码打散，让它们平均分布在多个传输包中，以提高外纠错码的纠错效率。

6. 内码编码。

内码编码也称 Viterbi 纠错码，可以分成 1/2、2/3、3/4、5/6、7/8。1/2 纠错能力最强，7/8 的带宽利用率高，但是纠错能力最弱。

7. 内交织。

内交织包括比特交织及字符交织两部分。比特交织是将从内纠错 Viterbi 编码输出的二路码流，分别按照 QPSK、16QAM 和 64QAM 的要求交织成为二路、四路及六路比特流，然后将分别含有 2 比特、4 比特和 6 比特的字符映射到 2k 模式中的 1512 个载波或 8k 模式中的 6048 个载波中，再实现字符交织。

8. 映射。

将上面分别由 2 比特、4 比特和 6 比特构成的字符，依据 QPSK、16QAM 和 64QAM 三种不同的调制方式，进行幅度和相位的映射。

9. 导频插入。

导频信号的插入是为了方便接收机对接收信号的幅度及相位进行估算，提高接收质量。它包含连续导频信号(Continual Pilots)和离散导频信号(Cattered Pilots)。

10. OFDM 调制。

DVB-T 标准采用编码正交频分复用(Coded Orthogonal Frequency Division Multiplexing，COFDM)的调制方式，实现了将 I、Q 信号向 2k 模式的 1512 个载波或向 8k 模式的 6048 个载波的转换，它可以很好地解决多径环境中的信道选择性衰落。其基本原理是将频率选择性衰落信道(频率域)与时变平坦衰落信道(时间域)结合在一起形成时间 – 频率域，将高比特率的待调制信号按照一定的规则划分后再进行时间、频率的交错分布，然后用卷积码将它们相连，这样可使编码后数据信号所受到的衰落干扰具有统计独立性。如果信号在某一载波处受到一个负回波损失，从统计上说在另外的载波上会出现一个正回波，两者相互补偿抵消，从而提高 OFDM 系统的抗误码性能。它能有效减少多径及频率选择性通道造成接收端误码率上升的影响，频谱效率上升，并且具有较佳的抵抗“深度衰减”之能力。

COFDM 信号调制编码技术提供 2 种子载波数量，3 种调制方式，4 种保持间隔，支持小范围和大范围的单频网(SFN)运行，同样一路数字电视节目，可以通过多个发射机的同一频率同时接收，以提高接收效果。

11. 保护间隔插入。

保护间隔插入是为了克服反射波的干扰以及来自多个发射机的多波效应，将每一帧最后一个字符进行重复，重复长度可以是有用字符长度的 1/4、1/8、1/16 和 1/32，以防止由于多路反射造成第 N-1 个字符与第 N 个字符的重叠。

DVB-T 系统中可以调节的参数如下:

1. 内纠错码率 FEC(1/2、2/3、3/4、5/6、7/8)。

2. 子载波调制方式(QPSK、16QAM、64QAM)。

3. 保护间隔(1/4、1/8、1/16、1/32)。

4. 等级调制参数($\alpha=1$,非等级;$\alpha=2$、4,等级)。

5. 载波数量(2k=1705 个载波、8k=6817 个载波)。

8.3.4.2　DVB-T2 标准

欧洲数字视频广播项目组于 2008 年 6 月提出 DVB-T2(第二代地面数字电视广播传输系统)标准,DVB-T2 标准有大量的子载波传输保证系统,因此具有更强的鲁棒性。DVB-T2 相对于 DVB-T 有以下特点:具有更高的比特率,更适合在地面电视信道上传输 HDTV 信号,频谱效率比 DVB-T 高约 30%;在 8MHz 带宽内支持 TS 流传输速率达 50Mbit/s;采用 256 阶的 QAM、32K 的 FFT 块长以及优化的导频技术;采用多天线技术,MISO 技术,支持增强型的单频网服务;采用物理层管道,支持多业务广播。

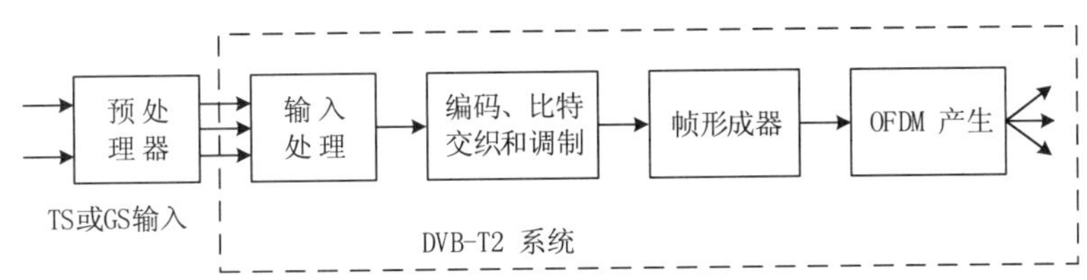

图 8-8　DVB-T2 系统发送框图

图 8-8 为 DVB-T2 的系统发送框图,待传输业务先通过预处理器分解成一个或多个 MPEG 传输流(TS)或通用流(GS),这些系统输入后被送到各个物理层管道(Physical Layer Pipe,PLP),DVB-T2 系统中的输入处理,编码、比特交织和调制都是按 PLP 进行的。每个逻辑数据流由一个 PLP 进行传输。对于输入的每个数据流,在输入处理模块内都有与之对应的模式适配模块来单独处理该数据流。模式适配模块将每个输入的逻辑数据流分解成数据域,然后经过流适配后形成基带帧。

通过使用 LDPC 码和 BCH 编码,DVB-T2 可以在具有大噪声电平和干扰的环境中传输具有强鲁棒性的信号,接收门限比 DVB-T 显著降低。帧形成器将来自各 PLP 的数据单元交织并分片,再分配到各个 T2 帧,然后加入导频,形成 T2 帧中各个 OFDM 符号。

DVB-T2 也支持 MISO(多入单出)传输模式,即系统将待传输信号进行空频编码后通过两个发射天线进行发射,接收端使用一个接收天线进行接收。DVB-T2 系统采用 OFDM 技术,子载波数目选择有 1K、2K、4K、8K、16K、32K 共六种,正交子信道数目越多代表子载波间隔越小,相同的保护间隔(GI)条件下抗多径干扰能力越强。

8.3.4.3 DVB-T2 与 DVB-T 的主要技术参数对比

DVB-T2 与 DVB-T 共存但不兼容,两者基本技术路线的共同点是采用 OFDM 技术、频域导频技术和 QAM 调制技术,具体参数对比如表 8-2 所示。

表 8-2 DVB-T 和 DVB-T2 的主要技术参数对比

比较项	DVB-T	DVB-T2
纠错编码及内码码率	RS + 卷积码:1/2,2/3,3/4,5/6,7/8	BCH + LDPC,1/2,3/5,2/3,3/4,4/5,5/6
星座点映射	QPSK,16QAM,64QAM	QPSK,16QAM,64QAM,256QAM
保护间隔	1/32,1/16,1/8,1/4	1/128,1/32,1/16,19/256,1/8,19/128,1/4
FFK 大小/K	2,8	1,2,4,8,16,32
离散导频额外开销	8%	1%,2%,4%,8%
连续导频额外开销	2.6%	≥0.35%

在提高最大传输速率方面,DVB-T2 可以在 8MHz 带宽内提供的最大净传输速率为 50.1Mbit/s,主要包括以下五点:

1. 支持更高阶调制,高达 256QAM。
2. 采用更优的 BCH + LDPC 级联纠错编码。
3. 支持更多的 FFT 点数,高达 32 768,并增加了扩展子载波模式。
4. 支持更多的保护间隔选项,最小保护间隔 1/128。
5. 优化的连续和离散导频,降低导频开销。

在提高地面传输性能和提供更多可选技术方面,DVB-T2 主要包括以下五点:

1. P1 符号的引入,支持快速帧同步对抗大载波频偏能力。
2. 采用改进 Alamouti 空频编码的双发射天线 MISO 技术(可选项)。
3. 采用 ACE 和/或预留子载波的峰均比降低技术(可选项)。
4. 支持多个射频信道的时频分片功能(可选项)。
5. 支持多种灵活的交织方式,包括比特交织、单元交织、时间交织和频域交织等,以增强对低、中、高多种传输速率业务的支持。

8.4 DTMB 传输标准

DTMB(Digital Terrestrial Multimedia Broadcast,地面数字多媒体广播)是中国自主创新的国家标准。DTMB 以时域同步正交频分复用(TDS-OFDM)调制技术为核心,形成了自有知识产权体系。

DTMB 标准在 2011 年被国际电信联盟接纳成为地面数字电视系统标准,成为 ITU 认可的继 ATSC、DVB-T、ISDB-T 之后的第四个地面数字电视传输国际标准。我国于 2006

年 8 月 18 日正式颁布了《数字电视地面广播传输系统帧结构、信道编码和调制》标准，该标准于 2007 年 8 月 1 日成为中国广播电视行业地面无线电视信号的强制性国家标准。

DTMB 在信道编码方面，采用了 BCH 码和 LDPC 码级联的形式，在调制方式上，采用时域同步正交频分复用(TSD-OFDM)调制方式，具有码字捕获快速和同步跟踪稳健、频谱利用效率高、移动接收性能好、覆盖范围大、便于实现多业务广播等优点。DTMB 系统能有效支持包括 HDTV、SDTV 和多媒体数据广播在内的多种业务，支持单频网、多频网等各种组网方式，可同时满足大范围固定覆盖和便携、步行、高速移动接收等需要。结合先进的数码压缩技术，DTMB 方案在原来模拟电视频道 8MHz 带宽内可支持 4.813Mbps ~ 32.486Mbps 的净载荷数据传输率，同时传输八九套标清电视或一套高清节目加数套标清电视节目，极大地节省了有限的频率资源，提高了频谱利用率。

8.4.1 DTMB 标准系统

图 8-9 为 DTMB 标准系统框图。输入数据码流经过扰码器(随机化)、前向纠错编码(FEC)，然后进行从比特流到符号流的星座映射，交织后形成基本数据块。经过帧体数据处理形成帧体，经过基带后处理转频为基带输出信号。

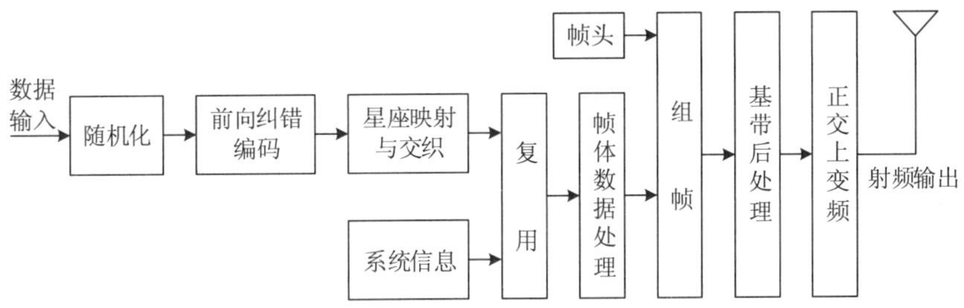

图 8-9 DTMB 标准系统框图

DTMB 系统发送端完成从输入数据码流到地面电视信道传输信号的转换，第一步是对音频、视频数据分别进行音频编码、视频编码，然后与辅助信息、控制信息一起进行节目复用，形成数字电视节目流，再将多个节目流进行传输复用。数据输入接口完全支持 AVS、MPEG-4 和 H.264 等信源压缩标准，输入 MPEG-2 的 TS 码流经过扰码器随机化处理和前向纠错编码(FEC)。数据随机化有利于载波提取，有利于数据时钟恢复，减少长连 0 有助于减小噪声对 0 码的影响，减少长连 1 有助于减小码间干扰。另外，数据随机化还有利于平滑频谱，减小非线性的影响，然后进行从比特流到符号流的星座映射。前向纠错编码产生的比特流要转换成均匀的 nQAM(n:星座点数)符号流。对于 64QAM，每 6 比特对应一个星座符号，对于 32QAM，每 5 比特对应一个星座符号。

第二步是进行交织，形成基本数据块。交织是为了对抗脉冲干扰、多径衰落等引起的突发错误，改变数据或数据块的发送顺序的技术，使原本相邻的数据或数据块经受相对独立的信道畸变。DTMB 系统采用卷积交织方式，具体有两种模式：

模式 1：$B=52$，$M=240$ 符号，交织/解交织总延迟为 170 个信号帧；

模式 2：$B=52$，$M=720$ 符号，交织/解交织总延迟为 510 个信号帧。

基本数据块与系统信息组合后，经过帧体数据处理从而形成帧体，帧体与相应的帧同步头（PN 序列）复接为信号帧（组帧），经过基带后处理，数据转换为输出信号（8MHz 带宽内），经正交上变频转换为 UHF 和 VHF 频段的射频信号，频率在 110MHz 至 862MHz。DTMB 预设了 64 种不同的系统信息模式，系统信息可以为每个信号帧提供必要的解调和解码信息，包括符号星座映射模式、LDPC 编码码率模式、交织模式、帧体信息模式等。

8.4.2 DTMB 标准的技术创新与优势

国标 DTMB 传输系统采用了创新的时域同步正交频分复用（TDS-OFDM）单多载波调制方式，主要针对地面数字多媒体电视广播传输信道线性时变的宽带传输信道特性（频域选择性与时域选择性同时存在的传输信道）所设计，它将数字调制、数字信号处理、多载波传输等技术有机结合在一起，在综合系统的频谱利用率、功率利用率、系统复杂性方面有很强的竞争力。

DTMB 在快速同步、抗干扰能力、高频谱利用率、灵活组网等关键技术性能方面，与欧洲、美国、日本已有标准相比，具有明显的综合技术优势和应用特点。欧洲 DVB-T 的 COFDM10% 的子载波传送用于同步和信道估计的导频信号，同时存在循环前缀的保护间隔，而 TDS-OFDM 将时间保护间隔同时用于传输信道估计信号，因此 DVB-T 系统的传输效率只能达到国标 DTMB 系统的 90%。TDS-OFDM 抵抗多径干扰的延时长度不受保护间隔长度的限制，抗多径干扰能力更强。在 AWGN 信道下，TDS-OFDM 的信道估计性能优于 COFDM，DTMB 系统比欧洲 DVB-T 更适合移动接收。

8.4.2.1 OFDM 调制时域同步技术

在 OFDM 系统中，同步设置是最重要的一环，也是 DTMB 系统的最大亮点。我国的 TDS-OFDM 将 PN 序列填充传统 OFDM 的保护间隔作为帧头，因帧头的内容是已知的，并可在接收端被去除，所以从抗符号间干扰（ISI）的角度说，它等同于零填充的保护间隔。

8.4.2.2 OFDM 调制保护间隔的新定义

COFDM 采用循环前缀填充的保护间隔，而 DTMB 创新定义了以 PN 序列为保护间隔的 OFDM 符号（简称 TDS-OFDM），TDS-OFDM 因把 PN 序列放在保护间隔中，既作为帧同步，又作为 OFDM 的保护间隔，因此 TDS-OFDM 的保护间隔作用要优于 COFDM。

8.4.2.3 与绝对时间同步的分层帧结构

国标 DTMB 采用独特的、与绝对时间同步的分层帧结构，可在物理层为单频网提供与 TS 流对应的秒同步时钟，便于单频组网，有利于未来系统的功能扩展，还有助于手持便携接收机的省电控制。

8.4.2.4 频谱效率高

我国的 TDS-OFDM 把时间的保护间隔同时用于传输信道估计信号，频谱效率比 DVB-T 系统提高约 10%。

8.4.2.5 抗多径干扰能力强

与 ATSC 单载波系统相比，DTMB 系统具有抗多径干扰的能力，在多径延迟超过时间保护间隔的情况下，国标 DTMB 仍能工作。TDS-OFDM 还可把几个 OFDM 帧的 PN 序列联合处理，使抗多径干扰的延时长度不受保护间隔长度的限制。

8.4.2.6 信道估计性能良好

在 AWGN 信道下，因 TDS-OFDM 用于信道估计的 PN 序列具有 20dB 左右的扩频增益，所以 TDS-OFDM 的信道估计性能优于 COFDM。

8.4.2.7 适合移动接收

在移动接收时 COFDM 要考虑 4 个 OFDM 符号的信道变化影响，而 TDS-OFDM 只需考虑 1 个 OFDM 符号的信道变化影响，所以 DTMB 系统更适用于移动接收，其移动特性优于欧洲 DVB-T 系统。

8.4.2.8 系统同步快

TDS-OFDM 采用 PN 序列进行同步，仅在时域进行，同步时间约为 1 毫秒，而 COFDM 的同步技术实现同步时间为几十毫秒。

8.4.2.9 易于构筑单频网

DVB-T 要求在 MPEG 码流层与单频网进行同步，其实现技术比较复杂。国标 DTMB 的帧结构以整秒为单位，能够在物理层对单频网进行同步，实现设备简单，建网成本低。

8.4.3 DTMB 国标的推广历程

广播电视涉及国家安全，是党和人民的喉舌，是普惠全民的基础设施，使用具有自主知识产权的电视标准，可将信息安全的钥匙牢牢掌握在自己手里，同时，使用自己的标准会节约大量的专利费用，也会在发射、传输、接收等环节节约大量设备经费。国际上一些国家及组织积极在全球范围内推广其标准，在国际上形成一种标准竞争的现象。我国目前正在从“中国制造”向“中国创造”发展转变，随着我国信息技术的迅速发展，地面数字电视技术和应用也随之推进，该产业技术门槛高，产业链较长，带动的就业人口较多，持续时间较长，因此地面数字电视传输标准 DTMB 的推广与国际化具有重要意义

DTMB 标准通过理论创新、技术突破、标准形成、产业布局到工程建设，最终实现了标准及其产业的国际化，并在四大同类国际标准中取得“技术领先”的评价，实现了高水平

科技的自立自强。自 DTMB 诞生之日起,国家数字电视领导小组就确定了加速 DTMB 国内推广和促进 DTMB 海外推广的战略方针。2007 年 6 月 8 日,中关村数字电视产业联盟成立。2007 年 6 月 4 日,中国香港正式宣布采用 DTMB 标准,确定 12 月 31 日开始 DTMB 的商业播出。DTMB 信号覆盖了香港 90% 以上的区域,数字电视用户渗透率达到 70%,近 150 万。2008 年,中国澳门正式宣布采用 DTMB 标准。2010 年 6 月,老挝开始将欧洲标准制式转换为 DTMB 标准。同年 9 月,柬埔寨规定将我国 DTMB 标准作为柬埔寨电视台数字媒体宣传技术标准。2013 年 3 月,古巴开始采用 DTMB 标准部署地面数字电视广播,中关村数字电视产业联盟代表团远赴古巴实施对比测试,得出了该标准性能指标具有明显优势的结论。2008 年,我国在南美参加了与欧、日标准的现场对比测试,该次测试在委内瑞拉举行,DTMB 标准的总体性能指标再次胜出。中国在取得成功的基础上又于当年年底在秘鲁实施了将近 2 个月的现场测试,再次显示出该标准性能最优,次年5 – 8 月先后在古巴首都、厄瓜多尔首都进行了现场对比测试,均以显著优势胜出。2015 年,巴基斯坦国家电视台 DTMB 高清数字电视信号成功开播,DTMB 标准又一次在海外国家得到应用。目前,已经有 13 个国家使用或计划使用 DTMB 标准。

国家标准化委员会受国家数字电视领导小组委托,于 2010 年 5 月成立了数字电视国际标准推进工作组,正式启动了我国地面数字电视传输标准 DTMB 申报 ITU 国际标准的有关工作。2011 年 5 月的 ITU-R 会议之前,中国代表团提交了涉及 1306 和 1368 的(全名为《VHF/UHF 频段内地面数字电视业务的规划准则》)修改建议书和信息文稿,获得研究组通过。从此次会议开始,国际电联的相关研究课题普遍开始包含 DTMB 系统,周边国家也开展了与 DTMB 系统业务兼容性研究并提交给国际电联。2011 年 12 月 7 日,国际电联第六研究组正式通过对 1306 和 1368 号建议书的修订,补充了 DTMB 系统。只用了不到两年的时间,DTMB 标准就正式成为继欧、美、日标准后的第四个 ITU 国际标准。DTMB 标准海外产业化推广的不断成功和国际标准申报的顺利获批,是我国信息领域国际化的一个重要的里程碑,对我国数字电视产业发展和国际化推进具有重大而深远的意义。我国地面数字电视 DTMB 标准的研发与推广是一个复杂的系统工程,在我国信息领域国际化过程中意义重大。一方面可拉动我国经济发展,在国际市场上占据更多市场份额;另一方面在核心专利及技术标准开拓海外市场方面具有示范意义。DTMB 标准的推广使得中国在世界传媒行业拥有了话语权,展现了中国智慧,贡献了中国方案。

8.5 ABS-S 传输标准

ABS-S(Advanced Broadcasting System-Satellite)标准是我国第一个拥有完全自主知识产权的卫星信号传输标准,在性能上与代表卫星通信领域最新技术发展水平的 DVB-S2 相当,在很多性能上优于 DVB-S2 标准,部分性能指标更优,而复杂度远低于 DVB-S2,更适应我国卫星直播系统开展和相关企业产业化发展的需要。ABS-S 标准具有完全自主创新、使用稳定可行、技术先进安全等优势与特点,“中星 9 号”卫星上传输的节目即使用此标准。

8.5.1　ABS-S 标准系统

ABS-S 系统是卫星直播应用的传输标准,不仅定义了编码调制方式、帧结构及物理层信令,还定义了多种编码及调制方式以适应不同卫星广播业务的需求。图 8-10 为 ABS-S 标准系统框图。基带格式化模块将输入流格式化为前向纠错块,然后将前向纠错块送入 LDPC 编码器。经编码得到相应的码字比特映射后,插入同步字和其他必要的头信息,经过平方根升余弦滚降滤波器脉冲成形,最后上变频至 Ku 波段射频频率。当接收信号载噪比高于门限电平时,可以保证准无误接收(BER $>10^{-7}$)。下行信号经解调,再经信道解码进行纠错,输出的传输流误码率只要小于或等于 1×10^{-11},就可进行近似于无误码的信源解码。

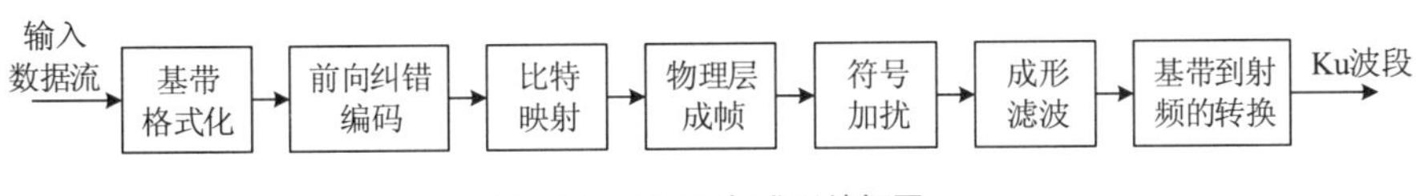

图 8-10　ABS-S 标准系统框图

前向纠错编码与调制技术,是提高卫星性能的关键因素,尤其是在噪声和干扰较高的环境下。LDPC 是一种具有稀疏校验矩阵的线性分组码,是目前最好的 FEC 之一,具有逼近香农极限的优良特性,在信道环境较差的移动通信、卫星通信方面得到广泛的应用。DVB-S2 系统为了降低误码率,减小错误平底(Error Floor),采用了内码为 LDPC 码,外码为 BCH 码的级联码结构。而 ABS-S 系统采用了一类高度结构化的 LDPC 码,该结构的 LDPC 码编解码复杂度低,并可以在相同码长条件下,方便地实现不同码率的设计。

ABS-S 的 LDPC 码的码长为 15 360,且不同码率时,码长是固定的,而 DVB-S2 的 LDPC码分长码与短码,其长度分别是 64 800 和 16 200。在纠错码领域,LDPC 码字长度较长时,具有更好的逼近香农极限的特性,有助于减小突发差错对译码的影响。ABS-S 系统中的 LDPC 码,具有与 DVB-S2 中长码基本相同的性能。短码在硬件设计时具有编解码简单及硬件成本低廉的特点,更易于被市场接受。

ABS-S 系统能够实现低于 10^{-7} 的误帧率 FER 要求,具有较低的错误平底。与其相比,DVB-S2 中的 LDPC 码不能提供低于 10^{-7} 的误帧率,必须通过级联 BCH 外码才能降低错误平底,达到 10^{-7} 的误帧率要求。

8.5.2　ABS-S 标准的技术创新与优势

ABS-S 标准的核心技术完全由我国广播科学研究院自主研发,总共向国家和国际专利组织申请了 8 项专利。在技术方面,采用先进的信道编码方案、合理高效的传输帧结构等技术,具有更低的载噪比门限要求和更强的节目传输能力;在适应性上,ABS-S 标准可更好地适应不同的业务和应用需求,充分发挥系统效率;在安全性上,ABS-S 标准采用专用技术体制,不兼容目前国内外任何一种卫星信号传输技术体制,可有效防止其他信号攻击,可对关键器件、设备进行有效控制,能够达到保障卫星传输安全的目的。

8.5.2.1　ABS-S 标准的技术创新

1. ABS-S 标准提供了 14 种不同的编码调制方案,结合多种滚降系数选择,可适应不同的业务和应用需求,充分发挥系统效率。

2. 提供高阶调制作为广播方式下的备选调制方式,同时支持专业应用,并适应卫星技术和接收机技术的发展。

3. 解调芯片可以支持 8PSK/45Mbps 的工作模式,以充分适应我国直播卫星转发器配置。

8.5.2.2　ABS-S 标准的优势

1. 没有 BCH 码,FEC 只使用具有强大纠错能力的 LDPC 编码,减小了编码及系统的复杂度。

2. 采用较短的帧长,降低了系统实现的成本。

3. 更好的同步性能(基于优化的帧结构)。

4. 更简化的帧结构。

5. 固定码率调制(CCM)、可变码率调制(VCM)及自适应编码调制(ACM)模式可以无缝结合使用,ACM 可应用于互联网技术中。

8.5.3　ABS-S 标准的应用

DVB-S 标准虽然应用最为广泛,但毕竟是陈旧的标准,技术上的落后导致其终会被新的标准所取代。而我国拥有自主知识产权的 ABS-S 标准在性能上与代表卫星通信领域最新技术发展水平的 DVB-S2 相当,部分性能指标更优,而复杂度远低于 DVB-S2,具有很好的发展潜力与竞争力。ABS-S 直播卫星技术规范是自主研发的、具有自主知识产权的重要系统技术规范,是立足自主创新的具体实践。ABS-S 可提供以下业务:

1. 广播业务:可支持电视直播业务,包括高清晰电视直播。

2. 交互式业务:通过卫星回传信道,很容易满足用户的特殊需求,例如:获取天气、节目预订与回看、购物、游戏等信息。

3. 数字卫星新闻采集(DSNG)业务。

4. 专业级业务:可提供双向 Internet 服务。

目前,ABS-S 主要应用于卫星直播业务,作为广播电视的一个覆盖手段,服务于“村村通”和“户户通”工程。1998 年党中央、国务院决定启动广播电视“村村通”工程,1998 年到 2003 年属于第一阶段,完成了 11.7 万个已通电行政村的工程建设。第二阶段从

2004 年开始,完成了 50 户以上已通电自然村"村村通"工程建设。第三阶段是"十一五"期间,全国已通电行政村和 20 户以上自然村基本实现了"村村通"广播电视,农村地区广播电视无线覆盖水平得到全面提升。"村村通"工程之后,"户户通"工程接棒完成服务广大偏远地区用户的任务。"户户通"工程是经中宣部批准,由国家广播电视总局组织实施的直播卫星广播电视新服务。服务区域范围内用户可通过自愿购买"户户通"接收设施,免费收看中央电视台第 1 至第 16 套节目、本省 1 套卫视节目、中国教育电视台第 1 套和 7 套少数民族电视节目,以及 13 套中央人民广播电台节目、3 套中国国际广播电台节目和本省 1 套广播节目。"户户通"以最低成本、最快速度、最有效方式,从根本上解决了中国广大农村家家、户户、人人听广播、看电视的问题。

2011 年 4 月"中星 9 号"确定了公共服务体系定位,成为"户户通"实施的先决条件。直播卫星广播电视从开始发展至今,经历了从最初的清流节目"村村通"(第一代)、CA 加密"村村通"(第二代)到手机基站定位"户户通"(第三代)的发展历程。"中星 9 号"卫星信道编码方式采用 ABS-S 标准,卫星工作于 Ku 波段,下行右旋圆极化方式,下行频率分别为 12 020、12 060、11 920、11 960、11 980MHz,符号率为 28.8Msps,采用 NDS-CA 加密方式。"中星 9 号"是一个信号净化的绿色卫星,机顶盒只能接收我国的卫星直播信号,接收不到其他卫星信号。卫星信号传输可控可管,通过智能卡授权可以精准管理每一台机顶盒。GPRS 移动基站对机顶盒进行定位实现位置锁定,确保机顶盒只能在特定的区域正常使用。对于非服务区用户的安装行为实行实时干预,拒绝授权,可以有效防止"户户通"设备流入城区冲击有线电视。为了确保只有被授权的地区用户能收看节目,系统有着一套完备的位置锁定机制,如图 8-11 所示。

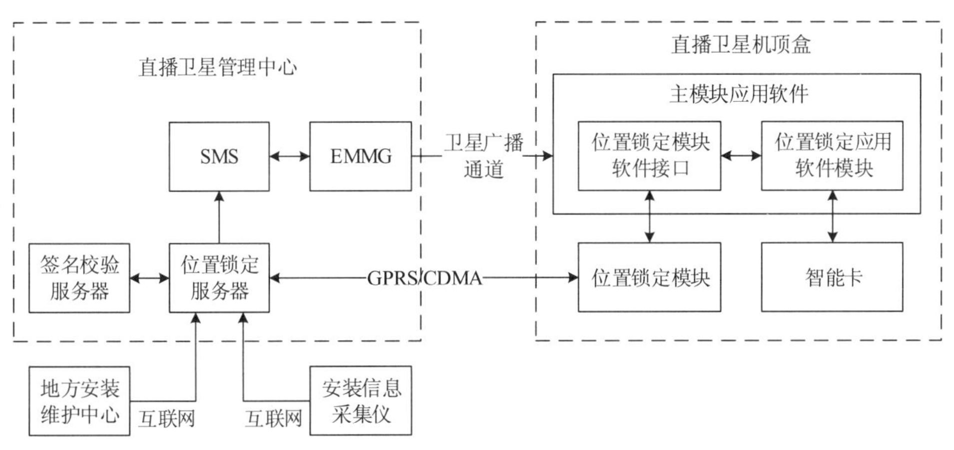

图 8-11　"中星 9 号"卫星位置锁定系统框图

直播卫星管理中心端签名校验服务器用来校验综合接收解码器上传的位置锁定信息的签名有效性,并将校验结果返回给位置锁定服务器。信息采集仪可采集综合接收解码器在指定安装地点的位置锁定信息及用户信息,同时存储"直播卫星指定服务区"的边界位置信息。位置锁定服务器接收安装信息采集仪和综合接收解码器上传的数据,形成服务区基站数据库,以此判定综合接收解码器上传的基站信息是否有效,向 EMMG 和 SMS 输出数据。综合接收解码器具有位置锁定模块和位置锁定应用软件模块,支持锁定和解锁两种工作模式。可采集周边可获取的所有基站信息(LAC + CI),将基站信息与综合接收解码器加密序列号、智能卡序列号、IMEI 号一并通过无线通信网络传输至直播卫星管理中心。每次开机时,接收机实时获取新的位置锁定信息并与存储在本机智能卡中的位置锁定信息进行比对,根据比对结果实现位置锁定功能,通过该机制可以实现安装过程与正常收看的定位操作。

内容小结

1. 主要数字电视传输标准。数字电视传输包括地面传输、有线传输、卫星传输三个体系,由于传输线路的不同,传输条件各异。针对各自的不同情况,不同国家提出或采用了不同的传输标准,这些标准在信道部分对信号的处理是有差别的。国外主要传输标准有三种:美国的 ATSC 标准、欧洲的 DVB 标准和日本的 ISDB 标准,DVB 标准应用较为广泛,逐渐成为数字电视的主流标准。我国在地面传输和卫星传输领域推出了自主创新的 DTMB 和 ABS-S 标准,技术上有了长足的进步,在国内数字电视传输中得到普遍应用,在国际上也推广到很多国家。

2. DVB 传输标准。数字电视的传输线路包括卫星、微波、光纤、同轴电缆、地面广播等,为了提高通信的可靠性,信道部分对信号的处理极其复杂,处理方法也较多,形成了各种传输环境下的调制方式和传输标准。DVB 传输标准以 DVB-S、DVB-C、DVB-T 为核心,这三种传输系统具有相同的基本结构,主要有以下几部分:数据加扰、纠错编码、数字调制、均衡、同步。三种传输系统的主要区别在于使用的调制方式不同:DVB-S 使用 QPSK 调制,调制效率高,要求信道的信噪比低,适合卫星广播;DVB-C 使用 QAM 调制,调制效率高,要求传送途径的信噪比高,适合有线电视电缆传输;DVB-T 使用 COFDM 调制,抗多径传播效应和同频干扰好,适合地面广播和同频网广播。

(1)PSK 是一种用载波相位表示输入信号信息的调制技术,QPSK 有时也称作 4PSK,通过四个相位,可以编码 2 比特符号,可以在系统带宽不变的情况下使数据传输速率增大一倍或者在传输速率不变的情况下将带宽减半。

(2)QAM 是在两个正交载波上进行幅度调制的调制方式,两个载波通常是相位差为 90 度($\pi/2$)的正弦波,因此被称作正交载波。QAM 利用这种已调信号的正交性,实现两路并行的数字信息的传输,可以视为多载波传输的一个特例,QAM 具有能充分利用带宽、抗噪声能力强等优点。

(3)OFDM 是一种多载波调制方式,其基本原理是将信号分割为 N 个子信号,然后用 N 个子信号分别调制 N 个相互正交的子载波。每个子载波采用传统的调制方案,进行低符号率调制,由于子载波的频谱相互重叠,可以得到较高的频谱效率,因此 OFDM 可以视为调制技术与复用技术的结合。

3. DTMB 标准。我国在地面传输领域推出了 DTMB,DTMB 标准以时域正交频分复用(TDS-OFDM)调制技术为核心进行时域和频域混合处理,属于多载波正交频分复用技术。TDS-OFDM 简单方便地实现了快速码字捕获和稳健的同步跟踪,形成了与欧、日多载波技术不同的自主核心技术。

4. ABS-S 标准。我国为卫星传输系统制定了 ABS-S 标准,ABS-S 标准是我国第一个拥有完全自主知识产权的卫星信号传输标准,在性能上与代表卫星通信领域最新技术发展水平的 DVB-S2 相当,在很多性能上优于 DVB-S2 标准,部分性能指标更优,而复杂度远低于 DVB-S2。

ABS-S 的 LDPC 码的码长为 15 360,且不同码率的码长是固定的,而 DVB-S2 的 LDPC 码分长码与短码,其长度分别是 64 800 和 16 200。ABS-S 系统中的 LDPC 码具有与 DVB-S2 中长码基本相同的性能。在硬件设计时具有编解码简单及硬件成本低廉的特点,更易于被市场接受。

思考与训练

1. 请思考并简答数字电视广播具有哪些突出的特点。
2. 请简述 DVB-S、DVB-C、DVB-T 传输系统的主要特点。
3. DVB 系统的主要技术要求有哪几点?
4. DVB-S 系统由哪几个部分组成,简述各部分的功能。
5. DVB-C 系统由哪几个部分组成,简述各部分的功能。
6. 数字电视信号的信号传输有哪些形式?信道调制方式具备什么样的特点?请比较数字电视几种调制系统的性能优劣。
7. 在 DVB-T 系统中,2k 和 8k 模式的主要异同有哪些?
8. 简述我国地面国标 DTMB 的主要特点。
9. 简述我国卫星传输标准 ABS-S 的主要特点。
10. DVB-S、DVB-S2 与 ABS-S 存在哪些主要的区别?
11. DVB-C 与 DVB-C2 存在哪些主要的区别?
12. DVB-T、DVB-T2 与 DTMB 存在哪些主要的区别?

模块九　IPTV 技术

▷教学目标

通过本模块的学习，学生能对 IPTV 技术有整体的认识，能掌握 IPTV 的概念，了解 IPTV 业务合作模式、平台业务功能和发展状况，熟悉 IPTV 的行业标准和技术体系总体要求，弄清 IPTV 的架构及关键技术。

▷教学重点

1. IPTV 的概念。
2. IPTV 业务合作模式、平台业务功能和发展状况。
3. IPTV 的行业标准和技术体系总体要求。

▷教学难点

1. IPTV 的架构。
2. IPTV 的关键技术。

9.1　IPTV 概述

9.1.1　IPTV 概念

随着计算机、网络和互联网技术的不断发展，数字电视不再局限于传统的传输方式，IPTV 和 OTT TV 等借助于网络传输的新技术也应运而生。本模块将主要介绍 IPTV 的概念、标准、发展状况、系统架构及关键技术。

IPTV（Internet Protocol Television）是通过互联网协议提供包括电视节目在内的多种数字媒体服务的交互式网络电视，是一种利用宽带网，集互联网、多媒体、通信等多种技术于一体，通过可监控、可管理、安全传送并具有 QoS 保证的无线或有线 IP 网络，提供包含视频、音频、文本、图形和数据等业务在内的多媒体业务。IPTV 可提供包括数字电视在内的多种交互式服务，接收终端包括电视机、掌上电脑、手机、移动电视及其他类似终端。IPTV 可以充分地利用网络资源，能够很好地适应当今网络飞速发展的趋势。

我国现阶段的 IPTV 是指通过可监控、可管理、安全传送并具有 QoS 保证的有线 IP 网络，提供基于电视终端的多媒体业务。其中的有线 IP 网络可以是电信宽带网，也可以是五类线网和经过 IP 化改造的有线电视网。目前，我国的 IPTV 业务主要运行在电信宽带网上。

IPTV 借助于网络传播，是双向的，可以方便地实现互动，属于第二代数字电视。IPTV 与传统广播电视相比，互动性更强，可以随时点播任何节目以及进行时移等操作。我们在日常生活中还会经常接触 OTT TV（Over The Top TV 的缩写），它是互联网电视的简称，是指基于开放互联网的视频服务，意指在网络之上提供服务，强调服务与物理网络无关，是通过已有互联网传输视频节目的技术。IPTV 与 OTT TV 的区别在于 IPTV 属于专网及定向传输视听节目服务，适用国家新闻出版广电总局 2016 年 6 号令规定。OTT TV 属于公网业务，适用国家广播电影电视总局 2011 年 181 号文之规定。IPTV 系统名词见表 9-1。

表 9-1　IPTV 系统名词解释

缩写、术语	解释
IPTV	Internet Protocol Television 网络协议电视
OTT TV	Over The Top TV 互联网电视
CP	Content Provider 内容提供商
SP	Service Provider 服务提供商
VSS	Video Streaming Server 视频流媒体服务
ISS	IP Streaming Server IP 视频流媒体服务
CDN	Content Delivery Network 内容分发网络
MTS	Media Transforming System 转码系统
Portal	Portal 门户系统
CMS	Content Management System 内容管理系统
NMS	Network Management System 统一网管系统
OSS	Operation Support System 运营支撑系统
SIS	Service Integration System 服务集成系统
SAG	Service Access Gateway 业务接入网关
SAS	Service Ability System 服务能力系统
AAA	Authentication Authorization Accounting 认证鉴权计费
UBA	User Behavior Analysis 用户行为分析
ADS	Advertisement System 广告系统

续表

缩写、术语	解释
AMS	Asset Manage System 媒资管理系统
UGC	User Generated Content 用户生成内容
XMPP	The Extensible Messaging and Presence Protocol 可扩展通讯和表示协议
QoS	Quality of Service 服务质量
LBS	Location Based Service 基于位置的服务
ETL	Extraction-Transformation-Loading 数据提取、转换和加载
LFU	Least Frequently Used 最不经常使用
Launcher MS	Launcher Manager ServiceLauncher 管理服务系统
PON	Passive Optical Network 无源光纤网络
DRM	Digital Rights Management 数字版权管理

9.1.2 IPTV 业务合作模式

IPTV 的诞生与发展为行业带来了无限的商机与可能，针对 IPTV 前端平台、传输系统以及终端 STB 等每一层架构，都有一大批厂商如雨后春笋般发展起来，形成了 IPTV 产业链，如图 9-1。

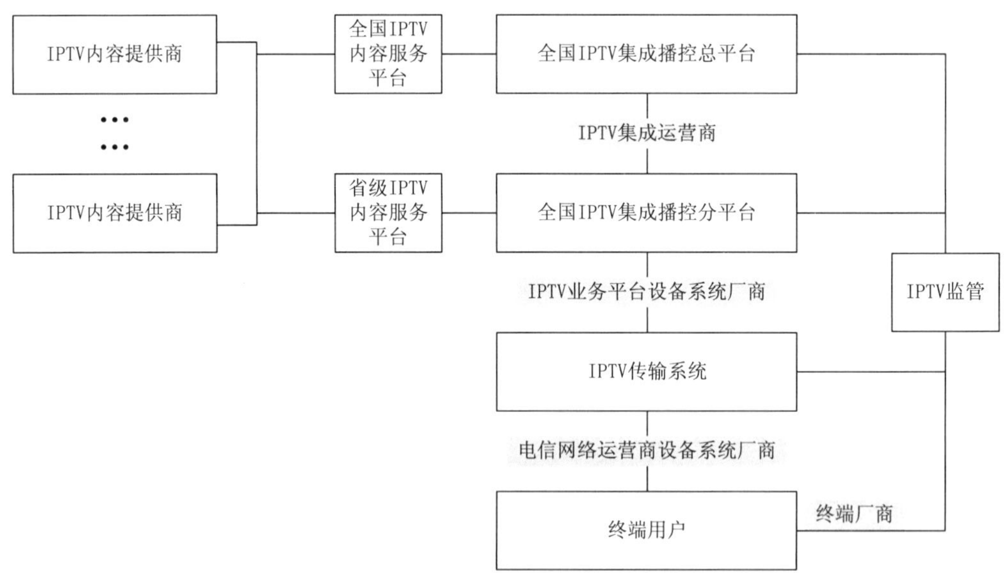

图 9-1　IPTV 产业链

IPTV 发展至今，已经形成了较为成熟的业务合作模式，国内各省 IPTV 一般采用内容提供商 + 内容运营商 + 网络运营商的方式进行业务合作。两个运营商合作运营，收入分成。

内容提供商就是具有独立的内容制作能力、拥有内容版权或者特定区域发行权的组织或个体,它提供丰富的视听类和非视听类节目内容资源在 IPTV 平台播放,并希望在版权得到保护的情况下获得收益。内容提供商的收入主要依靠广告和节目交易来获得;前者受该节目内容的覆盖范围、质量水平和收视率影响,后者则要取决于内容提供商与内容运营商关于内容买卖的商务谈判价格。中国 IPTV 市场的内容提供商包括中国网络电视台和百视通等国内企业,这两家公司较早获得在三网合一试点城市建设 IPTV 广播与控制平台的牌照。

内容运营商负责 IPTV 平台中所有节目源的组织、播出、监看及统一对外内容合作签约,通过内容集成运营平台直接向电视机终端用户提供收视界面(EPG)和收视内容,并对该部分所有视听节目内容的安全负责。SMG(上海文广)、CCTV 等广电机构就是内容运营商的代表,在推动 IPTV 业务的发展中起着重要的作用。内容运营商光靠技术带动上游或下游的产业是不够的,所以可能需要一些策略去引导设备厂商的发展,比如推动行业标准的制定。网络运营商提供承载网络、接入网络、业务平台、用户和网络的管理等资源。中国电信、中国联通等承担着 IPTV 产业链中网络运营商的重要角色。IPTV 业务的开展可以为运营商带来潜在的丰厚利润。网络运营商提供包含视频播放在内的业务捆绑,能够在增加每个用户收入的同时培养用户的忠诚度,有利于保持用户数量稳定,降低离网率。

由此可见,IPTV 是电信网、互联网、广播电视网三网融合的产物,如图 9-2。以上海为例,上海 IPTV 就是百事通和电信合作,为用户提供直播、点播 4K 超高清以及各种增值服务来运营的 IPTV 平台。

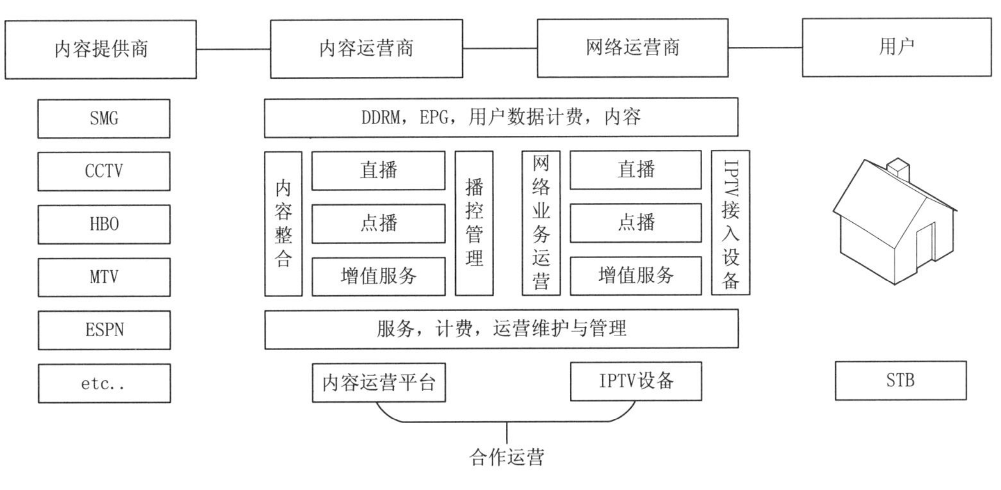

图 9-2 IPTV 业务合作示意图

9.1.3 IPTV 牌照体系发展

IPTV 经历过几轮重大的变革,最后形成了一二级播控 + 运营商传输的牌照体系架构。

2010 年,国家广播电影电视总局发布 344 号文《关于三网融合试点地区 IPTV 集成播控平台建设有关问题的通知》,确立 IPTV 的播控管理采取总分二级播控的牌照管理模式。其中全国 IPTV 集成播控平台方为中央电视台(并授权 CNTV 和百视通的合资公司爱上电视传媒运营),地方集成播控平台则由地方省级电视台负责,地方集成播控平台与当地的运营商进行 IPTV 业务合作,从而形成完整的 IPTV 服务体系。但此后的几年里,总局一直未进行正式的二级播控平台牌照授予。直到 2015 年,国家新闻出版广电总局又发布 97 号文《关于当前阶段 IPTV 集成播控平台建设管理有关问题的通知》,强调中央电视台和各省级电视台要加强合作,明确分工,尽快完成 IPTV 播控平台完善建设和对接工作。在完成总、分平台对接的基础上,进一步强化落实属地规范管理。此后,分平台播控牌照的颁发有了切实的进展。尽管目前全国各省份都建立了 IPTV 集成播控分平台,但要正式获得 IPTV 播控牌照,需要通过相关的技术测试和验收。

2017 年,辽宁、广东、重庆、湖南四个地方台正式通过验收,获得国家新闻出版广电总局颁发的具有相应许可项目的《信息网络传播视听节目许可证》,即 IPTV 省级播控平台许可。而在近几年,又有山东、河北两省取得了 IPTV 的二级播控牌照的正式验收。虽然目前国内仅有六个省(直辖市)具备二级播控牌照,但相信在不久的将来,会有不少地方的二级播控新媒体平台获得省级播控牌照,开启各自的业务进阶之路。

2019 年 3 月 27 日,在全国 IPTV 建设管理工作会上,国家广播电视总局对于进一步推动 IPTV 建设管理规范有序、高质量发展作出了明确部署,也对 IPTV 的发展提出更高的要求。

目前 IPTV 相关牌照如下:一张全国播控牌照属爱上电视传媒(CNTV 和百视通的合资公司);两张全国内容牌照属中央电视台(CNTV)、上海电视台(百视通);六张二级播控牌照属辽宁、广东、重庆、湖南、山东、河北;三张 IPTV 传输牌照属中国电信、中国联通、中国移动(区域性牌照,按省合规发放)。此外,互联网电视牌照有七张,分属未来电视(CNTV)、百视通(BesTV)、华数传媒(华数 WASU)、南方传媒(SMC)、湖南电视台(芒果TV)、中国国际广播电台(CIBN)、银河电视(GITV)。这七家牌照商为互联网电视提供合法内容。

9.1.4 IPTV 平台业务功能

9.1.4.1 多终端覆盖及收视

IPTV 平台可覆盖目前常见的不同类型的大小屏终端,包括:

1. 电视终端:IP 机顶盒、智能电视。
2. 机顶盒 OS:中间件、Android、TVOS。
3. 移动终端:iOS 与 Android 系统的 Phone 与 Pad。

多终端覆盖的特点如下:

1. 支持市面主流机顶盒与智能电视。

2. 覆盖市场常见的 Android/iOS 手机。

同时 IPTV 平台面向全终端提供基础收视服务，支持直播、点播、时移、回看等功能。收视功能特点如下：

1. 支持直播节目的分组管理。

2. 支持 H. 264/H. 265，音频格式不限。

3. 支持 4K 分辨率的节目。

4. 时移回看时长可动态调整。

5. 节目指南、热播排行、节目推荐、节目搜索、节目收藏、播放记录、收视信息云同步。

9.1.4.2 内容聚合 EPG

IPTV 平台可为运营商提供内容聚合系统，帮助运营商从网络上获取直播节目 EPG 信息、直播节目截图以及点播媒资元数据（海报，影片简介等），针对仅有裸媒资文件的点播内容，会补全其 ADI 信息，使媒资内容信息全面，达到可运营的状态。同时，内容聚合提供的 EPG 信息以及点播媒资元数据还可通过用户行为及大数据应用系统进行节目基因分析，为终端用户提供更加精准的内容个性化推荐。内容聚合主要包括以下几个功能：

1. CP、SP 数据注入。

从各个业务平台、CP 厂商、SP 厂商、媒资管理系统等同步内容数据聚合到平台，内容数据包括媒资 ADI、媒资海报、裸媒资文件等。

2. 互联网元数据抓取。

可实现在一个或多个聚合网站抓取点播节目元数据（海报，导演、演员、简介等）。

3. 自动去重合并。

可实现根据自定义规则对多个相同节目进行自动合并处理。

4. 人工干预。

可实现对较复杂节目或需要人工处理的节目进行人工合并。

5. 点播信息自动补全。

可实现对全媒体视频平台节目进行自动补全，内容聚合对外提供了通用获取数据接口，可根据接口获取审核合并后的节目信息，完成节目信息自动补全。

6. 当前直播节目截图。

可实现获取当前节目截图，通过人工方式对获取的节目截图进行筛选，完成直播节目截图的补全工作。

7. 统一内容呈现。

支持重新设计内容聚合页面，将汇聚内容安排进统一规划的栏目。可以按照某些特征把影片做成专栏的方式呈现。

9.1.4.3 增值服务

IPTV 具有极强的开放性和包容性,利用开放的接口、标准化协议和强大的定制开发能力,可以实现海量第三方业务的引入、呈现以及运营。目前全国各省市 IPTV 已经成功上线各类增值业务,其中包括电视教育、电视商城、智慧社区、宽带登录、第三方在线支付等。

9.1.5 IPTV 发展状况

IPTV 技术出现在 20 世纪 90 年代中期,但出现大规模的商用是在 2000 年以后。2002 年,意大利的 FASTWEB 通过捆绑宽带业务提供 Triple Play 的套餐。在意大利没有有线电视且意大利电信(TI)宽带费用较贵的市场环境下,FASTWEB 迅速发展了 Triple Play 业务,从 TI 吸引了大量宽带用户,一度成为 IPTV 业界的旗帜。这种业务的商业模式就是通过赠送 TV 业务来拓展宽带用户,IPTV 仅仅作为增值业务而存在。之后有很多运营商效仿了这种模式,如法国最大的 IPTV 运营商 FREE 等,这导致了全球其他运营商也被迫应战,从而掀起了 2005 年开始的全球范围内的 IPTV 热潮,也催生了“阿朗 + 微软”的典型解决方案,很多国家的第一大固网运营商都采用了该方案。到 2006 年底,据称该方案已经突破了 70 个案例。但是,由于 IPTV 对网络的苛刻要求,该方案迟迟没有成功商用。采用该方案的第一阵营运营商从 2004 年开始到 2008 年,都没有发展多少用户,全球第一大电信运营商美国电话电报公司(American Telephone & Telegraph,ATT)以及第五大电信运营商德国电信公司(Deutsche Telekom,DT),都是在 2008 年以后才大力发展用户的。采用该方案的大部分运营商被迫放弃对该方案的进一步推进,因此直到现在 IPTV 都没有开展起来,这些运营商包括:意大利电信 TI、澳大利亚电信 TELSTRA、墨西哥电信 TELEMAX、南非电信 TELKOM 等。

截至目前,IPTV 技术在国际上依然缓慢发展着,而中国由于政策的原因发展势头相对较好。中国 IPTV 业务最早开始于 2004 年,在这十几年中,国家政策的支持以及国内外技术体系的成熟不断推动着国内 IPTV 业务的发展。

早在 2015 年 8 月 25 日,国务院办公厅印发《三网融合推广方案》,标志着三网融合试点阶段结束,进入全面推广阶段。广电、电信双向业务扩大到全国,业务融合竞争激烈。政策的利好导致 IPTV 爆发式增长,随着电信运营商的不断推进,到 2015 年底,中国 IPTV 用户量就已经达到 4589.5 万户,并仍在大幅增加。据工信部统计,截至 2022 年 7 月,中国 IPTV 总用户数达 3.68 亿户。。

显然,对电信运营商而言,IPTV 已由宽带增值业务升级为战略性基础业务。而互联网视频网站也从 2014 年开始,通过自制剧、IP 改编的方式,凭借优质而丰富的内容吸引了大量年轻用户。互联网视频在内容上能准确把握当代民众的心理,形态新颖有趣,用户可选择空间大,因此深得年轻观众喜爱。2014 年是网络自制剧的元年,2015 年网络公司大规模试水网剧制作。近年来，互联网视频发展迅速，竞争日趋激烈。

另外，传统媒体和新兴媒体的融合发展也开始加速进行。2016 年 2 月，国家新闻出版广电总局向各省新闻出版广电局、有关单位发布了《电视台融合媒体平台建设技术白皮书》《广播电台融合媒体平台建设技术白皮书》，两个白皮书的发布标志着中央加快传统媒体与新兴媒体融合发展的战略部署，引导建设我国新兴全媒体平台，提升广电媒体融合的综合制播能力。融合媒体的发展未来是新兴全媒体平台，是传统广播电视与新兴互联网媒体的结合，在广电传统业务基础上将云计算、大数据、智能 CDN 等互联网新技术和新理念推广到全媒体采集、制作、播出、传输以及观众互动上，通过新技术进行生产流程改造，实现媒体生产的集约化、互联网化、智能化。

目前，整个广电行业处于变革时期，国家积极推动“宽带广电”战略和“广电 +”行动，加快推进网络的宽带化、双向化、智能化建设，加快推进网络业务开发，全面提升网络基础条件和技术水平，全面丰富网络业务内容，全面增强网络综合效益。在国家的引导下，广电行业只有主动拥抱互联网，加快技术创新、增强内容产品、改善体制机制、创新业务运营，才能在三网融合进程中形成独特的核心竞争力，以主力军的姿态占领新媒体主战场。

9.2 IPTV 标准和规范

9.2.1 IPTV 行业标准和规范的发展

2010 年，国家广播电影电视总局发布 344 号文《关于三网融合试点地区 IPTV 集成播控平台建设有关问题的通知》，对 IPTV 集成播控平台规划建设、统一管理、运营模式、内容管理、安全监管和实施进度等方面作出了具体指示和要求。

2012 年，国家广播电影电视总局发布 43 号文《关于 IPTV 集成播控平台建设有关问题的通知》。《通知》主要规范了建设全国统一的 IPTV 集成播控平台体系，实行中央与省集成播控平台分级运营的模式，建立和完善两级 IPTV 内容服务平台体系，严格准入审批管理，积极推动 IPTV 集成播控平台与 IPTV 传输系统规范对接，建立健全 IPTV 安全播出和安全传输保障体系、工作制度和相关工作要求等方面的问题。

2014 年底，国家新闻出版广电总局正式批复同意中国电信集团公司增加 IPTV 传输服务传输范围，此前中国电信已经提交了《关于申请三网融合第二阶段试点业务经营许可的请示》。总局要求电信在取得许可、做好对接、保障节目安全质量、授权子公司等问题落实之后方能开展业务。中国联通集团公司在 2015 年正式拿到了 IPTV 传输牌照，随着政策的利好以及技术的发展，电信、联通开始大力开展和播控平台对接的工作，发展 IPTV 业务。

2015 年 3 月，国家新闻出版广电总局在江苏南京召开 IPTV 建设管理工作座谈会，再次强调对 IPTV 集成播控平台加强监管力度，在全国范围内推动广电、电信双向进入的同时，要求 IPTV 行业进一步加强安全监管和内容管理，同时规范平台建设对接。集成播控总、分平台和传输服务企业均应在分别取得具有相应许可项目的《信息网络传播视听节目许可证》后，方可对接并开展 IPTV 业务，推出任何 IPTV 的新产品、新业务，都要在合规建设和对接的平台上进行。

2015 年 5 月，国家新闻出版广电总局正式下发了 97 号文《关于当前阶段 IPTV 集成播控平台建设管理有关问题的通知》，在重申 344 号和 43 号文的基础上，又作出了推动 IPTV 集成播控总平台与 IPTV 传输系统加快对接的指示，同时要求落实属地管理责任，同步加快 IPTV 监管体系建设。直到最近几年，国家广播电视总局科技司和全国广播电影电视标准化技术委员会仍未停止对 IPTV 平台系统标准的制定，陆续审查通过了多项行业标准，发布了多项行业规范及管理规定，目前 IPTV 方面标准规范包含：

1.《IPTV 技术体系总体要求》。

2.《IPTV 集成播控总平台和分平台节目集成管理系统接口技术规范》。

3.《关于三网融合试点地区 IPTV 集成播控平台建设有关问题的通知》。

4.《关于 IPTV 集成播控平台建设有关问题的通知》。

5.《关于印发推进三网融合总体方案的通知》。

6.《YD/T 2367—2011 IPTV 质量监测系统要求》。

7.《广播电视视频点播业务管理办法》。

8.《互联网视听节目服务管理规定》。

9.《专网及定向传播视听节目服务管理规定》。

10.《广电总局关于印发 IPTV 集成播控平台有关技术要求的通知》。

11.《关于 IPTV 集成播控平台建设有关问题的通知》。

12.《国务院办公厅关于印发三网融合推广方案的通知》。

13.《国家新闻出版广电总局关于当前阶段 IPTV 集成播控平台建设管理有关问题的通知》。

14.《国家广播电视总局关于开展 IPTV 专项治理的通知》。

15.《IPTV 集成播控平台与传输系统规范对接工作方案》。

16.《广播电视安全播出管理规定》。

17.《IPTV 监管系统接口规范》。

18.《IPTV 集成播控总平台和分平台 EPG 管理系统接口规范》。

19.《IPTV 集成播控平台与传输系统用户“双认证、双计费”接口规范》等。

9.2.2 IPTV 技术体系总体要求

《IPTV 技术体系总体要求》规定了 IPTV 总体技术架构，IPTV 内容服务平台、IPTV 集成播控平台、IPTV 传输系统之间的对接原则，以及与监管系统对接的技术要求。

IPTV 技术体系包括全国 IPTV 内容服务平台、省级 IPTV 内容服务平台、IPTV 集成播控总平台、IPTV 集成播控分平台、IPTV 传输系统、IPTV 用户终端、IPTV 中央监管平台、IPTV 省级监管平台，如图 9-3 所示。

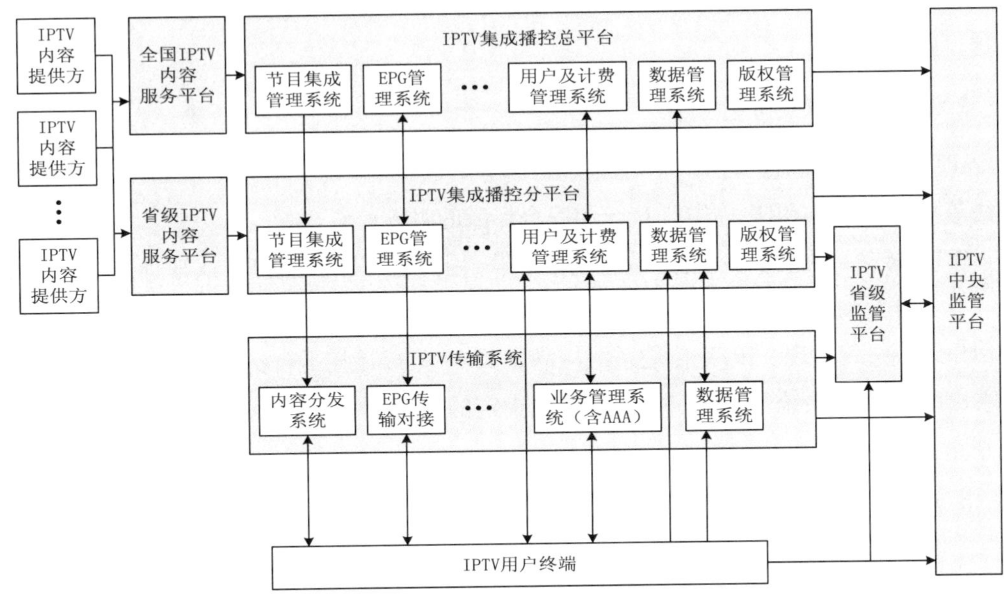

图 9-3　IPTV 技术体系架构

9.2.2.1　IPTV 内容服务平台

IPTV 内容服务平台按区域划分为全国 IPTV 内容服务平台和省级 IPTV 内容服务平台。

全国 IPTV 内容服务平台与 IPTV 集成播控总平台对接，负责将全国性内容提供给集成播控总平台；省级 IPTV 内容服务平台与 IPTV 集成播控分平台对接，负责将本省内容提供给集成播控分平台。

IPTV 内容服务平台包含如下功能模块：素材采集、内容编辑、合成转码、内容审看、技术审核、内容管理、版权管理、人员管理、产品发布等，负责产品的组织、电子节目指南(EPG)条目的素材制作、内容合规性的审核及流程管理等。IPTV 内容服务平台对自身所汇集内容的版权负责，通过对接集成播控平台的版权管理系统进行管理。

IPTV 内容提供方将节目内容及其他服务内容通过 IPTV 内容服务平台定义的数据接口或数据接收方式提供给 IPTV 内容服务平台。

9.2.2.2　IPTV 集成播控平台

IPTV 集成播控平台由 IPTV 集成播控总平台和 IPTV 集成播控分平台构成。

IPTV 集成播控平台负责对 IPTV 业务进行集成播出控制和管理，包括对 IPTV 相关业务的播控管理系统，具有节目统一集成和播出控制、EPG 管理和服务、用户及计费管理、版权管理、安全管理、数据管理、节目监控等功能。

IPTV 集成播控总平台与分平台对接,IPTV 集成播控分平台与传输系统对接,总平台、分平台、传输系统完成对接,提高为终端用户提供服务的能力。IPTV 集成播控总平台与 IPTV 中央监管平台对接,IPTV 集成播控分平台与 IPTV 中央监管平台及省级监管平台对接。

9.2.2.3 IPTV 传输系统

IPTV 传输系统负责为 IPTV 集成播控平台与用户终端提供信号传输分发,采用虚拟网络等技术为 IPTV 用户提供有 QoS 和安全保障的服务。

IPTV 传输系统主要由业务分发、业务承载、用户管理、终端管理、认证计费等部分组成。业务分发和业务承载负责接收 IPTV 集成播控平台下发的内容并分发至用户,最终在用户终端进行呈现。IPTV 传输系统应满足 IPTV 集成播控平台提供的各类业务的传输需求。IPTV 传输系统与国家广播电视总局指定的 IPTV 监管平台对接,按要求提供监测信号。

9.2.2.4 IPTV 监管平台

全国 IPTV 监管平台由 IPTV 中央监管平台、IPTV 省级监管平台和 IPTV 监测采集设备组成,负责节目内容监管、传播秩序监管、技术质量监管、安全播出监管、网络安全监管等。

9.2.2.5 IPTV 用户终端

IPTV 用户终端通过 IPTV 传输系统,只能接收并完整呈现经由 IPTV 集成播控平台审核的内容和各类服务,接受 IPTV 集成播控分平台的管理和控制。IPTV 用户终端启动后,应直接呈现 IPTV 集成播控平台提供的 EPG 服务页面。

IPTV 用户终端应具备支持防刷机的安全启动、支持业务和内容保护及安全音视频路径的安全执行环境、支持安全的个性化应用下载及安装、支持防恶意应用的应用安全管控等功能。

9.3 IPTV 系统架构

9.3.1 IPTV 平台逻辑架构

IPTV 系统整体按照逻辑架构可划分为五个系统域:内容业务域、运营管控域、能力支撑域、终端设备域、运营支撑域。省级广电 IPTV 架构如图 9-4 所示。

9.3.1.1 内容业务域

内容业务域为终端用户提供内容和业务服务,根据业务服务类型可分为基础的视频

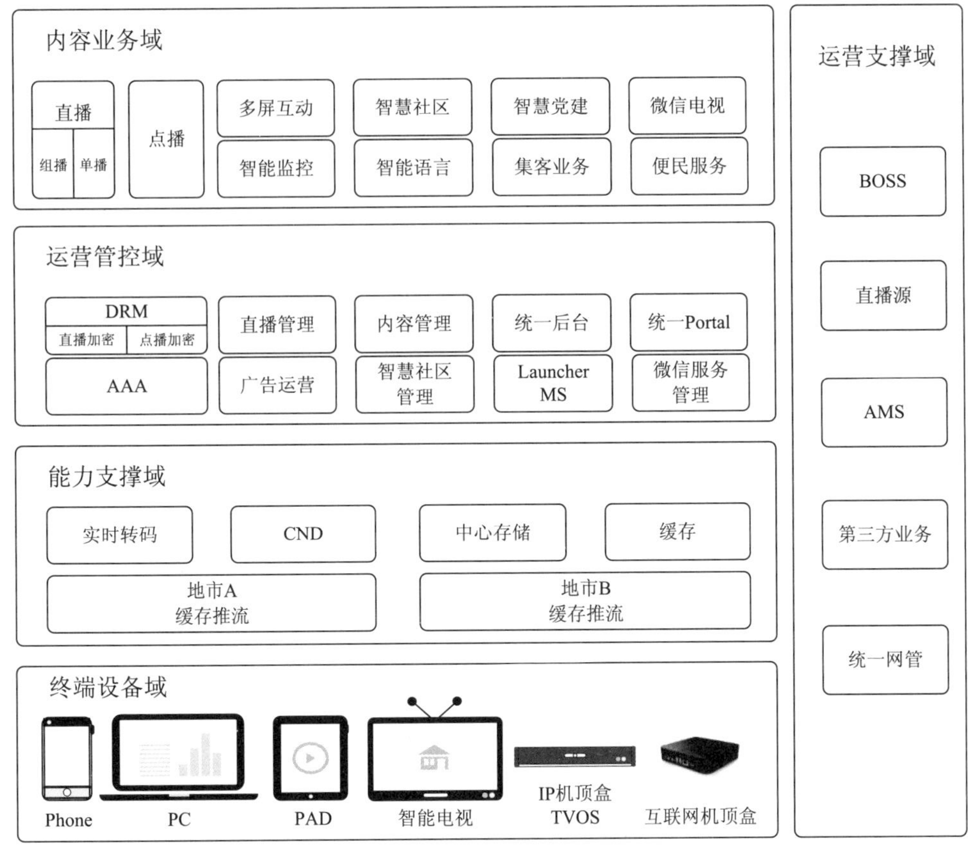

图 9-4 省级广电 IPTV 架构图

业务和增加营收的增值业务。基础的视频业务包括直播、点播、时移、回看、多屏互动，其中直播业务采用组播+点播的形式提供，优先组播，组播失败后切换至点播；增值业务包括智慧社区、智慧党建、智慧监控、智慧语音四大智慧类业务和集客业务、便民服务等。

9.3.1.2 运营管控域

运营管控域为整体运营提供运营管理和安全管控功能，其中直播管理、内容管理、统一后台管理、统一门户（Portal）、广告运营、智慧社区管理、Launcher MS、微信服务管理模块为运营提供整体运营管理能力，DRM 为直播、点播流提供实时加密保护，AAA 提供用户认证和业务鉴权功能，充分确保了内容和业务安全。

9.3.1.3 能力支撑域

能力支撑域为视频业务提供能力支撑，包括实时转码、CDN、中心存储、缓存、地市缓存推流能力，实现视频业务从视频源转码、中心存储到视频分发、推流能力全方位支撑。

9.3.1.4 终端设备域

终端设备域是指用户所使用的终端设备类型，包括智能手机、PC 端、Pad、智能电视、

IP 机顶盒 TVOS、互联网机顶盒,实现终端设备类型全覆盖。

9.3.1.5 运营支撑域

运营支撑域为整体业务运营提供全方位支撑,包括 BOSS、直播源、统一网管、AMS 以及第三方业务。

9.3.2 平台功能模块

IPTV 网络拓扑如图 9-5 所示,划分为省 IPTV 中心平台、省 IP 骨干数据网、市级 IP 城域数据网、市县 IP 接入网、用户接入层五个区域。下面介绍重要功能模块。

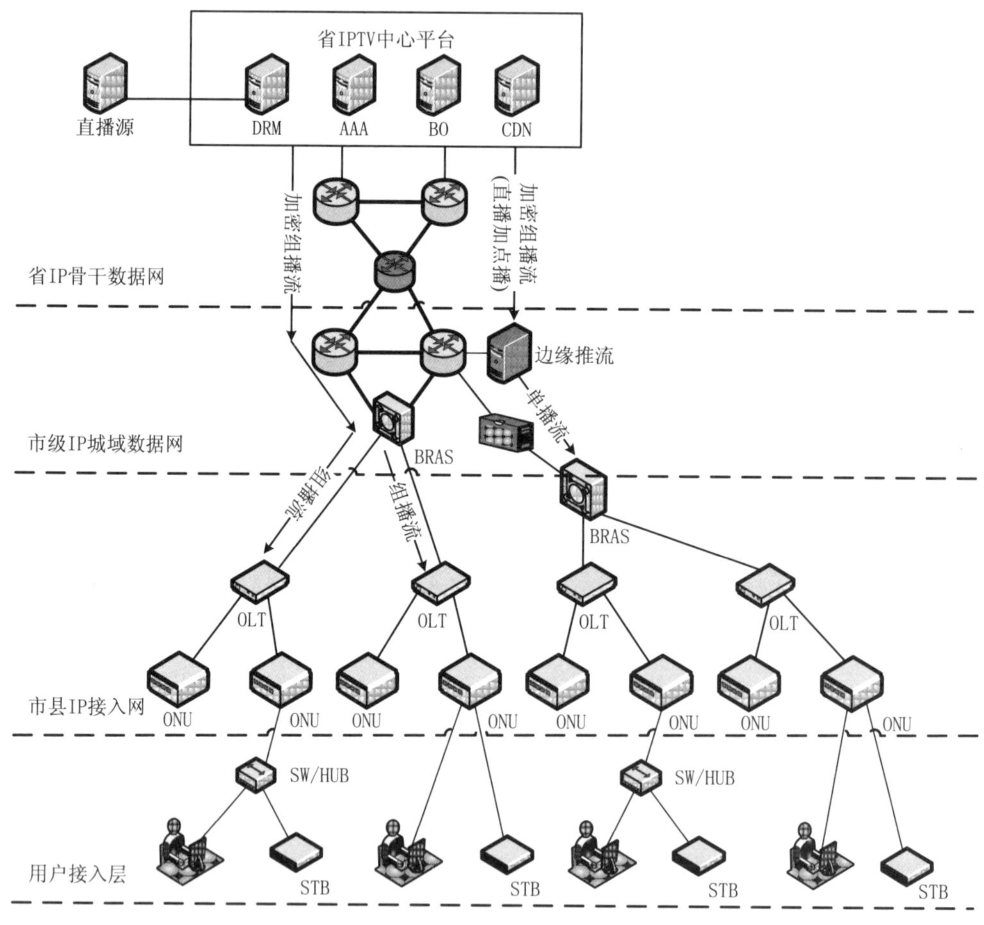

图 9-5 IPTV 网络拓扑

9.3.2.1 后台系统(BO)

后台系统是平台的中央集成总控平台,负责内容管理、业务运营(含用户管理、产品管理)、访问控制(含认证、鉴权、评价)以及 CP/SP 管理集成接入。

1. 内容管理。

内容管理实现自有内容、外部引入内容的注入、编辑、打包、审核、发布等生命周期的管理,栏目分类生命周期管理,电子节目单管理,基本信息管理等。同时可实现对内容的运营管理,包含内容分栏分类投放、分地区投放、分用户组投放、分分辨率投放等,以满足用户运营需求。

2. 用户管理。

根据业务需要,建立统一的用户信息视图,并对用户信息及其生命周期进行维护,包括用户信息管理、用户分组管理,用户订购管理,用户组订购管理等。

3. 产品管理。

包括产品信息管理、产品定价策略管理、产品类型管理。

4. 认证鉴权。

主要包括用户认证与业务鉴权两部分,是指根据用户身份信息与权限来鉴定某个用户是否有权使用某项业务。

5. CP/SP 接入。

完成第三方 CP/SP 的引入与管理功能,为用户提供更为丰富的第三方内容和业务,如引入牌照商、网络视频、游戏、电商。同时提供审核、发布等管理,用以验证第三方业务的合法性。

9.3.2.2 统一门户(Portal)系统

统一门户(Portal)系统主要是为不同终端的用户提供统一的门户管理与门户呈现,同时可以为酒店、学校、企业等行业客户提供定制的个性化门户管理。Portal 后台管理系统主要负责为终端提供直播、点播、基础数据、业务数据的组织。如图 9-6 所示。

9.3.2.3 内容分发网络(CDN)

CDN 最早是建立并覆盖在互联网上的一层特殊网络,专门用于通过互联网高效传递多媒体内容。其边缘节点分布于城域网并靠近用户一端的网络侧,用于把网站的内容发布到最接近用户的网络“边缘”,让用户可以就近取得所需的内容。因而,CDN 可以提高互联网中信息流动的效率,从技术上解决由于网络带宽小、用户访问量大、网点分布不均等造成的“拥塞”,提高用户访问网站的速度。

CDN 系统由各种 Cache 服务器组成,将这些 Cache 服务器分布到用户访问相对集中的地区或网络中,在用户访问业务内容时,利用全局负载均衡技术(GSLB),将用户的访问指向离用户距离最近的工作正常的 Cache 服务器上,由 Cache 服务器直接响应用户的请求。如果 Cache 服务器中没有用户要访问的内容,它会根据配置自动到源服务器去抓取相应的内容并提供给用户。CDN 的实现需要依赖多种网络技术的支持,主要包括负载均衡技术、动态内容路由、高速缓存机制、动态内容分发与复制、安全服务等。

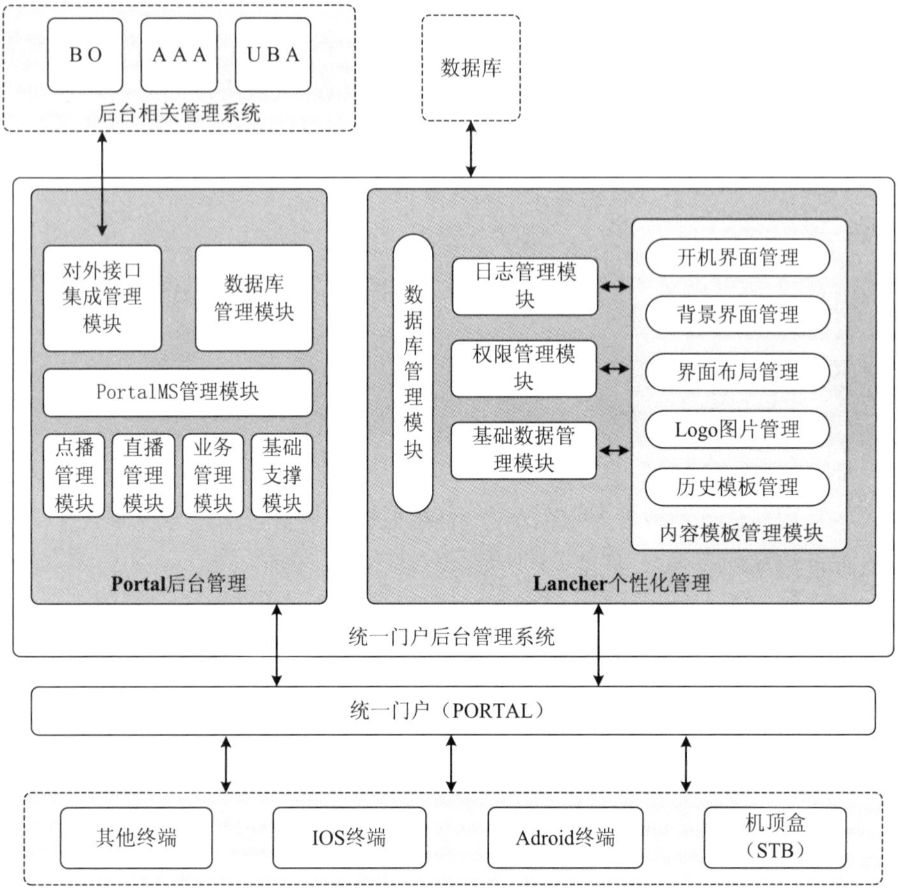

BO
AAA
UBA
后台相关管理系统
数据库
对外接口集成管理模块
数据库管理模块
PortalMS管理模块
点播管理模块
直播管理模块
业务管理模块
基础支撑模块
Portal后台管理
数据库管理模块
日志管理模块
权限管理模块
基础数据管理模块
开机界面管理
背景界面管理
界面布局管理
Logo图片管理
历史模板管理
内容模板管理模块
Lancher个性化管理
统一门户后台管理系统
统一门户（PORTAL）
其他终端
IOS终端
Adroid终端
机顶盒（STB）

图 9-6　Portal 系统

CDN 应用在 IPTV 平台,为 IPTV 提供了节目分发及推流的能力,主要负责媒资的注入、收录、分发,实现全局调度、节点缓存,有效降低了骨干网带宽压力,提升了用户收视体验。CDN 一般采用多推流协议栈覆盖,以便支持全终端收视。

CDN 系统架构,包括调度服务系统、骨干节点/边缘节点、客户端传输模块等。如图 9-7 所示。

1. CIAdapter:CI 适配器,负责接收外部注入消息,转成标准的 A3 消息,注入 CDN 系统。

2. CI:接收 A3 注入消息,从媒资库中下载媒体文件,生成索引。

3. CPM:注入和分发的调度,节目生命周期管理。

4. CL:内容存储服务器,存储媒体内容和索引文件。

5. CG:内容边缘缓存,为内容加速,一般部署在边缘,减轻 CL 的压力。

6. RTCL:实时录制,负责实时频道录制,为直播、时移、回看业务提供内容源。

7. CLS:区域内的负载均衡,为用户选择合适的 CG 提供服务。

8. GSLB:全局内容调度,为用户选择最近的区域提供服务。

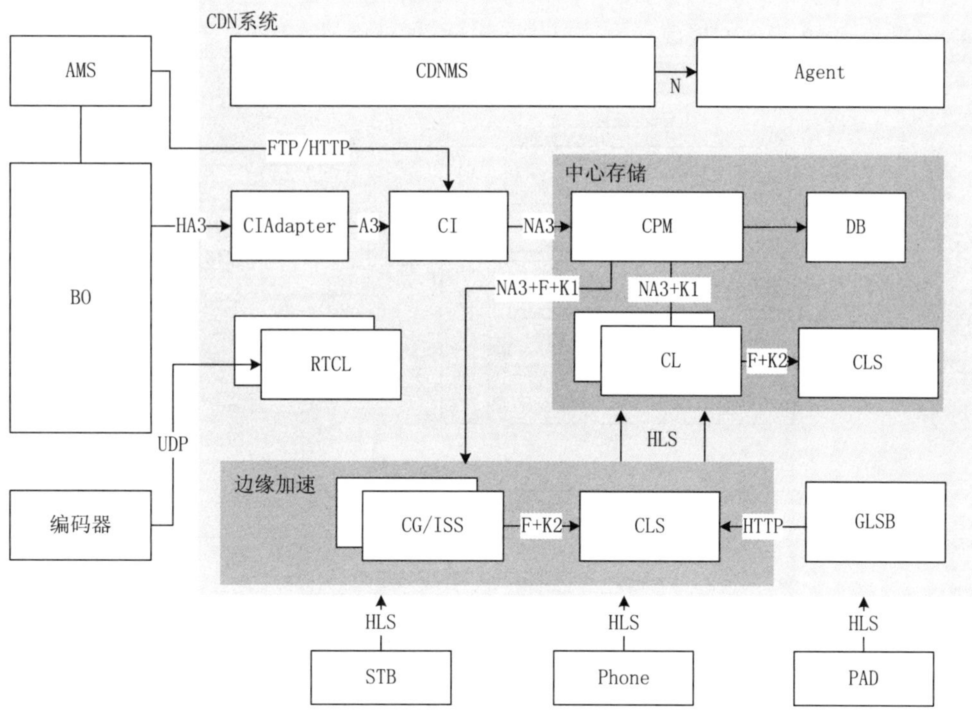

图 9-7　CDN 系统架构图

9. Agent 和 CDNMS：CDN 的管理部件，提供页面管理服务，包括配置管理、日志管理、网络监控、内容查询等。

CDN 系统支持注入 MPEG2、H. 264、H. 265 等多种主流视频文件格式和 TS、MP4、FLV 等视频封装格式；支持 OTT CDN、VOD CDN、IPTV CDN、B2B CDN 等多种业务场景；支持 RTSP、HLS、MPEG DASH、FLV OVER HTTP、MP4 OVER HTTP 多种流媒体传输协议；支持 4K、8K 超高清视频的分发及录制；保护节目版权，对点播、直播、时移、回看的节目提供防盗链功能；支持回看转、点播；提供全局调度、预分发、热点分发的策略配置分解骨干压力，提升终端请求的响应速率。

9.3.2.4　智慧社区管理系统

智慧社区管理系统是一套面向多种终端提供图文资讯、视频点播、监控管理、智慧社区等丰富业务的服务平台。在界面呈现方面，提供了不同区域、多层级、差异化页面展示的功能。在系统管理方面，采用分级管理的模式，各级管理员可定义不同角色，赋予对应管理权限。在业务集成方面，支持第三方业务接入。

9.3.2.5　Launcher MS

在实际运营中，机顶盒开机呈现内容的入口也需要精细化管理，Launcher 管理系统提供了直观的组件化布局界面，通过拖拽组件的方式，可轻松完成模版、专题设计。同时,实现了所见即所得的可视化布局,业务人员模版设计阶段看到的样式即终端呈现的样式,为机顶盒 UI 界面的更改和投放提供了灵活、便捷的操作。

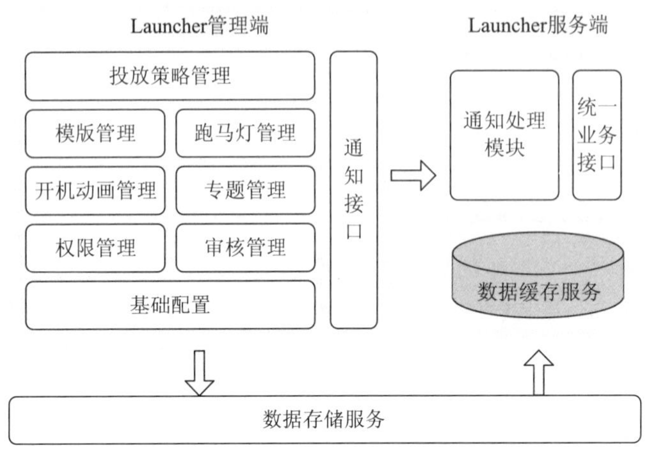

图 9-8　Launcher MS 系统框图

9.3.2.6　AAA

AAA(Authentication Authorization Accounting,认证鉴权计费系统)提供对 CP 上传、下载内容请求和 SP 应用服务链接以及应用程序上载发布请求的认证、鉴权。提供针对用户登录和请求业务过程中可使用服务的鉴权。在用户使用应用服务提供商的某个应用业务产品时,智能终端应用管理系统将业务产品信息、用户信息发送到 AAA,请求鉴权,鉴权通过则允许用户使用应用服务产品,鉴权失败则提示用户订购。

AAA 具备防盗链字符串生成功能,并通过与 CDN 密钥同步接口共享密钥。AAA 在返回给用户的 URL 中增加防盗链字符串,当用户采用包含防盗链信息的 URL 到 CDN 中请求内容播放时,CDN 从 URL 中获取防盗链信息,并通过密钥进行解密,得到用户的相关参数(终端 IP、终端访问的内容 ID 等信息),与当前访问的用户实际参数进行对比校验,若校验通过则认为该次终端请求合法,并为其提供内容服务。

1. 身份认证。

系统可对所有终端(智能机顶盒、手机、Pad、PC)用户进行登录认证。支持用户终端的激活(支持多种类型的激活,如根据智能卡号、用户名密码、终端 MAC 地址)。支持所有用户终端的注册、认证功能,认证成功后,支持订购、鉴权等功能。支持 CP/SP 业务认证,包括业务固定 IP 地址、SP/CP 服务代码等信息。

IPTV 用户终端开机时,需要向 IPTV 集成播控分平台进行认证,认证通过后才可以使用 IPTV 业务。其中,采用双认证双计费方式的 IPTV 用户终端需要向 IPTV 集成播控分平台和 IPTV 传输系统进行认证。只有双方认证都通过,才可以使用 IPTV 业务。IPTV 集成播控分平台用户管理系统中的用户账户应当与 IPTV 传输系统用户管理系统中的用户账户实现一一对应。

2. 业务鉴权。

系统可对用户终端发起的业务使用和节目播放请求进行鉴权响应,根据用户的账户订购信息判断是否对其开放业务访问权限。系统支持对免费的产品鉴权放通,系统可配置放通鉴权,可以按多种时间设置放通时长。支持防盗链,鉴权完成后,生成带数字签名的内容播放 URL 地址,需保持与 CDN 的防盗链校验一致。

对于非视频类应用业务,主要是提供业务鉴权功能。进入业务鉴权:AAA 系统对统一门户发送的用户请求进入某个业务进行鉴权,判断 SP 是否有效、SP 业务是否有效、请求的用户是否有效。使用业务鉴权:在用户使用 SP 业务的某个产品时,由 BOSS 系统将产品信息、用户信息同步到 AAA,请求鉴权,鉴权通过,则允许用户使用产品,鉴权失败则提示用户订购。

只有 IPTV 集成播控分平台鉴权和 IPTV 传输系统鉴权都通过后才向用户展示鉴权成功结果,鉴权失败,将向用户展示鉴权失败结果。

3. 消费记账。

消费记账是指用户终端使用业务服务后,系统记录终端消费信息,将终端消费的原始数据提交给 AAA 并同步到 BOSS 系统,供后者出账之用。消费记账动作由 AAA 系统执行,触发时间节点在终端做完认证鉴权过后立即执行消费记账动作。

9.3.2.7　防盗链

流媒体服务系统支持数字签名防盗链。防盗链采用 URL 附带参数扩展机制,在 URL 参数中扩展一个参数,通过在统一门户和流媒体系统之间共享密钥,同时支持多种加密算法进行加解密,统一门户在返回给用户的 URL 中增加 Authinfo(防盗链字符串),用户采用包含防盗链信息的 URL 到流媒体系统中请求内容播放,流媒体系统进行 URL 检查,保证用户访问的合法性。

防盗链机制中采用了加密密钥 key,需定期进行更新,更新时进行同步。统一门户和流媒体系统之间通过人工定期协商的方式来获得双方认可的密钥,密钥协商完成后,新的请求 URL 中采用新的密钥加解密,并由流媒体系统采用合适的机制实现密钥更新和替换的过渡时间。

9.3.2.8　DRM

DRM,英文全称 Digital Rights Management,即数字版权管理,用于出版者控制被保护对象的使用权。在 IPTV 业务的产业链中,DRM 技术是保证内容提供商利益的关键所在。DRM 技术主要包括数字识别技术、安全和加密技术以及电子交易技术。IPTV 和数字电视业务在数字视频的版权保护方面存在着明显的不同,其版权保护技术的基本原理要遵循双向特点来实现。

DRM 系统一般分为两大部分:DRM Server 和 DRM Agent。DRM Agent 是播放流的代

理服务，终端主要通过 DRM Agent 来播放视频。通过 DRM 系统对节目内容进行有效保护，防止非法下载、内容篡改等。

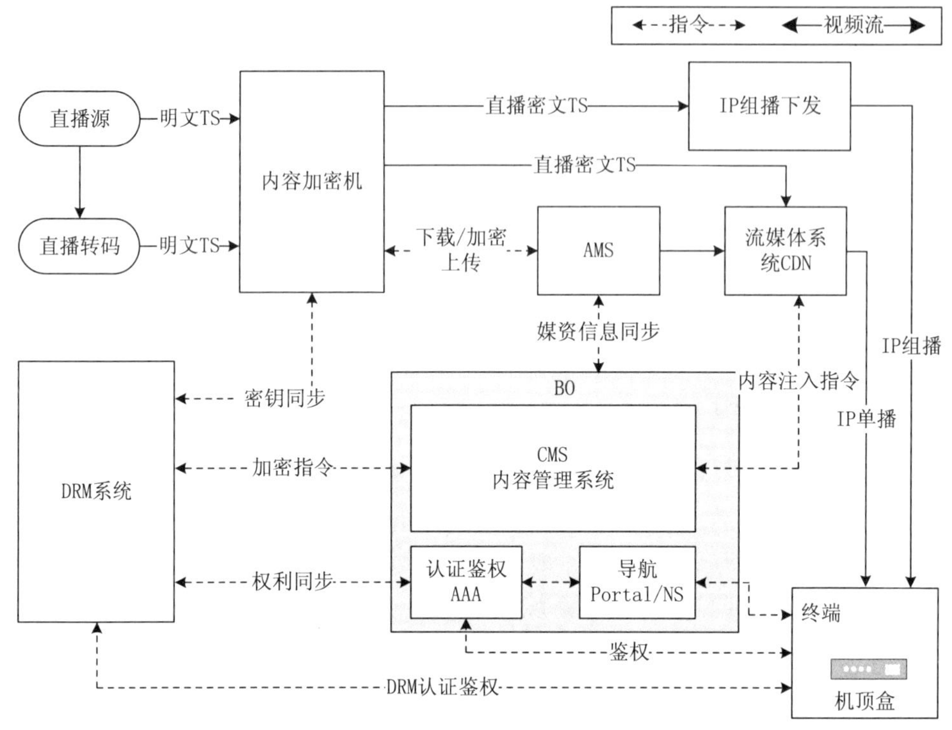

图 9-9　DRM 集成架构

DRM 集成架构如图 9-9 所示，各业务系统职责：

AAA：负责 IPTV 平台原有的个性化、登录、鉴权的业务流程及从 Boss Service 获取个性化、登录、鉴权标识。

PORTAL：与终端直接交互，负责接收终端的个性化和登录请求并透传数据给 AAA 系统。

CDN 及推流：负责产生流资源，并对流进行加密处理。获取流相关信息，组装 M3U8 文件。

终端：用户直接操作的 App 应用，业务的发起者。

点播业务流程和各系统交互如图 9-10 所示，流程如下：

1. BO 为 Portal 提供节目数据。

2. BO 为 AAA 提供运营数据。

3. 终端向 Portal 获取节目信息。

4. 终端登录信息通过 Portal 传递给 AAA 系统。

5. 终端观看节目进行鉴权。

6. BO 向 DRM Server 获取内容密钥。

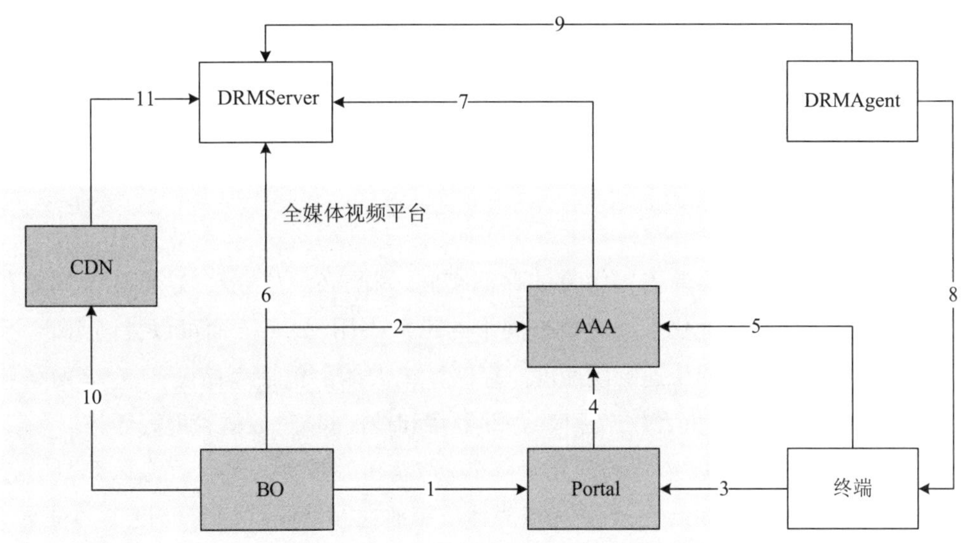

图 9-10　点播业务流程和各系统交互图

7. AAA 鉴权时，根据密钥向 DRM 服务进行权限校验。

8. 终端向 DRM Agent 获取播放流，进行节目播放。

9. DRM Agent 向 DRM Server 校验——当前终端用户是否有播放权限，如果有播放权限，终端可播放节目，否则终端不可播放节目。

10. BO 注入片源信息给推流服务器 CDN。

11. DRM 对 CDN 片源进行加密操作。

DRM 系统对节目内容进行有效保护，防止非法下载、内容篡改等。

9.4　IPTV 平台关键技术发展

9.4.1　视频编码技术

开展 IPTV 业务需要消耗大量的网络带宽资源，采用合适的视频编码技术是实现 IPTV 业务的关键。ISO 和 ITU 相继推出了 H.261、H.262、H.263、H.264 以及 MPEG1、MPEG2、MPEG4 等一系列视频压缩编码的国际标准，目前 IPTV 系统中使用较多的标准主要是 H.264 和 MPEG4。此外国外一些有实力的公司也提出了自己的视频编码标准，如 ASF、nAVI、AVI、DIVx、Quick Time、Real Audio、Real Video 及 Real Flash 等。AVS 是中国自主研发、具有自主知识产权的新一代编码方式，目前 AVS3 的推广工作正在进行。

IPTV 业务采用的视频编码要从编码压缩率、业务的需求程度、互通性和使用成本几个方面来统一衡量，其中使用成本是最为关键的因素。IPTV 目前通常采用的 H.264 和 MPEG4 视频编码都面临着不同程度的专利费问题。这些视频编码标准组织采用了同时向设备制造商和运营商收费的政策,因此大大增加了整个产业的总体经营成本。

目前各地区建设的 IPTV 试验系统对视频编码的选择更多地侧重于网络和技术性能,但从长远发展来看,尽快开展对 AVS 和其他视频编码技术手段的推广工作,并最终实现全网向高效的统一视频编码的过渡是必然要考虑的问题。

9.4.2 存储技术

数字视频文件一般需要占用大量的存储空间,因此必须建立高效、低成本的储存和分发机制。一方面可以优化系统对数据网络的带宽占用,另一方面可以提高 IPTV 系统的安全稳定性和客户端的快速响应速度。存储系统大体上包括存储设备、存储网络和管理三个部分,它们分别担负着数据存储、存储容量和性能扩充、数据管理等任务。

IPTV 的存储设备可以选用磁盘冗余阵列、光盘和磁带等。磁盘冗余阵列具有速度快、容量大、安全可靠等优点,一般作为流媒体应用的在线(On-line)存储设备。与硬盘相比,光盘和磁带在读写访问速度方面存在明显的差距,但是在单位容量价格和容量扩展性等方面有着明显的优势,因此通常作为系统的近线(Near-line)或离线(Off-line)存储设备。在实际工作中,三种存储设备组合使用,以满足不同场景的要求。

存储网络包括直接连接存储(DAS)、网络访问存储(NAS)和存储区域网络(SAN)三种方式。采用 DAS 连接的方法,具有技术简单、投资较少的优点,可以满足 IPTV 内容的海量存储要求,但安全性低,难以实现数据高效备份,维护管理困难,不是今后的发展方向;NAS 方式可利用已搭建的局域网络,扩展方便,实施简单,但不能满足大容量、实时性要求较高的数据存储访问,且会对网络性能产生较大影响,也不宜作为 IPTV 存储方案的首选;SAN 是一个由存储设备和系统部件构成的网络,通过光网络完成工作,具有较快的数据读取速度,增加了对存储系统的冗余链接,提供了对高可用集群系统的支持,但输出带宽不能随着用户和业务规模的扩展而线性扩展,系统建设成本较高。从技术的角度讲,SAN 具有很大的优势,但在成本大幅下降以前,现有存储系统的利用是 IPTV 业务开展中不可回避的一个问题。

IPTV 系统对网络资源的要求很高,大规模部署必须考虑分布的存储方式,目前常用中心节点和多个边缘节点形成多级存储结构以降低成本。但由于这种方式会给内容分发过程带来时延增大和网络负担增加的问题,因此选取优化的存储管理机制就成为 IPTV 的重要课题。目前的 IPTV 系统对存储内容的组织和管理有文件和切片两种方式。文件方式以文件作为网络的最小存储单元,将视频流按照文件的方式存储在磁盘上,对实时业务的反映能力较差;切片方式可以很好地解决文件存储方式无法很好满足多媒体业务实时性的问题,能够支持更加灵活的内容交换及路由策略,将大大提升网络的负载均衡和快速响应能力,同时降低存储网络对带宽和存储空间的占用。切片方式在内容的分发、内容的交换、内容的集成和链接、系统性能和用户体验等方面有许多优势,是 IPTV 业务中存储技术的发展方向。

9.4.3 流媒体技术

流媒体技术是采用流式传输方式,在 IP 网上播放音视频等多媒体信息的技术,与单纯的信息下载方式相比,不仅启动时延大幅度缩短,而且对系统的缓存容量需求也大大降低。数字视频流在完成编码压缩以后,可通过不同的网络传输协议实现数据的传输和控制,其中比较常用的有实时传送协议(RTP)和实时流式媒体协议(RTSP)等。因特网流媒体联盟(ISMA)发布的技术规范对数据的传输和控制方案做了规范。此外流传输协议(TS)也被用于规范此方面的内容。

ISMA 和 TS 两种流格式在市场上都有一定的应用范围,各有优缺点。ISMA 方案的应用场景是互联网上的低码率和低并发率点播节目,因此在 MPEG-4 标准中做了部分限定,以满足开销小的要求,但音、视频要分开用两个流传输,同步难度大;TS 方案是将音、视频流复用在同一个流中,同步精度较高,并且可以在一个流中携带丰富的节目相关信息,但是开销较大。2006 年以来,中国 IPTV 的两大阵营分别对准了不同的技术方向,电信采取 ISMA 方案,广电采取 TS 方案。从目前 IPTV 系统的应用情况看,ISMA 和 TS 两种流格式短时间内难以统一,但不会对系统的正常工作造成影响。可以通过支持两种流格式的机顶盒或专门的 ISMA-TS 转码模块来解决这一问题。

在 IPTV 系统中使用的流媒体服务器担负着将预先编码压缩或实时编码压缩的视频文件以流的方式推送到网络中去的任务,应具有很高的性能和可靠性要求。为此,必须考虑通过提高单机可靠性或服务器集群设置来解决。依靠单台服务器的性能改善来解决整体性能和服务可用性问题,存在着性能价格比方面的限制。服务器集群(Cluster)技术的出现有效地解决了这个问题。负载均衡的松散耦合集群系统是解决大规模流媒体服务的重要方向。

9.4.4 承载网络技术

为了保证用户能够便捷地使用 IPTV 业务,就要求运营商能够提供适宜的承载网络。目前的 IP 承载网络技术还存在许多不足。

IPTV 业务需要一个大容量、高速率的接入系统,目前可用于 IPTV 业务接入承载的方式有不对称数字用户线(ADSL)、无源光网络接入(PON)、局域网(LAN)和宽带无线接入等。我国主要采用 ADSL 技术,受线路质量及 ADSL 接入复用器(DSLAM)的影响,存在速率低、有效传输距离短、服务质量(QoS)无法保证、对组播功能支持有限等问题。虽然数字用户线(DSL)技术在不断发展,传输的带宽有所提高,但是服务品质仍难以令人满意。新一代的 ADSL2 + 标准在 ADSL 的基础上进行了拓展,对上下行带宽都有提升,使得 ADSL 的应用前景更为广阔。但同时无源光网络接入(PON)技术伴随着国内光纤的发展,也获得了运营商更多的关注。

无源光网络是一种点到多点的无源光纤接入技术,PON 系统主要由光线路终端

(OLT)和光网络单元(ONU)以及光分配网络(OND)组成,目前有以太网无源光网络(EPON)和千兆比无源光网络(GPON)。EPON/GPON 采用全光网络结构,可提供上、下行对称的高带宽,对每个 IPTV 用户的带宽可进行动态分配,同时在整个接入链路上支持全程的 QoS 保证,接入覆盖范围广,可大大降低维护成本和线路的质量。EPON/GPON 系统可以很好地满足 IPTV 系统业务开展的需要,但是前期的设备费用和光纤铺设费用很高,影响了推广。现在运营商基本还是立足于 ADSL 线路升级改造来提供相应的业务。

当前接入网采用千兆比无源光网络(GPON)方式来支持 IPTV 等宽带多媒体业务的成本比较高,但随着用户的增多和业务的不断普及,在不久的将来,这种方式将会是 IPTV 接入方式的较好选择。

IPTV 业务的开展对城域网的传输质量也提出了新的要求,目前有两种方案可供选择:一种方案是将原有 IP 城域网改建为一张真正的多业务承载网,实现全网组播业务的开通、全网 QoS 策略的保证、高可靠性、高带宽支持与带宽保证等,这适合于原城域网基础较好的城市;另一种方案是构建 IPTV 业务专用网络,原城域网只承载原有互联网业务,接入网流量在汇聚层被分离,这适合原城域网络较复杂的城市。两种方案的选择可以根据各地的网络状况而定,也可采用其他更为经济的临时性解决办法。

9.4.5 组播技术

组播在单点对多点的网络中优势很明显:单一的信息流沿树型路径被同时发送给一组用户,相同的组播数据流在每一条链路上最多仅有一份。相比点播来说,使用组播方式传递信息,用户的增加不会显著增加网络的负载,减轻了服务器和 CPU 的负荷。不需要此报文的用户不会收到此数据。相比广播来说,组播数据仅被传输到有接收者的地方,减少了冗余流量、节约了网络带宽、降低了网络负载。因此可以说组播技术有效地解决了单点发送多点接收的问题,实现了 IP 网络中单点到多点的高效数据传送。

现有的互联网组管理协议(IGMP)V1 和 V2 版本,对于组播用户的加入、离开以及组播源的建立还没有相应的安全机制,很可能会对现有网络造成冲击和影响。网络核心设备虽然支持多协议边界网关协议(MBGP)和协议独立型组播(PIM)等协议,但是并没有经过实际业务检验,而且在组播支持方面存在较大缺陷。城域网汇聚设备主要是宽带接入远程服务(BRAS)设备,在组播支持方面存在较大缺陷。接入网中的大量设备在支持组播组数目、复制效率(CPU 占用率)等方面都不是很强,在组播大规模开展时都可能存在性能问题。

若 IPTV 点播流量和用户上网流量混跑在宽带网络上,接入端无法实现 QoS 质量保障,会出现 IPTV 卡顿,上网测速不达标,用户使用感知下降;城域网 OLT 至 CR 的流量也会变得很大,容易出现拥塞,故组播在 IPTV 业务开展中是一个很关键的问题,不可能在短时间内得以解决。目前比较现实的就是针对业务实际需求给出临时性解决办法,在 IPTV 业务属性和承载内容完全明确后再通盘考虑。

9.4.6 IPTV 终端

IPTV 业务的终端目前有个人电脑 + 软件、机顶盒 + 电视两种形式。前者实现较为简单,投资小,但播放器软件局限于厂商私有的文件格式,通用性差,而且不会使用电脑的人无法享受此项业务,因此利用个人电脑作为 IPTV 终端系统适用于低成本推广 IPTV 业务的场合,不会成为发展的重点。但是基于 P2P 机制的播放器软件依然是近期的发展亮点。

基于机顶盒形式的 IPTV 终端兼顾了个人电脑和电视机的功能,而且可以直接利用家庭中已有的电视终端来扩张业务,因此成为目前发展的重点。IPTV 机顶盒有 3 种实现方式,即基于专用芯片(ASIC)的机顶盒、基于数字信号处理器(DSP)的机顶盒、基于中央处理器(CPU)的机顶盒。采用 ASIC 方式的机顶盒解码效率高,成本低,但扩展性不好,功能单一;采用 DSP 方式的机顶盒可编程,所以扩展性较好,并且可以增加功能,但开发成本较高,互通性较差;通用 CPU 结构的机顶盒开发简单,功能易扩展,但是成本较高。目前由于视频编码、传输流格式和 DRM 等技术没有完全确定,因此要求终端具有一定的灵活性和可扩展性,更适合采用 DSP 或通用 CPU 架构。待技术成熟稳定后,低成本的专用芯片的机顶盒会有更为广阔的市场。

在终端设计上,IPTV 越来越多地引入了中间件的概念。由于 IPTV 是一个逐渐丰富的业务系统,如果不能很好地解决后续业务功能添加的问题,就会增加 IPTV 业务的推广成本,通过中间件可以很好地解决新功能的引入的问题。

IPTV 中间件一般是指应用层与底层硬件或者操作系统平台之间的软件环境,具体由一组服务程序组成,这些服务程序允许 IPTV 系统中一个或多个设备上运行的多种功能在网络上进行交互。应用程序并不直接调用底层资源,中间件软件层为这些底层资源提供了一个抽象层,这个抽象层将应用程序与硬件平台隔离开来,在一定程度上实现了跨硬件终端的可执行性,除此之外中间件应该按照运营商技术规范进行定制以满足运营商相关业务。

IPTV 中间件的作用主要体现在运营支撑层、业务应用层和用户接入层。在运营支撑层,IPTV 中间件可以进行用户信息的管理、对业务数据进行认证以及用户权限管理等,可以方便地使用统一的接口完成具体业务的订制;在业务应用层,IPTV 中间件主要负责节目内容的管理、统一的播放能力、终端软件的版本控制以及游戏等附加业务;在用户接入层,IPTV 可以让用户通过遥控器方便地进行选择节目、播放控制等其他用户浏览操作。

内容小结

1. IPTV(Internet Protocol Television)是通过互联网协议提供包括电视节目在内的多种数字媒体服务的交互式网络电视,是一种利用宽带网,集互联网、多媒体、通信等多种技术于一体,通过可监控、可管理、安全传送并具有 QoS 保证的无线或有线 IP 网络,提供包含视频、音频、文本、图形和数据等业务在内的多媒体业务。IPTV 与 OTT TV 的区别在于 IPTV 属于专网及定向传输视听节目服务,适用国家新闻出版广电总局 2016 年 6 号令的规定。OTT TV 属于公网业务,适用国家广播电影电视总局 2011 年 181 号文的规定。

2. IPTV 发展至今,已经形成了较为成熟的业务合作模式,国内各省 IPTV 一般采用内容提供商 + 内容运营商 + 网络运营商的方式进行业务合作。

3.《IPTV 技术体系总体要求》规定了 IPTV 总体技术架构,IPTV 内容服务平台、IPTV 集成播控平台、IPTV 传输系统之间的对接原则,以及与监管系统对接的技术要求。IPTV 技术系统包括全国 IPTV 内容服务平台、省级 IPTV 内容服务平台、IPTV 集成播控总平台、IPTV 集成播控分平台、IPTV 传输系统、IPTV 用户终端、IPTV 中央监管平台、IPTV 省级监管平台。

4. IPTV 系统整体按照逻辑架构可划分为五个系统域:内容业务域、运营管控域、能力支撑域、终端设备域、运营支撑域。网络拓扑分为省 IPTV 中心平台、省 IP 骨干数据网、市级 IP 城域数据网、市县 IP 接入网、用户接入层五个区域。

5. 后台系统(BO)是平台的中央集成总控平台,负责内容管理、业务运营(含用户管理、产品管理)、访问控制(含认证、鉴权、评价)以及 CP/SP 管理集成接入。

6. CDN 系统由各种 Cache 服务器组成,将这些 Cache 服务器分布到用户访问相对集中的地区或网络中,在用户访问业务内容时,利用全局负载均衡技术(GSLB),将用户的访问指向离用户距离最近的工作正常的 Cache 服务器上,由 Cache 服务器直接响应用户的请求。如果 Cache 服务器中没有用户要访问的内容,它会根据配置自动到源服务器中抓取相应的内容并提供给用户。

7. AAA(Authentication Authorization Accounting,认证鉴权计费系统)提供对 CP 上传、下载内容请求,SP 应用服务链接和应用程序上载发布请求的认证、鉴权。

8. DRM,英文全称 Digital Rights Management,即数字版权管理,用于出版者控制被保护对象的使用权。在 IPTV 业务的产业链中,DRM 技术是保证内容提供商利益的关键所在。DRM 技术主要包括数字识别技术、安全和加密技术以及电子交易技术。

9. IPTV 系统存储内容的组织和管理有文件和切片两种方式。文件方式以文件作为网络的最小存储单元,将视频流按照文件的方式存储在磁盘上,对实时业务的反应能力较差;切片方式可以很好地解决文件存储方式无法完全满足多媒体业务实时性的问题,能够支持更加灵活的内容交换及路由策略,将大大提升网络的负载均衡和快速响应能力,同时降低存储网络对带宽和存储空间的占用。切片方式在内容的分发、内容的交换、内容的集成和链接、系统性能和用户体验等方面有许多优势,是 IPTV 业务中存储技术的发展方向。

10. 流媒体技术 ISMA 和 TS 两种流格式在市场上都有一定范围的应用,各有优缺点。ISMA 方案的应用场景是互联网上的低码率和低并发率点播节目,因此在 MPEG-4 标准中做了部分限定，以满足开销小的要求，但音、视频要分开用两个流传输，同步难度大；TS 方案是将音、视频流复用在同一个流中，同步精度较高，并且可以在一个流中携带丰富的节目相关信息，但是开销较大。

11. IPTV 业务接入承载的方式有不对称数字用户线（ADSL）、无源光网络接入（PON）、局域网（LAN）和宽带无线接入等。

12. 组播在点对多点的网络中优势很明显：单一的信息流沿树型路径被同时发送给一组用户，相同的组播数据流在每一条链路上最多仅有一份。相比点播来说，使用组播方式传递信息，用户的增加不会显著增加网络的负载，减轻了服务器和 CPU 的负荷。不需要此报文的用户不会收到此数据。相比广播来说，组播数据仅被传输到有接收者的地方，减少了冗余流量、节约了网络带宽、降低了网络负载。因此可以说组播技术有效地解决了单点发送多点接收的问题，实现了 IP 网络中点到多点的高效数据传送。

13. 目前 IPTV 机顶盒有三种实现方式，即基于专用芯片（ASIC）的机顶盒、基于数字信号处理器（DSP）的机顶盒、基于中央处理器（CPU）的机顶盒。

14. IPTV 中间件一般是指应用层与底层硬件/操作系统平台之间的软件环境，具体由一组服务程序组成，这些服务程序允许 IPTV 系统中一个或多个设备上运行的多种功能在网络上进行交互。应用程序并不直接调用底层资源，中间件软件层为这些底层资源提供了一个抽象层，这个抽象层将应用程序与硬件平台隔离开来，在一定程度上实现了跨硬件终端的可执行性，除此之外中间件应该按照运营商技术规范进行定制以满足运营商经营相关业务之需。

思考与训练

1. 简述 IPTV 的概念。
2. 简述 IPTV 与 OTT TV 的区别。
3.《IPTV 技术体系总体要求》主要规定了什么？
4. IPTV 集成播控平台主要有哪些功能？
5. IPTV 系统架构和网络拓扑是如何划分的？
6. CDN 如何提高用户访问网站的速度？
7. 画出点播业务流程和各系统交互图。
8. 比较 IPTV 系统的两种存储内容方式。
9. 简述流媒体技术 ISMA 和 TS 两种技术方案。
10. 组播技术有何优势？
11. IPTV 中间件的作用是什么？

应用篇

实训一　数字电视教学实训平台概况

1.1　数字电视教学实训平台简介

数字电视教学实训平台是为了“数字电视技术原理与应用”教学实训而搭建的，采用国内主流数字电视供应商数码视讯提供的软硬件设备，包括数字电视前端平台和全媒体平台两个部分。

数字电视前端平台主要针对广播传输方式，可以模拟卫星数字电视信号传输链路（扩展功能后也可模拟有线和地面传输方式）。平台采用数码视讯提供的 EMR 集成式设备，能够实现 MPEG-2 标清节目编码、AVS + 高清节目编码、ASI 输入/输出、节目复用、DVB-S/S2 信号调制、DVB-S/S2 信号接收解调、多格式解码等功能。配合频谱分析仪、码流分析仪、波形监测仪等测量仪器，能够让学生加深对数字电视广播传输方式的理解。

全媒体平台主要针对网络传输方式，能够模拟 IPTV 和 OTT TV 的 IP 视频分发业务。平台采用数码视讯 OMC 全业务系统，旨在为学生演示新媒体业务的工作流程。前端功能演示主要包括业务功能界面的展示、节目的注入、审核发布、内容分发等相关任务配置的操作，以及接收终端通过前端配置后实现节目互动的具体效果，包括节目的 EPG 菜单、直播、点播、时移回看等功能。

对于传统的广播传输模式，可以通过数字电视教学平台前端设备的设置和仪器测量操作，使学生了解 SDI 基带信号、ASI 码流信号、中频调制信号和 RF 射频信号，熟悉广播传输模式的编码、复用、调制、变频、解调、解码等信号处理流程。对于近些年方兴未艾的网络传输模式，数字电视教学平台是全 IP 组网，所有设备支持 IP 连接，信号可以 IP 方式传输，前端平台与全媒体平台可以实现节目的自由调配分发。全媒体运营管理平台软件能够模拟 IPTV 和 OTT TV 的 IP 视频分发业务。总之，教学实训平台可以模拟演示数字电视当前的主要业务，学生通过实际的设备操作获得直观的感受，加深对数字电视演播室标准、压缩编码标准以及传输标准的理解，从而进一步了解我国广播电视和信息产业的发展现状以及未来的发展方向，更好地适应广播电视和信息产业的从业要求。

1.2 平台特点

1.2.1 采用国内行业主流设备

平台设备及软件主要由北京数码视讯科技股份有限公司提供。数码视讯是一家全球领先的数字电视解决方案提供商，采用集成式设备业务网关，通用机框可灵活混插配置各种功能板卡，满足数字电视前端的各种需求。数码视讯全面参与广电总局 TVOS、NGBW 等未来广电核心标准的制定，在广电网、大数据、云平台和智能终端等领域持续开拓，构建广电全产业生态链，倾力打造广电网 + 互联网融合解决方案，助力广电网络化、平台化运营发展，为广电事业发展提供强有力的技术支撑。

1.2.2 展示数字电视广播传输链路

数字电视前端平台能够兼容卫星、有线、地面三种数字电视传输方式。本书实训主要模拟卫星数字电视传输链路，可完成 MPEG-2 数字标清节目编码、AVS + 数字高清节目编码、节目复用、ASI 输入/输出、两路 DVB-S/S2 信号调制、两路 DVB-S/S2 信号接收解调、多格式数字解码、多格式模拟解码等功能需求，能够通过实训操作详细展示压缩编码、复用、调制、变频、接收、解调、解码等传输过程，让学生直观了解数字电视信号的传输流程，掌握设备的连接设置调试方法。

1.2.3 模拟网络数字电视传输方式

数字电视教学实训平台是全 IP 组网，平台的 IP 链路可以模拟网络数字电视传输方式。经过编码、复用的节目通过 IP 网络送入新媒体服务器，新媒体服务器按照直播与点播划分传输方式。直播节目因为 IP 传输链路的便利性，通过组播传输即可快捷高效地实现直播节目的传输。而点播业务则需要根据客户的需求进行一对一服务，其核心传输功能的载体是 CDN(内容分发网络)系统，由 CDN 根据用户对节目收视的需求，从自身存储的节目媒资系统中，读取出用户希望获得的片源，再通过 IP 传输至用户终端。

1.2.4 熟悉数字电视测量仪器的使用

数字电视教学平台还配备波形监视器、码流分析仪、频谱分析仪等数字电视常用测量仪器，可以进行数字电视基带信号的测量、编码复用等环节的码流分析和调制变频信号的幅频特性分析。它涵盖数字电视主要传输环节，既可以进行定性分析，也能进行定量测试，使学生对数字电视传输过程有更加直观深入的认识。

1.3 EMR 平台简介

数码视讯新一代媒体综合处理平台 EMR 采用数码视讯独有的 Xplant 技术，通过插卡式结构和模块化设计，可灵活配置各种功能板卡，满足数字电视前端的全部需求。EMR 在安全性、集成度、数据吞吐量、核心处理能力上均有优异的表现。更重要的是，EMR 平台颠覆性的 DTV 统一平台理念能够使整个数字电视前端硬件系统构建于统一的平台式设备之上，这样，运营商在搭建、维护、保障前端系统时将得到极大的便利。

EMR 平台为 1U 设备，机框及主控板自带 4(2 +2)个千兆(全双工)接口，还带有 CA 接口和主控网管接口。设备后面板具有 6 个功能板卡槽位，每个槽位均可无差别地配置多种功能板卡，包括高标清编解码类板卡、卫星接收板卡、解扰板卡、高标清转码板卡、适配板卡、ASI 接口板卡、码率修整板卡、调制解调类板卡、ASI/DS3/RF/IP 切换板卡、单频网适配板卡等。各板卡处理的信号均通过设备背板路由，设备还具备复用及加扰功能。因此，通过灵活配置板卡，EMR 可实现用户的个性化定制需求。

综上，EMR 媒体综合处理平台是全信源、全信道、全功能的数字电视处理平台，是划时代的 DTV 统一功能平台。

1.4 教学实训平台构成

数字电视教学实训平台由综合业务实验网关、多格式全业务实验网关、数据交换中心、多格式模拟业务网关、多格式数字业务网关、多功能综合视频处理器、模拟信道和 OMC 全媒体平台组成。

如图 1-1 所示，来自数字电视演播室或播控的基带信号传输至综合业务实验网关和多格式全业务实验网关，完成模拟电视信号或数字电视信号的高标清压缩编码、复用、调制和变频任务。调制变频后的载波信号通过模拟信道分别传输至多格式模拟业务网关、多格式数字业务网关和多功能综合视频处理器进行解调和解码，根据不同需求分别输出模拟音视频信号、SDI 基带信号、ASI 码流信号和 IP 数据流等不同格式的信号。通过数据交换及模拟信道，将 IP 数据流传输至全媒体平台，实现不同终端设备的电视节目收听收看。另外，利用系统服务器的 WEB 网管浏览器登录的方式，可以实现对组网内所有设备的管理与配置。

1.4.1 综合业务实验网关

综合业务实验网关为一台 EMR，配备一块 MPEG-2 数字标清节目编码卡，用于完成对模拟电视节目 CVBS 信号进行 MPEG-2 标准的压缩编码任务；一块 ASI 输入/输出卡，

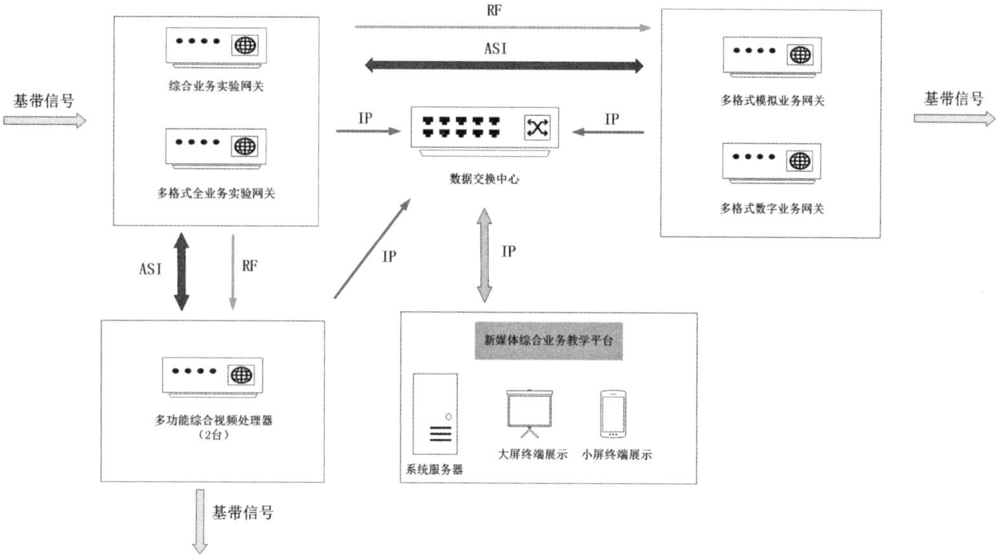

图 1-1　数字电视教学实训平台

用于实现 ASI 码流的输出功能；一块 DVB-S/S2 调制卡，用于实现信号调制和变频功能。

1.4.2　多格式全业务实验网关

多格式全业务实验网关为一台 EMR，配备一块 AVS + 数字高清节目编码卡，用于完成 AVS + 标准的高清编码任务；一块 ASI 输入/输出卡，用于实现 ASI 码流的输出功能；一块 DVB-S/S2 调制卡，用于实现信号调制功能。

1.4.3　数据交换中心

数据交换中心由一台 24 口交换机组成，主要完成 IP 数据分发及各设备间的网络管理任务。

1.4.4　多格式模拟业务网关

多格式模拟业务网关为一台 EMR，配备一块 ASI 输入/输出卡，用于实现 ASI 码流的输出功能；一块 DVB-S/S2 解调卡，用于实现信号解调功能；一块多格式模拟解码卡，用于完成对 MPEG-2 等标准的高标清电视节目解码任务，并输出 CVBS 格式的模拟电视节目信号。

1.4.5　多格式数字业务网关

多格式数字业务网关为一台 EMR，配备一块 ASI 输入/输出卡，用于实现 ASI 码流的输出功能；一块 DVB-S/S2 解调卡，用于实现信号解调功能；一块多格式数字解码卡，用于完成对 AVS + 等多标准的高标清电视节目解码的任务，并输出 SDI 格式的标清数字电视节目信号和 HDMI 格式的高清数字电视信号。

1.4.6 多功能综合视频处理器

多功能综合视频处理器由两台 D8120 综合解码器构成,主要完成对 DVB-S/S2 调制卡输出的 L 波段射频信号、ASI 码流信号和 IP 数据流等各类型信号的解码任务,输出 SDI、ASI、HDMI 等不同格式的数字电视信号。

1.4.7 模拟信道

模拟信道由设备间的连接线缆以及新媒体综合业务教学平台的无线局域网构成,主要完成各设备之间的信号传输任务。

1.4.8 OMC 全媒体平台

OMC 全媒体平台是在通用服务器上部署数码视讯的全媒体运营管理平台软件,通过对前端功能进行演示,主要包括业务功能界面的展示、节目的注入、审核发布、内容分发等相关任务配置的操作,还有终端设备通过前端配置后,实现节目互动的具体效果,包括节目的 EPG 菜单、直播、点播、时移回看等功能。

实训二 数字电视基带信号测量

数字电视基带信号一般来自数字电视演播室和播控中心，数字电视演播室将录制节目送往播控中心，播控中心播出服务器按照节目单播出节目，播出服务器输出数字电视基带信号，通过光缆等路由将数字电视基带信号或压缩编码信号分发传输至各发射台站，各发射台站将信号按照相应的压缩编码和传输标准处理后，进行发射传输覆盖。可见，作为信号源的数字电视基带信号的质量直接影响着数字电视传输质量，所以数字电视基带信号的指标测试也是数字电视传输系统的重要环节。

2.1 数字电视视频通道特性

模拟视频通道随着传输距离的增大，信噪比越来越低，图像越来越模糊。数字电视视频通道特性与模拟电视视频通道不同，数字电视视频在传输过程中有一个突变点。在突变点之前几乎是在理想状态下工作，画面质量与传输距离基本无关，但是一过突变点，画面质量会断崖式下跌，迅速劣化甚至黑屏，这个突变点也被称为崩溃点或临界点。所以有必要对数字电视视频通道特性进行研究。

数字电视视频通道特性是指数字电视基带信号输入高标清通道后，其输出端输出信号的特性，常用幅度、上冲（下冲）、上升时间（下降时间）、上升时间与下降时间差、直流偏移、通道输出抖动等参数来表征。数字电视视频通道特性的技术要求如表 2-1 所示。

表 2-1 数字电视视频通道特性技术要求

	标清（SDI）	高清（HD-SDI）	备注
幅度	800mV ±10%	800mV ±10%	
上冲（下冲）	≤10%	≤10%	
直流偏移	±500mV	±500mV	
上升时间（下降时间）	≤1500ps	≤270ps	20% -80% 幅度点

续表

	标清(SDI)		高清(HD-SDI)		备注
上升时间与下降时间之差	≤500ps		≤100ps		
抖动	1kHz 高通滤波	≤0.2UI(740ps)	校准抖动	0.2UI(134.7ps)	100kHz - 148.5MHz
	10Hz 高通滤波	≤0.2UI(740ps)	定时抖动	1UI(673.4ps)	10Hz - 100kHz

2.1.1 幅度

定义:将数字电视视频信号加至被测通道的输入端,在通道输出端输出信号的峰值为幅度。

测量方法:将数字电视视频信号加至被测通道输入端,在通道输出端未接任何传输线时,直接测量输出端75Ω负载上眼图的波形,如图2-1所示,L值即为幅度,单位为mV。

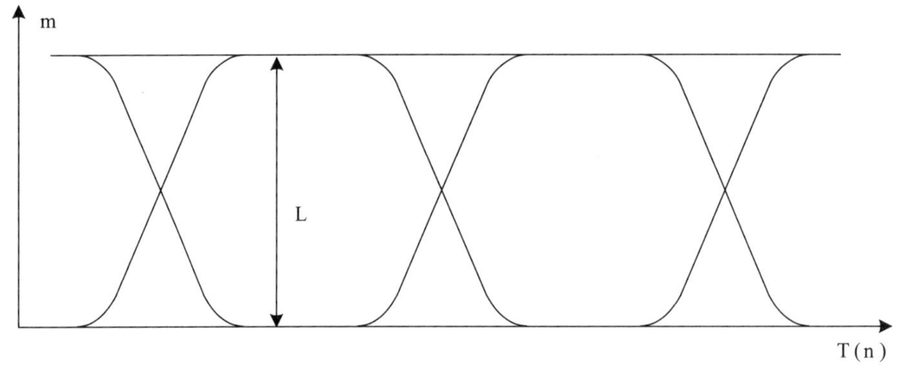

图2-1 数字电视视频信号的幅度

2.1.2 上冲(下冲)

定义:把数字电视视频信号加到被测通道的输入端,通道输出端信号上升沿(下降沿)附近区域内所产生的最大暂态偏离与稳态幅度之比为上冲(下冲),以百分数方式表示。

上冲用公式"上冲 $= a_1/L \times 100\%$"求出,下冲用公式"下冲 $= a_2/L \times 100\%$"求出。

测量方法:把数字电视视频信号加到被测通道的输入端,在通道输出端未接任何传输线时,直接测量输出端75Ω负载上眼图的波形,如图2-2所示。

2.1.3 上升时间、下降时间

定义:把数字电视视频信号加到被测通道的输入端,通道输出端信号幅度由20%上

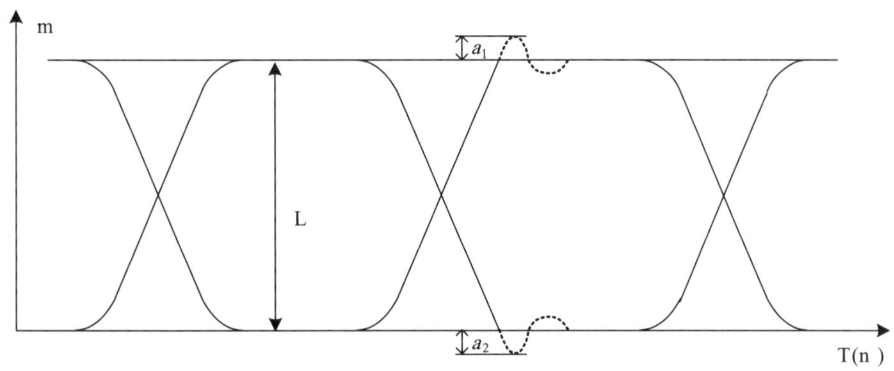

图 2-2　数字电视视频信号的上冲(下冲)

升至 80% 所需的时间,为上升时间;信号幅度由 80% 下降至 20% 所需的时间,为下降时间。

测量方法:把数字电视视频信号加到被测通道输入端,在通道输出端未接任何传输线时,直接测量输出端 75Ω 负载上眼图的波形,如图 2-3 所示,t_1 为上升时间,t_2 为下降时间,单位为 ps。

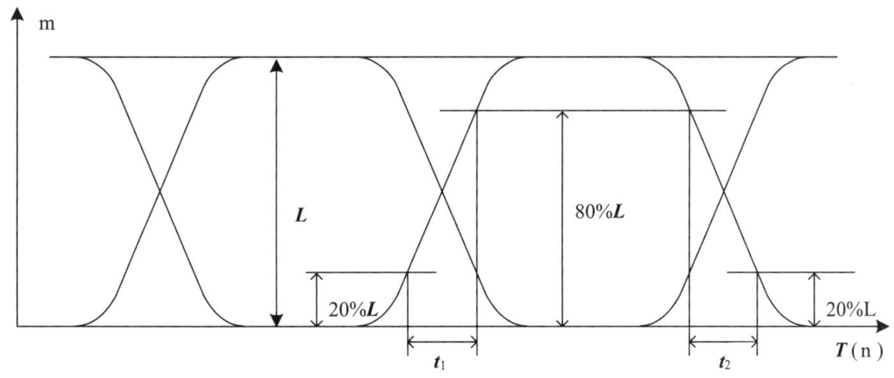

图 2-3　数字电视视频信号的上升时间(下降时间)

2.1.4　上升时间与下降时间之差

定义:上升时间减去下降时间的绝对值,为上升时间与下降时间之差,单位为 ps。

2.1.5　直流偏移

定义:把数字电视视频信号加到被测通道的输入端,通道输出端信号幅度中心线与基准零线之间的偏移,为直流偏移。

测量方法:把数字电视视频信号加到被测通道的输入端,在通道输出端未接任何传输线时,直接测量输出端 75Ω 负载上眼图的波形,如图 2-4 所示。信号幅度的中心线与示波器基准零线之间的偏移 δ 为直流偏移值,单位为 mV。

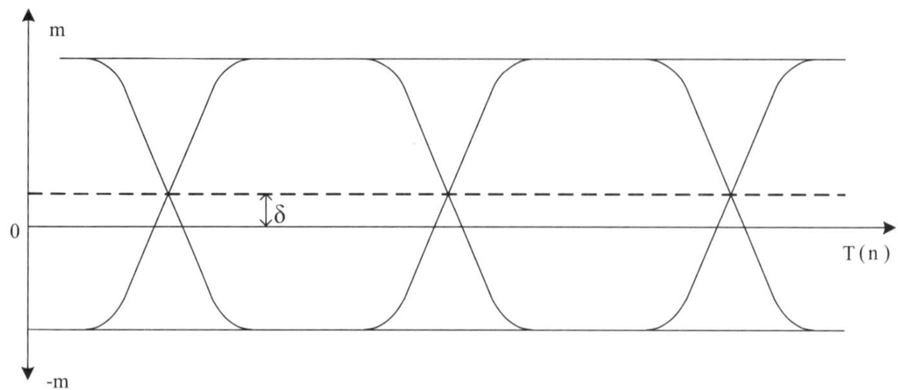

图 2-4　数字电视视频信号的直流偏移

2.1.6　通道输出抖动

定义:把数字电视视频信号加到被测通道的输入端,在通道输出端口上经 1kHz 或 10Hz 高通滤波器滤波后,数字信号跳变沿在时间上相对理想位置的变动,为通道输出抖动。

测量方法:把数字电视视频信号加到被测通道的输入端,在通道输出端未接任何传输线时,经过 1kHz 或 10Hz 高通滤波器滤波,测量输出端 75Ω 负载上眼图的波形,如图 2-5 所示。上下跳变沿在时间上相对理想位置变动 X,X 值的大小为抖动值,单位为码元间隔(或称单位间隔)UI 或 ps。码元间隔 UI = 1/数码率 R_b。

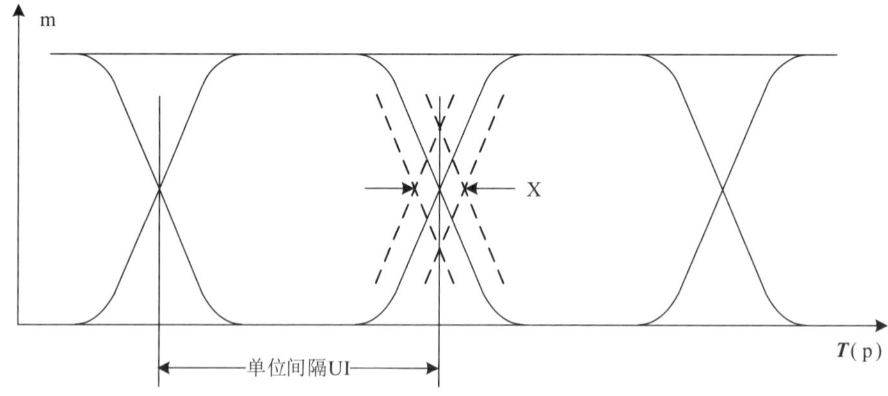

图 2-5　数字电视视频信号的通道输出抖动

2.2　数字电视视频通道特性测量

数字电视前端平台信号源部分依托原有实验室部署的一套演播室系统,由摄像机拍摄的 SDI 视频信号通过线缆传输至播出控制台,导入播出服务器,播出服务器输出数字电视基带信号,从而简单模拟出广播电视播控中心工作流程。

数字电视通道特性测量采用美国泰克公司生产的 WFM-8300 波形监测仪,该监测仪可支持 HD/SD-SDI 视频格式和双链路视频格式,具有高精度的监视和测量功能,为复合模拟视频到 SD-SDI、HD-SDI 和 3G-SDI 视频信号格式测量提供完善的支持。WFM-8300 同时还支持各种音频格式,包括模拟音频、数字 AES/EBU 音频、数字嵌入音频、杜比数字、杜比数字 Plus 和杜比 E 音频等。

2.2.1　数字电视信号眼图与抖动测量

1. 将播出服务器输出的数字电视信号接入 WFM-8300 波形监测仪背面 SDI A 输入口,设备可自动识别信号格式。

2. 将前面板的 Slot 的 1A 按下,按键亮起。

3. 按下 CONFIG 按键,在 CONFIG MENU 菜单中 Input Mode 选项下的子项 Input Mode 选 Single、子项 SyncVu 选 Enable、子项 Multi-Input Mode 选 Disable。在 CONFIG MENU 菜单中 SDI Input 选项的子项 Input Format、Sample Structure、SDI Transport Type 均选 Auto。在 CONFIG MENU 菜单中的 External Reference 选项的子项 Lock to Format 选 Auto。在 CONFIG MENU 菜单中的 Physical Layer Setting 选项的子项 Jitter1 HP Filter 选 100kHz、Jitter2 HP Filter 选 10Hz,子项 Eye Display Mode 选 Normal。

4. 在 Display Select 区域的 1、2、3、4 当中任选一个数字,按下底部的 EYE 键。然后按下 Display Select 区域的 FULL 按键,这时候眼图就会展现在整个屏幕上。

5. 长按 EYE 键,在出现的菜单中的 Jitter Meter 选项下选 Meter&Readout、在 Display Type 选项中选 Eye Display。该 HD-SDI 数字电视信号的眼图和抖动的测量信息如图 2-6 所示。

2.2.2　数字电视视频信号定时基准测量

1. 将播出服务器输出的数字电视信号接入 WFM-8300 波形监测仪背面的 SDI A 输入接口。

2. 将前面板的 Slot 的 1A 按下,按键亮起。

3. 按 CONFIG 按键,在 CONFIG MENU 菜单中 Input Mode 选项下的子项 Input Mode 中选 Single、子项 SyncVu 中选 Enable、子项 Multi-Input Mode 中选 Disable。在 CONFIG MENU 菜单中 SDI Input 选项的子项 Input Format、Sample Structure、SDI Transport Type 下

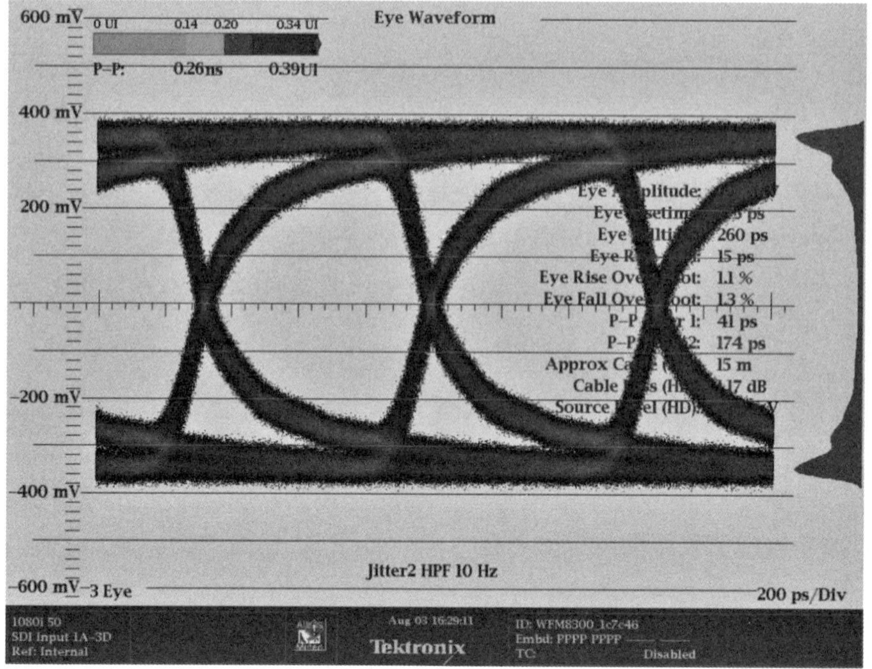

图 2-6　HD-SDI 数字电视信号眼图与抖动

均选 Auto。在 CONFIG MENU 菜单中的 External Reference 选项的子项 Lock to Format 下选 Auto。

4. 在 Display Select 区域的 1、2、3、4 当中任选一个数字，按下底部的 MEAS 键。然后按下 Display Select 区域的 FULL 按键，这时候数字视频信号取样量化后的幅度波形和数值就会展现在整个屏幕上。

5. 长按 MEAS 键，在出现的菜单中的 Display Type 选项卡上选 Datalist Display、在 Format 选项中选 Hexadecimal。此时，HD-SDI 数字电视视频信号亮度及色度定时基准如图 2-7 所示。

6. 按左右箭头键可以在 F1、F2 两场之间切换。按 SEL 键可以使 General 旋钮转动选择不同的行或者取样点。按 CURSOR 键，可以在 EAV 和 SAV 之间切换。

在 1080/50i 标准中，高清视频定时参考信号的数值如表 2-2 所示。标清视频信号的定时基准信号不同于高清信号，它的色差信号和亮度信号被看作一个数值序列。

表 2-2　高清视频信号定时参考信号数值表

行号＼样点号	1920 到 1921	1922 到 1923	2636 到 2637	2638 到 2639
1 到 20 行	3FF 3FF 000 000	000 000 2D8 2D8	3FF 3FF 000 000	000 000 2AC 2AC
21 到 560 行	3FF 3FF 000 000	000 000 274 274	3FF 3FF 000 000	000 000 200 200

续表

样点号 行号	1920 到 1921	1922 到 1923	2636 到 2637	2638 到 2639
561 到 563 行	3FF 3FF 000 000	000 000 2D8 2D8	3FF 3FF 000 000	000 000 2AC 2AC
564 到 583 行	3FF 3FF 000 000	000 000 3C4 3C4	3FF 3FF 000 000	000 000 3B0 3B0
584 到 1123 行	3FF 3FF 000 000	000 000 368 368	3FF 3FF 000 000	000 000 31C 31C
1124 到 1125 行	3FF 3FF 000 000	000 000 3C4 3C4	3FF 3FF 000 000	000 000 3B0 3B0

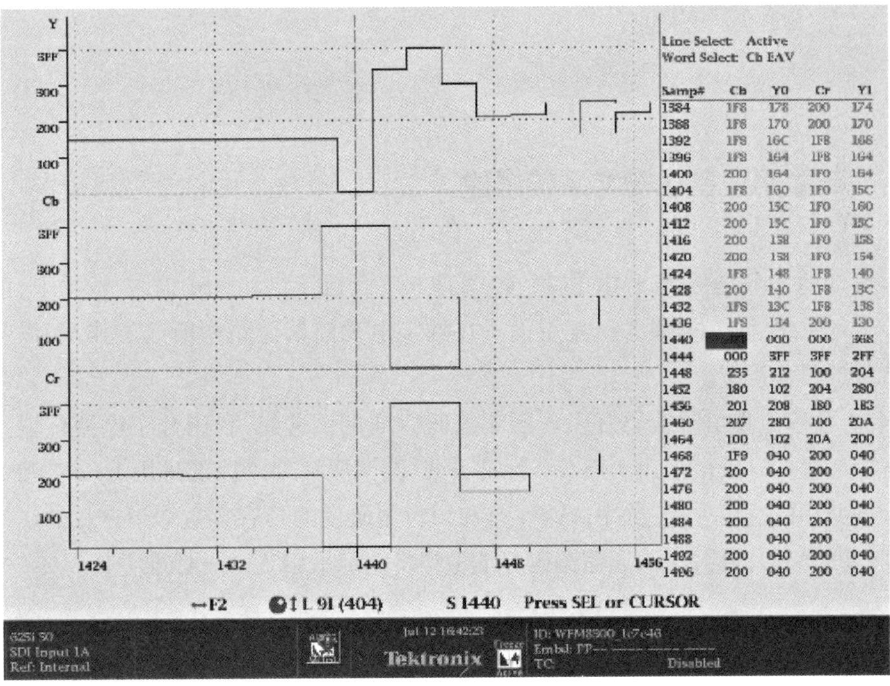

图 2-7　HD-SDI 数字电视视频信号的定时基准信号

实训三　编码复用设备参数设置与调试

3.1　编码复用设备认知与系统搭建

本实训的任务是熟悉 EMR 机箱、各编码卡后面板接口和 ASI 输入/输出卡，能够完成各板卡的系统连接，掌握编码复用设备在数字电视前端链路中所起的作用，以及各项工作参数的具体设置。

当前，数字电视信源编码有多种压缩编码标准可供选择，我国数字电视传输系统中标清压缩编码标准较多采用 MPEG-2 标准方式，高清压缩编码标准采用 H.264 和 AVS+两种标准共用的过渡方式，其中 AVS+是我国自主研发的具有自主知识产权的压缩编码标准，随着时间的推移，高清压缩编码标准最终将全部采用 AVS+标准方式。

3.1.1　所需设备器材

表 3-1　所需设备器材

名称	数量	型号
业务网关	2 台	EMR
MPEG-2 标清编码卡	1 块	C101AS
H.264 数字编码卡	1 块	C150D
AVS+数字编转码卡	1 块	C113
ASI 输入/输出卡	2 块	C355

3.1.2　观察认知编码复用设备

3.1.2.1　EMR 通用机箱观察认识

数字电视教学前端平台编码复用环节采用集成式设备业务网关 EMR，使用通用机箱和功能板卡灵活配置并混插各种功能板卡，不仅实现了数字电视前端的编码复用等需求功能,而且除了配置不同板卡实现不同功能外,EMR 通用机箱的自身主板还具备复用和解复用功能。当多路 TS 码流信号需要复用为一路 TS 码流,或从一路多节目 TS 码流中解复用出某一路节目 TS 码流时,无须配置专门的复用解复用板卡,EMR 机箱主板就可实现相关功能。同时,机箱自身配置多个 IP 数据端口,机箱主板自身具备 IP/ASI 适配转换功能。

EMR 在 1U 尺寸(1.75 英寸或 4.5 厘米)的机箱背部安排 6 个板卡槽位,前置 2 组 1+1 共 4 路全双工千兆 IP 端口、1 路 CA 加扰和 1 路控制 IP 端口,具备双电源冗余。EMR 前面板及后背板如图 3-1 和 3-2 所示。

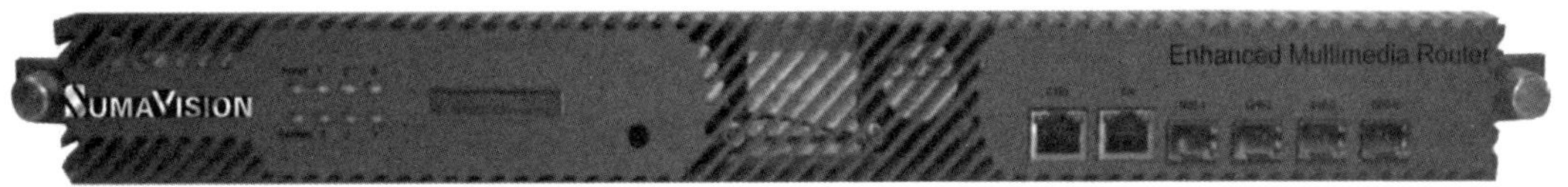

图 3-1　EMR 前面板

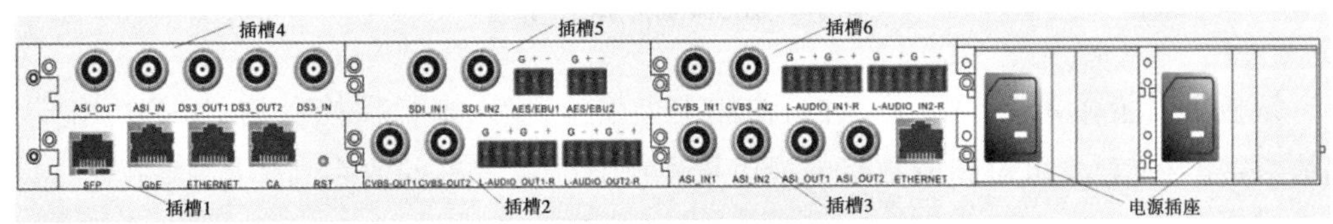

图 3-2　EMR 后背板

卡槽定义:左下为 1 号卡槽;中下为 2 号卡槽;右下为 3 号卡槽;左上为 4 号卡槽;中上为 5 号卡槽;右上为 6 号卡槽。EMR 板卡配置灵活,使用中没有槽位限制(部分板卡接口需占用两个槽位)。

3.1.2.2　编码卡观察认识

数字电视前端平台共配置三种标准的编码卡,分别为 MPEG-2 标清编码卡、H.264 高清编码卡和 AVS+高清编/转码卡,可完成 MPEG-2 数字标清电视压缩编码、H.264 数字高清电视压缩编码和 AVS+数字高清电视编/转码的相关功能。

1. MPEG-2 标清编码卡。

该板卡安装在 1 号 EMR 机箱内,占用 1 个槽位,输入来自播控台的模拟标清 CVBS 复合视频信号和模拟立体声音频信号,可完成对模拟电视信号 MPEG-2 标准的数字标清压缩编码。单卡可完成 2 路模拟电视信号的 MPEG-2 标准数字视频压缩编码及 2 路模拟立体声 MPEG-1 Layer II(MP2)标准数字音频压缩编码,并可支持杜比 AC3 音频和 SECAM 制式视频。

我国数字标清电视一般采用 MPEG-2 格式 4:2:0 MP@ML 数字视频压缩编码及 MPEG-1 Layer II(MP2)立体声数字音频压缩编码的方式,编码后每路视频信号的码率设置在 5Mbps 左右,每路 MP2 立体声音频信号的码率设置在 256Kbps。MPEG-2 标清编码卡背板如图 3-3 所示。

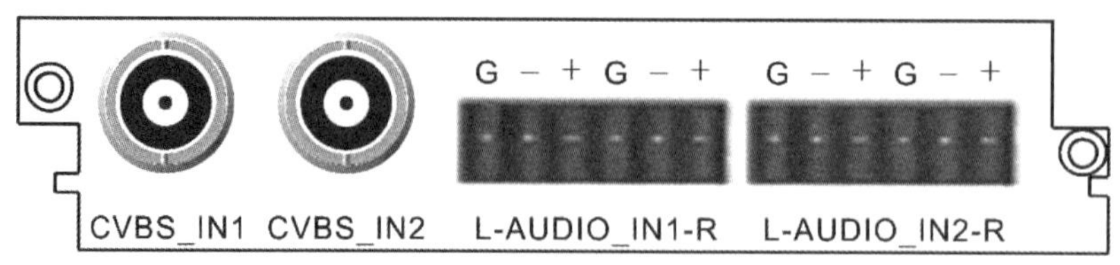

图 3-3　MPEG-2 标清编码卡背板

2. H. 264 高清编码卡。

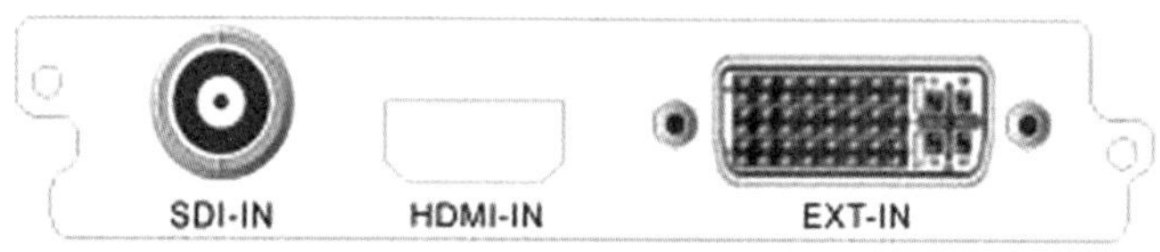

图 3-4　H. 264 高清编码卡背板

该板卡安装在 2 号 EMR 机箱内，占用 1 个槽位，输入来自播控台的 HD-SDI 格式的高清数字电视信号，可对高清数字电视信号进行 H. 264 标准的数字高清压缩编码。单块板卡可以完成 2 路 H. 264 标准高清视频压缩编码及 2 路 MPEG-1 Layer II（MP2）、AAC 或杜比立体声音频压缩编码。每路节目最高可支持 1 路杜比或杜比 5. 1 声道压缩编码，每路节目仅 1 路立体声音频压缩编码时，可支持音量调节等功能。H. 264 数字高清压缩编码后每路视频信号的码率设置在 12Mbps，每路 MP2 立体声音频信号的码率设置在 256Kbps。H. 264 高清编码卡背板如图 3-4 所示。

3. AVS + 数字编/转码卡。

该板卡安装在 2 号 EMR 机箱内，占用上下 2 个槽位。具备编码和转码两项功能。编码功能是将数字电视基带信号根据所要求的码率压缩编码为指定标准的码流信号，转码功能是将不同压缩编码标准的码流信号转换为另一种压缩编码标准的码流信号。

本平台主要将 AVS + 数字编/转码卡用于数字电视信号的压缩编码功能，输入信号源为来自播控台的 HD-SDI 格式的高清数字电视信号，完成对高清数字电视信号 AVS + 标准的高清压缩编码。单卡可完成 1 路高清数字 AVS + 、H. 264 标准的数字电视压缩编码，支持多路音频 MPEG-1 Layer II（MP2）、DRA、AC3 压缩编码。AVS + 数字高清压缩编码后每路视频信号的码率设置为 12Mbps，每路 MP2 立体声音频信号的码率设置为 256Kbps，每路杜比 AC3 音频信号的码率设置为 384Kbps。AVS + 数字编/转码卡背板如图 3-5 所示。

3. 1. 2. 3　ASI 输入/输出板卡观察认识

本平台每台 EMR 均配置 1 块 ASI 输入/输出板卡，该板卡占用 1 个槽位。主要作用是将主板复用后的码流信号传输至调制板卡的 ASI 输入端口，或将 DVB-S/S2 解调卡解

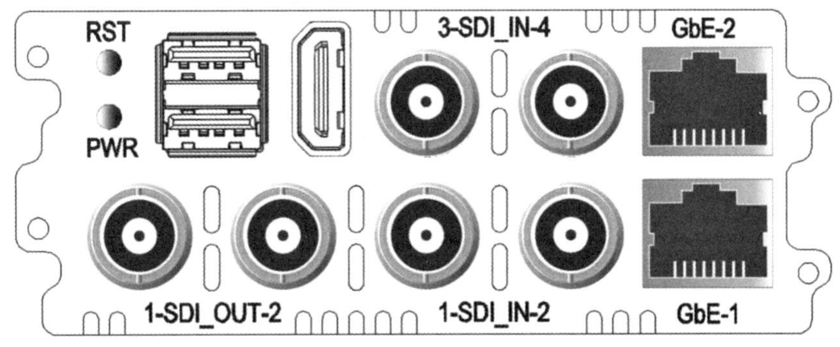

图 3-5　AVS + 数字编/转码卡背板

调后的 ASI 码流信号进行分配输出。实际上,本设备配置的 DVB-S/S2 调制卡自身具备从主板复用流直接输入的功能,但目前数字电视传输系统多采用独立调制设备自带 ASI 接口的工作方式,IP 传输方式只是在部分环节略有涉及,并未普遍应用。为最大限度地模拟当前数字电视传输系统的工作模式,此处仍采用 ASI 输入/输出板卡与调制卡 ASI 接口相连接的工作方式。

ASI 输入/输出板卡除了可以任意配置每个端口的输入输出功能外,还具备分路与合路器功能。分路功能是指从端口 5 输入或机箱 IP 输入,从另外 4 路分路输出,每路输出可任意选择所包含的输入源。合路功能是指支持 4 路输入码流,经合路后的码流从端口 5 输出或机箱 IP 端口输出。ASI 输入/输出板卡背板如图 3-6 所示。

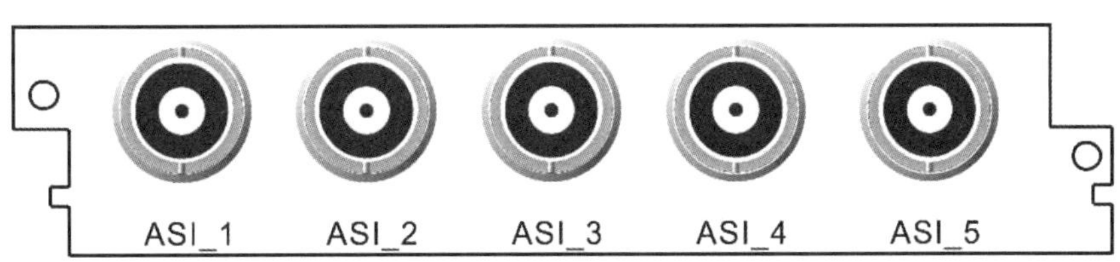

图 3-6　ASI 输入/输出板卡背板

3.1.3　系统搭建

编码复用设备主要由综合业务实验网关 1 号 EMR 安装一块 MPEG-2 标清编码卡,多格式全业务实验网关 2 号 EMR 安装一块 H. 264 高清编码卡和一块 AVS + 数字编/转码卡组成,两台 EMR 分别安装一块 ASI 输入/输出卡作为编码复用后的 TS 码流信号输出。编码复用设备连接方式如图 3-7 所示,系统的连接使用音视频连接电缆将来自播控台不同格式的电视信号,对应连接至 1 号 EMR 的 CVBS 接口和 2 号 EMR 的 HD-SDI 接口。使用网线连接两台 EMR 的控制 IP 端口和交换机,PC 电脑主机通过 RJ-45 接口连接至交换机,实现对两台 EMR 的远程网管控制。

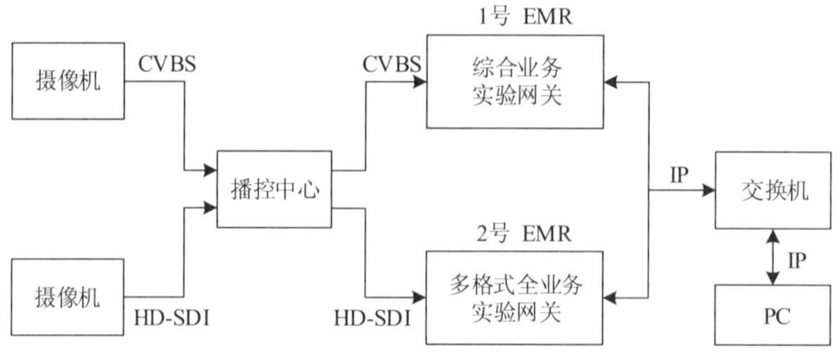

图 3-7　编码复用设备连接图

3.2　编码复用设备参数设置

本节主要任务是使用 PC 电脑主机的 WEB 界面，对设备网关进行管理配置，学习编码复用设备中各项参数的配置与使用。

3.2.1　EMR 机箱网络管理配置

打开 PC 电脑主机 IE 浏览器，输入 EMR 设备的 IP 地址，访问网管系统。要求 IE 浏览器必须支持 HTML4.0，支持 InternetExplorer8.0、Firefox 以及 Chrome 浏览器。1 号 EMR 的 IP 地址为：192.163.34.12，2 号 EMR 的 IP 地址为：192.163.34.13。设备 IP 输入完毕后弹出登录界面，需输入用户名和密码进行登录，来获得设备的配置管理权限。数码视讯设备的初始登录用户名和密码默认值相同，用户名/密码为：Admin/sumavisionrd。

登录后，可在“常规”栏目下的“网络”菜单内查看、修改网络管理配置，如设备 IP 地址、网关等信息，也可使用“用户管理”菜单修改用户名和登录密码等内容。“常规”栏目下包含多项功能菜单，可根据实际需求进行相关配置。网络管理配置如图 3-8 所示。

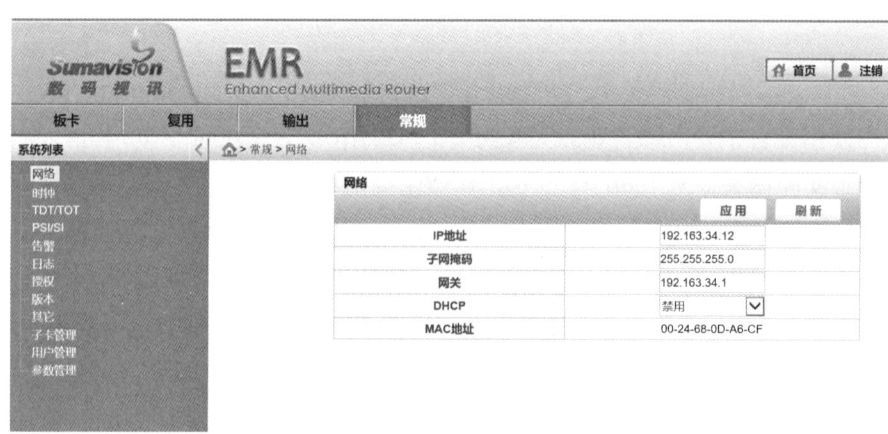

图 3-8　EMR 机箱网络管理配置

3.2.2 MPEG-2 标清编码卡配置

该板卡包含 2 个独立 CVBS 输入端口和 2 路模拟音频输入端口，可分别设置不同工作参数以满足不同工作需求，配置内容主要包含视频、音频、TS 码流及场消隐期数据参数。以下内容以端口 1 为例进行配置。

3.2.2.1　配置编码卡音视频参数

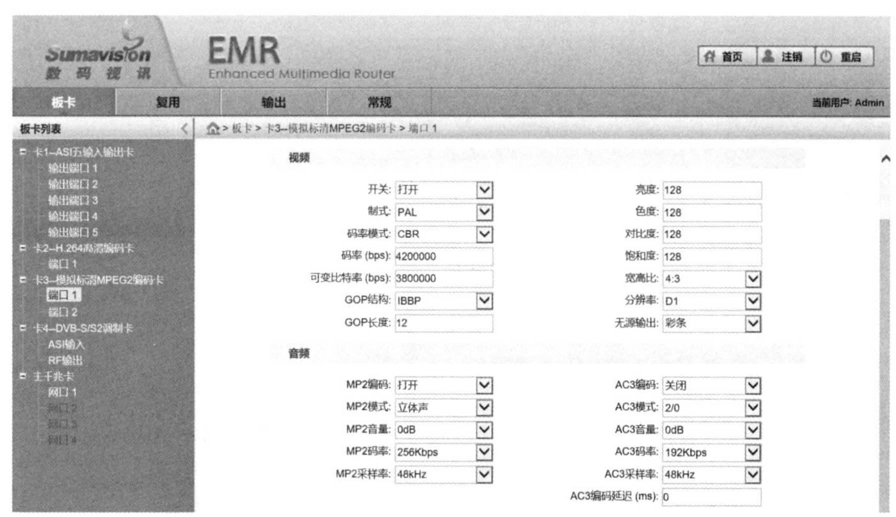

图 3-9　模拟标清 MPEG-2 编码卡端口 1

视频编码配置主要包含码率、GOP 结构、GOP 长度、宽高比、图像参数等内容。实际数字电视传输系统中通常视频码率设置为 5Mbps，本实训仅供参考，不进行操作，采用默认配置即可。音频编码配置主要包含 MP2 模式、MP2 码率、MP2 采样率及 AC3 标准等相关内容。具体内容如图 3-9 所示。

3.2.2.2　配置 TS 流及场消隐期数据参数

TS 码流配置主要包含节目号、节目名称、PCR PID、PMT PID、视频 PID、音频 PID 等相关内容。场消隐期数据 VBI 主要包含偶场行设置、奇场行设置等相关内容。这两项内容主要用于实际的数字电视播出前端中插入所需的 TS 流标识数据及 VBI 广播数据，本实训仅供参考，不进行具体操作，采用默认配置即可。具体内容如图 3-10 所示。

3.2.3 H.264 高清编码卡配置

该板卡单卡可完成 1 路 H.264 高标清节目编码。支持 SDI/HDMI 输入，H.264 高清编码卡可配置音视频编码参数，同时支持输出图像参数(亮度、色度等)调整和字幕添加功能。

3.2.3.1　配置高清编码视频参数

视频参数配置主要包含码率、模式、编码等级、宽高比、GOP 结构、GOP 长度、图像参

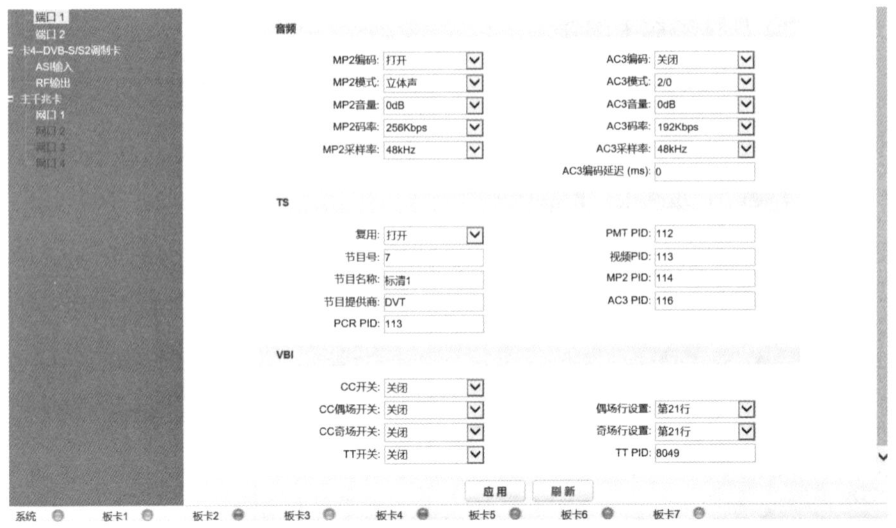

图 3-10　TS 流及场消隐期数据参数

数、字幕参数等内容的配置，实际数字电视传输系统中通常视频码率设置为 12Mbps，本实训采用默认配置。具体内容如图 3-11 所示。

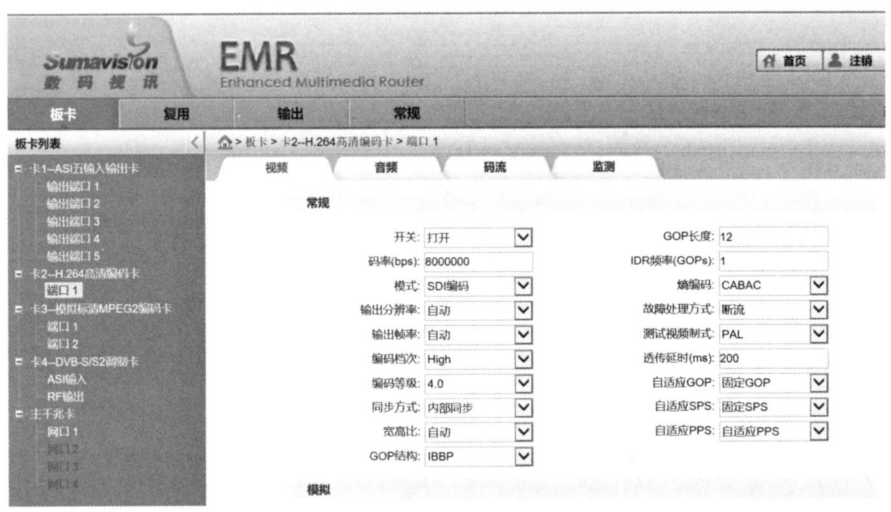

图 3-11　H.264 高清编码视频参数配置

3.2.3.2　配置高清编码音频参数

音频配置主要用于适配实际数字电视应用中各类型网络、节目、终端的不同音频信号处理要求，例如单双声道、杜比高级音频等，可对音频 1 和音频 2 两路音频进行独立配置。音频配置参数主要包含采样率、码率、工作模式、编码标准、音量等相关内容的配置，实际数字电视传输系统中通常音频码率设置为 256Kbps，本实训采用默认配置。具体内容如图 3-12 所示。

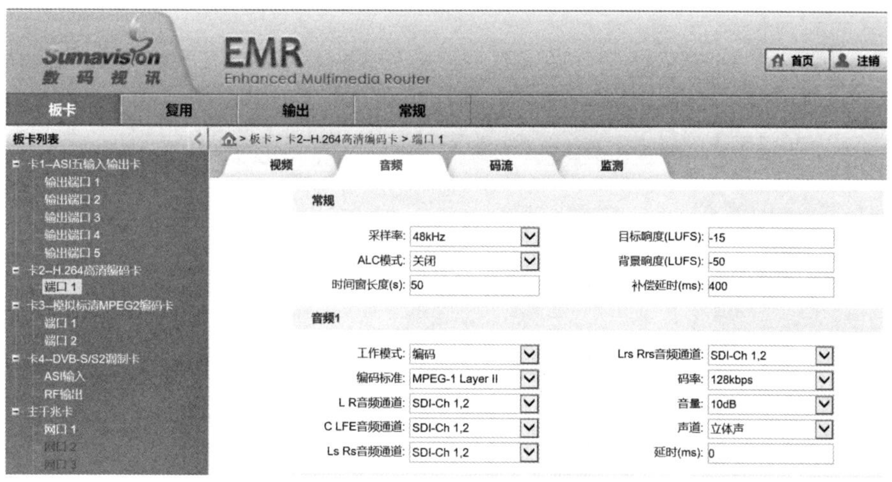

图 3-12 H.264 高清节目编码音频参数配置

3.2.3.3 配置 TS 流数据参数

TS 码流配置主要包含节目号、节目名称、PMT PID、PCR PID、视频 PID、音频 PID 等相关内容。该项参数主要用于在实际的数字电视播出前端中插入所需的 TS 流标识数据，本实训仅供参考，不进行具体操作，采用默认配置即可。具体内容如图 3-13 所示。

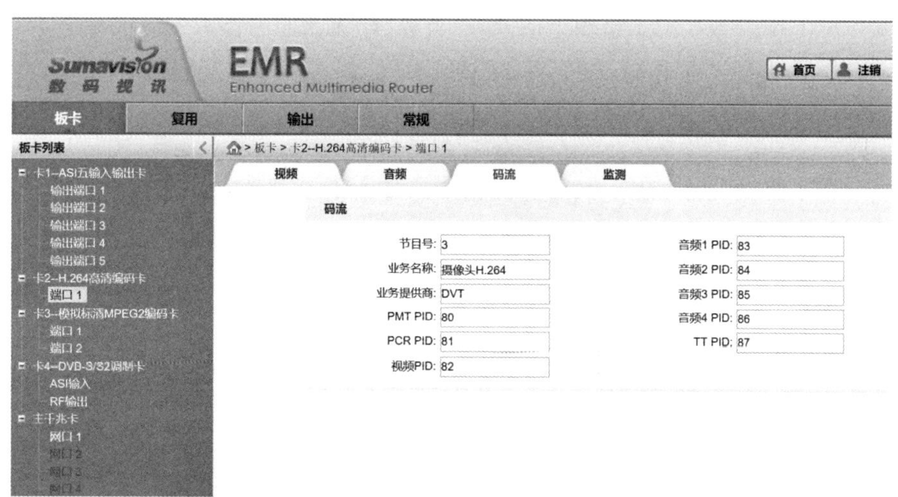

图 3-13 H.264TS 流数据参数

3.2.3.4 板卡监测界面

该界面是对日常数字电视前端应用中已经配置好的编码节目流信息的具体展示，用于随时监看相关节目信息及状态。具体内容如图 3-14 所示。

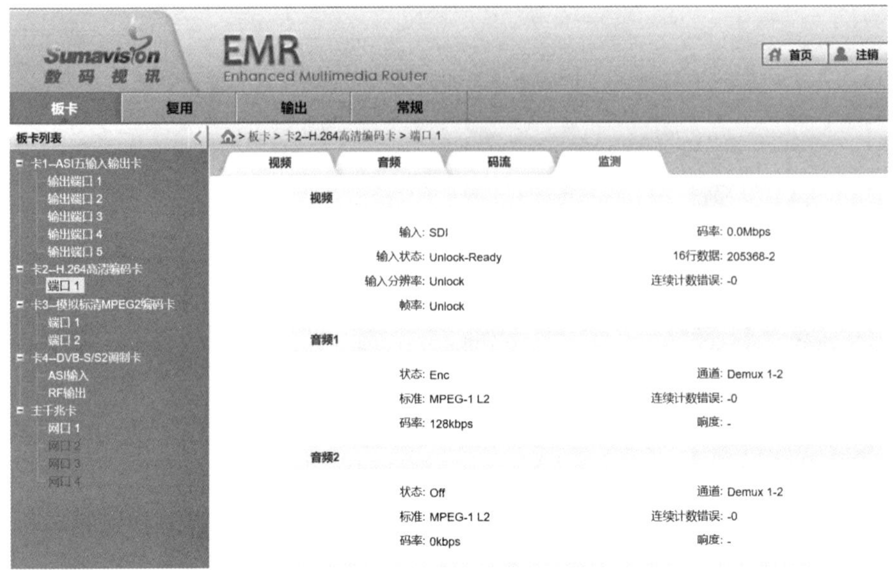

图 3-14　H. 264 板卡监测

3.2.4　配置 AVS + 数字编/转码卡参数

该板卡可完成 1 路高清数字 AVS + 、H. 264 节目编转码,支持 1 路音频 MPEG-1 Layer II、DRA、AC3 编码等。由于该板卡的视频、音频、码流及监测参数内容的配置与 H. 264 高清编码卡内容配置基本相同,以下只介绍转码功能的相关参数配置。

3.2.4.1　AVS + 数字编/转码卡功能选择

AVS + 数字编/转码卡的编、转码功能根据实际需求进行选择。在板卡界面下的"功能"菜单栏下拉框内选择"编码"或"转码"。具体配置界面如图 3-15 所示。

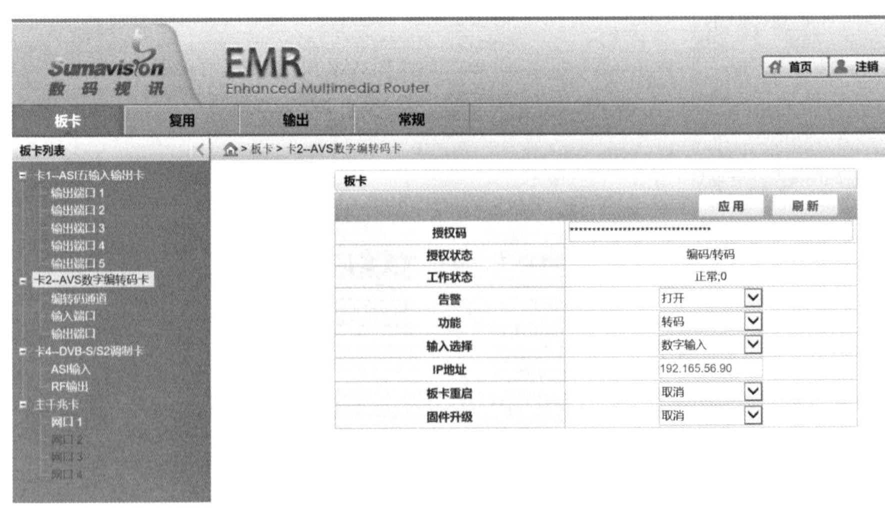

图 3-15　AVS + 数字编/转码卡功能选择

3.2.4.2　转码参数配置

板卡选择为转码模式后，需再选定需完成转码功能的节目源。在配置界面下“转码”栏下的“节目选择”菜单内的“节目”下拉框内选择与需求对应的节目名称，点击“应用”即可。具体内容如图 3-16 所示。

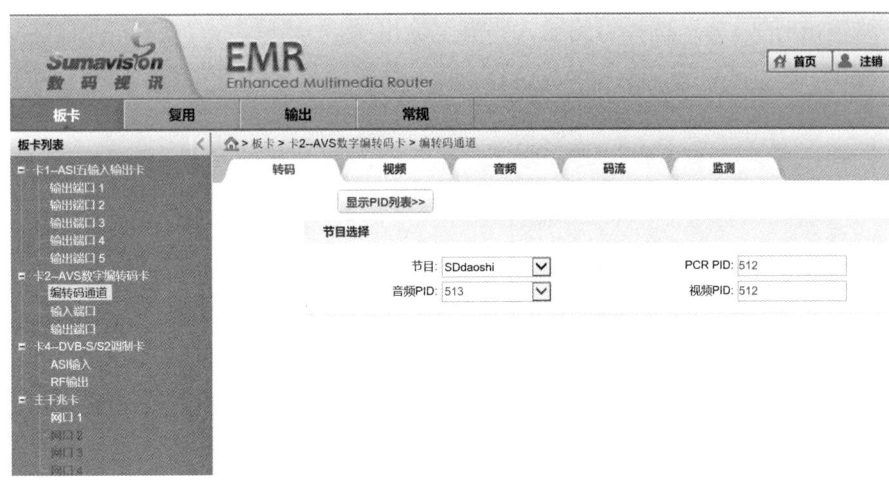

图 3-16　转码参数配置

3.2.5　配置复用参数

复用配置主要通过选择输入的码流信号按照节目规划需求复用后分配至 ASI 输入/输出板卡的各通道端口或各 IP 数据端口进行输出。

如图 3-17 所示，打开“复用”栏下的“节目复用”菜单，在界面左侧“输入”栏内的“输

图 3-17　复用参数配置

入板卡”下拉菜单内，选择需要进行复用的码流信号对应的输入板卡，在输入板卡菜单下，选中需要进行复用的码流信号。然后，在界面右侧“输出”栏内的“输出板卡”下拉菜单内，选择复用后码流信号对应的输出板卡，在选中的输出板卡菜单下选中对应的输出端口。

点击界面中的“右箭头”即可将选中的输入码流复用至输出端口，当需要多路节目复用至一路输出时，需分别选择每路输入码流至输出端口，然后点击“应用”，即可完成节目的复用输出。

实训四　调制设备参数设置与调试

4.1　调制设备认知与系统搭建

本节主要任务是熟悉 DVB-S/S2 调制卡接口,完成 DVB-S/S2 调制卡的系统连接,熟悉调制设备在数字电视传输链路中所起的作用,掌握各项工作参数的具体设置和实际意义。

在数字电视传输系统中,调制环节属于信道编码后的一个环节,是信道编码范畴的一部分。当前,我国数字电视传输系统中根据传输信道的不同,分别采用的信道编码传输标准有:DTMB(地面数字电视采用)、DVB-C/C2(有线数字电视采用)、DVB-S/S2(卫星数字电视采用)、ABS-S(直播星数字电视采用)。不同的信道编码传输标准对应着不同的调制方式,其中 DVB-S 传输标准采用 QPSK 调制方式。本平台以此为例,进行调制设备参数设置与调试的介绍。

4.1.1　所需设备器材

表 4-1　所需设备器材

名称	数量	型号
业务网关	2 台	EMR
DVB-S/S2 调制卡	2 块	C507

4.1.2　观察调制器设备

前端平台调制部分采用集成式设备业务网关 EMR,使用通用机箱和功能板卡,灵活配置并混插调制功能板卡,实现数字电视前端的信号调制功能。两块 DVB-S/S2 调制卡分别安装在 1 号、2 号 EMR 机箱内,各占用 1 个槽位,分别完成两路 DVB-S/S2 标准的信号调制,输出 950-2150MHz 范围的 L 波段射频信号。DVB-S/S2 调制卡后背板如图 4-1 所示。

图 4-1　DVB-S/S2 调制卡后背板

4.1.3　搭建系统

调制设备主要由综合业务实验网关 1 号 EMR 和多格式全业务实验网关 2 号 EMR 分别安装一块 DVB-S/S2 调制卡构成。使用电缆将 ASI 输入/输出卡输出的 ASI 码流信号连接至 DVB-S/S2 调制卡 ASI IN 输入端口，完成调制系统的 ASI 码流输入。使用 RF 射频线缆完成调制系统的 RF 射频输出。利用网线连接两台 EMR 的控制 IP 端口和交换机，PC 电脑主机通过 RJ-45 接口连接至交换机，实现对两台 EMR 的远程网管控制。通过 PC 电脑主机进行远程管理与参数配置。调制系统的设备连接如图 4-2 所示。

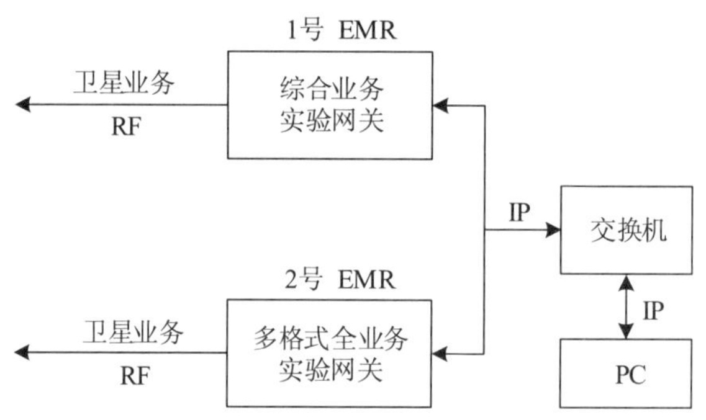

图 4-2　调制系统设备连接图

4.2　调制板卡参数设置

本节主要任务是利用 PC 电脑主机的 WEB 界面，对设备网关进行管理配置，学习调制设备中各项参数的配置与使用。

首先登录系统，打开 PC 电脑主机浏览器，输入设备的 IP 地址以访问网管系统。1 号 EMR 的 IP 地址为：192.163.34.12，2 号 EMR 的 IP 地址为：192.163.34.13。设备 IP 输入完毕后弹出登录界面，登录用户名/密码默认为：Admin/sumavisionrd。

4.2.1　DVB-S/S2 调制卡设置

DVB-S/S2 调制卡设置主要包含输入源、调制标准、前项纠错、调制方式和滚降因子等参数配置。本实训以数字电视卫星传输系统为例进行介绍，输入源选择“ASI 端口输入”,调制标准选择“DVB-S”,前向纠错和调制选择“QPSK-3/4”。滚降因子又称为滚降系数,按照我国卫星节目传输要求,高标清传输时滚降因子有所不同,高清节目传输时滚降因子为“20%”,标清节目传输时滚降因子为“35%”。其余参数本实训中仅供参考,不进行具体操作,采用默认配置即可。DVB-S/S2 调制卡设置具体内容如图 4-3 所示。

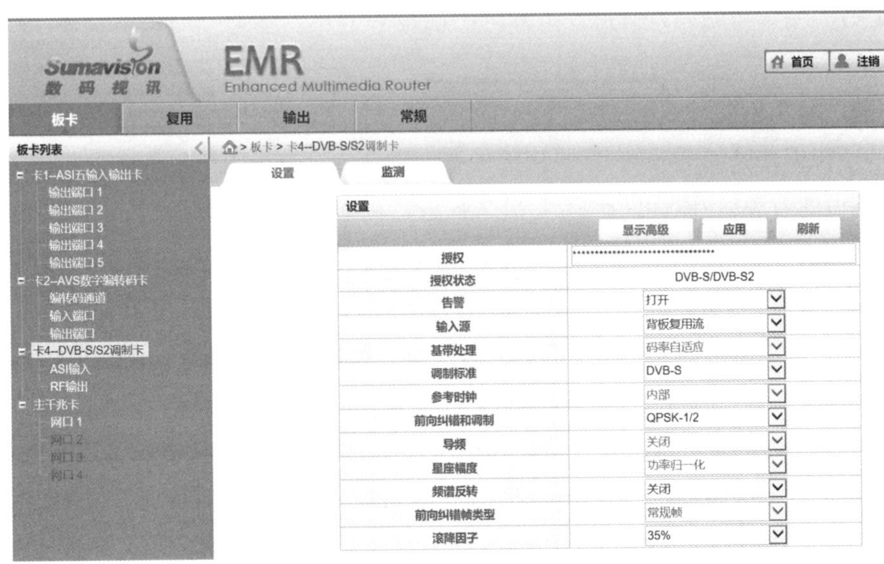

图 4-3 DVB-S/S2 调制卡设置

4.2.2 DVB-S/S2 调制卡输出设置

DVB-S/S2 调制卡输出设置具体内容如图 4-4 所示。DVB-S/S2 调制卡输出设置主要包含符号率、输出电平、输出频率和 RF 功能打开/关闭功能。通常这三项参数要依据实际情况进行灵活设置,本实训中仅供参考,不进行具体操作,采用默认配置即可。

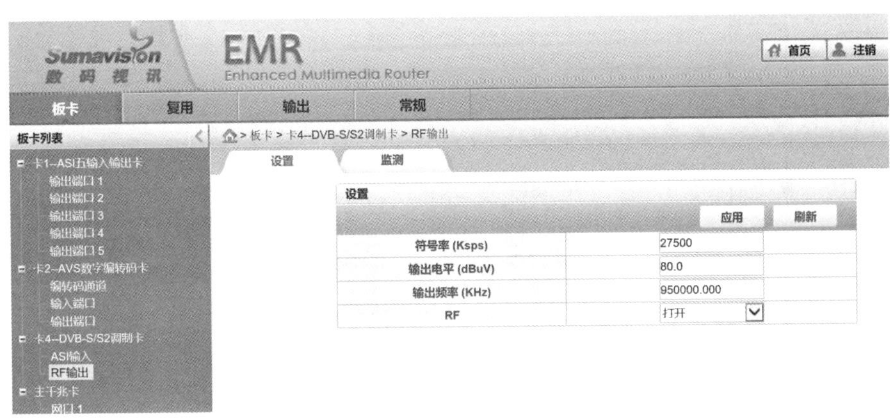

图 4-4 DVB-S/S2 调制卡输出设置

4.3 数字电视测量仪器的使用

本节主要任务是了解数字电视传输系统中常用测量仪器，熟悉码流分析仪和频谱分析仪的使用，学会用码流分析仪分析测试不同格式节目信号的各项技术指标，通过频谱分析仪观察调制后的信道指标。

在数字电视传输发射端，播控中心输出的数字电视基带信号使用波形监测仪进行信号测试，信源编码及复用后的TS码流信号由码流分析仪进行码流层面的分析测试，经过调制变频后的射频信号既可以由频谱分析仪进行幅频特性等性能指标的测试，也可以由码流分析仪进行调制信号星座图解析测试。同样，接收端接收到的射频信号既可以由频谱分析仪进行信号测试，也可以由码流分析仪进行调制信号星座图解析，解调和解复用后的TS流由码流分析仪进行信号测试。解码后的输出信号则根据信号格式不同选择对应的测试设备，本实训内容不做详细介绍。

BTA-P200码流分析仪由北京蓝拓扑电子技术有限公司研制，是一台数字电视专业检测仪器，适合卫星、有线、地面等多种数字电视传输方式的信号监测。TS码流层面支持MPEG、AVS、H.26X等多种标准的高标清压缩编码复用环节的TS码流解析、TR101290监测、音视频监视、传输流采集、码流监测。调制环节支持QPSK、8PSK、APSK、QAM等多种调制方式的星座图解析。在提供传输码流的实时详情分析、码流文件分析的同时，还具备解码播放和码流录制存储功能，是数字电视传输系统设备开发商和节目运营商的理想分析工具和监控设备。数字电视传输系统测试点选择如图4-5所示。

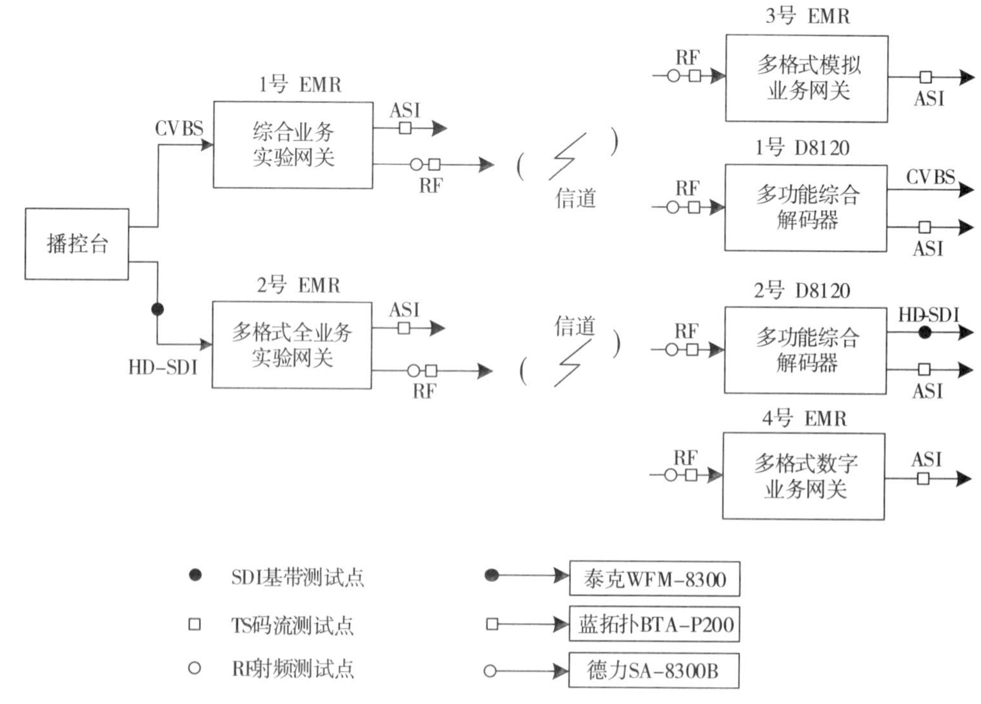

图4-5　数字电视传输系统测试点选择

4.3.1 所需设备器材

表 4-2 所需设备器材

名称	数量	型号
码流分析仪	2 台	BTA-P200
频谱分析仪	2 台	SA8300

4.3.2 蓝拓扑 BTA-P200 码流分析仪实训操作

4.3.2.1 前面板外观介绍

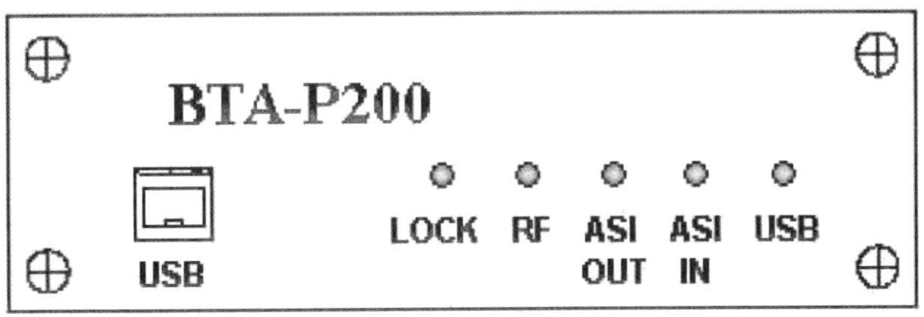

图 4-6 前面板布局图

蓝拓扑 BTA-P200 码流分析仪前面板如图 4-6 所示,指示灯含义:

USB 灯:USB 口无数据传输时常亮,USB 口有数据传输时闪亮。

ASI OUT 灯:选中 ASI OUT 输出接口时此灯亮,若此时有数据输出则此灯闪亮。

ASI IN 灯:选中 ASI IN 输出接口时此灯亮,若此时有数据输入则此灯闪亮。

RF 灯:选中解调器为数据输入接口时此灯亮,若此时有数据输入则此灯闪亮。

LOCK 灯:解调器处于锁定状态时此灯亮。

POWER 灯:12V 电源输入时此灯亮。

4.3.2.2 基本操作

将蓝拓扑 BTA-P200 码流分析仪配套软件 TS Analyzer II 安装在 PC 上,共包含 14 个模块,可进行码流实时分析和离线分析监测,并支持节目解码、码流发送和录制等功能。

1. 分析源选择。

蓝拓扑 BTA-P200 码流分析仪可监测分析 ASI 码流、IP 码流、卫星 RF 射频信号以及 TS 视频文件等不同格式的数字电视码流信号。

首先打开码流分析仪配套软件“TS Analyzer II”,然后根据需求选择所要进行分析的信源类型。在“停止分析”状态下鼠标点击“分析”,然后将光标滑动至“离线分析”或者“实时分析”。使用“离线分析”时选择对应的分析文件即可,“实时分析”则根据被分析信号的类型格式点击相应的“ASI”“IP”“DVB-S/S2”等对应的选项内容。

2. 基本信息监测。

鼠标点击左侧监测功能区域的“基本信息”,即可查看被监测码流的基本信息状态。基本信息包含信号来源、传输速率、包长、节目数量、同步状态、复用结构、码率带宽分配等信息,直观展示每一项具体内容。

3. TR101290 监测。

鼠标点击左侧监测功能区域的“290 监测”,即可查看被监测码流的 290 信息状态。TR101290 的监测将监测内容划分为三个等级:第一级错误通常会使解码器无法进行解码,第二级错误会损伤解码图像或引起断续解码,第三级错误会指示编码器、复用器错误状态,但一般不会影响图像解码。TR101290 的监测可以直观展示每一级告警内每一项的具体数值,方便工程技术人员判断编码复用系统性能。TR101290 第一级错误包含同步字节丢失、同步字节错误、PAT 错误、连续计数错误、PMT 错误和 PID 错误六项内容,其中任何一项出现连续错误,都会直接影响接收端的解码,导致节目无法收看,如图 4-7 所示。

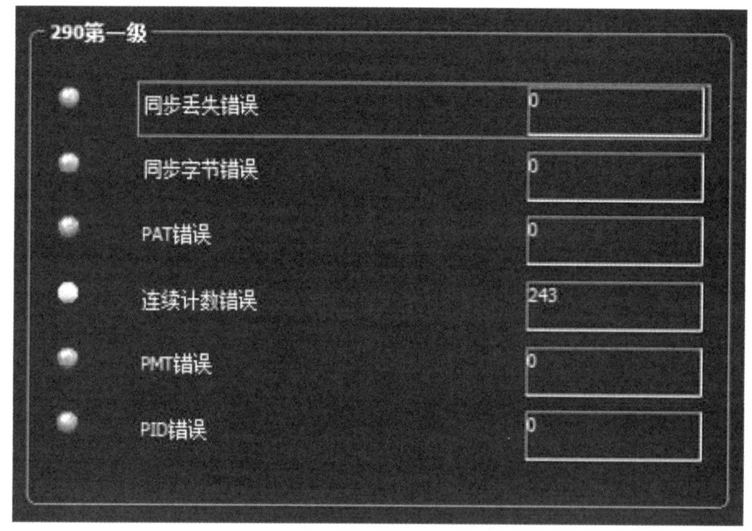

图 4-7　TR101290 监测

4. 节目信息。

鼠标点击左侧监测功能区域的“节目信息”,即可查看被监测码流的节目信息状态,包含当前码流中的服务基本信息、视频流基本信息和音频流基本信息。当码流中有多套节目时,可通过“选择节目”下拉菜单来选择相应的节目。通过“选择音频”下拉菜单选择对应的音频节目,查看音频的相关信息,通过“选择视频”下拉菜单选择视频节目,查看视频相关信息。服务基本信息包含业务名称、业务提供者、业务类型、加扰状态、音视频基本信息等多项内容。

5. 带宽信息。

鼠标点击左侧监测功能区域的“带宽信息”,即可查看被监测码流内各节目音视频信息及相关辅助数据占用的码率带宽信息状态。如图 4-8 所示。带宽信息可按照表格、饼图、历史数据三种样式，显示各类型信息所占用的码率带宽及占用比例。

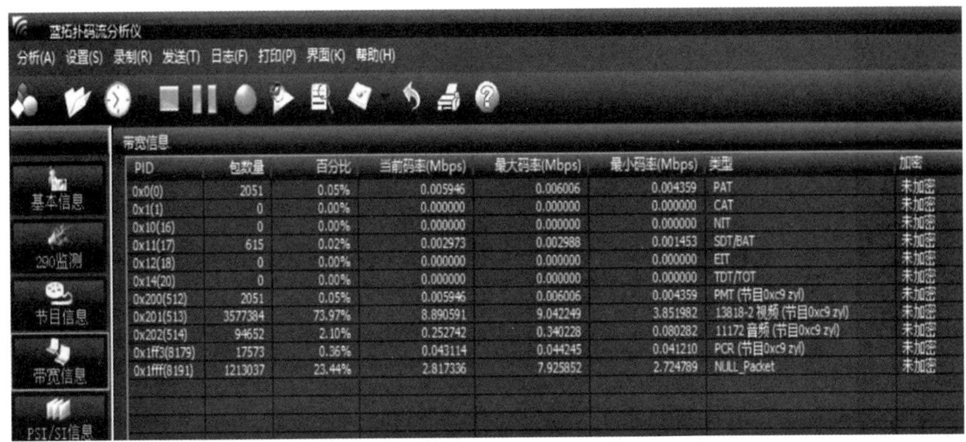

图 4-8　带宽信息

6. PSI/SI 信息。

鼠标点击左侧监测功能区域的“PSI/SI 信息”，即可查看被监测码流的 PSI/SI 信息状态，完整显示 PAT 节目关联表、PMT 节目映射表等各种表的描述信息，如图 4-9 所示。

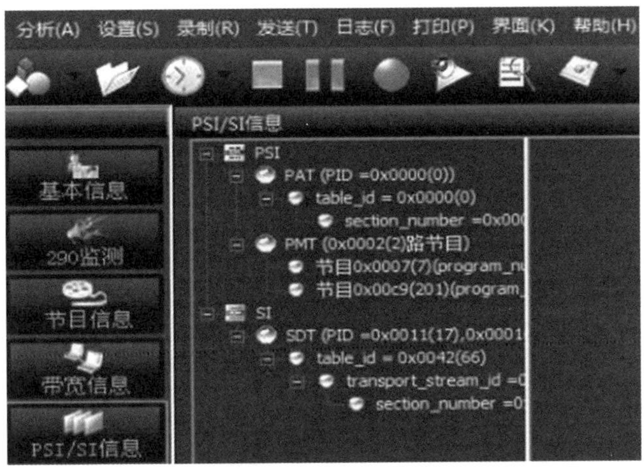

图 4-9　PSI/SI 信息

7. PCR 分析。

鼠标点击左侧监测功能区域的“PCR 分析”，即可查看被监测码流内某路节目的 PCR 节目时钟基准的相关信息。PCR 分析可分为两个窗口显示不同节目的不同 PCR 参数，通过下拉菜单选择节目和 PCR 参数，包括 PCR 间隔、PCR 精度、PCR 总抖动、PCR 频率偏移等内容。PCR 称为节目时钟基准，是解码器中音视频解码的采样时钟参考，音视频解码的过程能否正常进行，取决于 PCR 是否能够正确恢复。PCR 一般每间隔 100ms 传输一次。

8. 语法分析。

鼠标点击左侧监测功能区域的“语法分析”，即可查看被监测码流的相关语法应用，语法分析主要是用来对数据流语法进行解释，如图 4-10 所示。

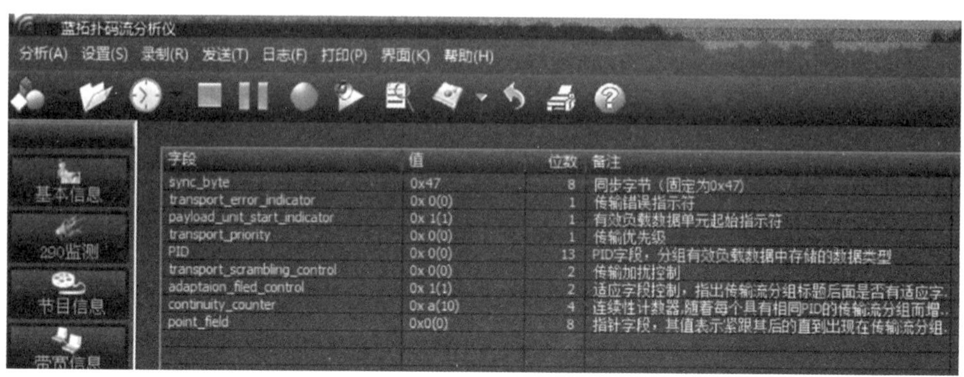

图 4-10　语法分析

9. 错误捕获。

鼠标点击左侧监测功能区域的“错误捕获”，可根据用户需要捕获指定类型的错误数据，方便分析。在右侧错误捕获设置栏内，选择错误类型和捕获错误个数，点击开始即可捕获指定类型的错误数据。错误捕获设置如图 4-11 所示。

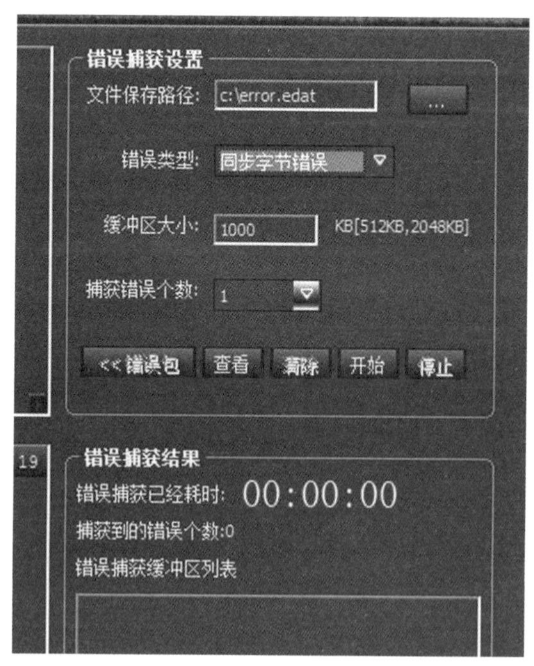

图 4-11　错误捕获

10. 射频信息。

射频信息分析需要按照步骤(1)将分析源选择为“DVB-S/S2”,然后鼠标点击左侧监测功能区域的“射频信息”,在弹出窗口内输入下行频率、符号率、卫星名、频道名等相关信息,点击确定完成添加频道和通道参数设置,如图 4-12 所示。

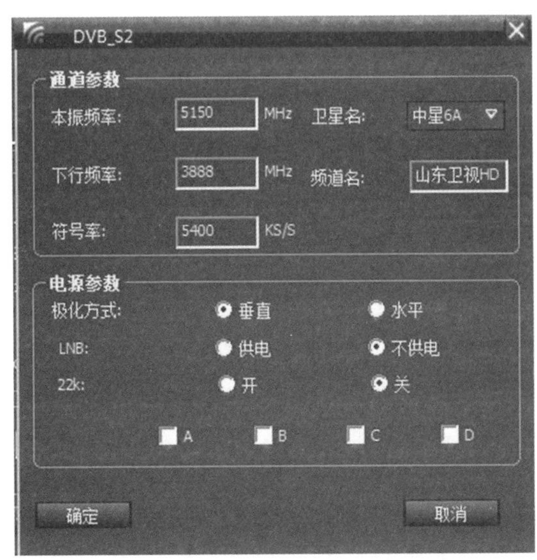

图 4-12 射频通道添加及参数设置

信号锁定后显示射频指标及射频星座图等信息,QPSK 调制星座图如图 4-13 所示。当信号锁定后,可按照步骤(2)到步骤(9)进行节目相关信息的分析。

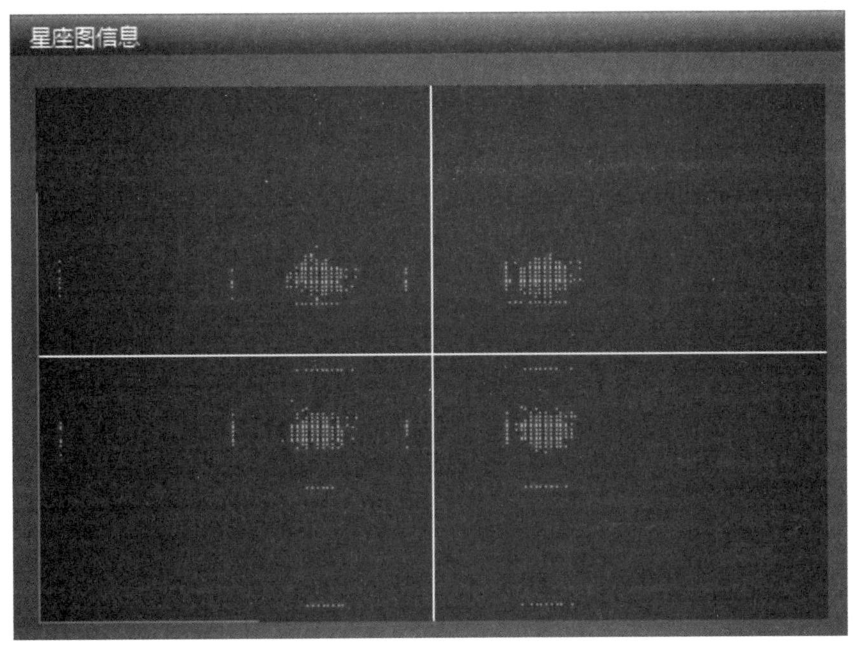

图 4-13 QPSK 调制星座图

11. IP 信息分析。

IP 信息分析需要按照步骤(1)将分析源选择为“IP”,然后在弹出窗口的 IP 栏内填写分析信号的组播地址,在源 IP 栏内填写所要分析节目的源 IP,如果要分析整个 IP 信号则源 IP 无须填写。当 IP 填写正确后,可按照步骤(2)到步骤(9)进行节目相关信息的分析。

12. 解码功能。

鼠标点击上部菜单区域的“解码”按钮,根据弹出界面,勾选需要解码的节目,点击解码即可实现解码功能,解码成功后在当前界面叠加播放解码节目图像。如图 4-14 所示。

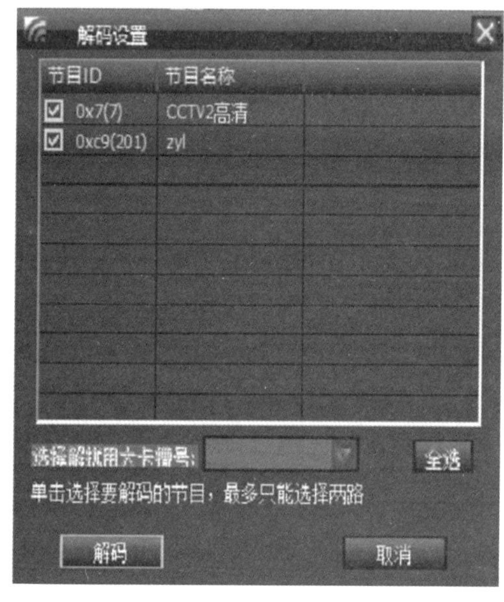

图 4-14　解码设置

4.3.3　德力 SA8300 频谱分析仪实训操作

频谱分析仪是分析电信号频谱结构的常用仪器,主要用于已调制信号幅频特性分析,可以测试分析信号失真度、调制度、频谱纯度、频率稳定度、杂散分析和交调失真等参数,可用于测量变频器、放大器和滤波器等电路系统的相关工作指标,是一种多用途的电子测量仪器。频谱分析仪使用时的测量点位于调制器之后,经调制后的已调波信号通常使用频谱分析仪进行各项指标的测量,实际数字电视传输系统中常用测试点位置有:调制器输出端口(NdB 带宽测量)、上变频器输出端口或发射机输出耦合端口(测量带内平坦度、杂散、三阶互调、相位噪声等)。本实训仅以 NdB 带宽测量和杂散测量为例进行介绍。

4.3.3.1　基本操作

德力 SA8300 频谱分析仪可分为按键区域和显示区域两部分,按键区域主要用来选择测量和键入数值,按键区域包含一旋钮键,可用于各测量功能内的菜单选择和各测量参数数值的调整。显示区域主要用来显示频谱图形和各测量功能对应的菜单。测量功能菜单也可通过显示屏右侧对应的纵向按键 F1 至 F8 来选择。德力 SA8300 频谱分析仪外观如图 4-15 所示。

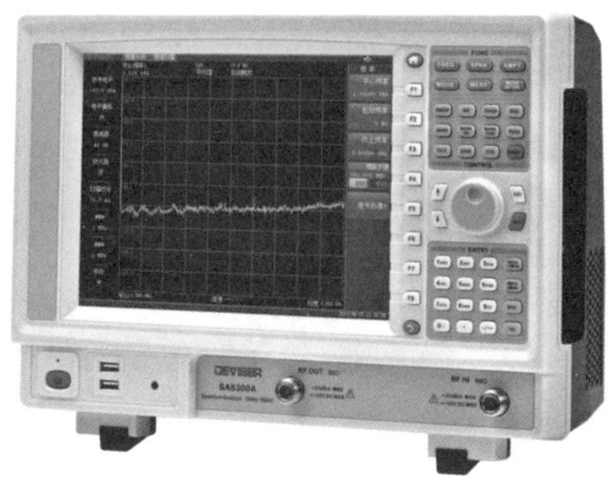

图 4-15　德力 SA8300 频谱仪外观

1. 频率设置。

打开频谱仪,使用射频电缆将 DVB-S/S2 调制卡输出的 L 波段射频信号连接至频谱仪射频信号输入(RF IN)端口,按“MODE”(模式)按键,选择频谱分析,然后按“FREQ”(频率)键进行频率设置,将中心频率设置为 950MHz。此时,在屏幕中间位置会出现一个小的频谱包络。如图 4-16 所示。

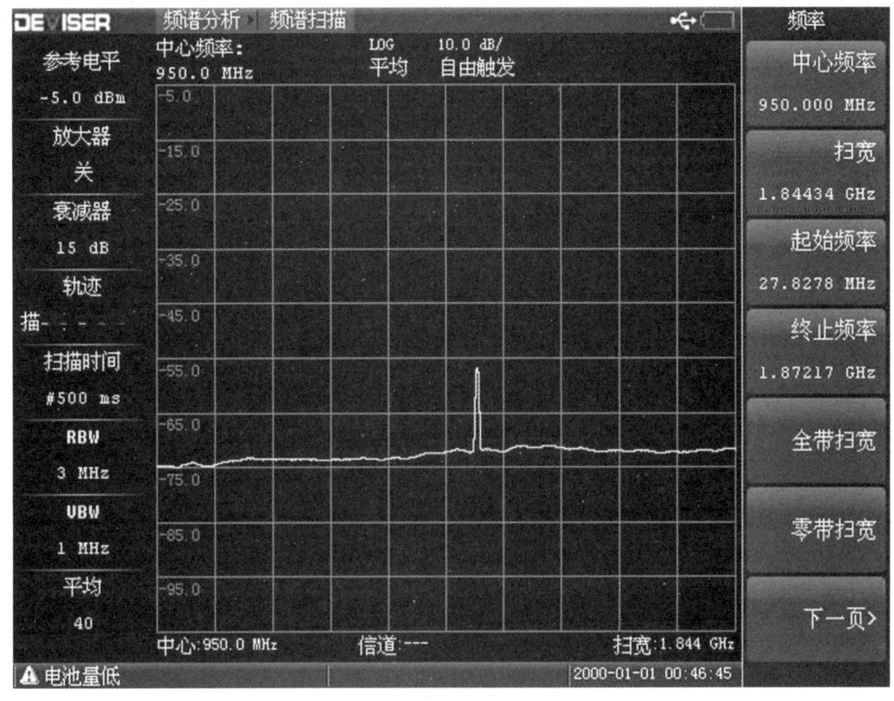

图 4-16　频率设置为 950MHz 频谱

2. 扫宽设置。

按“SPAN”(范围)键进行扫宽设置。所谓扫宽,即屏幕显示的频率范围。若被测信号带宽已知,可将扫宽数值设置为略大于带宽数值。若信号带宽未知,可旋转右侧旋钮调整扫宽数值,直到整个被测信号频谱完整地显示在屏幕中。此时已知被测信号带宽为36MHz,故扫宽可设置为40MHz。扫宽设置完成后屏幕显示范围即为930-970MHz。如图4-17 所示。

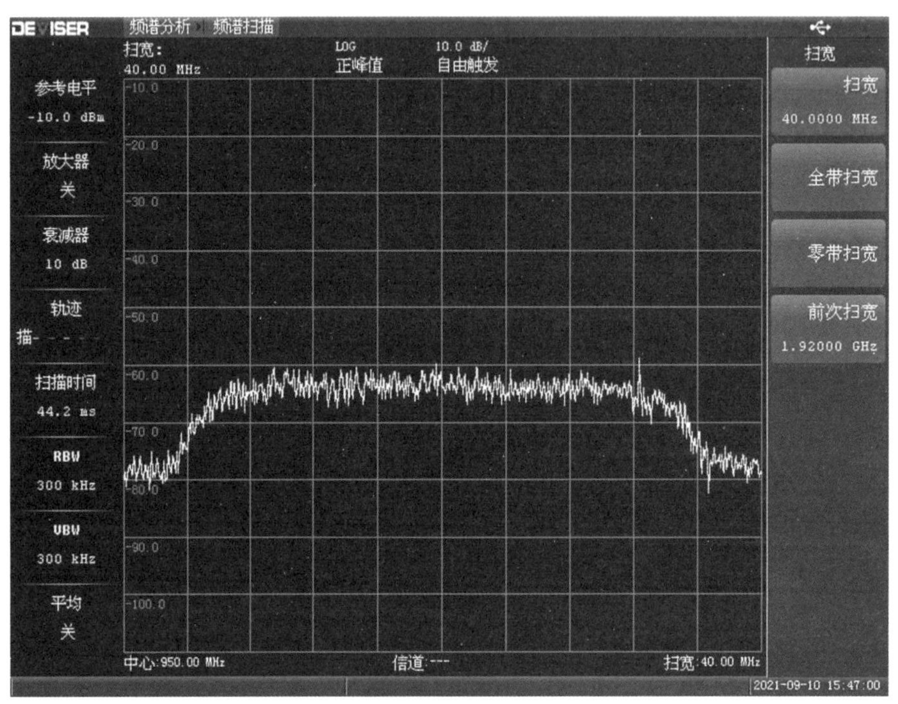

图 4-17　扫宽设置

3. 幅度设置。

幅度设置常用“参考电平”设置和“单位/格”设置,能够使被测信号幅度完整、清晰地显示在屏幕上。按“AMPT”(幅度)键,通过 F1 至 F8 按键选择对应参数选项后,可通过数值键入和旋钮对“参考电平”或“单位/格”等参数进行调整。如图 4-18 所示。

4. RBW 和 VBW 设置。

RBW 即分辨率带宽或参考带宽,VBW 即视频带宽,这两个参数主要是用来调整频谱信号显示的细节问题。RBW 数值越小则表示频谱仪显示的频率细节成分越丰富,频谱信号也就越毛糙。VBW 表示测试的精度,数值越小表示测量的精度越高,频谱信号也就越光滑。实际应用中,可根据测量需求来调整二者的数值。

RBW 和 VBW 的设置可按“BW”键,通过 F1 至 F8 按键选择 RBW 或 VBW 参数选项,然后直接键入相应数值或利用旋钮对参数选项进行调整设置。调整 RBW 为 100kHz、VBW 为 30Hz 后的频谱如图 4-19 所示。与图 4-18 相比较,频谱显示明显圆润光滑。

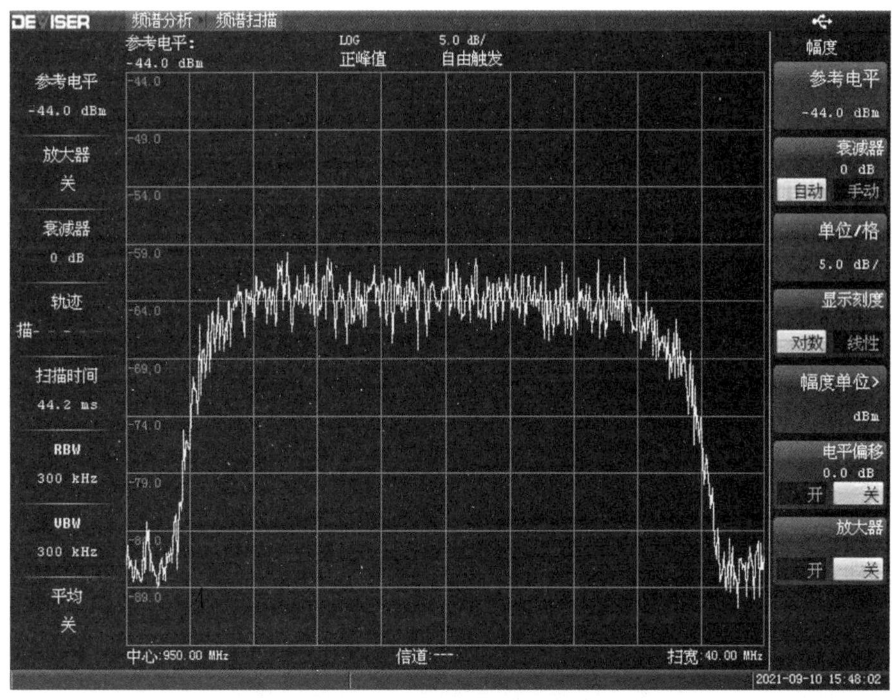

图 4-18　幅度设置

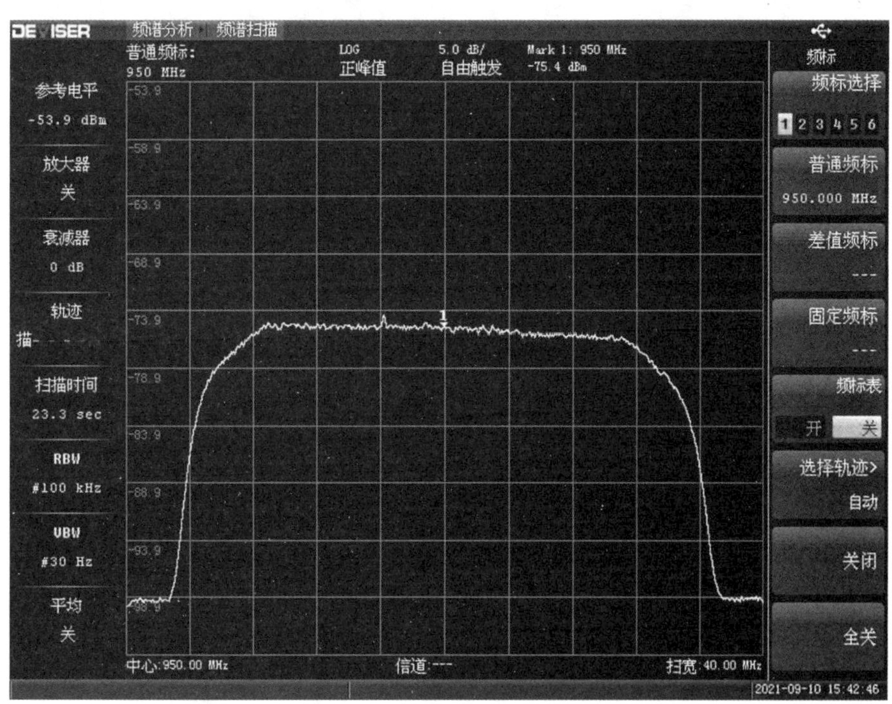

图 4-19　RBW、VBW 调整后的频谱

4.3.3.2 指标测量

1. NdB 带宽测量。

NdB 带宽测量主要用于测量已调波信号电平幅度不同时占用的带宽状态，是衡量调制、发射系统性能的重要指标。DVB-S 系统中 N 的取值常选用-3 和-30dB，即载波信号下降 3dB 和 30dB 时所对应的占用带宽。理论上，-3dB 带宽约为信号的符号率带宽，-30dB 约为符号率的 1.2 至 1.35 倍，即信号占用带宽。若测量时信号带宽与理论值差别较大，说明整个调制系统输出频谱不对称或发射系统存在非线性失真。

测量方法：打开频谱仪，利用射频电缆将 DVB-S/S2 调制卡输出的 L 波段射频信号连接至频谱仪射频信号输入（RF IN）端口，调整频谱分析仪各项参数将频谱信号完整清晰地显示在屏幕上。按“MODE”按键，选择“频谱分析”，然后选择“占用带宽”。在测量设置栏内将“XdB”的取值设置为-3dB 或者-30dB，即可测量出对应的 NdB 带宽，如图 4-20 所示。

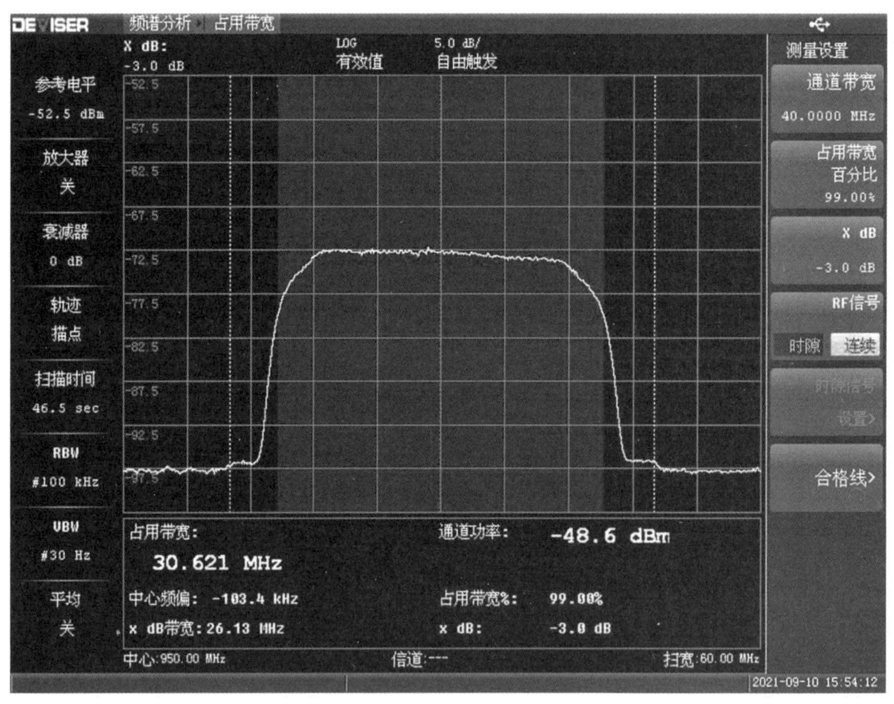

图 4-20 NdB 带宽测量

2. 杂散测量。

杂散信号是指扫宽频带内除主载波以外所有无用或噪声信号的统称。通常将最大杂散信号与主载波的电平差值定义为杂散信号的参考指标。杂散的测量分为带内杂散和带外杂散，测量点一般位于高功率发射机输出端后，主要衡量整个射频系统的性能。在 DVB-S 系统中，带内杂散和带外杂散的技术指标要求分别为小于-55dBc 和小于-65dBc。带内杂散的测量带宽一般设置为略大于被测信号占用带宽，带外杂散测量带宽一般设置为略大于卫星转发器的带宽即可。

本平台由于未配置上变频器及高功放等实际设备，所以杂散的测量以调制器输出端的 RF 射频信号为例进行实训内容的演示。

测量方法：将 DVB-S/S2 调制卡输出设置为单载波模式，利用射频电缆将 DVB-S/S2 调制卡输出的 L 波段射频信号连接至频谱仪射频信号输入(RF IN)端口，调整参考电平、RBW/VBW 等参数，使信号频谱完整清晰地显示在屏幕上。按下“MARK”键，利用旋钮将不同的“频标”标志，分别调整到被测单载波信号和最大干扰信号的峰值位置，二者的差值即为杂散测量值，如图 4-21 所示。

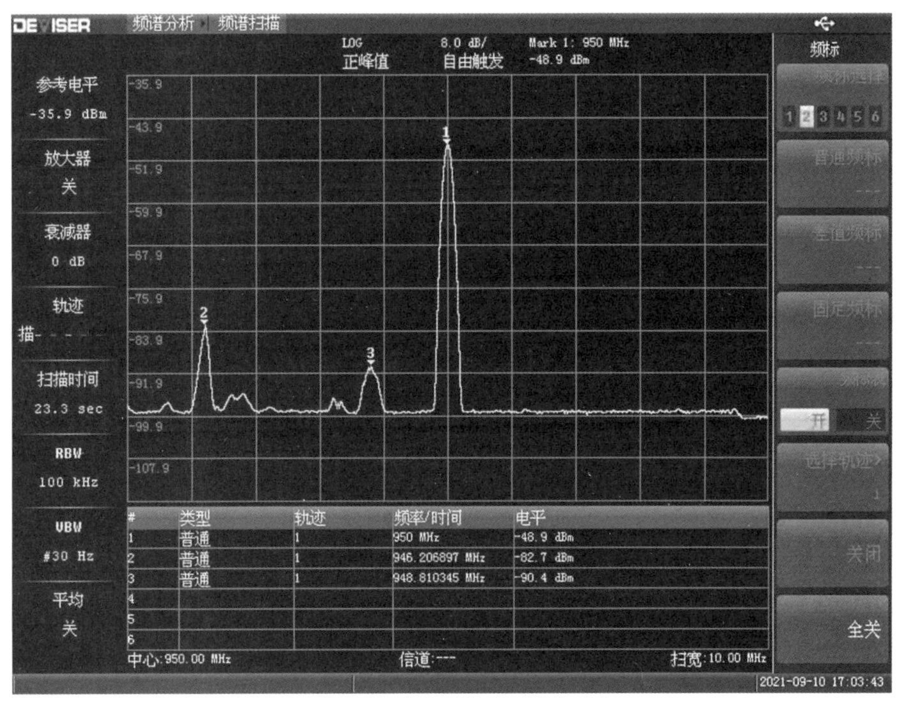

图 4-21　杂散测量

实训五　数字电视信号的解调与接收

5.1　解调接收设备认知与系统搭建

本节主要任务是熟悉 DVB-S/S2 解调卡和 D8120 多功能综合解码器，完成 DVB-S/S2 解调卡和 D8120 多功能综合解码器的系统连接，掌握解调解码设备在数字电视传输链路中所起到的作用，熟悉各设备的工作参数配置及实际意义。

5.1.1　所需设备器材

表 5-1　所需设备器材

名称	数量	型号
业务网关	2 台	EMR
四频点 DVB-S/S2 解调卡	2 块	C545
ASI 输入/输出卡	2 块	C355
多功能综合解码器	2 台	D8120

5.1.2　观察解调解码设备

数字电视前端平台可完成两路 DVB-S/S2 信号接收解调、ASI 输入/输出、节目解码、全业务分发等功能需求。本次使用了两种不同的设备进行解调与解码，更有利于学生了解不同的使用方案。

5.1.2.1　集成式设备

前端平台解调部分集成式设备采用 2 台业务网关 EMR，分别为 3 号 EMR 和 4 号 EMR。两台 EMR 通过灵活配置 DVB-S/S2 解调卡可完成卫星信号解调，配合 ASI 输入/输出卡或通过机箱 IP 端口实现输出功能。

2 块 DVB-S/S2 解调卡分别安装在 2 台 EMR 机箱内，各占用 1 个槽位。单卡可完成 4 个频点的 DVB-S/S2 解调，通过 ASI 输入/输出卡进行 TS 码流输出，或通过机箱 IP 端口输出 IP 数据流。该板卡仅具备解调功能，若需实现音视频解码功能需配置音视频解码卡，本实训平台通过单机设备实现音视频的解码功能。DVB-S/S2 解调卡后背板如图 5-1 所示。

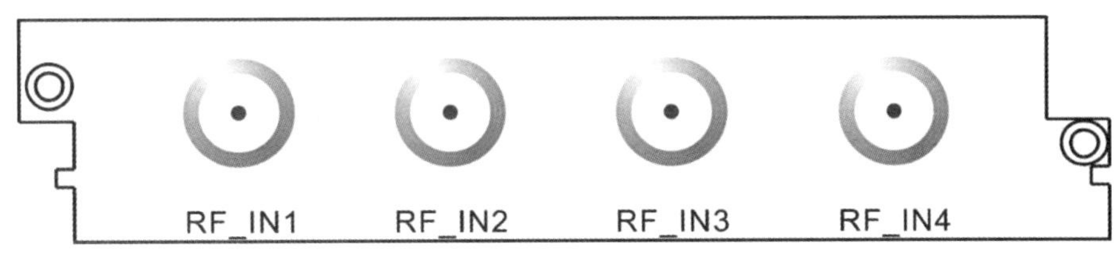

图 5-1　DVB-S/S2 解调卡后背板

5.1.2.2　单机设备

前端平台解调部分单机设备采用两台 D8120 多功能综合解码器，主要用于卫星信号的接收解调以及 TS 码流信号的解扰和解码输出。此处所谓的解扰实际上是指解密功能，通常把加密后的信号称为密流信号，未加密的信号称为清流信号。接收密流信号时必须经过解扰模块的解密，才能进行下一步的解码工作。

D8120 解扰部分配置两块 CAM 解扰模块，配合插入的解码密钥卡进行密流信号的解密使用。接收清流信号时此模块不工作。每台 D8120 综合解码器同时支持 4 路多格式解码输出，具备多种解码信号格式输出接口，包括 SDI、HDMI、CVBS、YPbPr 等接口，常用于广电网络公司的有线电视前端接收卫星数字电视信号。

5.1.3　搭建系统

解调接收设备主要由多格式模拟业务网关 3 号 EMR、多格式数字业务网关 4 号 EMR 和两台 D8120 多功能综合解码器构成。使用射频线缆完成解调系统的 RF 射频输入，输出端口则根据实际需求使用不同的线缆进行连接输出。使用网线连接两台 EMR、两台多功能综合解码器的控制 IP 端口至交换机，PC 电脑主机通过 RJ-45 接口连接至交换机，实现对解调接收设备的远程网管控制，通过 PC 电脑主机进行远程管理与参数配置，解调接收设备的连接如图 5-2 所示。

5.2　接收与解调板卡设置

本节主要学习 DVB-S/S2 解调卡和 D8120 多功能综合解码器的参数设置，用于接收解调 TS 码流信号和卫星信号。目前，我国卫星信号的传输频段有 C 波段和 Ku 波段，二者工作频率范围不同，接收设备及参数设置略有差异，本实训以 C 波段为例进行介绍。

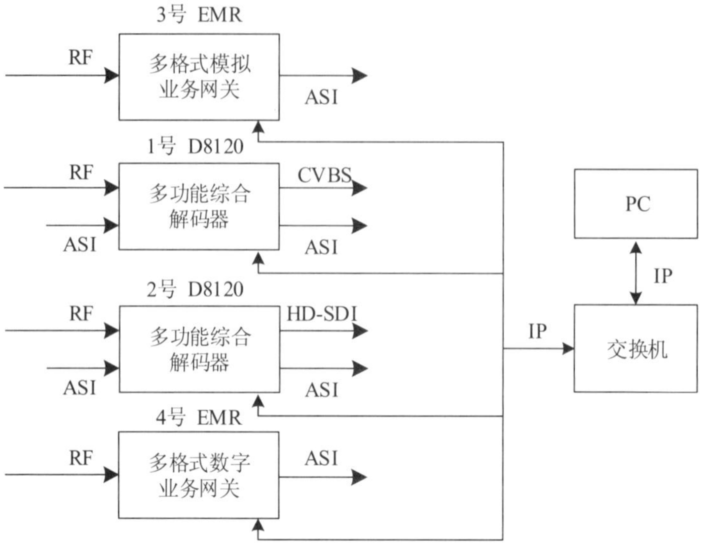

图 5-2　接收与解调器系统连接图

5.2.1　登录 EMR 系统

打开浏览器,输入设备的 IP 地址以访问网管系统,3 号 EMR 的 IP 地址为:192. 163. 34. 15,4 号 EMR 的 IP 地址为:192. 163. 34. 16。设备网管默认用户名/密码:Admin/sumavisionrd。

5.2.2　配置 DVB-S/S2 解调卡参数

5.2.2.1　解调参数配置

DVB-S/S2 解调卡解调参数主要包含通道的打开/关闭、传输标准的选择、极化方式的选择、符号率的设置、本振频率的设置和下行频率的设置。通常将接收通道打开后,传输标准选择“DVB-S”或“DVB-S2”,极化方式根据实际情况选择“水平极化”或“垂直极化”。本振频率有“5150”MHz 和“5750”MHz 两种选择,符号率和下行频率根据接收信号实际情况设置。需特意说明一下,本振频率是指卫星接收天线安装的高频头自身的本振频率,高频头上会明确标出本振频率等工作参数,在 5150MHz 和 5750MHz 两种本振频率的高频头中,5150MHz 本振高频头较为常用。DVB-S/S2 解调卡解调参数具体配置如图 5-3 所示。

5.2.2.2　解调参数监测

解调参数监测主要用来监看解调信号的各项工作参数。正确配置解调参数后,会将实时解调信息展示在该界面以方便查看,包含被解调信号的系统码率、有效码率、信号强度、信噪比、误码率、信道信息等内容,直观显示解调信号的实际工作状态。解调参数监看具体内容如图 5-4 所示。

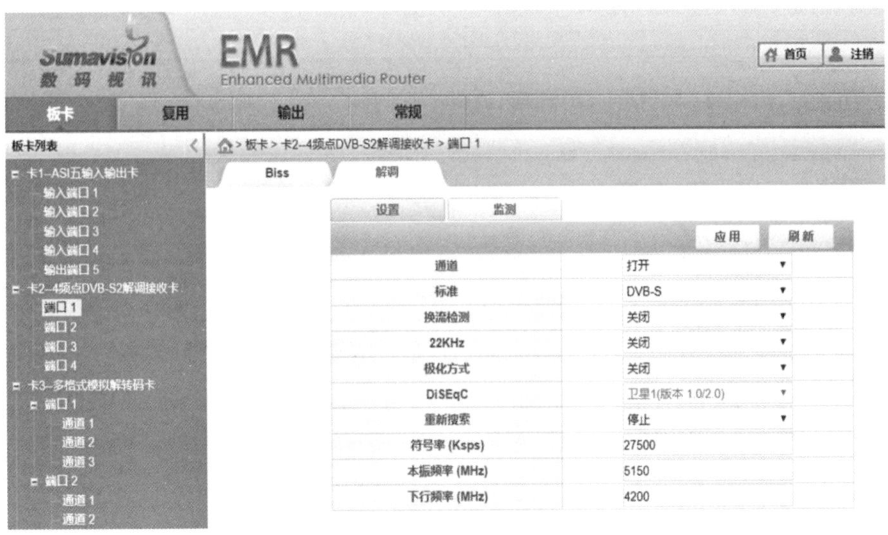

图 5-3　解调参数配置

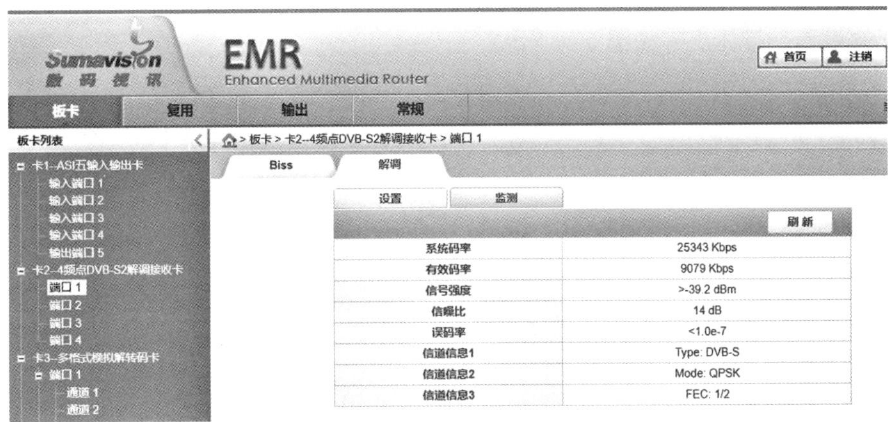

图 5-4　解调参数监看

5.2.3　D8120 综合解码器设置

5.2.3.1　登陆 D8120 系统

打开 PC 浏览器，输入设备的 IP 地址访问网管系统，1 号 D8120 的 IP 地址为：192.163.34.10，2 号 D8120 的 IP 地址为：192.163.34.11。设备网管默认用户名/密码：Admin/sumavisionrd。

5.2.3.2　网络管理配置

登录后，可在“常规”栏目下的“网络”菜单内查看、修改网络管理配置，如设备 IP 地址、网关等信息，也可使用“用户管理”菜单修改用户名和登录密码等内容。“常规”栏目下包含多项功能菜单，可根据实际需求进行相关配置。通常该界面配置由工程师预设，无须修改。网络管理配置具体内容如图 5-5 所示。

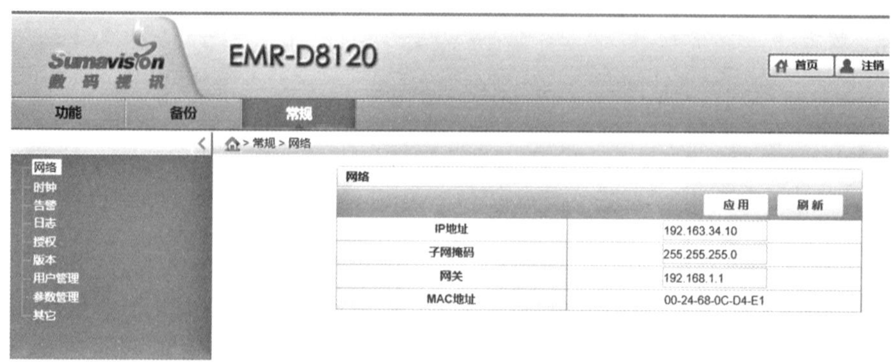

图 5-5　D8120 网络管理配置界面

5.2.3.3　D8120 解调配置

D8120 综合解码器的解调配置与 DVB-S/S2 解调卡的解调参数配置基本相同,主要包含通道的打开关闭,传输标准的选择,极化方式的选择,符号率的设置,本振频率和下行频率的设置。具体内容如图 5-6 所示。

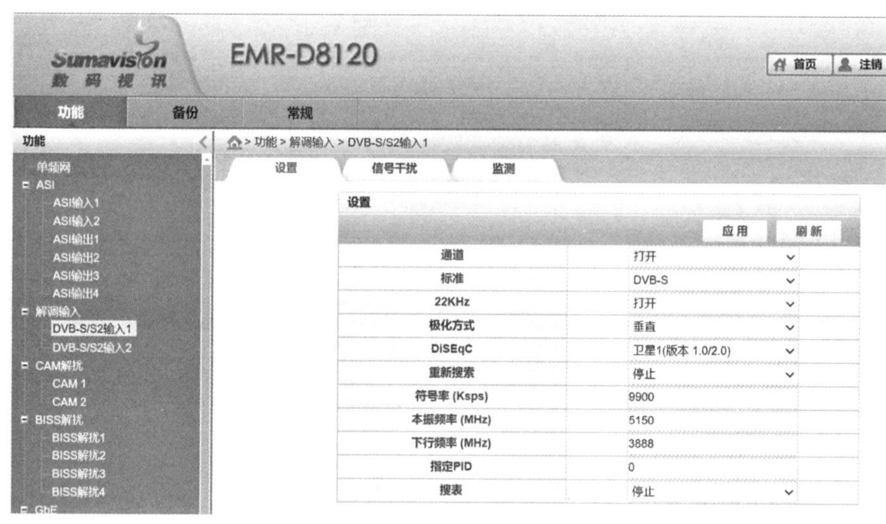

图 5-6　D8120 解调配置

5.2.3.4　D8120 解扰配置

D8120 解扰部分配置两块 CAM 解扰模块,主要用来接收加密信号。选中 CAM 解扰栏下的 CAM1 或 CAM2 模块,在右侧“系统”栏目菜单内的“源”栏目下拉菜单内选定源加扰节目流,可选择“ASI”输入、“RF”输入、“GbE”(网口)输入。在“CAM 解扰”栏目下拉菜单内选择用于解扰节目流的 CAM 卡,“CAM1”或“CAM2”,其余配置保持默认状态即可。配置完成后,在上方“节目”栏目菜单内选择要解扰的节目,点击“应用”后,即可完成节目自动解扰配置。具体内容如图 5-7 所示。

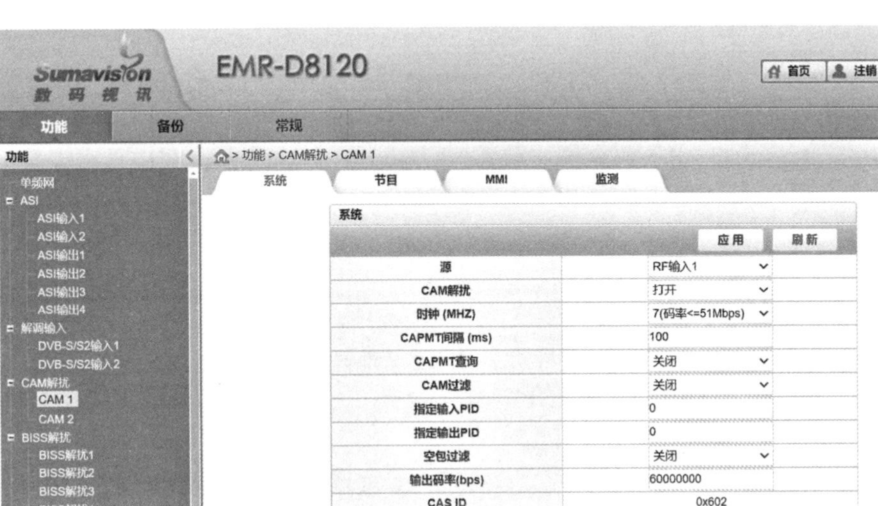

图 5-7　D8120 解扰配置

5.2.3.5　D8120 解码配置

D8120 综合解码器具备 1 路高标清音视频多格式解码能力。D8120 解码配置可实现解码节目的源选择、节目选择，以及音视频解码开关的打开/关闭功能。节目源选择包含"ASI"输入、"RF"输入、"GbE"（网口）输入和"CAM"输入四种类型。在清流信号解码时，根据实际情况选择对应的信号输入端口即可；在密流信号解码时，需将节目源选择为"CAM1"或"CAM2"。解码配置具体内容见图 5-8。

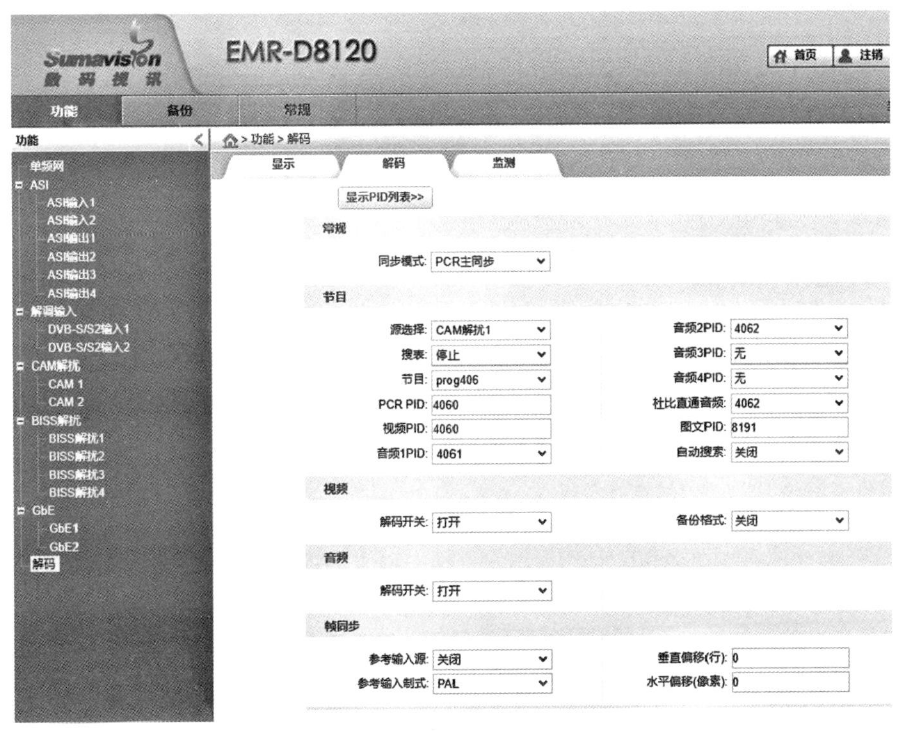

图 5-8　D8120 解码配置

5.2.3.6 ASI 端口监测信息

D8120 具备 2 个 ASI 输入接口、4 个 ASI 输出接口，用于显示 ASI 输入和输出信号相应端口的节目流状态，主要包含同步状态、系统码率、有效码率和 PID 码率等相关信息。具体内容如图 5-9 所示。

图 5-9　ASI 端口监测

5.2.3.7 ASI 输出端口配置

ASI 输出端口配置主要用于在源选择栏选择需要的源节目流，然后从选定端口输出。可从 GbE(网口)端口、其他 ASI 输入信号中选择。输出率控开关默认关闭，通道为透传模式，无须设置输出码率。具体内容如图 5-10 所示。

图 5-10　ASI 输出端口配置

实训六 OMC 全媒体平台

本实训主要内容是利用新媒体综合业务平台(简称 OMC 全媒体平台),模拟 IPTV/OTT TV 的 IP 视频分发业务,完成点播节目的上架和直播节目的多终端分发(机顶盒、手机、Pad、解码器)。

6.1 实训目标

OMC 平台是在通用服务器上部署数码视讯的全媒体运营管理平台软件,能够演示业务功能界面的展示、节目的注入、审核发布、内容分发等相关任务配置的操作,还可演示终端通过前端配置后实现节目互动的具体效果,包括节目的 EPG 菜单、直播、点播、时移回看等功能,从而让学生们熟悉了解新媒体业务的开展流程。

6.2 系统架构

6.2.1 所需设备器材

表 6-1 所需设备器材

名称	数量	型号
新媒体综合业务平台	1 套	OMC
硬件服务器	1 台	OMC

6.2.2 系统搭建

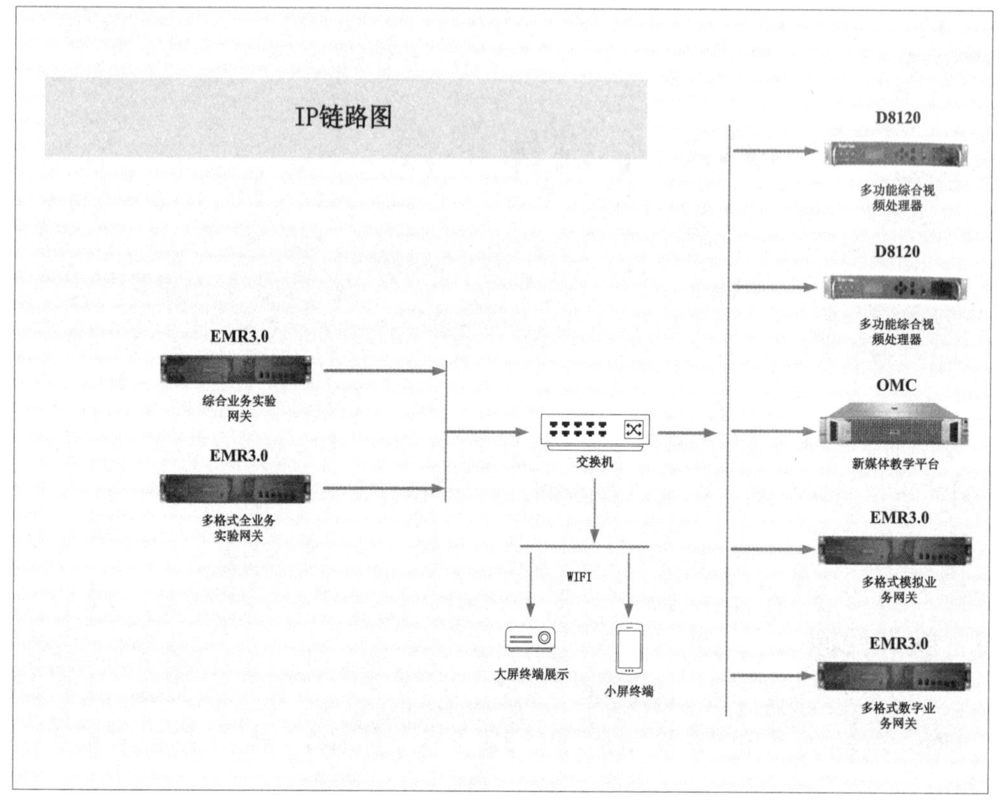

图 6-1　OMC 全媒体平台 IP 链路图

6.3 平台设置和管理

6.3.1 系统登录

打开浏览器,输入 192. 163. 34. 24/#/home,即可访问登录 OMC 平台后台管理系统。登录界面如图 6-2 所示,输入用户名:admin,密码:123456。登录后,左侧栏目中第一栏为系统管理,可对操作员、角色进行管理,包括新建修改管理员、操作员等操作,用于后期不同角色根据不同权限分工进行系统运营。该功能一般用于实际前端平台工作,可根据需要对工作人员的账户进行分配,方便工作安排,实训中无须涉及。

6.3.2 播放流元数据管理

点击“公共管理”栏目下第一项“播放流元数据管理”,即可实现对播放流元数据进行新建、发布、修改、删除等相关内容的操作管理。同时,可以对系统中将要推送的直播、点播分辨率进行管理,便于后台根据网络情况进行节目不同码率切换。实训中主要完成

图 6-2　OMC 全媒体平台登录界面

对大屏终端和小屏终端不同分辨率的节目源进行统一设置。播放流元数据管理具体内容如图 6-3 所示。

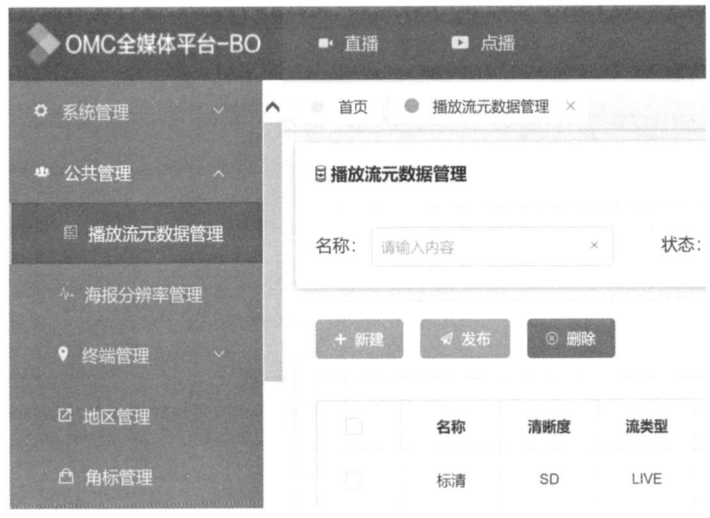

图 6-3　播放流元数据管理

6.3.3　海报管理

点击“公共管理”栏目下第二项“海报分辨率管理”，对海报内容进行新建、删除、修改等相关内容的操作管理。主要用于预先规定点播、推荐海报分辨率，防止随意上传海报导致后端无法统一显示的问题，便于后期排版统一。实训中主要完成对不同模板类型海报的创建。海报管理具体内容如图 6-4 所示。

6.3.4　终端管理

点击“公共管理”栏目下第三项“终端管理”。终端管理包含终端平台管理、终端信

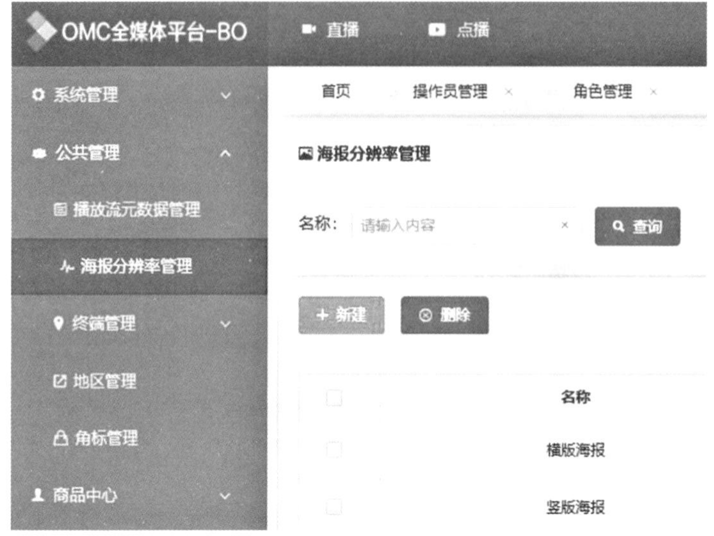

图 6-4　海报管理

息管理和码率平台管理。

1. 终端平台管理。

点击“终端管理”栏目下第一项“终端平台管理”,可实现终端平台的新建、启用、停用和播放流等内容的管理修改,主要针对规划网络中使用的终端平台类型、终端平台对应播放的节目流分辨率等。例如,手机客户端,由于屏幕尺寸的限制,高清视频已经能够满足小屏使用,因此可以降低网络带宽无谓的消耗,不必在手机终端投放超高清分辨率的节目流类型。终端平台管理最终能实现不同终端配置不同的推送节目流。具体内容如图 6-5 所示。

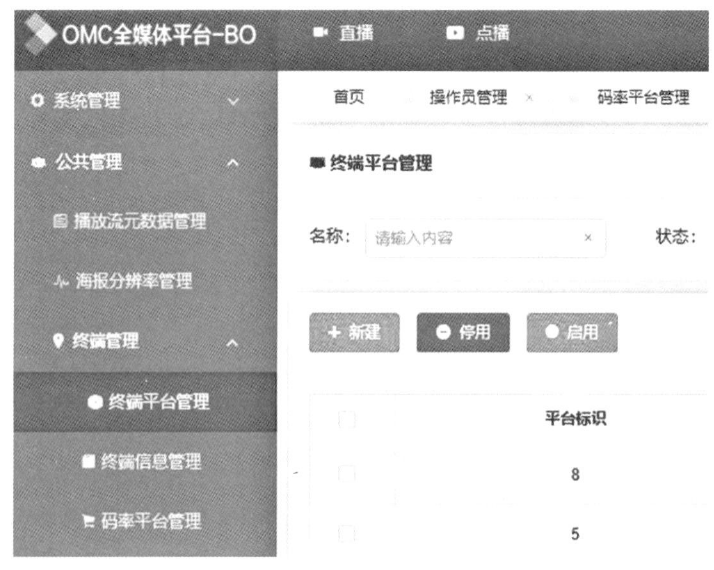

图 6-5　终端平台管理

2. 终端信息管理。

点击“终端管理”栏目下第二项“终端信息管理”，实现终端信息的版本新建和参数配置，对各节目频道进行频道可回看天数及回看可移动时长等参数的配置管理。具体内容如图 6-6 所示。

图 6-6　终端信息管理

6.3.5　地区管理

点击“公共管理”栏目下第三项“地区管理”，实现地区的新建和删除。该功能主要是可以建立几个不同区域，针对不同区域投放不同节目，便于个性化推送。具体内容如图 6-7 所示。

图 6-7　地区管理

6.3.6 商品中心

点击左侧“商品中心”,该项包含“产品管理”“定价策略管理”和“订购管理”三项内容,主要对后期运营产品进行定义和配置管理。例如,可以建立免费基本包,可以建立收费包年包,可以建立增值按次包等,便于对不同类型节目进行不同策略的投放,更好地为用户提供增值服务。

产品管理配置内容如图 6-8 所示,定价策略管理具体内容如图 6-9 所示。

图 6-8 产品管理配置

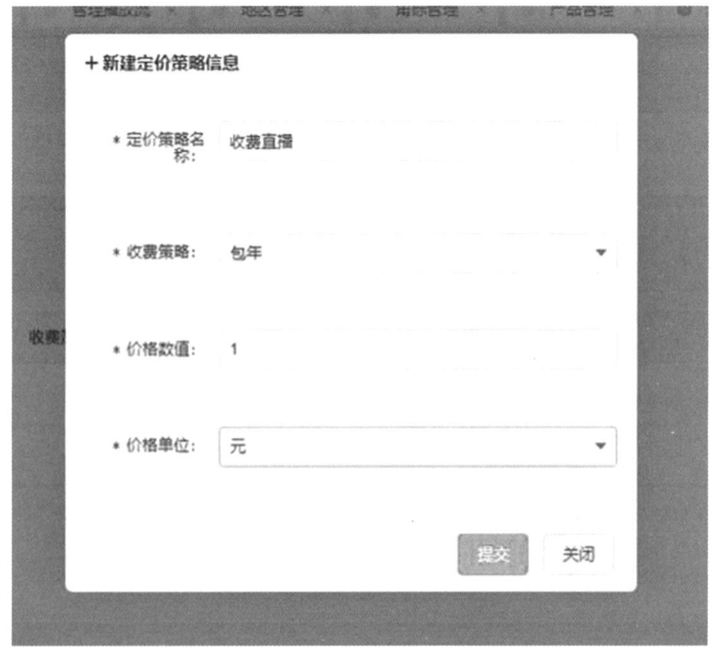

图 6-9 定价策略管理

6.3.7　直播管理

点击左侧第五栏“直播管理”，实现对直播频道进行添加分类等配置。例如，分类为央视频道、卫视频道、地方频道、体育频道等，便于用户更简单快速地找到自己喜欢的频道类型。需要注意的是，在本项目中，必须配合之前实验的编码业务设备完成直播信源的接入，才可以添加直播信源。具体内容如图 6-10 所示。

图 6-10　直播管理

6.3.8　片源上传

使用 Xshell/XFTP 工具，完成点播片源上传不需要转码的裸文件，使用 FTP 工具，将需要发布的媒资文件，上传到/FTP/nontranscode/640×480/下，系统将会自动扫描，将媒资文件入库。具体内容如图 6-11、图 6-12 所示。

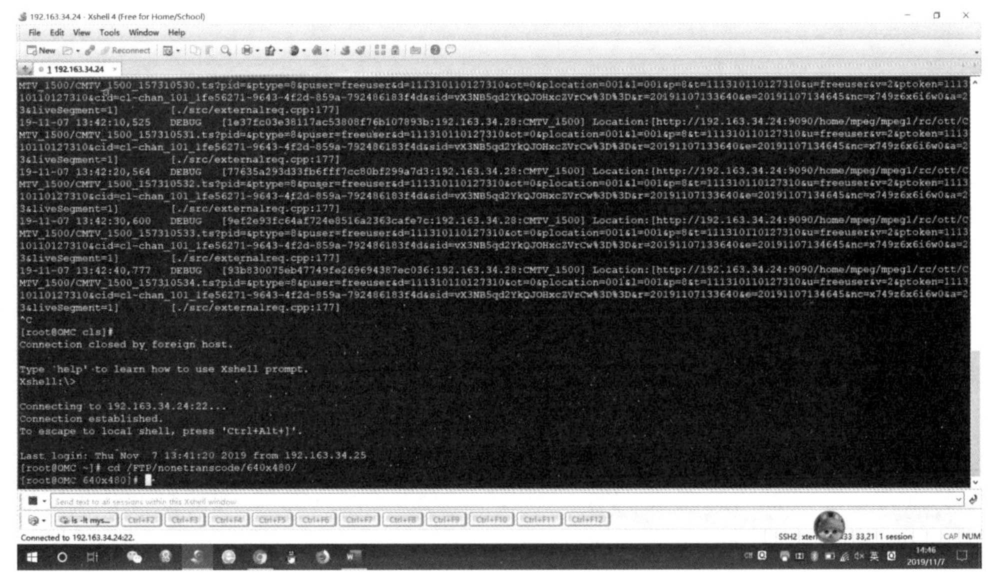

图 6-11　Xshell 界面

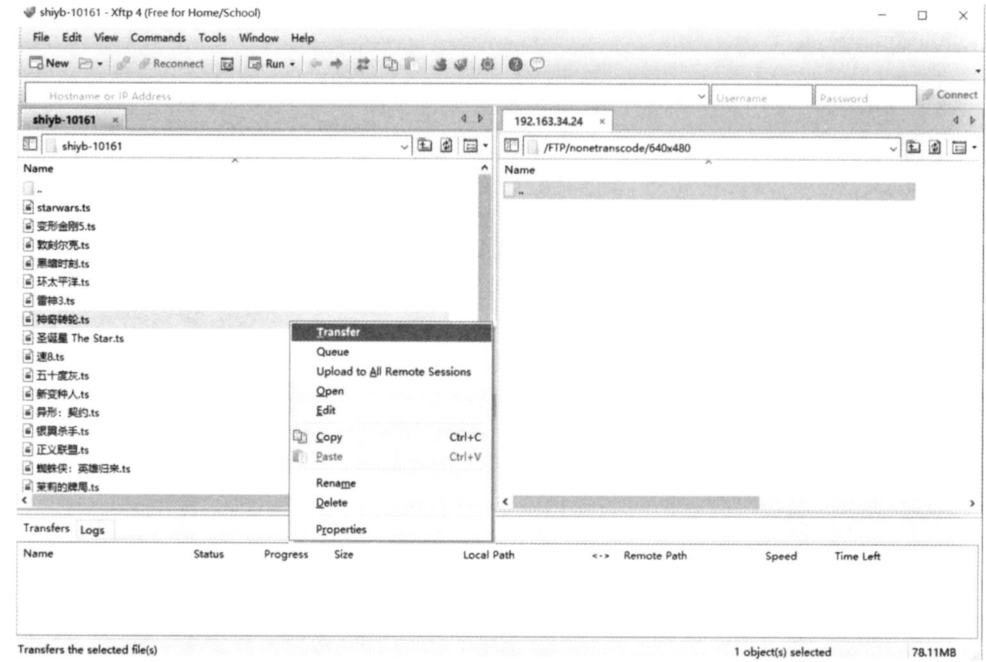

图 6-12 XFTP 界面

6.3.9 媒资库管理

点击“点播管理”栏目下第一项“媒资库管理”，媒资库管理包含“媒资库”“节目包管理”“媒资回收站”和“片花管理”等内容。通常系统将媒资扫描入库后，可以在后台管理“媒资库”中显示。在媒资库可以对媒资注入、媒资节目详情、海报等进行手动编辑。

在“媒资库”栏目下，勾选对应节目进行相关编辑，完成后点击“注入”，完成媒资从后台到 CDN 的注入。注入完成后，点击“打包产品”对节目进行打包操作。如图 6-13 所示。

6.3.10 栏目管理

点击“点播管理”栏目下第二项“栏目管理”，用于栏目新建、栏目图标的更改设置、终端平台和地区选择配置与投放功能，并把媒资节目分为不同类型进行投放，将注入、打包完成的节目投放到对应的栏目下，便于客户快捷地找到自己喜欢的解码类型。将栏目、媒资分类后，点击发布即可上线媒资。具体内容如图 6-14 所示。

6.3.11 推荐管理

点击左侧栏目第七项“推荐管理”，如图 6-15 所示，可实现对直播节目、点播节目进行首页推荐设置，对小屏幕终端 APK 首页进行推荐推送。点击“添加推荐”的“传横版海报”，点击“发布”即可，同时可以对推荐的影片进行排序处理。

图 6-13　媒资管理界面

图 6-14　新建栏目

图 6-15　首页推荐设置

6.4　实训分析与讨论

在手机、Pad 等小屏幕终端安装山东传媒职业学院 APK 应用软件后，即可实现节目直播或点播形式的收听收看。使用者可根据需求实现直播节目或点播节目的接收。同时，平台还支持使用者上传自己制作的点播节目。

机顶盒和 OMC 系统可以直接通过 WIFI 连接，也可以通过有线连接。一般 IPTV 都是有线连接，主要考虑到网络的延时和稳定性，现场试验环境为了美观采用 WIFI 连接，同时只配置一台机顶盒进行接收。由于 WIFI 连接的承载能力有限，在当前 WIFI 范围内接入设备过多或多台接收终端分别点播不同节目时，会导致信号传输的不稳定，部分终端设备发生解码卡顿、断流现象，且后续终端无法加入，这是超过了系统的承载能力导致的。

在 IP 传输侧，经过编码、复用后的节目进入到 IP 传输平台，传输方式主要按照直播与点播进行划分。直播节目因 IP 传输链路的便利性，IPTV 网络自身可以视为一个大型的局域网，所以通过组播方式即可方便快速地实现直播节目的传输。而点播业务则不同，需要根据客户的需求进行一对一服务，而此时其核心传输功能的载体是 CDN（内容分发网络）系统，由 CDN 根据用户对节目收视的需求，比如想点播某部电影或观看某个频道节目的回看录像，从自身存储的节目媒资系统中，读取出用户希望获得的片源，再通过 IP 传输至用户终端。但是不论是直播还是点播，IPTV 网络的用户终端都需要通过机顶盒来对节目进行解码操作并连接至电视，最终完成电视节目的收看。

通过实际实验室内机顶盒和安装有山东传媒职业学院 APK 应用的手机小屏幕终端的接收,可以顺利地收看 OMC 平台下发的传媒 TV、CCTV-1、CCTV-2 等直播节目和各种媒体资源的点播节目。实验室接收系统通过成功接收 OMC 平台下发的 IPTV 等网络流媒体信号,有效模拟出当前 IPTV 系统的基本传输功能,为学生直观展示 IPTV 系统的工作原理及系统架构,学生自主结合之前所学各环节的知识点,完成直播节目的编码、调制、解调、IP 分发、终端解码观看,最终达到理想实训效果。

参考文献

[1]刘大会.数字电视实用技术[M].2版.北京:北京邮电大学出版社,2010.

[2]卢官明,宗昉.数字电视原理[M].3版.北京:机械工业出版社,2016.

[3]章文辉,许江波.数字视频测量技术[M].北京:中国传媒大学出版社,2016.

[4]祝瑞玲,胡红.数字通信技术[M].北京:北京交通大学出版社,2017.

[5]陈善移.数字视频测量应用技术[M].北京:人民邮电出版社,2008.

[6]车晴,王京玲.卫星广播技术[M].北京:中国传媒大学出版社,2015.

[7]韦博荣,朴大志,张乃谦.地面数字电视与移动多媒体广播[M].北京:中国传媒大学出版社,2015.

[8]中国标准出版社第四编辑室.数字电视国家标准汇编[M].北京:中国标准出版社,2010.

[9]杨成,等.网络电视技术[M].北京:中国传媒大学出版社,2017.

[10]卢官明,宗昉.IPTV 技术及应用[M].北京:人民邮电出版社,2007.

[11]刘达.数字电视技术[M].2版.北京:电子工业出版社,2007.

[12]赵坚勇.数字电视技术[M].3版.西安:西安电子科技大学出版社,2016.1.

[13]高文,等.AVS 数字音视频编解码标准[J].中兴通讯技术,2006(3).

[14]王明伟.AVS 中的音视频编码压缩技术[J].电视技术,2006(6).

[15]黎洪松.数字视频处理[M].北京:北京邮电大学出版社,2006.

[16]卢官明,李欣.数字电视原理学习指导及习题解答[M].北京:机械工业出版社,2011.

[17]陶亚雄.现代通信原理[M].5版.北京:电子工业出版社,2017.

[18]吴恩学.数字电视实用技术[M].北京:教育科学出版社,2009.

[19]姚军,李白萍.微波与卫星通信[M].2版.西安:西安电子科技大学出版社,2017.

[20]张琦,杨盈昀,张远,等.数字电视中心技术[M].北京:北京广播学院出版社,2001.

[21]车晴,张文杰,王京玲.数字卫星广播与微波技术[M].北京:中国广播电视出版社,2003.

[22]郑志航.全数字高清晰度电视和 DVB[M].北京:中国广播电视出版社,1997.

[23]倪维桢.数字通信原理[M].北京:中国人民大学出版社,1999.

[24]杨峰,白新跃,何建.数字电视原理及应用[M].成都:电子科技大学出版社,2010.

[25]方烈敏,张晓蓉.现代电视传输技术[M].上海:上海大学出版社,2008.

[26]李建光,喻春轩.数字电视和移动电视的原理及应用[M].长沙:湖南科学技术出版社,2006.

[27]车晋.数字电视音视频压缩编码技术分析与研究[J].广播电视信息,2014(12).

[28]马炬,杨明,于新,施玉海.我国新一代卫星广播系统——先进卫星广播系统(ABS-S)[J].广播与电视技术,2007(5).

[29]冯跃跃.电视原理与数字电视[M].北京:北京理工大学出版社,2013.

[30]中国电子视像行业协会.解读数字电视[M].北京:人民邮电出版社,2008.

[31]郑雯,翟希山,王志广,等.数字电视原理、传输与接收[M].北京:人民邮电出版社,2006.

[32]裴昌幸,刘乃安,杜武林.电视原理与现代电视系统[M].西安:西安电子科技大学出版社,1997.

[33]国家数字音视频编解码技术标准工作组.视频编码标准 AVS 技术介绍[J].电子产品世界,2005(10).

思考与训练答案

模块一　思考与训练答案

1. 答:数字电视(Digital Television)简称 DTV,是从节目采集、制作、传输一直到用户端都以数字方式处理信号的电视系统,即从演播室到播控中心传输、发射、接收的全部环节都使用数字信号,通过二进制“0”“1”所构成的数字序列进行电视信号的传播。

数字电视和模拟电视相比,主要具有以下优点:一是数字电视可提高信号的传输质量,不会产生噪声累积;二是数字电视图像清晰度高,伴音效果好;三是可充分利用频谱资源,增加电视节目;四是数字电视便于监控和管理;五是数字电视便于数字处理和计算机处理;六是数字电视易于存储,可大大改善电视节目的保存质量和复制质量;七是数字电视便于开办条件接收业务;八是数字电视具有可扩展性、可分级性;九是便于开展各种综合业务和交互业务。

2. 答:数字电视可以按照以下方式分类,一是按信号传输方式分类,可分为地面无线传输数字电视、卫星传输数字电视、有线传输数字电视、网络传输数字电视;二是按图像清晰度分类,可分为数字标准清晰度电视(SDTV)、数字高清晰度电视(HDTV)、数字超高清晰度电视(UHDTV)、数字普通清晰度电视(LDTV);三是按照接收产品类型分类,可分为数字电视显示器、数字电视机顶盒、智能数字电视接收机、计算机、智能手机和移动终端;四是按显示屏幕幅型比分类,可分为 4:3和 16:9两种类型。

3. 答:高清晰度电视简称 HDTV,原国际无线电咨询委员会给高清晰度电视的定义是:“高清晰度电视是一个透明的系统,一个视力正常的观众在观看距离为显示屏高度的 3 倍处所看到的图像的清晰程度,与观看原始景物或表演的感觉相同。”高清晰度电视是当前我国正在大力发展的一种数字电视业务。

4. 答:广播传输方式的数字电视系统主要被广电系统所采用,是电视中心首先采集制作数字电视节目,然后在播控中心进行处理后播出,播出的数字电视节目采用广播方式通过信道进行传输,即从信号发射端到用户接收端采用一点对多点的方式传输的数字电视系统。信源编码/解码、复用/解复用、信道编码/解码、调制/解调是系统的技术核心。

网络传输方式的数字电视系统 IPTV(交互式网络电视系统)是一个综合系统,从总体上说,IPTV 是一种多个多级服务器和多个多级网络交换结构。系统采用基于 IP 宽带网络的分布式架构,以流媒体内容管理为核心。IPTV 系统主要由前端业务处理平台、IP 网络及用户端设备三大部分组成。

5. 答:国外数字视频压缩编码标准主要由 ITU-T(国际电信联盟电信标准化部门)和 ISO/IEC(国际标准化组织/国际电工委员会)发布。ITU-T 主要制定 H. 26X 系列标准,ISO/IEC 则制定 MPEG 系列标准,它们还联合推出了一些标准。国外数字电视传输标准主要有三种:美国的 ATSC、欧洲的 DVB 和日本的 ISDB。

6. 答:我国自主研制的数字电视标准:AVS 系列压缩编码标准、直播卫星专用信号传输系统 ABS-S(先进卫星广播系统)、地面数字电视传输标准《数字电视地面广播传输系统帧结构、信道编码和调制(GB20600 – 2006)》,简称 DTMB 标准(Digital Terrestrial Multimedia Broadcast)。

7. 答:我国数字电视发展由使用国外标准到研发应用具有我国自主产权的 DTMB、AVS、ABS 等标准,由跟跑、追赶到超越,体现了中国智慧,为世界贡献了中国方案。我国数字电视的发展推动了文化产业大发展大繁荣和信息化建设,对于健全公共文化服务体系和文化产业体系,丰富人民精神文化生活,提升中华文化影响力,增强中华民族凝聚力,具有非常重要的意义。

模块二 思考与训练答案

1. 答:我国标准采用的高清与标清电视的取样频率分别是 74.25MHz 和 13.5MHz,超高清电视 4K 的取样频率应该是 594MHz,8K 的取样频率应该是 2376MHz。

2. 答:数字视频信号的像素不全是方形像素,高清、超高清电视是方形像素,标清电视的像素不是正方形。

3. 答:数字电视中音频信号的取样频率有 32kHz、44.1kHz、48kHz 等。

4. 答:我国采用的高清电视的取样频率是 74.25MHz,采用 10bit 量化时,视频信号的数码率是:$74.25 \times 10 + 2 \times 37.125 \times 10 = 1485$Mbps。

5. 答:对于 625/50 扫描标准,EAV 的位置是字 1440 ~ 1443,SAV 的位置是 1724 ~ 1727。在场消隐期间,EAV 和 SAV 信号保持同样的格式。

6. 答:在数字电视信号处理过程中,在得到 R、G、B 信号后直接计算得到的亮度信号,称为恒定亮度信号。对 R、G、B 信号先进行伽马校正再计算得到的亮度信号,称为非恒定亮度信号。

7. 答:标清信号的亮度信号和色度信号是当作一个数字序列处理,每行只有一个 EAV 信号和一个 SAV 信号,而高清信号的亮度信号和色度信号是当作两个数字序列处理,亮度信号和色度信号单独处理,每行有两个 EAV 信号和两个 SAV 信号。

8. 答:采用 10bit 量化时,亮度信号电平的取值范围是 004 到 3FB,即十进制数的 4 到 1019。

9. 答:复合编码是将彩色全电视信号直接编码成 PCM 形式。分量编码是将亮度信号和两个色差信号(或三个基色信号)分别编码成 PCM 形式。

10. 答:电视演播室数字编码的国际标准通常采用分量编码。分量编码几乎与电视制式无关,大大方便了不同电视制式节目间的转换。分量编码不会造成亮、色串扰。

11. 答:4:2:0分量编码的取样结构,在奇数行中 R-Y 色差信号有取样点,B-Y 色差信号没有取样点,而 R-Y 色差信号与亮度信号的奇数样点空间同位。在偶数行中 B-Y 色差信号有取样点,R-Y 色差信号没有取样点,而 B-Y 色差信号与亮度信号的奇数样点空间同位,如下图所示。

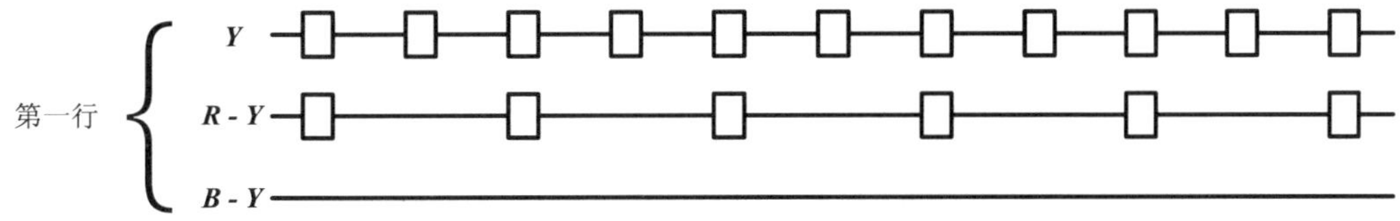

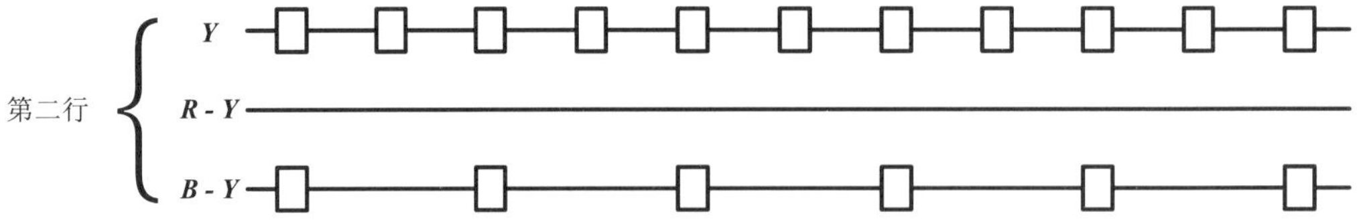

第二行 Y
R-Y
B-Y

12. 答:625/50 标准的 4:2:2样值结构数字电视的奇数场与偶数场的行数不同,奇数场有 312 行,偶数场为 313 行。但是奇数场与偶数场的数字有效行都是 288 行。

13. 答:ITU-R601 标准,数字电视亮度信号的采样频率为 13.5MHz,625/50 和 525/60 制式的行频分别为 15625Hz 和 15734Hz,计算可得 625/50 和 525/60 制式中每行的亮度采样点数分别是 864 和 858。

14. 答:亮度信号和色差信号按 C_{B1},Y_1,C_{R1},Y_2,C_{B3},Y_3……的顺序输出。前 3 个字(C_{B1},Y_1,C_{R1})属于同一个像点的 3 个分量,紧接着的 Y_2是下一个像点的亮度分量,它只有 Y 分量。每个有效行输出的第一个视频字应是 C_B。

15. 答:数字电视定时基准信号由 4 个字组成,这 4 个字的数列可用 16 进制计数符号表示为:3FF 000 000 *XYZ*。前 3 个字是固定前缀,3FF、000 和 000 三个十六进制数是为定时标志符号预备的,作为 SAV 和 EAV 同步信息的开始标志。*XYZ* 代表一个可变的字,它包含确定的信息:场标志符号、垂直消隐的状态或行消隐的状态。

16. 答:数字电视辅助数据(ANC)的应用有:(1)时间码的传送,在场消隐期传送纵向时间码(LTC)或场消隐期时间码(VITC)、实时时钟等其他时间信息和其他用户定义信息;(2)数字音频的传送,在串行分量数字信号的水平消隐期间可传送多达 16 路符合 AES/EBU 标准的 20 比特量化的数字音频信号;(3)监测与诊断信息的传送,插入误码检测校验字和状态标识位,用于检验传输后的校验字有效状态,以监测 10 比特数字视频接口的工作状况;(4)图像显示信息的传送,在 4:3和 16:9画面宽高比混合使用的情况下,传送宽高比标识信令是必要的;(5)其他应用,可以传送图文电视信号、节目制作和技术操作信令,甚至是经过压缩编码的数字视频节目。国际标准化组织及时地对以上各种数据的格式及插入位置作出统一规定。

17. 答:我国高清晰度数字电视标准的数字行内定时基准信号与标清电视有区别,亮度信号和色差信号作为两路信号处理,EAV 的位置是字 1920~1923,SAV 的位置是 2636~2639。在场消隐期间,EAV 和 SAV 信号保持同样的格式。

18. 答:我国高清晰度数字电视标准奇数场与偶数场的行数不同,奇数场有 563 行,偶数场为 562 行。但是奇数场与偶数场的数字有效行都是 540 行。

19. 答:与标清数字视频不同,高清晰度数字视频数据格式的 EAV 之后,附加了 4 个数据字。其中有两个数据字的行编号(LN1 和 LN0),这是一个 11bit 的二进制行计数器,用于指示行号。紧跟着行编号数据字的是两个数据字的 CRC 循环冗余校验码,由于在高清晰度视频数据格式下,亮度和色差数据是并列排列的,因此,有色差和亮度两种 CRC 循环冗余校验码,分别对应每行的亮度数据和色差数据。

20. 答:串行数字视频信号传输采用倒置的 NRZ 码,称 NRZI 码(NRZ Inverted code)。NRZI 码的极性并不重要,只要检测出电平变换,就可以恢复数据。NRZI 码虽然比 NRZ 码优越,但它仍有直流分量和明显的低频分量。为进一步改进接收端的时钟再生,采用了扰码方式(scrambling)。扰码器使长串连 0 和连 1 序列以数据重复方式随机化并扰乱,限制了直流分量,提供了足够的信号电平转换次数,保证时钟恢复可靠。

模块三　思考与训练答案

1. 答:数字化后的视频数据量十分巨大,不便于存储和传输。仅用扩大存储容量、增加通信信道的带宽等办法是不现实的。通过数据压缩技术,用数据压缩的手段把信息的数据量降下来,信息以压缩编码的形式存储和传输,既节约了存储空间,又提高了通信信道的传输效率。

2. 答:不压缩的视频信号存在着大量的冗余数据,可以分别在空间冗余、时间冗余、符号冗余、结构冗余、知识冗余、视觉冗余等方面进行分析从而减少码率。

3. 答:(1)与色彩信号相比,人眼对亮度信号的变化更敏感。(2)人眼不能觉察亮度的细小变化,即存在视觉阈值,而且此阈值随着图像内容的变化而变化。(3)人眼对画面静止部分的空间分辨力高于对运动部分的空间分辨力。(4)人眼对屏幕中心区的失真敏感,对屏幕四周的失真不敏感。

4. 答:用只传送图像中相邻像素取值的差值的办法,减少相同或相近的信息量。

5. 答:预测编码的基本原理是:利用图像数据的相关性,用已传输的像素值对当前像素值进行预测,然后对当前像素实际值与预测值的差值(预测误差)进行编码传输,而不是对当前像素值本身进行预测编码。当预测比较准确的时候,预测误差接近于零,预测误差方差比原始图像序列的方差小。因此对预测误差进行编码所需传送的位数要比对原始图像像素值本身进行编码所需传送的位数小得多,可以达到压缩的目的。在接收端将收到的预测误差的码字解码后,再与预测值相加,即可得到当前像素值。

6. 答:第一步:将整幅图像划分为 $N \times N$ 个像素块。第二步:对 N 行 N 列的二维数组进行 DCT。第三步:DCT 系数的不均匀量化。第四步:按之字形扫描方式读出数据。第五步:进行游程长度编码。变换编码的原理是把原来在几何空间(空间域)描写的图像信号,变换在另一个正交矢量空间(变换域)进行描述。在经过正交变换后,变换域的变换系数近似是统计独立的,相关性基本解除,并且能量主要集中在直流和少数低空间频率的变换系数上,这样一个解相关过程就是冗余压缩过程。在经过正交变换后,再在变换域进行滤波,进行与视觉特征匹配的量化和统计编码,就可以实现压缩,去除图像的空间冗余。

7. 答:霍夫曼编码用不同长度的码字对应不同概率的事件(符号),即用短的码字对应概率大的事件(符号),用长的码字对应概率小的事件(符号),从而使平均码长最短。统计编码实现了码字长度与事件出现概率的最佳匹配。用编码的长、短表示信息量的多、少,从而提高了传输效率。

8. 答:(1)人耳听觉频率有限。(2)可感知的声音的动态范围有限。(3)人耳感受声音刺激的响度,并不与声音振动的振幅一致。(4)存在声掩蔽现象。(5)听觉具有方向性。

9. 答:三个不同的层次。层次 1—简单版本,在 CD 质量下,比特率为 384kbit/s,压缩比为 1:4,主要用于数字盒式录音磁带、VCD。层次 2—标准版本,编码器的复杂度属中等;在 CD 质量下,比特率为 192kbit/s 左右,压缩比为 1:8;主要用于数字演播室、DAB、DVB、电缆和卫星广播、计算机多媒体等数字节目的制作、交换、存储、传送。层次 3—复杂版本,它是 MUSICAM 和 ASPEC[自适应(声频)频谱感知熵编码]的混合编码,声音质量最佳;在 CD 质量下,比特率为 128kbit/s,压缩比为 1:12;主要用于通信,尤其适用于 ISDN(综合业务数据网)上传送广播节目、网络声音点播、MP3 光盘存储等。

10. 答:5.1 声道分别为左(Left)、中心(Middle)、右(Right)、左环绕(LeftSurround)、右环绕(RightSurround)和低频效果(LFE,LowFrequencyEffect)六个声道。

模块四　思考与训练答案

1. 答:最具代表性的两大系列是:ITU-T 推出的 H. 26x 系列视频编码标准,包括 H. 261、H. 262、H. 263、H. 263 + 、H. 263 + + 和 H. 264,主要应用于实时视频通信领域,如会议电视、可视电话等;ISO/IEC 推出的 MPEG 系列音视频压缩编码标准,包括 MPEG-1、MPEG-2 和 MPEG-4 等,主要应用于音视频存储(如 VCD、DVD)、数字音视频广播、有线网或无线网上的流媒体等。AVS 是我国具备自主知识产权的信源编码标准,是《信息技术　先进音视频编码》系列标准的简称。AVS 包括系统、视频、音频、数字版权管理等 9 个部分。其中,AVS 第 2 部分于 2006 年 3 月 1 日被国家标准化管理委员会正式批准为国家标准,标准号为 GB/T 20090. 2-2006。

2. 答:MPEG-1/-2 视频编码标准将编码图像分为三种类型,分别称为 I 帧(帧内编码帧)、P 帧(前向预测编码帧)和 B 帧(双向预测编码帧)。B 帧图像既用源视频序列中位于前面且已编码的 I 帧或 P 帧作为参考帧,进行前向运动补偿预测,又用位于后面且已编码的 I 帧或 P 帧作为参考帧,进行后向运动补偿预测。即 B 帧可采用帧内编码、前向预测编码、后向预测编码、双向预测编码 4 种技术,其压缩比最高。I 帧图像采用帧内 DCT 变换编码,只利用了本帧图像内的空间相关性,而没有利用帧间的时间相关性,所以 I 帧图像的压缩比最低。

3. 答:I_0、P_3、B_1、B_2、P_6、B_4、B_5、P_9、B_7、B_8。

4. 答:MPEG-2 规定了 6 个语法子集,称为类(profile),依次为:简单类(Simple)、主类(Main)、4:2:2 类、信噪比可分级类(SNR Scalable)、空间可分级类(Spatial Scalable)及高级类(High)。“级”是指图像的输入格式,从有限清晰度的 VHS 质量直到 HDTV,共有 4 级,分别为:低级、主级、1440-高级、高级。级表示 MPEG-2 编码器输入端的信源图像格式。

5. 答:MPEG 视频基本的码流分层结构共分 6 层,从高到低依次是视频序列层(Video Sequence,VS)、图像组层(Group Of Picture)、图像层(Picture)、宏块条层(Slice)、宏块层(Macro-block)及像块层(Block)。

6. 答:MPEG-2 中定义了三种宏块结构:4:2:0宏块、4:2:2宏块和 4:4:4宏块,分别代表构成一个宏块的亮度块和色差块的数量关系,如下图所示:

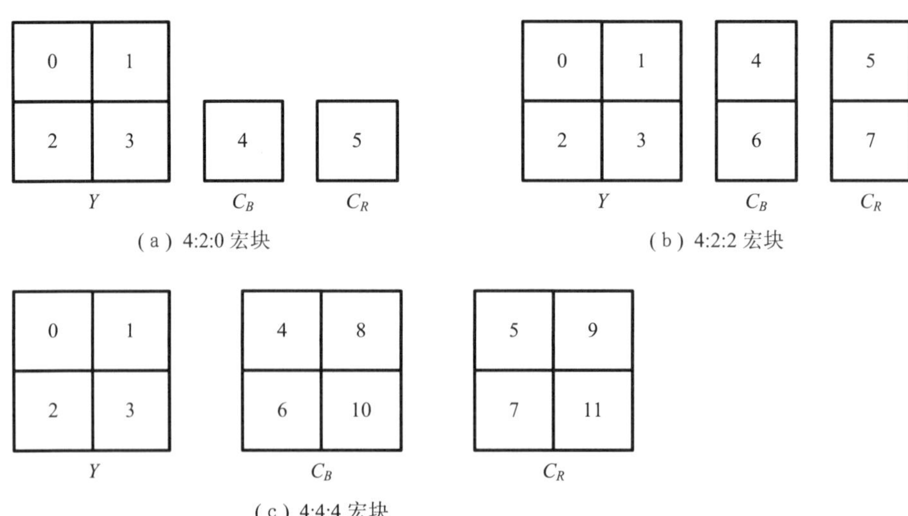

(a) 4:2:0 宏块　(b) 4:2:2 宏块

(c) 4:4:4 宏块

7. 答：下图给出了 MPEG-4 基于内容的视频编解码器结构。首先从原始序列图像中分割出 VO（视频对象），然后由编码控制单元为不同 VO 的形状、运动、纹理信息分配码率，对各个 VO 分别独立编码，最后将各个 VO 的码流复合成一个输出码流。接收端经解复用，将各个 VO 分别解码，然后将解码后的 VO 合成场景输出。解复用和 VO 合成时也可以加入用户交互控制。

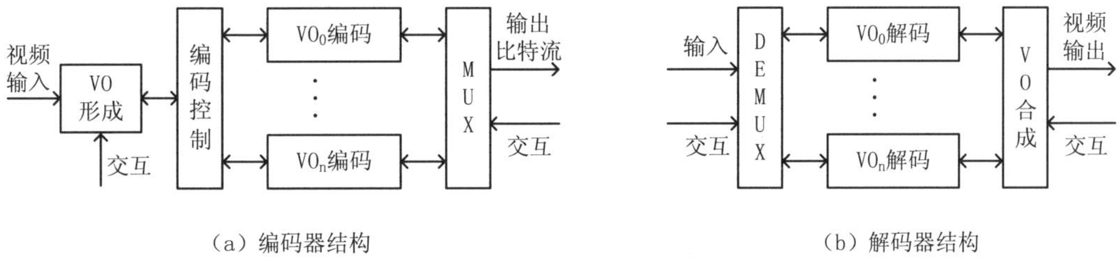

（a）编码器结构　　（b）解码器结构

8. 答：MPEG-4 的码流结构以视频对象为中心，按照从上至下的顺序，采用视频序列、视频会话（VS）、视频对象（VO）、视频对象层（VOL）、视频对象平面组（GOV）和视频对象平面（VOP）的 6 层结构。

9. 答：（1）功能和算法的分层设计；（2）基于空间域的帧内预测编码；（3）帧间预测编码；（4）整数变换与量化；（5）熵编码。

10. 答：H.264 变换和量化采用 4×4 整数变换，在编码端将正向缩放和量化结合在一起操作，解码端将反向缩放和反量化结合在一起操作。量化参数 QP 每增加 6，量化步长翻倍。AVS1-P2 变换和量化采用 8×8 整数变换，在编码端将正向缩放、量化、反向缩放结合在一起，而解码端只进行反量化、不再需要反缩放。量化参数 QP 每增加 8，量化步长翻倍。

模块五　思考与训练答案

1. 答：时分复用技术是将不同的信号相互交织在不同的时间段内，使用同一个信道传输，在接收端再通过相反的过程解复用，将各个时间段内的信号提取出来还原成原始信号的通信技术。时分复用技术以抽样定理为基础，通过抽样使波形连续的模拟信号成为一系列时间上离散的样值脉冲，这使同一路信号的各抽样脉冲之间出现了时间空隙，从而使其他路信号的抽样脉冲可以利用这个空隙进行传输，这样就可在同一个信道中同时传送若干路信号。时分复用的信号在时间上是离散的，这就决定了时分复用技术只能用于传输抽样后的数字信号。

2. 答：数字电视系统流复用结构如下图所示。

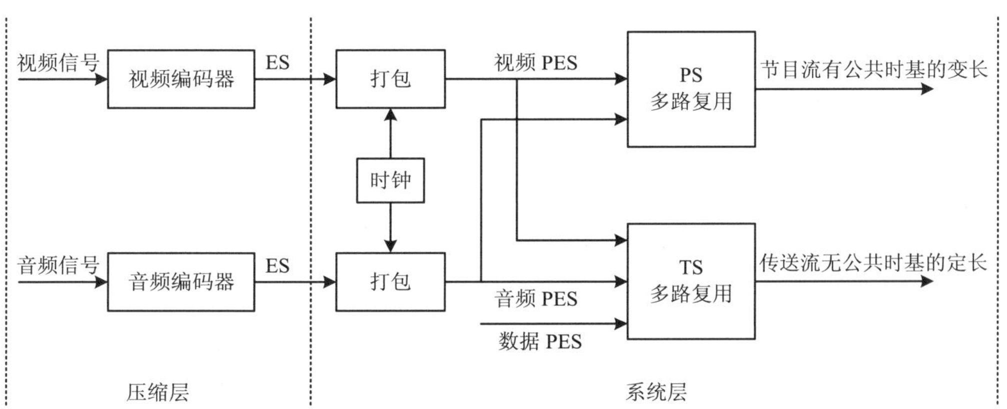

PS 和 TS 的格式是分别针对不同的应用而优化设计的，PS 为本地应用设计，TS 为广播应用设计。

PS 节目流：(1)相对无误码的环境，一般用于误码率较小的演播室系统和存储媒质；(2)由具有公共时间基准的一个或多个视频/音频 PES 复用而成的单一码流，音频 PES 包是一个音频帧，视频 PES 包一般包含一帧图像的编码数据，PS 包结构是可变长度的。

TS 传送流：(1)为易发生误码的传输信道环境和有损存储媒质设计；(2)由带有一个或多个独立时间基准的一个或多个节目组合而成，是由多个 PES 复用而成的单一码流；(3)TS 包结构固定长度，共 188 个字节。视频和音频的 PES 包在 TS 包的净荷上承载。

3. 答：压缩后所有基本流（ES 流）被打成不同长度的 PES 包，由于不同时刻视音频内容的不同，数据量时刻变化，数据包的长度也不停地变化，因此 PES 包的长度是可变长度，每个视频包有一个或几个压缩视频帧，每个音频包有一个或多个压缩音频帧，音频 PES 包一般不超过 64KB，视频一般一帧一个 PES 包。

4. 答：TS 包结构如图所示。

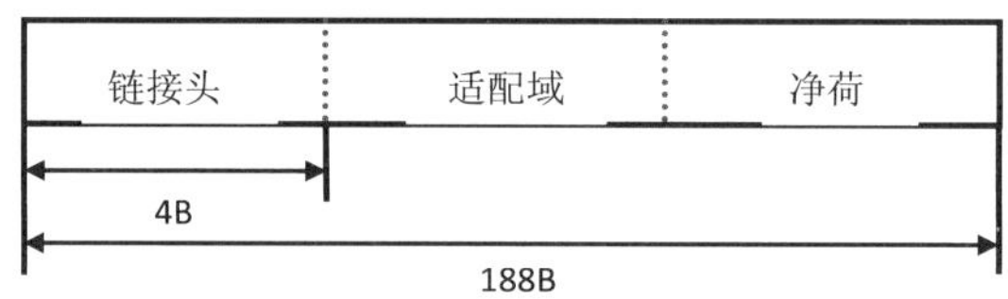

5. 答：PES 包装载到 TS 包：(1)一个 PES 包可以装载到不同的 TS 包；(2)每一个 TS 包必须只含有从一个 PES 来的数据；(3)PES 包头必须跟在 TS 包的链接头后面；(4)对于一个特定的 PES，最后一个 TS 包可以含有填充比特。

6. 答：TS 包适配域中设置一些标志来支持本地节目或广告的插入，视频码流中，在 I 帧前面的视频序列的头部有一个随机进入点，作为本地节目或广告的插入随机进入点。因插入节目的 PCR 值与插入前节目的 PCR 值是不同的，所以还要通知解码器及时改变时钟频率和相位，以尽快与插入节目建立同步关系，解码器才能正常解码。

7. 答：TS 传输流包头包含 4 个字节的内容，主要负责 TS 包的同步、各种 ES 流的表示、TS 包传输差错的检测和条件接收等功能。(1)包同步：包中的第一个字节，TS 包以固定的 8 比特的同步字节开始，所有的 TS 传送包，同步字都是唯一的 0x47，用于建立发送端和接收端包的同步。(2)包传输误码指示：用于从解码器向分接器指示传输误码。若这个比特被设置，表示此 TS 包中所携带的净荷信息有错误，无法使用。(3)净荷单元起始指示：标志 PES 包头以及包含节目特定信息的表（PMT、PAT）的头是否出现在该包中，在失步后的重新同步中起着重要的作用。(4)传输优先级：用于表示包中含有重要数据，应予以优先传送。(5)包标识符（PID）：PID 是识别 TS 包的重要参数，用来识别 TS 包所承载的数据。在 TS 码流生成时，每一类业务（视频、音频、数据）的基本码流均被赋予一个不同的识别号 PID，解码器借助于 PID 判断某一个 TS 包属于哪一类业务的基本码流。(6)传送加扰控制：传送信息通过加入扰码来加密，各个基本码流可以独立进行加扰。加扰控制字段说明 TS 包中的净荷数据是否加扰。如果加扰，标志出解扰的密匙。(7)适配字段控制：标志 TS 包是否有适配字段存在，如果存在，在其内部是否有净荷存在。(8)连续计数器：用于对传输误码进行检测。在发送端对所有的包都做 0 ~ 15 的循环计数，在接收终端，如发现循环计数器的值有中断，表明数据在传输中有丢失。

8. 答：数字电视专门定义了节目特定信息（Program Specific Information，PSI），用来对一路节目的 TS

流中所含信息(视频包、音频包、数据包)进行标识。PSI 主要由 4 种信息表组成:节目关联表(PAT),节目映射表(PMT),条件接收表(CAT),网络信息表(NIT)。

DVB 对 PSI 信息进行扩展,补充定义了多个表,统称节目业务信息(SI)。主要包括节目群关联表(BAT)、服务描述表(SDT)、事件信息表(EIT)、运行状态表(RST),并规定了这些表的 PID 值。其目的是让接收机根据选择自动利用 NIT、PAT、PMT 等信息进行频道调谐,选择节目和定位,实现电子节目指南(EPG),作为 API 的接口,进行 CA 控制等。

PAT 描述了系统级复用中传送每路节目 PMT 的码流的 PID 值。PAT 包含了与多路节目复用有关的控制信息。PAT 作为一个独立的码流,装载在 TS 包的净荷中传送,分配唯一的 PID。PMT 指出某一套节目所含的内容,码流中有多少节目,其相应的 PMT 的 PID 是什么,给出该节目的节目时钟参考(PCR)字段的位置,解码器根据指出的 PID 找到要解码的码流。PMT 所在的 TS 包都有自己独特的 PID。

9. 答:复用器从功能上主要包括 PID 过滤、PID 映射、PCR 校正、PSI/SI 提取和修改等,复用流程如下图所示。

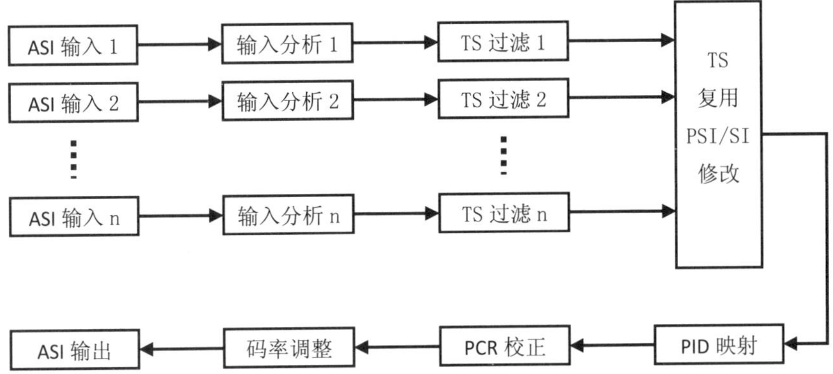

模块六　思考与训练答案

1. 答:数字电视传输信道是指经过信源编码和系统复用后的数字电视码流信号,需要通过某种传输方式才能达到相应的用户接收端,这些用来传送数字电视码流信号的途径统称为数字电视传输信道。

2. 答:随机性误码一般是由热噪声引起的误码,随机地单独出现,误码之间没有关联性,一般长度比较短,比较好纠正。突发性误码一般是由雷电、强脉冲干扰或信道衰落等突发性噪声引起的,误码分布比较密集,短时间内形成一连串误码,误码长度较长,纠错难度相对较大。

3. 答:用于检测误码时,若要检测任意 e 个误码,要求最小码距应满足 $d_{min} \geqslant e+1$,可检测出 16 比特误码;用于纠正误码时,若要纠正任意 t 个误码,则要求最小码距应满足 $d_{min} \geqslant 2t+1$,可纠正出 8 比特误码;同时用于检错和纠错,若要纠正任意 t 个误码,同时检测任意 e 个误码($e \geqslant t$),则要求最小码距应满足 $d_{min} \geqslant e+t+1$,可同时检测 8 比特误码纠正 8 比特误码。

4. 答:缩短 RS(204,188,$t=8$)码的实现方法是在 RS(255,239,$t=8$)码编码器输入有效信息字节之前,加入 51 个全“0”字节,在 RS 编码之后再将这些空字节丢弃。

5. 答:将传输的码组通过技术手段进行重新排列,把连续的难以纠正的突发性误码,人为地分散到一定范围的码组内,使其具备随机性误码的特性,再结合其他纠检错编码技术的应用,进一步提升系统的纠检错能力。

常用的交织技术有分组交织和卷积交织。

6. 答：传输顺序为：10100110000110101101

7. 答：(2,1,3)卷积编码后的码元序列为：111110100010

8. 答：LDPC 码(n,p,q)中，p 表示列重，即每列中元素"1"的个数；q 表示行重，即每行中元素"1"的个数。满足行重远小于矩阵的列数，列重远小于矩阵的行数，矩阵中任何两行或两列，对应位置上均为"1"的个数不超过 1 的条件。

9. 答：外码采用 BCH 码、内码采用 LDPC 码的级联方式。

模块七　思考与训练答案

1. 答：数字调制是用离散的数字信号对载波的某些参量进行调制，用载波的某些参量的离散状态来表征所传送的信息，在接收端只要对已调载波的离散调制参量进行检测就可恢复原信息，因此数字调制信号也称为键控信号，并根据调制参量的不同，分为振幅键控（ASK）、频移键控（FSK）和相移键控（PSK）三种基本形式。

2. 答：在一个码元 T 内，f_1 为一个整周期，f_0 为两个整周期，参见下图所示。

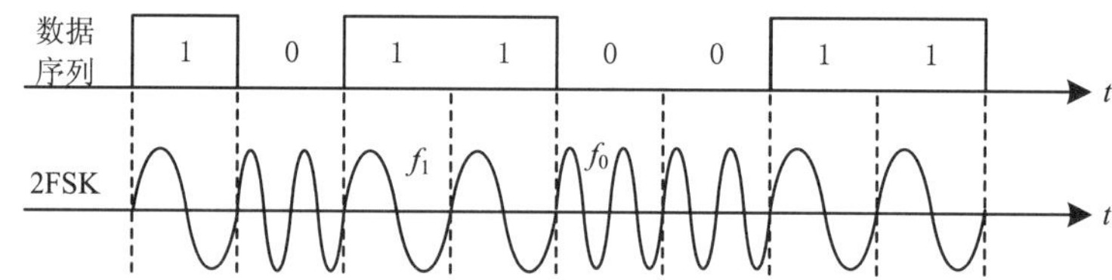

3. 答：假设一个码元 T 中有两个载波周期，2PSK 信号波形如图 7-10 所示。

4. 答：DPSK 即相对（差分）相移键控，它是利用前后相邻码元的相对载波相位值来表示数据信息的一种数字调制方式。对于 2DPSK，若相邻的波形相位相差 π，则判为 1；若相邻的波形相位相差 0，则判为 0。2DPSK 相比 2PSK，主要用来解决相位模糊（或倒 π）现象。

5. 答：参考图 7-18、图 7-19。

6. 答：多进制调制可以提高频谱利用率，可分为：MASK、MFSK、MPSK、MQAM，M 表示 M 进制。四相相移键控（QPSK）、正交振幅调制（QAM）及残留边带调制（VSB）等都是常用的多进制调制方法。

7. 答：QPSK 调制称作正交相移键控，其实质是 4PSK，即四相相移键控，利用载波的 4 种不同相位来表示数字信息。QPSK 的每一种载波相位代表两个比特：00、01、10 或 11。两个比特的组合称作双比特码元，记为 a、b。QPSK 信号可以认为是两个正交的 2PSK 信号的合成，其相位有两种形式：A 方式为 $\pi/2$ 相移系统，B 方式为 $\pi/4$ 相移系统。B 方式被广泛采用，图形参见图 7-24 和图 7-25。

8. 答：$M=16$，则每路的电平数为：$\sqrt{M}=\sqrt{16}=4$

已知 QAM 的带宽为 2400Hz，则基带带宽为 1200Hz，当采用 $\alpha=1$ 滚降时，则截止频率 $f_N=\dfrac{1200}{1+\alpha}=\dfrac{1200}{2}=600\text{Hz}$

按照奈氏第一准则，最高码元速率为 $2f_N=1200$ 波特，即调制速率。

总的比特率 $f_b=1200\times\log_2 M=1200\times\log_2 16=4800\text{bit/s}$

频带利用率为：$\eta=\frac{f_b}{B}=\frac{4800}{2400}=2\text{bit/(s·Hz)}$

9. 答：其基本工作原理是将一定带宽的信道分成若干个正交子信道，在每个子信道内使用一个子载波进行调制，且各子载波并行传输。如图 7-34 所示。具体方法：首先将要传输的高速数据流进行串/并转换，转换成 N 路并行的低速数据流，并分别用 N 个子载波进行调制，每一路子载波的调制方式可以采用 QPSK 方式，或者是 MQAM 方式。不同的子载波可以采用不同的调制方式。然后将调制后的各路调制信号叠加在一起，构成发送的射频信号。

10. 答：数字电视系统的有效性和可靠性是判断数字电视调制系统性能的标准。对数字系统来讲，有效性主要指系统的码元传输速率、信息传输速率、频带宽度、频带利用率、功率利用率等，可靠性主要指误码率(BER)、误信率、接收门限等。

模块八　思考与训练答案

1. 答：数字电视是在采编、播出、传输、接收等环节全面采用数字信号的传播方式，通过数字信号来实现电视节目的处理、发射、传输和接收。由于数字信号传输过程有效地利用了高效压缩编码和多路数据复用技术，所以无论在质量上还是在节目的数量上都有所增加，传输的速率也更快，具有高清晰的图像质量和更好的音质，同时还具有一些附加的信息服务和点播等功能。

2. 答：DVB-S 主要规定卫星系统的信道编码和调制的方法，DVB-S 采用四相相移键控 QPSK 的调制方式，调制效率较高，对传输信道的信噪比要求较低，适合卫星广播。QPSK 调制方式对提高功率利用率和保持较高的频谱利用率较为有利，所以在卫星数字电视系统中被普遍采用。

DVB-C 传输系统用于通过有线电视系统传送多路数字电视节目。而 DVB-C 的传输信道是传输环境较好的有线电缆，所以采用多电平正交幅度调制 QAM，其主要优点是具有更大的符号率，可获得更高的系统效率，多电平调制效率更高，对传输信道的信噪比要求也较高。

3. 答：DVB 系统在设计之初的主要技术要求有以下几点：(1)应能灵活传送 MPEG－2 视频、音频和其他数据信号；(2)使用统一的 MPEG－2 传送比特流复用；(3)使用统一的服务信息系统提供广播节目的细节等信息；(4)使用统一的一级里德－索罗门前向纠错系统；(5)使用统一的加扰系统，但可有不同的加密方式；(6)选择适于不同传输媒体的调制方法和通道编码方法以及任何必须的附加纠错方法；(7)鼓励欧洲以外地区使用 DVB 标准，推动建立世界范围的数字视频广播标准，这一目标得到了 ITU 卫星广播的支持；(8)支持数字系统中的图文电视系统。

4. 答：DVB-S 传输系统包括节目复用适配、传输复用适配和能量扩散(数据扰码)、RS 外编码器、卷积交织器、卷积内编码器、基带成形和 QPSK 调制等部分。复用适配完成信源编码和复用，能量扩散使数据随机化，避免数据流出现连 0 或连 1，然后使用 RS 编码(204，188，$T=8$)及卷积交织编码技术提高对抗误码能力，最后以 QPSK 调制方式发送至卫星转发器。

5. 答：DVB-C 传输系统的结构与 DVB-S 传输系统有一定的相似之处，在基带物理接口、同步反转和随机化、RS 编码、卷积交织等环节上与 DVB-S 系统完全相同，DVB-C 不再使用内编码。为提高有线电视网络的传输容量，采用更多电平的 QAM，例如 512-QAM、1024-QAM 或 2048-QAM。

6. 答：DVB-S 传输系统使用 QPSK 的调制方式，DVB-C 采用 QAM，DVB-T 使用 COFDM 信道调制。

7. 答：COFDM 调制可以实现将 I、Q 信号向 2k 模式 1512 个载波或向 8k 模式的 6048 个载波的转换，载波数量：2k＝1705 个载波，8k＝6817 个载波。

8. 答：(1)传输效率或频谱效率高，DVB-T 系统的传输效率只能达到国标 DTMB 系统的 90%；(2)

抗多径干扰能力强；(3)信道估计性能良好，在 AWGN 信道下，TDS-OFDM 的信道估计性能优于 COFDM；(4)适于移动接收，COFDM 在移动情况下，要考虑 4 个 OFDM 符号的信道变化影响，而 TDS-OFDM 只需考虑 1 个 OFDM 符号的信道变化影响，DTMB 系统比欧洲 DVB-T 更适于移动接收。

9. 答：(1)没有 BCH 码，FEC 只使用具有强大纠错能力的 LDPC 编码，减小了编码及系统的复杂度；(2)采用较短的帧长，降低了实现系统的成本；(3)更好的同步性能(基于优化的帧结构)；(4)更简化的帧结构；(5)固定码率调制(CCM)、可变码率调制(VCM)及自适应编码调制(ACM)模式可以无缝结合使用，ACM 可应用于互联网技术中。

10. 答：DVB-S 主要采用 QPSK 的调制方式，调制效率较高，对传输信道的信噪比要求较低，适合卫星广播。DVB-S2 除 QPSK 之外，可采用具有更高频带利用率的调制方式，如 8PSK、16APSK 或 32APSK。

DVB-S 使用 RS 码和卷积码的级联编码，DVB-S2 采用 BCH 和 LDPC(低密度奇偶校验码)的级联编码来代替，降低了系统解调门限。ABS-S 系统采用了一类高度结构化的 LDPC 码，没有 BCH 码。该结构的 LDPC 码，其编解码复杂度低，并可以在相同码长条件下，方便地实现不同码率的 LDPC 码设计。

DVB-S 中的滚降系数 $\alpha=0.35$，DVB-S2 的升余弦滚降系数 α 可在 0.35、0.25、0.2 中选择，可以获得更陡峭的调制波形，频谱利用率更高。DVB-S2 支持包括 MPEG-2、MPEG-4、H.264/MPEG-4 AVC、WMV-9 在内的多格式信源编码格式及包括 IP、ATM 在内的多种输入流格式，可以接受有时序要求的 TS 流，也可以传输时序要求不严格的 IP 分组数据，充分扩展了 DVB-S2 的应用范围。

11. 答：DVB-C2 与 DVB-C 的主要差别如下。

项目	DVB-C	DVB-C2
输入接口	单一 TS 流	多通道 TS 流，通用封装流
模式	固定编码调制	可变编码调制，自适应编码调制
前向纠错码	RS	BCH，LDPC
交织	位交织	位交织，时频交织
调制	单载波 QAM	COFDM
导频	NA	离散，连续导频
保护间隔	NA	1/64，1/128
星座映射	16-256QAM	16-4096QAM

DVB-C2 系统模式配置组合更加方便灵活，适用于各种格式的单一或多输入码流；DVB-C2 采用自适应编码和调制(ACM)功能，采用基于 BCH + LDPC 级联码的强大 FEC 系统，信道传输效率已接近香农极限；DVB-C 采用 QAM(16，32，64，128，256)，而 DVB-C2 采用 COFDM，并增加了更高阶 QAM(直到 4096)；支持较大的码率范围(2/3 ~ 9/10)，6 个星座，频谱效率为 1 ~ 10.8(bit/s/Hz)，很好地支撑了有线电视网的运行。

12. 答:DVB-T 和 DVB-T2 的主要区别如下。

比较项	DVB-T	DVB-T2
纠错编码及内码码率	RS + 卷积码:1/2,2/3,3/4,5/6,7/8	BCH + LDPC,1/2,3/5,2/3,3/4,4/5,5/6
星座点映射	QPSK,16QAM,64QAM	QPSK,16QAM,64QAM,256QAM
保护间隔	1/32,1/16,1/8,1/4	1/128,1/32,1/16,19/256,1/8,19/128,1/4
FFK 大小/K	2,8	1,2,4,8,16,32
离散导频额外开销	8%	1%,2%,4%,8%
连续导频额外开销	2.6%	≥0.35%

DTMB 在信道编码方面,采用了 BCH 码和 LDPC 码级联的形式;在调制方式上,采用时域同步正交频分复用(TSD-OFDM)调制方式。TSD-OFDM 的调制方式具有码字捕获快速和频谱利用效率高、移动接收性能好等优点。

模块九　思考与训练答案

1. 答:IPTV(Internet Protocol Television)是通过互联网协议提供包括电视节目在内的多种数字媒体服务的交互式网络电视,是一种利用宽带网,集互联网、多媒体、通信等多种技术于一体,通过可监控、可管理、安全传送并具有 QoS 保证的无线或有线 IP 网络,提供包含视频、音频、文本、图形和数据等业务在内的多媒体业务。

2. 答:IPTV 与 OTT TV 的区别在于 IPTV 属于专网及定向传输视听节目服务,适用国家新闻出版广电总局 2016 年 6 号令规定。OTT TV 属于公网业务,适用国家广播电影电视总局 2011 年 181 号文之规定。

3. 答:《IPTV 技术体系总体要求》主要规定了 IPTV 总体技术架构,IPTV 内容服务平台、IPTV 集成播控平台、IPTV 传输系统之间的对接原则,以及与监管系统对接的技术要求。

4. 答:IPTV 集成播控平台负责对 IPTV 业务进行集成播出控制和管理,包括对 IPTV 相关业务的播控管理系统,完成节目统一集成和播出控制、EPG 管理和服务、用户及计费管理、版权管理、安全管理、数据管理、节目监控等功能。

5. 答:IPTV 系统整体按照逻辑架构可划分为五个系统域:内容业务域、运营管控域、能力支撑域、终端设备域、运营支撑域。网络拓扑分省 IPTV 中心平台、省 IP 骨干数据网、市级 IP 城域数据网、市县 IP 接入网、用户接入层五个区域划分。

6. 答:CDN 最早是建立并覆盖在互联网上的一层特殊网络,专门用于通过互联网高效传递多媒体内容。其边缘节点分布于城域网并靠近用户一端的网络侧,用于把网站的内容发布到最接近用户的网络“边缘”,让用户可以就近取得所需的内容。因而,CDN 可以提高互联网中信息流动的效率,从技术上解决由于网络带宽小、用户访问量大、网点分布不均等原因造成的“拥塞”,提高用户访问网站的速度。

7. 答:点播业务流程和各系统交互图如下所示。

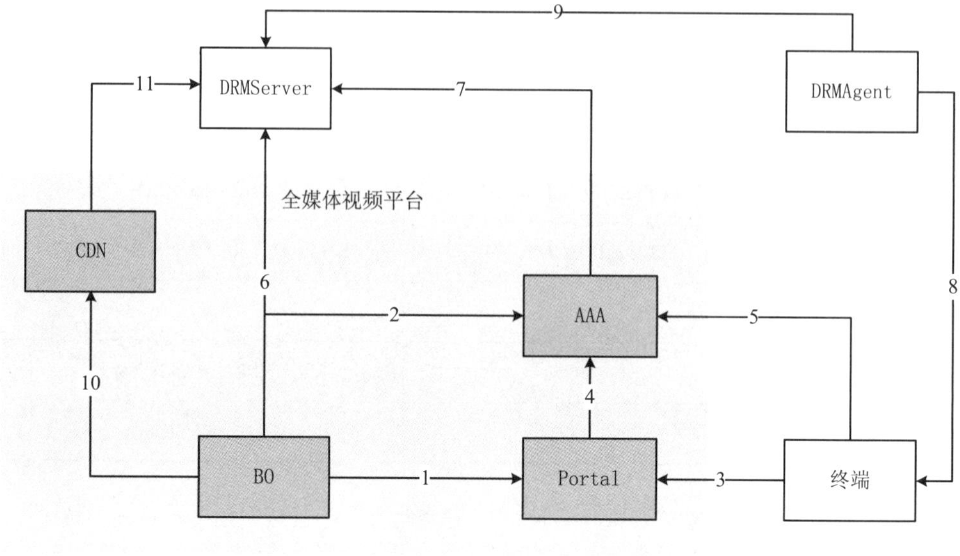

DRMServer
DRMAgent
CDN
全媒体视频平台
AAA
BO
Portal
终端
1 2 3 4 5 6 7 8 9 10 11

8. 答:IPTV 系统存储内容的组织和管理有文件和切片两种方式。文件方式以文件作为网络的最小存储单元,将视频流按照文件的方式存储在磁盘上,对实时业务的反映能力较差;切片方式可以解决文件存储方式无法很好地满足多媒体业务实时性的问题,能够支持更加灵活的内容交换及路由策略,将大大提升网络的负载均衡和快速响应能力,同时降低存储网络对带宽和存储空间的占用。切片方式在内容的分发、内容的交换、内容的集成和链接、系统性能和用户体验等方面有许多优势,是 IPTV 业务中存储技术的发展方向。

9. 答:ISMA 方案的应用场景是互联网上的低码率和低并发率点播节目,因此在 MPEG-4 标准中做了部分限定,以满足开销小的要求,但音、视频要分开用两个流传输,同步难度大;TS 方案是将音、视频流复用在同一个流中,同步精度较高,并且可以在一个流中携带丰富的节目相关信息,但是开销较大。

10. 答:组播在点对多点的网络中优势很明显:单一的信息流沿树型路径被同时发送给一组用户,相同的组播数据流在每一条链路上最多仅有一份。相比单播来说,使用组播方式传递信息,用户的增加不会显著增加网络的负载,减轻了服务器和 CPU 的负荷。不需要此报文的用户不能收到此数据。相比广播来说,组播数据仅被传输到有接收者的地方,减少了冗余流量、节约了网络带宽、降低了网络负载。因此可以说组播技术有效地解决了单点发送多点接收的问题,实现了 IP 网络中点到多点的高效数据传送。

11. 答:IPTV 中间件一般是指应用层与底层硬件/操作系统平台之间的软件环境,具体由一组服务程序组成,这些服务程序允许 IPTV 系统中一个或多个设备上运行的多种功能在网络上进行交互。应用程序并不直接调用底层资源,中间件软件层为这些底层资源提供了一个抽象层,这个抽象层将应用程序与硬件平台隔离开来,在一定程度上实现了跨硬件终端的可执行性。

图书在版编目(CIP)数据

数字电视技术原理与应用／祝瑞玲，韩国栋主编. -- 北京：中国传媒大学出版社，2022.10
ISBN 978-7-5657-3241-6

Ⅰ.①数… Ⅱ.①祝… ②韩… Ⅲ.①数字电视 Ⅳ.①TN949.197

中国版本图书馆 CIP 数据核字(2022)第 128683 号

数字电视技术原理与应用
SHUZI DIANSHI JISHU YUANLI YU YINGYONG

主　　编	祝瑞玲　韩国栋
策划编辑	赵　欣
责任编辑	高卓毓
封面设计	拓美设计
责任印制	阳金洲

出版发行	中国传媒大学出版社		
社　　址	北京市朝阳区定福庄东街 1 号	**邮　　编**	100024
电　　话	86－10－65450528　65450532	**传　　真**	65779405
网　　址	http://cucp.cuc.edu.cn		
经　　销	全国新华书店		

印　　刷	艺堂印刷(天津)有限公司
开　　本	787mm×1092mm　1/16
印　　张	19.5
字　　数	439 千字
版　　次	2022 年 10 月第 1 版
印　　次	2022 年 10 月第 1 次印刷

书　　号	ISBN 978-7-5657-3241-6/TN·3241	**定　　价**	69.80 元

本社法律顾问：北京嘉润律师事务所　郭建平